"十四五"时期国家重点出版物出版专项规划项目
现代土木工程精品系列图书

环境工程学

（第2版）

高大文　梁　红　编著

U0223168

哈尔滨工业大学出版社

内 容 简 介

本书系统阐述了环境工程的基础理论,重点介绍了大气污染控制工程,水污染控制工程,固体废物的处理、处置及其利用和物理性污染控制工程,用有限的篇幅尽可能全面地反映环境工程学的基本内容,使读者在短时间内对环境工程有概括性的了解。

本书可作为高等院校环境类专业工科、理科本科生教材,也可为从事环境科学与工程领域及相关专业的技术和管理人员提供参考。

图书在版编目(CIP)数据

环境工程学/高大文,梁红编著. —2 版. —哈尔滨:哈尔滨工业大学出版社,2025.1
ISBN 978 - 7 - 5603 - 9443 - 5

Ⅰ.①环…　Ⅱ.①高…　②梁…　Ⅲ.①环境工程学–高等学校–教材　Ⅳ.①X5

中国版本图书馆 CIP 数据核字(2021)第 096441 号

策划编辑　贾学斌　王桂芝
责任编辑　张　颖　闻　竹
出版发行　哈尔滨工业大学出版社
社　　址　哈尔滨市南岗区复华四道街 10 号　邮编 150006
传　　真　0451 - 86414749
网　　址　http://hitpress.hit.edu.cn
印　　刷　黑龙江艺德印刷有限责任公司
开　　本　787 mm×1 092 mm　1/16　印张 21.5　字数 537 千字
版　　次　2017 年 7 月第 1 版　2025 年 1 月第 2 版
　　　　　2025 年 1 月第 1 次印刷
书　　号　ISBN 978 - 7 - 5603 - 9443 - 5
定　　价　69.00 元

(如因印装质量问题影响阅读,我社负责调换)

再 版 前 言

生态环境是人类赖以生存发展的前提和基础,近年来,生态文明建设实践强调可持续发展,以人与自然和谐为目标,使生态环境质量得到了改善。但我国环境污染问题依然十分严峻,生态保护和污染防治任务仍然繁重。"环境工程学"是高等院校环境类各有关专业的必修课程,主要研究运用工程技术措施治理环境污染,以改善环境质量等问题。本书根据教育部高等学校环境科学与工程教学指导委员会制定的基本教学要求,结合新兴的技术方法,参考和吸收了国内外优秀教材的精髓。本书系统阐述了环境工程的基础理论,重点介绍了大气污染控制工程、水污染控制工程、固体废物的处理处置及利用和物理性污染控制工程,尽可能全面地概括环境工程学的基本内容,使读者在短时间内对环境工程有比较系统的了解。

相对于《环境工程学》第 1 版,本书为保证教材的系统性和完整性,增加了污水处理的新理论、新工艺内容,还增加了大气、废水和固体废物处理的新型典型工艺,兼顾不同专业、不同高校对教材的需求。本书在撰写时力图将知识原理和工程实际相结合,突出重点,便于学生学习。

本书由高大文、梁红撰写,程朗、白雨虹、李莹、唐腾、杨文博、李锋、苏蕙蕙和李慧菊参与了本书的资料收集工作。

本书引用了许多作者的论著和最新研究成果,在此表示衷心的感谢。由于作者水平有限,书中难免存在不足之处,敬请读者批评指正。

作 者
2024 年 10 月

目　　录

第1章 绪 论

1.1 环 境

1.1.1 人类与自然环境

地球已经存在了至少40亿年,还没有任何一个物种像人类一样统治地球以及其他物种。人类现在正站在一个独特的十字路口,基于人类的科学技术能力及其所带来的影响,接下来的几十年人类将目睹地球的剧烈变化。每个人都有责任去制止这些变化所带来的后果,这将关系到人类和环境的共同利益。"环境"是一个相对的概念,概括地讲,环境可以定义为直接或间接影响地球上生物体生存和发展的一切事物的总和。联合国环境规划署(United Nations Environment Programme,UNEP)将环境定义为"影响生物个体或群落的外部因素和条件的总和,其包括生物体周围的自然要素和人为要素"。而生物的范围很广,从最低等的细菌和真菌等直至人类,每一种生物体都有自己的环境。环境提供生物的资源包括阳光、空气、水及各种有机与无机的养分,生物必须依赖环境中的各种资源生长繁殖。从人类自身的角度出发去解释环境的概念,认为环境的主体是"包括人在内的生物体",其客体包括"自然要素、人为要素和社会要素"。因此,可以将环境分为自然环境、人工环境和社会环境。自然环境是指基本未经人为改造而天然存在的自然要素,包括大气环境、水环境、土壤环境、地质环境和生物环境等,对应地球系统的五大圈层,即大气圈、水圈、土壤圈、岩石圈和生物圈;人工环境是相对于自然环境而言,指在自然环境的基础上经过人类加工改造所形成的次生环境;社会环境是指由各种社会关系形成的环境,包括政治制度、法律法规、经济体制、文化传统等。环境是极其复杂辩证的,同时又是人类生活的外在载体和围绕着人类的外部世界,是人类生存和发展的基础,而人的思想及行为会影响环境的变化。本书所关注的环境,主要指与人类活动有着相互影响、相互作用、相互依存关系的自然环境。

人类的生存离不开环境,当代社会的飞速发展使得人类与自然环境之间的对立统一关系进一步发展,人对环境的认识随之发生变化,人的思想及行为也会直接作用于环境。人们从前的观念是人类是自然环境的主宰者,片面强调对自然环境的利用和改造,忽视了人类与环境之间、环境要素之间的相互作用关系。在人类活动的生物圈范围内,人类活动对环境的影响是空前的,诸如全球气候变化、臭氧空洞、土地荒漠化、全球范围内的生物多样性降低、核能使用的风险、改变激素的化学污染物对生态系统的干扰问题、转基因农作物、固体废物处置等一系列前所未有的环境问题已经给人类敲响了警钟。任何人都不能承担这些环境问题所带来的风险。如何解决这些棘手的环境问题,成为影响人类生存和发展的新课题。

1.1.2　环境科学与环境工程学

环境科学是在现代社会经济和科学发展的过程中,为正确认识和解决环境问题而形成的一门综合性科学。它源于人类对于周围环境的高度关注,科学技术的快速发展使得人类活动变得越发活跃,虽然人们的生活水平随着社会的进步得到了很大的提高,但工业的发展给人类居住的环境带来了巨大压力,人类也不得不面对日益严峻的环境问题。环境科学便借此迅速发展成为一门新兴学科,它是一门介于自然科学、社会科学和技术科学之间的交叉学科,不仅涵盖生物学、地理学、生态学、物理学、化学等多个自然科学领域,还涉及经济学、社会学及政治学等人文社会科学领域。这些分支学科虽然各有特点,但又相互渗透、互为补充,并各自都处于蓬勃的发展时期,它们都是环境科学的重要组成部分。

环境科学的学科形成历史虽然不长,但其学科框架日趋成熟、研究方法逐渐丰富、研究范围快速扩展、多学科交叉的特点日益彰显。随着环境科学本身的不断发展,其定义也在不断完善,可以归纳为:环境科学是以复杂环境系统为研究对象,以各种环境问题为研究内容,以多学科融合交叉为典型特征,以揭示"人类-环境"相互作用规律为核心任务,以"人类-环境"协调和可持续发展为最终目标的学科群。国际上通常将环境科学分为自然环境学、社会环境学和应用环境学3个大的类别。其中,自然环境学囊括环境科学与各自然科学的交叉学科群,运用自然科学的理论与方法,认识环境现象、揭示环境规律、解决环境问题,包括环境地学、环境化学、环境生物学、环境毒理学、环境物理学、环境医学等分支学科。此外,社会环境科学囊括环境科学与各社会科学的交叉学科群,运用社会科学的理论与方法,解析环境现象,建立环境规则,调控人类活动对环境的影响,包括环境法学、环境伦理学、环境管理学、环境经济学等分支学科。应用环境科学是环境科学与各工程科学的交叉学科群,运用工程技术科学的理论与方法,认识环境特征,治理环境污染,改善生态环境质量。环境工程学从研究目的和技术途径上看,属于应用环境科学学科体系的范畴。

环境工程学是通过工程手段修复被污染的环境,改善生态环境质量。环境工程学区别于其他环境类学科的最大特点是其对环境科学相关理论的应用及与工程学的显著交叉和联系,其在研究与实践的过程中需运用土木工程、卫生工程、化学工程、机械工程等经典工程学科的基础理论和技术方法来实现防控环境污染和改善环境质量的目的,但无论是学科任务还是研究对象又显著区别于工程学。特别是近年来,得益于生物工程学、生态学、微生物学、计算机工程学等交叉学科的研究成果,环境工程学自身得到了长足发展,其与多学科的相互交叉和相互渗透既是融合的过程,也是其极具特色的学科体系的形成和完善过程。

当前,人们对环境工程学的定义和理解有不同的看法,美国环境工程与科学教授协会(Association of Environmental Engineering and Sciences Professors, AEESP)将环境工程学定义为"以保护人类和生态系统的健康为目的,应用科学和工程原理来评估、管理和设计可持续的环境系统"。我国将环境工程学分为广义定义和狭义定义,环境工程学的广义定义是指"研究运用工程技术和有关学科的原理和方法,保护和合理利用自然资源,防治环境污染,以改善环境质量的学科"。该定义既包括小环境的规划和控制,又涵盖区域尺度上环境的评价和综合防治。而从狭义的角度出发,可将环境工程学定义为"环境污染防治工程是对污染物的监测、控制和处理的工程"。此处的污染物是指引起环境质量降低的工业废弃物、农业废弃物、生活废弃物、噪声、电磁辐射、废热等。实际上,环境工程学主要是指用狭义定义来确定其基本内容的工程。

1.1.3 环境工程学的发展历程

环境工程学是人类同环境污染做斗争和在环境问题的解决过程中逐渐形成的。环境工程学相对于其他学科发展的时间很短,在近代以前相当长的历史时期,虽然人类对于环境工程乃至环境相关学科的认识一直处于萌芽阶段,但人类对保护和改善环境的探索很早便已经开始。以开发和保护水源为例,我国早在公元前 2300 年前后就创造了凿井技术;古罗马在公元前 3 世纪便开始修建了用于城市供水的水渠。从排水工程来说,我国早在 2 000 多年前就利用陶土管修建了地下排水沟渠,称"陶窦";古罗马在公元前 6 世纪时期也建造了地下排水渠。

工业革命之后,经济的飞速发展和城市化进程的不断加快,人类文明不断进步,同时排入环境中的污染物质的数量和种类也越来越多,这些污染物对人类自身的健康构成了严重威胁。近代西方环境工程学的开端可追溯至英国在 19 世纪中叶为解决人类过早死亡和疾病所引发的社会经济损失而形成的卫生工程学(sanitary engineering)。在英国城镇不断爆发的流行病以及对清洁工业用水的需求,促使皇家河流污染委员会(The Royal Commission on River Pollution)于 1865 年成立,其在 1876 年颁布了《河流污染防治法》(*The Rivers Pollution Prevention Act*)。然而当时并没有切实有效的制度措施或技术手段来防止和治理河流的污染。1898 年成立的皇家污水处理委员会(The Royal Commission on Sewage Disposal)成为废水处理技术发展的里程碑,这个组织从真正意义上通过研究的形式对影响纳污河流的水质进行评价。之后近百年的时间里,环境工程学的发展经历了漫长而又迷茫的探索阶段。值得一提的是,1878 年美国麻省理工学院的化学教授 W. R. Nichols 在美国马萨诸塞州建立了美国第一个卫生化学实验室(Sanitary Chemistry Laboratory),此后同样来自麻省理工学院的生物学教授 W. T. Sedgwick 开始尝试通过当时最先进的细菌学技术开发污水处理技术,由此美国的麻省理工学院成为美国第一所整合工程、化学和生物相关学科进行环境卫生学研究的高等学府。自此,环境工程学的雏形显现,这对于环境工程学的发展史来说意义重大。自 20 世纪 50 年代,美国环境工程师和科学家学会(American Academy of Environmental Engineers and Scientists,AAEES)等环境工程学领域的专业学会和认证体系的逐渐建立和发展与 1970 年 12 月美国环境保护局(EPA)的建立,正式确立了环境工程学科的国际学术地位。我国近代环境工程学的建立受到国际学术发展动态的影响,最早可追溯到 20 世纪 20 年代的清华大学工学院土木工程系所设置的卫生工程组,此后经过一系列的学科发展与调整,于 1977 年在原有的给水排水专业基础上成立了我国第一个环境工程专业,1984 年正式建立环境工程系。同济大学与哈尔滨工业大学作为国内环境工程教学与研究领域的先驱,其各自的环境工程学科均在各自院校的给水排水工程专业的基础上建立,此后培养了大批环境工程学领域的专业人才。为了应对和解决我国经济高速增长、社会快速发展过程中暴露的各种环境问题,环境工程学领域的研究在我国得到迅速发展。

环境工程学的目标是应对和解决环境问题,其学科的发展和演变也必须适应社会的需要,当前环境工程学的研究已经不仅仅是针对单项环境污染而采用的治理技术,而是着眼于采取综合防治措施和对控制环境污染的措施进行全面的技术经济评估,以此实现环境系统工程和环境污染综合防治的目的。随着全球经济和市场一体化,许多国家和国际组织都采取了多种政策和措施共同促进环境工程学的发展,全球的环境科技工作者也集中精力对环境工程学的相关课题进行研究和实践,这必将极大地促进环境工程的学科发展和研究水平的提高。

1.2 环境污染

1.2.1 空气污染

空气污染是一个国际性的问题,无论发达国家还是发展中国家,在其发展经济的过程中均面临这种棘手的环境问题。历史上很多国家都曾经发生过由环境污染而造成的震惊世界的污染事件,在轰动世界的"八大公害事件"中由空气污染而引发的事件占 50%,分别是比利时马斯河谷烟雾事件、美国洛杉矶烟雾事件、美国多诺拉事件和英国伦敦烟雾事件。这些空气污染事件均造成了大量的人员患病或死亡。近几年的研究表明,大气中存在多氯联苯、多溴联苯醚等多种持久性有机污染物。通过对空气中持久性有机污染物检测发现,在我国长江三角洲、珠江三角洲、北京、台湾等电子产业发达地区空气受持久性有机物污染更严重。大气中的持久性有机污染物大多为人工产生,在对流层中浓度最高。持久性有机污染物具有疏水性,空气中的持久性有机污染物主要吸附在颗粒物上,受气流影响,这些有害物质依靠大气的流动性广泛传播,之后又通过雨雪天气等最终归于土壤,造成大面积污染,给生态环境及人类生活造成了巨大威胁。究其原因,空气污染的来源包括两个方面。首先是生产性污染,其为大气污染的主要来源,包括 4 种:①燃料的燃烧,主要是煤和石油燃烧过程中排放的大量有害物质,如烧煤可排出烟尘和二氧化硫;燃烧石油可排出二氧化硫和一氧化碳等;②生产过程排出的烟尘和废气,以火力发电厂、钢铁厂、石油化工厂、水泥厂等对大气的污染最为严重;③农业生产过程中喷洒农药而产生的粉尘和雾滴;④随着科技的迅猛发展,电子垃圾在生产、使用、拆卸过程中产生多种人工合成的持久性有机污染物。其次是由生活炉灶和采暖锅炉耗用煤炭产生的烟尘、二氧化硫等有害气体,以及交通运输性污染如汽车、火车、轮船和飞机等排出的尾气,其中汽车排出的包括氮氧化物、碳氢化合物、一氧化碳和铅尘等有害尾气距离人体的呼吸带最近,容易被直接吸入而引发人体的健康问题。

我国生态环境部公布的《2023 年中国生态环境公报》显示,2023 年全国 339 个地级及以上城市中,136 个城市环境空气质量超标,占 40.1%。全国 339 个城市环境空气质量平均超标天数比例为 14.5%,其中 $PM_{2.5}$、PM_{10}、O_3、NO_2 污染最为严重,作为首要污染物的超标天数分别占总超标天数的 35.5%、24.3%、40.1%、0.2%,未出现以 SO_2、CO 为首要污染物的超标天。从公安部获悉,截至 2024 年 6 月底,全国机动车保有量达 4.4 亿辆,其中汽车3.45 亿辆,新能源汽车 2 472 万辆。我国大众型城市的空气污染类型正在由煤烟型转变为煤型与机动车尾气共同污染型。

以 $PM_{2.5}$ 为主的雾霾现象仍然受到人们的广泛关注。国家气象局基于能见度的观测结果表明,2019 年全国平均霾日数为 25.7 d,与 2013 年相比减少 10.2 d。2019 年霾天气过程主要集中在京津冀及周边地区、汾渭平原等地。自 2013 年相继实施《大气污染防治行动计划》《打赢蓝天保卫战三年行动计划》以来,我国空气质量得到明显改善,尤其 $PM_{2.5}$ 污染得到明显改善,但还需继续推进空气质量改善工作。"十四五"期间仍需继续加强能源、产业、交通运输结构转型升级。

臭氧层空洞的形成使得太阳对地球表面的紫外辐射量增加,对生态环境产生破坏作用,影响人类和其他生物有机体的正常生存。为了保护臭氧层,联合国环境规划署采取了一系列国际行动,于 1985 年 3 月在奥地利首都维也纳召开的"保护臭氧层外交大会"上,通过了《保护臭氧层维也纳公约》(*Vienna Convention for the Protection of the Ozone Layer*),目的是采取适当的国际合作与行动措施,以保护人类健康和环境,免受足以改变或可能改变臭氧层的人类活动所造成的或可能造成的不利影响。我国政府于 1989 年 9 月 11 日正式签署《保护臭氧层维也纳公约》,成为缔约国之一。截至 2020 年,签署《保护臭氧层维也纳公约》的国家共有 198 个,控制或禁止一切破坏大气臭氧层的活动,保护人类健康和环境。保护臭氧层是迄今人类最为成功的全球性环境合作。

1.2.2　水体污染

水体污染是指一定量的污水、废水、各种废弃物等污染物质进入水域,超出了水体的自净和纳污能力,从而导致水体及其底泥的物理、化学性质和生物群落组成发生不良变化,破坏水中固有的生态系统及水体的功能,从而降低水体使用价值的现象。

水是生命之源,任何生命活动都离不开。造成水生态系统破坏的因素是多方面的:向水体排放未经过妥善处理的城市生活污水和工业废水;施用的化肥、农药及城市地面的污染物,被雨水冲刷,随地面径流进入水体;大气扩散的有毒物质通过重力沉降或降水过程进入水体。随着工业生产的发展和社会经济的繁荣,大量的工业废水和城市生活污水排入水体,水污染日益严重。目前,随着我国城市化进程的不断推进,水泥的大量使用,导致地面硬化,水环境遭到超过其自净能力的破坏,引起了黑臭水体和城市内涝现象。为治理城市黑臭水体,2015 年国务院发布《水污染防治行动计划》简称"水十条"。截至 2024 年,全国已经识别并登记了约 2 869 个黑臭水体,这些水体主要集中在城市地区。黑臭水体治理已成为城市水环境保护中的重要任务。近几年国内频发城市洪涝灾害现象,为了有效地进行雨洪资源的资源化利用,2013 年我国提出了建设海绵城市,2017 年海绵城市写入《政府工作报告》。"十四五"提出水污染防治规划(2021—2025),继续强化对黑臭水体的治理,提出通过综合措施确保城市水体持续改善。海绵城市恢复了城市对径流雨水的渗透、调蓄、净化、利用和排放能力,使城市内涝情况得到明显好转,特别是在 2018 年启动的全国性治理行动之后。到 2020 年底,295 个主要城市中 98.2%的黑臭水体已经得到治理,不再呈现黑臭状态。这一治理成果通过地方政府和相关部门的多次突击检查和后续验证得以确认。

近几年,我国地表水质稍有改善,但是水质状况仍不容乐观。根据《2023 年中国生态环境公报》,全国地表水总体为轻度污染,部分城市河段污染较重。从流域上看,长江、黄河、珠江、松花江、淮河、海河、辽河七大流域和浙闽片河流、西北诸河、西南诸河主要江河监测的 3 119 个国控断面中,I ~ Ⅲ类水质断面占 91.7%,比 2022 年上升 1.5 个百分点;劣Ⅴ类水质断面占 0.4%,与 2022 年持平。长江流域、黄河流域、珠江流域、浙闽片河流、西北诸河和西南诸河水质为优,淮河流域、海河流域和辽河流域水质良好,松花江流域为轻度污染(图 1.1)。

在全国 209 个重点湖泊和水库中,有 74.6%的水体水质达到或超过Ⅲ类(较为良好的水质),较 2022 年上升了 0.8 个百分点。另外,水质处于Ⅴ类(最差)及劣Ⅴ类的水体占比

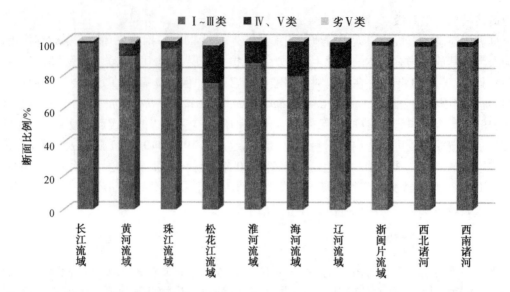

图 1.1　2023 年七大流域和浙闽片河流、西北诸河、西南诸河主要江河水质状况

为 0.7% ,较 2022 年下降了 0.2 个百分点。

开展营养状态监测的 205 个重要湖泊(水库)中,贫营养状态湖泊(水库)占 8.3%;中营养状态湖泊(水库)占 64.4%;轻度富营养状态湖泊(水库)占 23.4%;中度富营养状态湖泊(水库)占 3.9%。

地下水污染仍不容乐观。2023 年,全国监测的 1 888 个国家地下水环境质量考核点位中,Ⅰ～Ⅳ类水质点位占 77.8%,Ⅴ类占 22.2%。其中,潜水点位 1 084 个,Ⅰ～Ⅳ类水质点位占 75.2%;承压水点位 804 个,Ⅰ～Ⅳ类水质点位占 81.2%。主要超标指标为铁、硫酸盐和氯化物。2021 年,生态环境部印发《"十四五"国家地下水环境质量考核点位设置方案》,开始全国地下水环境质量考核点位监测工作。2021—2023 年,全国地下水水质总体保持稳定(图 1.2),Ⅰ～Ⅳ类水质点位比例范围为 77.6%～79.4%。

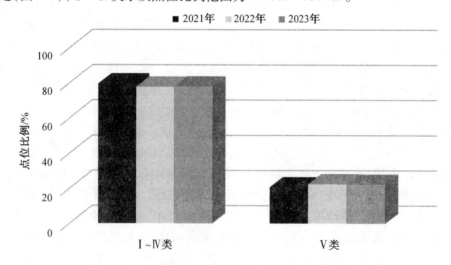

图 1.2　2021—2023 年全国地下水总体水质状况及年际变化

我国受污染水域主要为近海水域。2023 年,全国近岸海域优良(一、二类)水质面积比

例为 85.0%；劣四类水质面积比例为 7.9%。主要超标指标为无机氮和活性磷酸盐。2016—2023 年，全国近岸海域优良水质面积比例由 72.9% 升至 85.0%，上升 12.1 个百分点；劣四类水质面积比例由 11.3% 降至 7.9%，下降 3.4 个百分点。

表 1.1　2023 年我国管辖海域未达到第一类海水水质标准的各类海域面积　　　　km²

海区	海域面积				
	二类	三类	四类	劣四类	合计
渤海	6 660	2 360	860	2 330	12 210
黄海	4 850	470	120	260	5 700
东海	16 190	3 260	2 980	16 640	39 070
南海	2 930	890	900	2 180	6 900
管辖海域	30 630	6 980	4 860	21 410	63 880

《联合国世界水资源发展报告》(*The United Nations World Water Development Report*) 指出，世界上每天有 200 万 t 工农业废水被排放至环境中，质量相当于全世界人口体重的总和。在发展中国家约有 70% 的工业废水未经处理直接排放并污染现有水源。在亚洲所有流经城市的河流均被污染，美国 40% 的水资源流域被加工食品废料、金属、肥料和杀虫剂污染。近年来，我国爆发多起影响较大的水污染事件，如 2005 年松花江重大水污染事件、2010年福建紫金山铜矿渗水事故及 2014 年兰州自来水苯超标事件等。

1.2.3　土壤污染

土壤作为一种资源是人类生存发展的基础。人为活动所产生的污染物进入土壤并积累到一定程度，引起土壤质量恶化，并造成农作物中某些指标超过一定标准的现象，称为土壤污染。污染物进入土壤的途径是多样的，废气中含有的污染物质特别是颗粒物，可以通过大气沉降作用进入土壤，废水中携带大量污染物进入土壤，固体废物中的污染物直接进入土壤或其渗出液进入土壤，其中最主要的是污水灌溉带来的土壤污染。污染的原因主要有两方面。一是农药、化肥的大量使用，造成土壤有机质含量下降、土壤板结，农作物的品质下降，严重的是污染物在土壤中的富集，一些毒性大的污染物，如汞、镉等富集到作物果实中，人或牲畜食用后会中毒。二是由于我国经济的快速发展，工矿企业不合理地排放污染物。自 20世纪 90 年代起，我国大中城市的化工企业开始大规模搬迁，由于大批企业关闭与搬迁，遗留了数量庞大的工业污染场地，这些污染场地对城市局部土壤和地下水生态系统造成了严重破坏。此类土壤未经处理直接用于其他建设极易造成中毒现象。

目前，我国土壤污染程度正在加剧，污染面积在逐年扩大。大量的监测和分析结果表明，尽管我国耕地土壤肥力呈现上升态势，但是我国耕地的土壤环境却逐年恶化。国家环保部公布的数据显示，1989 年全国有 600 万 hm² 农田受到污染，占当年总耕地面积的 4.6%。1990 年全国遭受"工业三废（废水、废气和固体废弃物）"和城市垃圾危害的农田面积达 667万 hm²，占当时全国总耕地面积的 5.1%，其中，农药、化肥和农用地膜等污染占总耕地面积的 4.6%。1991 年全国有 1 000 万 hm² 的耕地受到不同程度的污染，占当年总耕地面积的 7.7%。2000 年对我国 30 万 hm² 基本农田保护区土壤进行有害重金属抽样监测发现，有 3.6 万 hm² 土壤重金属超标，超标率达 12.1%。2007 年，我国受重金属污染的耕地超过

2 000 万 hm²,受农药污染的耕地达 933 万 hm²,受污水灌溉污染的耕地达 217 万 hm²,受工业废渣污染的耕地已超过 10 万 hm²。2014 年环保部和国土资源部首次联合公布了全国土壤污染状况调查数据,结果表明,全国耕地土壤点位超标率为 19.4%,其中轻微、轻度、中度和重度污染点位比例分别为 13.7%、2.8%、1.8% 和 1.1%,主要污染物为镉、镍、铜、砷、汞、铅、滴滴涕和多环芳烃。2019 年生态环境部公布的农用地土壤污染状况详查结果显示,主要污染物为重金属,其中镉为首要污染物。2023 年,持续开展农用地土壤镉等重金属污染源头防治行动,启动实施 124 个土壤污染源头管控重大工程项目,全国 23 个省份划定重点区域,执行颗粒物和重金属污染物特别排放限值。印发《关于促进土壤污染风险管控和绿色低碳修复的指导意见》,累计将 2 058 个地块纳入土壤污染风险管控和修复名录管理。将 9 000 余个关闭搬迁企业腾退地块纳入优先监管清单。目前,我国有 1 300 万 ~ 1 600 万 hm² 耕地受到农药污染,污水灌溉污染耕地约 2.17 万 km²,固体废弃物存在占地和毁田 0.13 万 km²,每年因重金属污染的粮食达 1 200 万 t,每年造成的直接经济损失超过 200 亿元。我国农药施用率是发达国家的 1 倍,但农药利用效率不足 30%。此外,我国受大气污染的农田面积为 5.33 万 km²,大气中的放射性元素和 SO_2、NO 等物质会形成酸雨腐蚀土壤,造成不可估量的损失。除耕地环境质量令人堪忧外,工矿业废弃地土壤环境问题也日益突出。随着城市内大量工矿企业的关闭与搬迁,遗留了大量的工业污染场地。据不完全统计,截至 2014 年,全国工业企业废弃场地超过 50 万块。这些污染场地主要集中分布在京津冀、长江经济带和珠江三角洲等经济发达地区,涉及化工、钢铁、焦化和农药等行业,调研数据显示化工类大型污染场地数量占 42%,农药类占 31%,钢铁类占 23%,如图 1.3 所示。这些污染场地往往伴随着土壤及地下水污染、遗留构筑物及固危废污染等问题,不仅给周边环境和居民健康带来严重威胁,而且是城市土地资源再利用的限制因素。

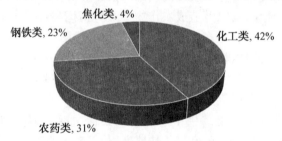

图 1.3　工业污染场地行业分布特征

　　现今,土壤污染修复问题在我国得到了越来越多的关注,我国颁布了一系列土壤污染管控及修复相关的法规、办法、制度及标准。国务院于 2016 年印发了《土壤污染防治行动计划》,并在 2018 年 8 月 31 日举行的第十三届全国人大常委会第五次会议全体表决通过《中华人民共和国土壤污染防治法》,这是我国首部专门规范防治土壤污染的法律。相关的法规标准有:《土壤环境质量　建设用地土壤污染风险管控标准(试行)》(GB 36600—2018)、《土壤环境质量　农用地土壤污染风险管控标准(试行)》(GB 15618—2018)、土壤污染防治行动计划(国发〔2016〕31 号)、《生态环境损害鉴定评估技术指南　土壤与地下水》(环办法规〔2018〕46 号)、《工矿用地土壤环境管理办法(试行)》(部令　第 3 号)、《污染地块土壤环境管理办法》(部令　第 42 号)、《农用地土壤环境管理办法(试行)》(部令　第 46 号)、《污染地块风险管控与土壤修复效果评估技术导则(试行)》(HJ 25.5—2018)、《污染地块勘探技术指南》(T/CAEPI 14—2018)、《污染地块地下水修复和风险管控技术导则》(HJ 25.6—2019)、《污染场地术语》(HJ682—2014)等。

1.2.4 全球气候变化

全球气候变化(climate change)是指在全球范围内,气候平均状态统计学意义上的巨大改变或者持续较长一段时间(典型的为 10 年或更长)的气候变动。气候变化的原因可能是自然的内部进程,或是外部强迫,或是人为地持续对大气组成成分和土地利用的改变。

气候变化毫无疑问是当今时代最重要的环境议题之一。2015 年 2 月 2 日,日内瓦世界气象组织(World Meteorological Organisation,WMO)的研究结果显示,1961—1990 年参照期的长期平均气温为 14.0 ℃,而 2014 年陆地和海洋表面的全球平均气温比该平均值高 0.57 ℃,已将 2014 年列为有记录以来最热的年份,自 20 世纪 90 年代以来,全球气温呈明显上升趋势,如图 1.4 所示。

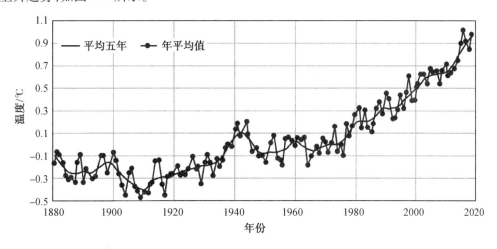

图 1.4 1880—2020 年全球年平均温度变化曲线

尽管在学术界关于气候变化的议题存在争议,部分学者认为地球气候长久以来一直处于不断变化过程中,在此期间气候的变化存在各种复杂原因,但人类对化石燃料的过分依赖和森林资源的大量消耗,导致大气层中以二氧化碳和甲烷等为代表的温室气体含量不断升高,是不争的事实。美国国家海洋和大气管理局(National Oceanic and Atmospheric Administration,NOAA)对过去 30 年的大气持续监测结果明确显示了二氧化碳的持续升高现象,研究结果表明这种趋势还将持续,如图 1.5 所示。

联合国环境规划署发布的《2014 年全球排放差距报告》(*The Emissions Gap Report* 2014)指出,为将全球气温上升幅度控制在 2 ℃ 以内,应在 21 世纪中到后期实现全球碳中和。碳中和是指森林、土壤等自然资源吸收的二氧化碳可完全抵消人类排放的二氧化碳,使人类行为造成的二氧化碳净排量为零。若将甲烷、一氧化二氮和氢氟碳化物等非二氧化碳温室气体考虑在内,全球温室气体总排放量应在 2080—2100 年降至零排放水平。自 1990 年以来,全球温室气体排放量增加了 45%。若要保留将气温升幅控制在 2 ℃ 以内的可能性,全球温室气体排放量到 2020 年不应超过 440 亿 t 二氧化碳量。但按目前各方承诺计算,届时的排放量可能要高于这一数值;2030 年应比 2010 年的水平降低 15%,到 2050 年降低 50%,

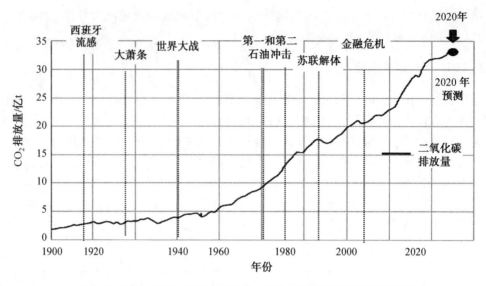

图 1.5 1900—2020 年全球每年向大气中排放二氧化碳量变化曲线

2055—2070 年实现全球碳中和。

为应对气候变化给人类生存和发展所带来的巨大挑战,1992 年 5 月 9 日联合国政府间谈判委员会就气候变化问题达成了《联合国气候变化框架公约》(*United Nations Framework Convention on Climate Change* ,UNFCCC,简称《框架公约》),并于巴西里约热内卢举行的联合国环境发展大会上通过。《框架公约》旨在控制大气中温室效应的气体排放,将温室气体的浓度稳定在使气候系统免遭破坏的水平上,这是世界上第一个为全面控制二氧化碳等温室气体排放,以应对全球气候变暖给人类经济和社会带来不利影响的国际公约,也是国际社会在应对全球气候变化问题上进行国际合作的一个基本框架。目前,有 190 多个国家加入《框架公约》,这些国家被称为《框架公约》缔约方。缔约方在历次大会上做出了许多旨在解决气候变化问题的承诺,著名的《京都议定书》和《哥本哈根协议》都是公约大会的谈判成果。我国于 1992 年 6 月 11 日签署该公约,1993 年 1 月加入该组织。2015 年 7 月,我国向《框架公约》秘书处提交了《强化应对气候变化行动——中国国家自主贡献》文件。根据文件,到 2030 年我国单位国内生产总值二氧化碳排放量较 2005 年下降 60% ~ 65% 。这是我国作为联合国气候变化《框架公约》缔约方完成的规定动作,也是我国政府向国内外宣示中国走绿色、低碳、循环发展道路的决心和态度,更体现了我国作为负责任的大国对于应对气候变化这一全球环境问题的实际行动。

1.3 环境污染与人类健康

人体中各种化学元素的平均含量与地壳和土壤中总的化学元素含量相适应,例如人体血液中的 60 多种化学元素含量和地壳岩石中元素含量有明显的相关性,如图 1.6 所示。比较岩石圈、大气圈、水圈与人体中主要元素所占的比例,不难发现人体内的化学元素的比例是人类与所生活的自然环境的本底相适应的结果。在这些化学元素中,除碳、氢、氧、氮能形成各种体内的有机物质外,其他元素各以一定的化学形态和结构形成各种生物体、功能蛋白质、酶等存在于人体组织中,或者作为组成人体结构的材料,这些元素协同作用,共同完成人体的新陈代谢功能。人体会通过内部调节来适应不断变化的外界环境,而化学元素就是将人和环境联系起来的基本因素,环境与人体主要化学元素对比见表 1.2。环境中的化学物质成分复杂,种类繁多。大气、水、土壤中含有各种无机和有机化学物质,许多成分的含量适宜是人类生存和维持身体健康必不可少的条件。

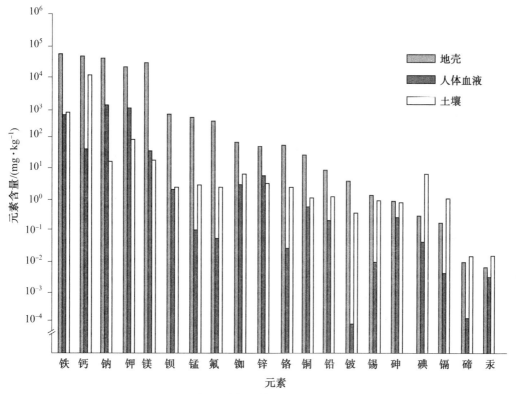

图 1.6　地壳、土壤与人体血液中元素含量对比

表 1.2　环境与人体主要化学元素对比

元素	各元素所占的平均百分率/%			
	大气圈	岩石圈	水圈	人体
氧	21	46.6	86	61
碳	0.008	少于 0.1	#	23
氢	*	0.1	10.8	10
氮	78.03	少于 0.1	+	2.5
钙	0	3.6	0.04	1.4
磷	0	0.1	* *	1.1
钾	0	2.6	0.04	0.2
硫	0	少于 0.1	0.08	0.2
钠	0	2.8	1.07	0.14
氯	0	少于 0.1	1.92	0.13
镁	0	2.1	0.13	0.03

续表1.2

元素	各元素所占的平均百分率/%			
	大气圈	岩石圈	水圈	人体
铁	0	5.0	0	0.06
铝	0	8.1	0	0
硅	0	27.7	0	0
钛	0	0.6	0	0
锰	0	0.1	0	0

注:#以碳酸根离子形式;＊取决于空气的干湿度;+以硝酸根离子形式;＊＊以磷酸根离子形式。

人类的生产生活将大量的化学物质排放到环境中,造成严重的环境污染。当今世界上已知有1 300多万种合成的或已鉴定的化学物质,常用的有6.5万~8.5万种之多,每年约有1 000种新化学物质投放市场,约有3亿t有机化学物质排放到环境中,其种类达10万种之多。国际癌症研究机构(International Agency of Research on Cancer,IARC)对已有资料报道的878种化学物质进行分类,其中87种确定为人类致癌物,297种确定为对人类可能致癌物,493种确定为人类可疑致癌物。美国环保组织——环境工作组(Environmental Working Group,EWG)的一项基于日常工作中对化学品有一定接触的志愿者的研究表明,现代工业化社会中人体内摄入了数量众多的非自然化合物(unnatural chemical compounds),见表1.3,在人体尿液和血液中存在91种化学污染物,在选定的志愿者体内共发现167种化学污染物。可见,环境污染已经使环境中某些化学物质的含量增加,或者直接产生原来不曾存在的新兴污染物,这些物质会通过不同途径侵入人体,而人体中任何一种化学元素超过一定的标准时,都会成为对人体有害的元素,引起人体的疾病,对人体健康构成威胁,甚至导致死亡。

表1.3 人体内化学污染物的种类和数量

受到污染物影响的人体系统 或可能引发的疾病	人体内发现的化学污染物的数量		
	平均值	总数	数量范围
肿瘤	53	76	36~65
新生儿发育缺陷及发育迟缓	55	79	37~68
视力	5	11	4~7
内分泌系统	58	86	40~71
消化系统	59	84	41~72
肾脏系统	54	80	37~67
大脑及神经系统	62	94	46~73
生殖系统	55	77	37~68
呼吸系统	55	82	38~67
皮肤	56	84	37~70
肝脏	42	69	26~54
心血管系统及血液	55	82	37~68
听力	34	50	16~47
免疫系统	53	77	35~65

注:一些种类化学品与多种疾病有关,因此在表中重复计算。

1.3.1　环境污染与疾病

日益加重的空气污染严重威胁着人类的健康,世界卫生组织(WHO)的报告表明,空气污染可以直接引发急性呼吸道感染和慢性阻塞性肺病等呼吸道疾病,全球80%因心脏病和中风死亡的病例都是由空气污染促发的,空气污染是影响健康的一个主要环境风险。2012年全球有700万人死于空气污染,其中430万人的死亡归因于室内空气污染,270万人的死亡与室外环境空气污染有关,并且这些死亡有88%发生在低收入和中等收入国家。以粉尘污染为例,粉尘主要会对人的呼吸系统造成危害,肺间质纤维化会影响呼吸,引发矽肺病,进而发展成心血管疾病,绝大部分的空气污染所导致的死亡都是由心血管疾病所引发的。如化石燃料在工业生产中被使用,排放的大气污染物中铅、铬等重金属离子超标,就会引起肿瘤,甚至发展成为肺癌。另一项来自国际癌症研究机构2013年发布的研究报告指出,当前室外空气污染是引发癌症死亡的最主要环境因素,有充足的数据表明严重的室外空气污染能够引发以肺癌为代表的呼吸与心脏系统疾病。此外,室外空气污染还能够增加膀胱癌的风险。

水污染同样严重威胁着人类的健康,每天有200万t污水和其他废水直接排入世界各地的水域中,尤其在一些发展中国家和不发达地区,其基础设施投资水平较低,水安全状况很糟糕,由饮水安全所引发的疾病长期困扰着所在地区的人们。世界卫生组织将与水有关的疾病定义为包括由饮用水中的微生物、化学物质、金属物质和病原菌引起的疾病,如血吸虫病、疟疾、痛痛病、结石、水喉症、霍乱,以及其他由含有特定微生物的气溶胶传播的疾病(如军团病)等。土壤作为污染物的"全球储存器",对动物和人体健康具有更大的潜在威胁,如耕地中的镉、砷、铅、铬、汞等重金属污染超标,极易被农作物吸收,最终会通过食物链在人体中富集,引发人体心血管、神经系统、骨骼、肾脏等疾病。农药、塑料、电子垃圾等导致土壤有机污染物超标,会对动物及人体产生致癌、致畸、致突变作用。目前已有研究表明,持久性有机污染物可以造成人的神经、内分泌系统紊乱,生殖、免疫系统受到抑制,增加了癌症、肿瘤的病发率。其对于儿童的影响更为严重,可能会造成婴儿的出生体重异常、骨骼发育障碍、大脑发育不良、代谢紊乱等一系列问题。

1.3.2　环境致病因素对人体的作用与影响因素

环境污染物对人体健康的影响是巨大而复杂的,由于人体与环境在物质上的统一性,人体与环境不断进行着物质、能量和信息的交换和转移,使人体与周围环境之间保持着动态平衡。人体通过呼吸、摄食、饮水等途径从环境中摄取生命活动所必需的物质后,经过体内复杂的同化过程合成细胞和组织的各种成分,同时释放出热量,保证生命过程的需要。同时,机体通过异化过程进行分解代谢,所产生的分解产物经多种途径排泄到外环境,如空气、水和土壤中,可作为其他生物的营养成分被吸收利用。空气、水、土壤及食物是环境中与人类相关的四大要素,这些要素被污染后,将直接或间接地对人体健康产生影响。当今,由于环境污染物存在于不同的环境要素中,不同种类的污染物可从不同的途径侵入人体。大气中的有毒气体和尘埃,主要是通过呼吸道作用于人体。水体和土壤的毒物,主要通过饮水和饮食摄入消化系统被人体吸收,但由于污染物的理化特性、生物学效应、接触途径、暴露频率和强度及人体的自身状况等的不同会产生各种各样的危害。许多环境污染物既可引起急性毒性,也可造成慢性危害,甚至成为公害病的祸根。有些污染物不仅可引起急性、慢性中毒或死亡,而且具有致癌、致畸、致突变等远期效应,危害当代及后代的健康。人们已发现,即使在同一暴露条件下,不同个体对污染物的反应会有较大差别,这主要受个体自身状况如年龄、性别、营养、遗传特征、健康状况等多方面的影响。因此,在评价环境污染对人体健康的影响时应考虑以下因素:

(1)剂量。环境污染物对人体能否产生危害以及产生危害的程度,主要取决于人体摄入的污染物剂量。

(2)作用时间。很多污染物在人体内有蓄积性,污染物的量蓄积到一定程度,才会产生危害。因此,随着作用时间的延长,污染物的蓄积量加大。污染物在人体内的蓄积量受到摄入量、污染物半衰期和时间 3 个因素的影响。

(3)多因素综合作用。环境污染物不是单一存在的,对人体的作用同样是受到多种物理、化学因素的共同作用。

(4)个体敏感性。人类的健康状况、生理状态等个体差异因素均可能影响人体对环境异常变化的反应强度和性质。

1.4　环境工程学与可持续发展

经济发展与保护环境之间的矛盾是传统社会发展模式的一个重要症结。为解决这一矛盾症结,世界环境与发展委员会(World Commission on Environment and Development, WCED)于 1987 年发表了《我们共同的未来》的报告,正式提出了可持续发展(sustainable development)的概念,可持续发展是既满足当代人的需求,又不损害后代人满足其需求的能力的发展。可持续发展的核心是协调处理人与自然要素的关系,而环境工程学领域针对环境污染的各类控制工程和修复工程则直接服务于可持续发展的目标和理念,诸如工业废气的防治和处理工程、大气污染的防治工程、城市空气污染的监测与预报等改善空气质量的环境工程学尝试,均是对可持续发展理论的实践。工业和生活污水的处理工程同样是从环境工程的角度对被污染的水资源加以治理,以便实现水资源的可持续利用。环境工程学是在人类控制环境污染、保护和改善生存环境的探索过程中形成和发展的,并通过健全的工程理论与实践来解决人类发展与环境之间的矛盾。环境工程学正是对可持续发展理论的实践与应用。

发展中国家在实践可持续发展的过程中面临更加严峻的挑战,相对于发达国家所具有的大量资本存量和健全的基础设施,发展中国家起步于较低的收入水平,其主要的社会和经济目标是增加生产,并且发展中国家还有明显的人口冲击等不利因素。人口增长和经济增长的共同作用导致了发展中国家在资源使用和环境污染方面面临更大的压力。可持续发展要求兼顾经济发展的同时保证经济的快速发展,这使得发展中国家在制定符合自身发展目标时需要更加谨慎地权衡利弊。因此,推行清洁生产和循环经济已经成为实现可持续发展的必然选择。

1.4.1 清洁生产

为更加科学有效地实现可持续发展的目标,1989 年联合国环境规划署在总结工业污染防治概念和实践的基础上提出了清洁生产的概念,并于 1990 年召开的第一次国际清洁生产高级研讨会上正式提出了清洁生产的定义:清洁生产是指对工艺和产品不断运用综合性的预防战略,以降低其对人体和环境的风险。清洁生产的基本目标是提高资源利用率,减少或者避免环境污染物的产生和排放,保护和改善环境,保障人体健康,促进经济和社会的可持续发展。

清洁生产的目标是预防污染,全面地考虑整个产品生命周期过程对环境的影响,淘汰落后的毒性原材料,消减所有废物的毒性和使用数量,从而最大限度地减少原料和能源的消耗,降低生产和服务的成本,提高资源和能源的利用效率,使其对环境的污染和危害降到最低。清洁生产是将综合性预防的战略持续地应用于生产过程、产品服务中,以提高效率和降低对人类安全的威胁和环境风险。当前清洁生产的重点研究方向有:清洁生产标准体系、方法学、工业污染减排评估和动态管理。归根结底,清洁生产就是在企业层面上利用环境工程的手段和方法在生产过程中从根本上实现污染预防与全程污染控制的工程。

1.4.2 循环经济

随着世界各国对可持续发展战略的普遍采纳,各国正在把发展循环经济、建立循环型社会作为实现环境与经济协调发展的重要途径。广义的循环经济就是在相当大的范围和区域内基于环境科学和环境工程学的理念,把清洁生产、资源综合利用、生态设计和可持续消费等融为一体,实现可持续发展,同时也是保护环境和削减污染的根本手段。发展循环经济就是保护环境,其主要的体现就是"减量化、再使用、再循环"的 3R 原则,环境工程学则是实现这一原则的必要手段。环境工程学在循环经济的理论和方法学上以环境管理决策的方式和角度提供科学支撑,在具体的实践循环经济的产业园区中,通过环境工程学的技术来实现无污染或低污染的新工艺、新技术,大力降低原材料和能源的消耗,实现少投入、高产出、低污染,尽可能把对环境污染物的排放消除在生产过程之中,以环境工程为基础实现资源回收和循环再利用。各国政府在政策制定和经济管理的过程中,应大力推行清洁生产,发展循环经济,杜绝发展高污染企业,制定完善的法律法规体系和环保标准并加以实施,从而实现可持续发展所要求的环境保护与经济发展的双赢。

1.5 环境工程学的主要研究内容

环境工程学是一个庞大而复杂的技术体系,这一体系主要包括环境净化与污染控制技术及原理、生态修复与构建技术及原理、清洁生产理论及其技术原理、环境规划管理与环境系统工程、环境监测与环境质量评价等。当前,从环境工程学发展的现状来看,环境工程学领域的研究重点是环境净化与污染控制技术及原理,其基本内容主要有:大气污染控制工程,水污染控制工程,固体废弃物处置与利用,物理性污染控制工程,环境规划、管理和环境系统工程,环境监测与环境质量评价等几个方面。

(1)大气污染控制工程。

大气污染控制工程的主要任务是研究预防和控制大气污染、保护和改善大气质量的工程技术措施。空气中的污染物种类繁多，根据其存在状态可分为颗粒/气溶胶状态污染物和气态污染物两大类。大气污染控制工程应用的技术方法可分为分离法和转化法两大类。分离法是利用污染物与空气物理性质的差异使污染物从空气或废气中分离的一类方法；转化法是利用化学反应或生物反应，使污染物转化成无害物质或易于分解的物质，从而使空气或废气得到净化的处理方法。

(2)水污染控制工程。

水污染控制工程的主要任务是研究预防和治理水体污染、保护和改善水环境质量的工程技术措施。水体中污染物种类繁多、成分复杂，按化学性质可将其分为有机污染物和无机污染物；按物理形态可将其分为悬浮固体污染物、胶体性污染物和溶解性污染物；按生物降解程度可将其分为可生物降解污染物和难生物降解污染物。水处理的方法多样，归纳起来可以分为物理法、化学法和生物法三大类。物理法是利用物理作用分离水中污染物的一类方法，在处理过程中不改变污染物的化学性质。化学法是通过改变污染物在水中的存在形式，使之从水中去除，或者使污染物彻底氧化分解、转化成无害物质的方法。生物法是利用微生物使水中的污染物分解、转化成无害物质的一类方法。

(3)固体废弃物处置与利用。

固体废弃物处置与利用的主要任务是研究生活垃圾、工业废渣、放射性及其他有毒有害固体废弃物的处理、处置和回收利用资源化的工艺技术措施。固体废弃物处置与利用主要研究固体废弃物的管理、无害化处理、综合利用和资源化，在回收利用的过程中关注提高利用效率和避免二次污染等问题。

(4)物理性污染控制工程。

物理性污染主要包括噪声、电磁辐射、振动、热污染等，其主要控制工程包括隔离、屏蔽、吸收、消减等技术措施。

(5)环境规划、管理和环境系统工程。

环境规划、管理和环境系统工程的主要任务是利用系统工程的原理和方法，对区域性的环境问题和防治技术措施进行整体的系统分析，以求得综合治理的优化方案，进行合理的环境规划、设计与管理；同时还研究环境工程单元过程系统的优化工艺及条件，并进行软件仿真。

(6)环境监测与环境质量评价。

环境监测与环境质量评价主要研究环境中污染物质的性质、成分、来源、含量和分布状态、变化趋势以及对环境的影响；在此基础上，按照一定的标准和方法对环境质量进行定量的判定、解释和预测；此外，还研究项目工程活动或资源开发所引起的环境质量变化及对人类生活的影响效果。

思 考 题

1.环境的定义是什么？目前人类所面临的环境污染主要包括哪几部分？

2.何谓环境致病因素？人体对环境致病因素是否有代偿能力？

3.参与空气质量评价的六项污染物是什么？造成其超标的原因是什么？

4.我国何时正式将土壤质量标准分为建设用地与农用土地？造成这两类土壤污染的因素主要是什么？

5.能否以人体是否出现疾病的临床症状和体征来评价有无环境污染及其污染严重的程度？

6.什么是环境工程学？它与其他学科之间是何关系？

7.环境工程学的主要内容有哪些？

第2章 大气污染控制工程

众所周知,没有水就没有生命,同样,没有空气也就没有生命。一个成年人一天需要 13～15 kg(10～12 m³)空气,相当于一天食物量的十几倍、饮水量的五六倍。据资料介绍,一个人可以5周不吃饭,5 d不喝水,但5 min不呼吸空气却不行,可见空气(尤其是清洁的空气)对人的生存是多么的重要。

然而20世纪中叶以来,进入大气中的污染物的种类和数量不断增多。对大气造成污染的污染物和可能对大气造成污染而引起人们注意的物质有一百多种,其中影响面广、对环境危害严重的主要有硫氧化物、氮氧化物、氟化物、碳氢化合物、碳氧化物等有害气体,以及飘浮在大气中含有多种有害物质的颗粒物和气溶胶等。

大气中的污染物有的来自自然界本身的物质运动和变化,有的来自人类的生产和消费活动。人类生产活动排放的有害气体治理、工业废气中颗粒物的去除原理和方法的研究是大气污染防治工程的主要任务。

2.1 概 述

2.1.1 大气和大气污染

1.大气(空气)

"空气"和"大气"这两个名词可视为同义词,两者没有实质性的差别,但在研究其污染规律及进行质量评价时,才将它们分别使用。一般将室内或特指区域(如车间、厂区等)的环境气体,称为空气。在大气物理、气象、自然地理和环境科学等领域的研究中,以及将大区域或全球性气流层作为研究对象时,则常用"大气"一词。

空气不是单一物质,而是多种气体的混合物。空气的组成成分包括恒定组分、可变组分和不定组分三部分。恒定组分指大气中的氧、氮、氩以及微量氖、氙、氪等稀有气体。可变组分指大气中的CO_2和水蒸气。含有上述两部分组分的大气被认为是洁净空气。

空气中的不定组分有时是由于火山爆发、森林火灾、海啸、地震等暂时性灾难发生而产生的大量尘埃、硫、硫化氢、硫氧化物、氮氧化物等。

围绕地球的大气层由空气、水汽和固体杂质三部分组成。从地面到高空,根据大气中温度的垂直分布特征分为五层:对流层、平流层、中间层、暖层和散逸层,如图2.1所示。

大气层中最接近地面的是对流层,对流层的厚度随纬度的增加而降低:两极处为8～9 km,中纬度地区为10～12 km,赤道处为16～17 km。对流层有以下4个特点。

①对流层中存在着大气在垂直和水平方向的对流,空气发生强烈混合,主要是由下垫面受热不均及其本身特性不同造成。

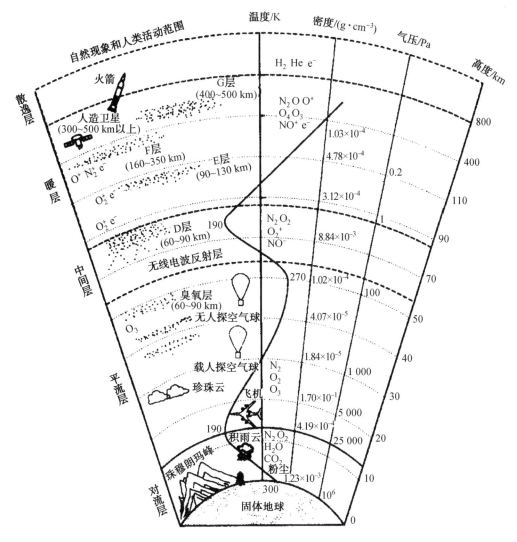

图 2.1　大气垂直方向的分层

②空气质量约占大气层总质量的 3/4,集中了几乎全部水蒸气,主要的大气现象都发生在这一层,这一层中天气变化最为复杂,对人和动植物的生存影响极大。

③大气温度随高度的增加而下降,每升高 100 m 平均降温约为 0.65 ℃。

④温度和湿度水平分布不均,经常发生大规模空气的水平运动,在高纬度内陆上空,空气比较寒冷干燥,在热带海洋上空,空气比较温暖潮湿。

从对流层顶到 50~55 km 高度的一层称为平流层,这一层中存在同温层和逆温层。同温层是从对流层顶到 25~35 km,这一层中大气温度较稳定,不随高度的变化而变化;逆温层是同温层以上到平流层顶,这一层中大气温度随高度的增加而升高,约 20 km 的臭氧层存在于该层中,臭氧层对太阳紫外线的吸收使其温度升高,从而保护地面生物免受紫外线的伤害。平流层中大气对流运动很少,污染物不易扩散,因此进入平流层的大气污染物停留时间很长,其中进入平流层的氟氯烃(CFCs)能够与臭氧发生光化学反应,使得臭氧逐渐减少。

平流层顶至 85 km 的高度称为中间层。中间层的气温随高度升高而迅速降低,大气的对流运动强烈,垂直混合明显。

从中间层顶到 800 km 高度为暖层。暖层温度随高度升高而增高,这一变化由太阳紫外线和宇宙射线共同作用造成。由于暖层气体分子被高度电离为大量的电子和离子,因此暖层也称为电离层。

暖层以上的大气层统称为散逸层。作为大气的外层,有着很高的气温以及极其稀薄的空气,在散逸层,气体离子能够散逸到宇宙空间。

2. 大气污染

(1)定义。

人类在生活和生产活动时,尤其是在工业生产活动中,势必将某些物质(如粉尘、硫氧化物、氮氧化物、碳氧化物等)和能量带入环境,当超过环境所能容许的极限时会使大气质量恶化,对人们生活、工作和身体健康以及建筑和设备等方面直接或间接地产生恶劣影响,这种现象称为大气污染。

自 18 世纪工业革命以来,尤其是 20 世纪,工农业和交通运输业飞速发展,人口迅速向城市集中,与此相关的化石燃料大量使用,使大气污染日趋严重。

(2)分类。

大气污染按其范围大体可分为以下四类:局部地区大气污染、区域性大气污染、广域性大气污染和全球性大气污染。

①局部地区大气污染,如某个工厂烟囱排气的直接污染。

②区域性大气污染,如工矿区或其附近地区或整个城市大气受到污染。

③广域性大气污染,如超过行政区划的广大地域的大气污染。

④全球性大气污染。全球性大气污染是指由人类活动导致大气中硫氧化物、氮氧化物、二氧化碳、氟氯烃化合物和飘尘的不断增加,造成跨国界的酸雨、温室效应和臭氧层破坏。

2.1.2　大气污染物

1. 大气污染物的定义

以各种方式排放进入大气层并有可能对人和生物、建筑材料以及整个大气环境构成危害或带来不利影响的物质称为大气污染物。迄今为止,对人类危害较大的、已被人们关注的大气污染物有 100 多种。排放进入大气的污染物质在与空气成分的混合过程中,还会发生各种物理变化与化学变化。将原始排放的直接污染大气的污染物质称为一次污染物,而把经过化学反应生成的新的污染物称为二次污染物,这种产生二次污染物的过程称为二次污染。

2. 大气污染物的种类

按照国际标准化组织(ISO)的定义,"大气污染物是指由于人类活动或自然过程排入大气的并对人或环境污染产生有害影响的那些物质"。

大气污染物的种类非常多,根据其存在状态,可将其概括为两大类,即颗粒污染物和气态污染物。

(1)颗粒污染物。

颗粒污染物是指由悬浮于气态介质中的固体或液体颗粒所组成的空气分散系统。根据颗粒物的物理性质不同,可以分为粉尘、烟、飞灰、黑烟、雾、细颗粒物、可吸入颗粒物、总悬浮微粒。

①粉尘(dust)。粉尘指悬浮于气体介质中的小固体粒子(根据粒径又分为降尘和飘尘)。大于 10 μm 的粒子靠重力作用能在较短时间内沉降到地面,称为降尘;小于 10 μm 的粒子能长期地在大气中自然飘浮,称为飘尘。粉尘通常是由于固体物质的破坏、分级、研磨等机械过程或土壤、岩石风化等自然过程而形成的。粒子的形状往往是不规则的,粉尘粒径一般为 1~200 μm。

②烟(fume)。按照 ISO 的定义,"烟通常指由冶金过程形成的固体粒子的气溶胶,它是由熔融物质挥发后生成的气态物质的冷凝物,在生产过程中总是伴有诸如氧化之类的化学反应。"烟粒子很小,粒径范围一般为 0.01~1 μm。

③飞灰(flyash)。按照 ISO 的定义,"石灰指由燃料燃烧产生的烟气带走的灰分中分散得较细的粒子"。"灰分(ash)指含碳物质燃烧后残留的固体残渣,尽管其中可能含有未完全燃尽的燃料,而作为分析目的,总是假定它是由完全燃烧而产生的。"

④黑烟(smoke)。根据 ISO 的定义,"黑烟通常指由燃烧产生的能见气溶胶",它不包括水蒸气,在某些文献中以林格曼数、黑烟的遮光率、沾污的黑度或捕集的沉降物的质量来定量表示黑烟。黑烟的粒径范围为 0.05~1 μm。

⑤雾(fog)。按照 ISO 的定义,"雾指属于气体液滴的悬浮体的总称"。在气象中指造成的能见度小于 1 km 的水滴的悬浮体。

在工程中,雾泛指小液体粒子的悬浮体,它可能是由液体蒸气的凝结、液体的雾化和化学反应等过程形成的,如水雾、酸雾、碱雾、油雾等,水滴的粒径范围在 200 μm 以下。

⑥细颗粒物。细颗粒物指环境空气中空气动力学当量直径小于等于 2.5 μm 的颗粒物,又称细粒、细颗粒、$PM_{2.5}$。它能较长时间悬浮于空气中,其在空气中的浓度越高,代表空气污染越严重。虽然 $PM_{2.5}$ 只是地球大气成分中含量很少的组分,但它对空气质量和能见度等有重要的影响。与较粗的大气颗粒物相比,$PM_{2.5}$ 粒径小,比表面积大,活性强,易附带有毒、有害物质(例如重金属、微生物等),且在大气中的停留时间长,输送距离远,因而对人体健康和大气环境质量的影响更大。

⑦可吸入颗粒物。可吸入颗粒物指空气动力学当量直径小于等于 10 μm 的颗粒物,又称 PM_{10}。可吸入颗粒物可以被人体吸入,沉积在呼吸道、肺泡等部位从而引发疾病。颗粒物的直径越小,进入呼吸道的部位越深。直径为 10 μm 的颗粒物通常沉积在上呼吸道,直径为 5 μm 的颗粒物可进入呼吸道的深部,直径为 2 μm 以下的颗粒物可 100% 深入细支气管和肺泡。

⑧总悬浮微粒(TSP)。总悬浮微粒指大气中的粒径小于 100 μm 的固体粒子。它能较长时间地悬浮于大气中。这是为适应我国目前普遍采用的低容量($10\ m^3/h$)滤膜采样法而规定的指标。

(2)气态污染物。

以分子状态存在的污染物称为气态污染物,气态污染物可分为一次污染物和二次污染物。从各种污染源直接排放出来的污染物称为一次污染物,一次污染物分为反应性污染物和非反应性污染物。反应性污染物能在一定条件下进行化学反应,产生新的污染物,称为二次污染物。

目前,受人们关注的气态污染物主要有:硫氧化物、碳氧化物、氮氧化物、碳氢化物、卤素化物等。

硫氧化物主要指 SO_2、SO_3，它们都是含硫煤和石油燃烧产物，此外冶炼及硫酸厂等也排放大量硫氧化物。SO_2 是一种无色、有嗅的窒息性气体。燃料燃烧时，其中所含的硫转化为 SO_2，体积分数为 5% 的 SO_2 在空气中转化为 SO_3，若有金属氧化物存在时，使 SO_2 转化为 SO_3 的量增多并且速度加快，它与空气中的水雾结合形成硫酸烟雾，其毒性比 SO_2 大 10 倍。

碳氧化物主要指 CO_2 和 CO，它们主要是燃料燃烧产物，人类呼吸也放出 CO_2。CO_2 是无色、无味气体，高浓度 CO_2 可以导致人麻痹中毒，甚至死亡。CO 是无色、无味、窒息性气体，在不完全燃烧时产生。

氮氧化物主要指 NO、NO_2，NO_2 大多来源于燃烧过程，硝酸厂、氮肥厂及冶炼厂等也排放氮氧化物。NO 在空气中能迅速氧化成 NO_2，NO_2 毒性是 NO 的 5 倍，它主要危害人体的呼吸系统。

碳氢化物主要指烷烃、烯烃和芳烃，碳氢化物参与光化学反应，产生光化学烟雾中的一些成分。芳烃(PAH)是毒性更强的污染物，有些是致癌物质。

卤素化物主要指含氟废气，其主要来自使用含氟矿石或以氟化物作为原料的生产过程，排放量最大的是钢铁厂、炼铝厂和磷肥厂。

目前，在区域性大气污染中，影响较大的是粉尘、SO_x、NO_x、CO、碳氢化物和重金属等。全球性大气污染中影响较大的是飘尘、CO_2、氟氯烃等。

2.1.3 大气污染物的来源

排放大气污染物进入大气的源称为大气污染源，按照不同情况和研究目的，可以从不同角度对大气污染源进行分类。

1. 大气污染的主要来源

(1)燃料燃烧。

例如，火力电站、工业和民用炉窑的燃料燃烧。在我国，燃料燃烧排放的污染物占大气污染物的 70% 以上。在直接燃烧的燃料中，煤炭所占比例最大，为 70.6%，液体燃料(包括汽油、柴油、燃料重油等)占 17.2%，气体燃料(天然气、煤气、液化石油气等)占 12.2%。因此，煤炭直接燃烧是我国大气污染的主要来源。

(2)工业生产。

例如，冶金、石油、化工、造船等多种工矿企业生产过程中产生的污染物约占总污染物的 20%，各种工业生产过程产生的大气污染物，因工艺流程、原材料、燃料、操作管理条件和水平等的不同，其种类、数量、组成、特性差别很大。但其共同特点是排放点比较集中，浓度较高，对局部地区或工矿区的大气污染较严重。

(3)交通运输。

例如，汽车、拖拉机、火车、轮船、飞机等交通工具排放的污染物，约占总污染物的 10%。我国的机动车辆虽然不多，但旧车多、耗油高，基本无控制，致使排污量很大。《2022 年中国生态环境统计年报》中指出，对全国 31 个省(自治区、直辖市)和新疆生产建设兵团的 363 个行政单位开展移动源统计调查，显示移动源废气中氮氧化物排放量为 526.7 万 t。

2. 大气污染源

(1)按照人类活动的内容分类。

①工业污染源:指在工业生产过程中排放出废弃污染物的源。

②农业污染源:指农田在使用农药、化肥过程中产生或残留在地面和土壤中,并经大气输送和扩散进入大气层的污染物的源。

③城市生活污染源:指城市商业、交通、生活中排放废气污染物,如居民生活用炉灶和采暖锅炉放出大量烟尘和有害气体,以及交通运输的废气排放源等。

（2）按污染物排放方式分类。

①连续源:污染物以持续、定常的方式向大气层排放的污染源。

②间歇源:污染物以规则或不规则的间歇方式排放的污染源。

③瞬时源:污染物以突发性方式在短时(瞬时)排放的污染源。

（3）按污染源排放位置分类。

①固定源:位置固定不变的污染源,如烟囱排放源。

②移动源:位置是移动的污染源,如车、船、飞机等排放源。

③无组织排放源:无规则或泄漏逸散向大气层排放污染物的源。

（4）按污染物排放高度分类。

①高架源:污染物通过离地一定高度的排放口排放污染物的源。

②地面源:污染物通过位于地面或低矮高度上的排放口排放的源。

（5）按污染物排放口的形式分类。

①点源:污染物的排放口呈一定口径的点状排放的污染源。

②线源:污染物排放口构成线状排放源如工厂车间天窗排气,或由移动源构成线状排放的源如道路车辆的废气排放。

③面源:在一定区域范围,以低矮密集的方式自地面或不大的高度排放污染物的源。

④体源:由源本身或附近的建筑物的空气动力学作用使污染物呈一定体积向大气层排放的源,如楼房的通风排气设施等。

2.1.4　环境空气质量标准

根据《中华人民共和国环境保护法》和《中华人民共和国大气污染防治法》,《中华人民共和国大气污染防治法》为改善环境空气质量、防止生态破坏、创造清洁适宜的环境、保护人体健康,特制定《环境空气质量标准》。该标准首次发布于 1982 年。1996 年第一次修订,2000 年第二次修订,2012 年 2 月国务院发布空气质量新标准,一是增加了臭氧(O_3)和细颗粒物($PM_{2.5}$)两项污染物控制标准;二是严格限制了可吸入颗粒物(PM_{10})、二氧化氮(NO_2)等污染物的排放。

1. 适用范围

本标准规定了环境空气功能区分类、标准分级、污染物项目、平均时间及质量浓度限值、监测方法、数据统计的有效性及实施与监督等内容。本标准适用于环境空气质量评价与管理。环境空气功能区质量要求,一类区适用于一级质量浓度限值,二类区适用于二级质量浓度限值。环境空气污染物基本项目和其他项目质量浓度限值见表 2.1 和表 2.2。

表 2.1　环境空气污染物基本项目质量浓度限值

序号	污染物项目	平均时间	质量浓度限值		单位
			一级	二级	
1	二氧化硫（SO$_2$）	年平均	20	60	μg/m^3
		24 h 平均	50	150	
		1 h 平均	150	500	
2	二氧化氮（NO$_2$）	年平均	40	40	
		24 h 平均	80	80	
		1 h 平均	200	200	
3	一氧化碳（CO）	24 h 平均	4	4	mg/m^3
		1 h 平均	10	10	
4	臭氧（O$_3$）	日最大 8 h 平均	100	160	μg/m^3
		1 h 平均	160	200	
5	颗粒物（粒径≤10 μm）	年平均	40	70	
		24 h 平均	50	150	
6	颗粒物（粒径≤2.5 μm）	年平均	15	35	
		24 h 平均	35	75	

表 2.2　环境空气污染物其他项目质量浓度限值

序号	污染物项目	平均时间	质量浓度限值		单位
			一级	二级	
1	总悬浮颗粒物（TSP）	年平均	80	200	μg/m^3
		24 h 平均	120	300	
2	氮氧化物（NO$_x$）	年平均	50	50	
		24 h 平均	100	100	
		1 h 平均	250	250	
3	铅（Pb）	年平均	0.5	0.5	
		季平均	1	1	
4	苯并[a]芘（B[a]P）	年平均	0.001	0.001	
		24 h 平均	0.002 5	0.002 5	

2. 质量分级及各项污染物分析方法

环境空气功能区分为两类：一类区为自然保护区、风景名胜区和其他需要特殊保护的区域；二类区为居住区、商业交通居民混合区、文化区、工业区和农村地区。

环境空气质量标准分为两级：一类区执行一级标准，二类区执行二级标准。

表 2.3 列出了我国 2012 年颁布的《环境空气质量标准》（GB 3095—2012）各项污染物分析方法。

表 2.3　《环境空气质量标准》（GB 3095—2012）各项污染物分析方法

污染物名称	分析方法	来源
二氧化硫	甲醛吸收–副玫瑰苯胺分光光度法	HJ 482—2009
总悬浮颗粒物	重量法	HJ 1263—2022
可吸入颗粒物（PM$_{10}$和 PM$_{2.5}$）	重量法	HJ 618—2011
氮氧化物（一氧化氮和二氧化氮）	盐酸萘乙二胺分光光度法	HJ 479—2009

续表2.3

污染物名称	分析方法	来源
臭氧	靛蓝二磺酸钠分光光度法	HJ 504—2009
一氧化碳	非分散红外法	HJ 965—2018
苯并[a]芘	高效液相色谱法	HJ 956—2018
铅	石墨炉原子吸收分光光度法	HJ 539—2015
氟化物	滤膜采样/氟离子选择电极法	HJ 955—2018

3. 各项污染物统计时效及实施标准

表2.4 为我国2012年颁布的《环境空气质量标准》(GB 3095—2012)各项污染物统计时效。

表2.4 《环境空气质量标准》(GB 3095—2012)各项污染物统计时效

污染物项目	平均时间	数据有效性规定
SO_2、NO_x、NO_2	年平均	每年至少有分布均匀的144个日均值 每月至少有分布均匀的12个日均值
TSP、PM_{10}、Pb	年平均	每年至少有分布均匀的60个日均值 每月至少有分布均匀的5个日均值
SO_2、NO_x、NO_2、CO	日平均	每日至少有18 h的采样时间
TSP、PM_{10}、B[a]P、Pb	日平均	每日至少有12 h的采样时间
SO_2、NO_x、NO_2、CO、O_3	1 h 平均	每小时至少有45 min的采样时间
Pb	季平均	每季至少有分布均匀的15个日均值 每月至少有分布均匀的5个日均值
F	月平均	每月至少采样15天以上
	植物生长季平均	每一个生长季至少有70%个月平均值
	日平均	每日至少有12 h的采样时间
	1 h 平均	每小时至少有45 min的采样时间

该标准由各级环境保护行政主管部门负责监督实施。本标准规定了小时、日、月、季和年平均浓度的限值,在标准实施中各级环境保护行政主管部门应根据不同目的监督其实施。

环境空气质量功能区由地级市(含地级市)以上环境保护行政主管部门划分,报同级人民政府批准实施。

2.1.5 大气污染控制的基本原理和方法

1. 大气污染控制的原理

大气污染控制可以从两方面来理解。一是从立法的角度,指用法律来限制或禁止污染物的扩散。这就需要确定哪些物质应受限制,控制到什么程度,研究有害物质对人体健康的影响、对财产的损害、对美学的危害以及不同污染物质在大气中的相互作用、污染物在大气中的迁移转化规律等。近几年来,这种污染控制的研究范围还在扩大。

二是"控制"一词具有防止的意思。用什么方法来防止大气污染发生?除了取消那些使环境生态遭到严重破坏的污染源之外,还可采用一些手段将污染物排放量降到不致严重污染大气的程度。这种手段是利用某种装置来实现的。这就需要进行工程分析和防污染设备的研制、设计、建造、安装和运行,以达到预期的效果。

2. 大气污染控制的方法

大气污染控制是为了应对大气污染物而采取的污染物排放控制技术和控制污染物排放政策,各种工业排放的特殊气体污染物,比较容易通过改变生产工艺或关闭、迁移工厂的方式解决。目前,主要的大气污染物是由燃烧化石燃料产生的烟尘、二氧化碳和硫化物,以及汽车尾气排放的一氧化碳、碳氢化合物和氮氧化物。

大气污染控制方法主要有以下几个方面。

(1)减少或防止污染物的排放。

①改革能源结构,采用无污染能源(如太阳能、风力、水力)和低污染能源(如天然气、沼气、酒精)。

②对燃料进行预处理(如燃料脱硫、煤的液化和气化),以减少燃烧时产生污染大气的物质。

③改进燃烧装置和燃烧技术(如改革炉灶、采用沸腾炉燃烧等)以提高燃烧效率和降低有害气体排放量。

④采用无污染或低污染的工业生产工艺(如不用和少用易引起污染的原料,采用闭路循环工艺等)。

⑤节约能源和开展资源综合利用。

⑥加强企业管理,减少事故性排放和逸散。

⑦及时清理和妥善处置工业、生活和建筑废渣,减少地面扬尘。

(2)治理排放的主要污染物。

燃烧过程和工业生产过程在采取上述措施后,仍有一些污染物排入大气,应控制其排放浓度和排放总量使之不超过该地区的环境容量。主要方法如下:

①利用各种除尘器去除烟尘和各种工业粉尘。

②采用气体吸收塔处理有害气体(如用氨水、氢氧化钠、碳酸钠等碱性溶液吸收废气中的二氧化硫;用碱吸收法处理排烟中的氮氧化物)。

③应用其他物理的(如冷凝)、化学的(如催化转化)、物理化学的(如分子筛、活性炭吸附、膜分离)方法回收利用废气中的有用物质,或使有害气体无害化。

(3)发展植物净化。

植物具有美化环境、调节气候、截留粉尘、吸收大气中有害气体等功能,可以在大面积范围内,长时间地、连续地净化大气。尤其是大气中污染物影响范围广、浓度比较低的情况下,植物净化是行之有效的方法。在城市和工业区有计划地、有选择地扩大绿地面积是大气污染综合防治具有长效能和多功能的措施。

(4)利用环境的自净能力。

大气环境的自净有物理作用(扩散、稀释、降水洗涤)、化学作用(氧化、还原等)和生物作用。在排出的污染物总量恒定的情况下,污染物浓度在时间上和空间上的分布与气象条件有关,认识和掌握气象变化规律,充分利用大气自净能力,可以降低大气中污染物浓度,避免或减少大气污染危害。例如,以不同地区、不同高度的大气层的空气动力学和热力学的变化规律为依据,可以合理地确定不同地区的烟囱高度,使经烟囱排放的大气污染物能在大气中迅速地扩散稀释。

2.2　主要大气污染源

2.2.1　燃煤锅炉污染

煤炭的组成可分为可燃质、灰分和水分,用质量分数表示。水分是指煤样在 105 ℃ 的恒温烘箱中干燥 1 h 后所放出来的水分,其变化范围为 1% ~ 15%。灰分是煤炭中不可燃烧的矿物质的总称。我国煤炭的平均灰分为 25%。可燃质由碳、氢、氧、氮、硫五种元素的化合物组成。当燃料受热时,水分先蒸发,接着使可燃质分解,放出气态的挥发分,其中可燃成分主要有碳氢化合物、氢气、一氧化碳、氨及可燃硫等,残留下固定碳和不可燃烧的灰分。

可燃气体的燃烧除了需要供给必要的空气之外,还需具备以下 3 个条件:

(1)具有可燃质着火点以上的温度。

(2)可燃质与空气中的氧进行化学反应所必要的时间和空间(燃烧室)。

(3)可燃质与空气得以充分混合。

只有满足以上 3 个燃烧条件,气态可燃质才能有效地燃烧,释放可供利用的热能。气态可燃质的燃烧所造成的高温又引起固定碳的燃烧,最后残留灰分。

1. 锅炉大气污染物排放标准(GB 13271—2014)

表 2.5 为 2015 年 10 月 1 日起执行的 10 t/h 以上蒸汽锅炉和 70 MW 以下在用热水锅炉大气污染物排放限值,10 t/h 及以下在用蒸汽锅炉和 70 MW 及以下在用热水锅炉自 2016 年 7 月 1 日起执行表 2.5 规定的大气污染物排放限值。

表 2.5　在用热水锅炉大气污染物排放限值

污染物项目	限值			污染物排放监控位置	单位
	燃煤锅炉	燃油锅炉	燃气锅炉		
颗粒物	80	60	30	烟囱或烟道	mg/m³
二氧化硫	400 550*	300	100		
氮氧化物	400	400	400		
汞及其化合物	0.05	—	—		
烟气黑度 (林格曼黑度)	≤1			烟囱排放口	级

注:*位于广西壮族自治区、重庆市、四川省和贵州省的燃煤锅炉执行该标准。

自 2014 年起,新建锅炉执行表 2.6 规定的大气污染物排放限值。

表 2.6　新建锅炉大气污染物排放限值

污染物项目	限值			污染物排放监控位置	单位
	燃煤锅炉	燃油锅炉	燃气锅炉		
颗粒物	50	30	20	烟囱或烟道	mg/m³
二氧化硫	300	200	50		
氮氧化物	300	250	200		
汞及其化合物	0.05	—	—		
烟气黑度 (林格曼黑度)	≤1			烟囱排放口	级

重点地区执行表 2.7 规定的大气污染物特别排放浓度限值。

执行大气污染物特别排放限值的地域范围、时间由国务院环境保护主管部门或省级人民政府规定。

表 2.7　大气污染物特别排放浓度限值

污染物项目	限值			污染物排放监控位置	单位
	燃煤锅炉	燃油锅炉	燃气锅炉		
颗粒物	30	30	20	烟囱或烟道	mg/m³
二氧化硫	200	100	50		
氮氧化物	200	200	150		
汞及其化合物	0.05	—	—		
烟气黑度 (林格曼黑度)	≤1			烟囱排放口	级

2. 煤炭燃烧的污染产物

煤炭在燃烧过程中,排出多种污染大气的产物。

(1)烟尘。

烟尘包括飞灰和黑烟,表 2.8 列出了几种燃煤锅炉产生的烟尘量。

表 2.8　几种燃煤锅炉产生的烟尘量

锅炉型式	含尘质量浓度 /(g·m⁻³)	占灰分的比例 /%
链条炉	2～5	15～20
抛煤炉	5～13	20～40
煤粉炉	10～30	70～85
沸腾炉	20～60	40～60

(2)二氧化硫。

煤炭中的硫分只有可燃硫才能转变成为二氧化硫,其中一小部分与灰分中的碱土族金属氧化物反应生成硫酸盐而留在灰渣中,因此大约只有 80% 的硫分进入烟气中。若煤灰中存在钒等痕量元素时,在有过量空气的条件下,最多能将体积分数为 3% 的二氧化硫转化成三氧化硫,并与水蒸气结合形成硫酸雾。即使三氧化硫的质量浓度低达 15×10^3 mg/m³,酸雾的露点温度仍高达 125 ℃。

（3）二氧化氮。

大约在 900 ℃高温燃烧时开始产生二氧化氮,在 1 300 ℃以上时生成量增加尤为迅速。煤炭中含氮成分多或过量空气增加也会使二氧化氮生成量增加。大型锅炉是二氧化氮最大的发生源,改进燃烧能控制二氧化氮的生成量。

（4）其他污染物。

煤炭燃烧过程中,在 700 ℃左右的炉温下,氧气不足时会使一氧化碳、黑烟和多环芳烃类及醛类等增加,热效率降低。所以应尽可能使高温和过剩氧不在炉中同一部位出现,即先将烟气的热量取走,使之大幅度降温后再鼓入过量空气,以烧掉一氧化碳和烃类等,最后再回收烟气热量,可使二氧化氮生成量大幅度减少。

（5）痕量元素。

燃煤产物还包含有砷、铍、铅、汞及放射性物质等有毒、有害的痕量元素的污染物,煤中的氯化物也在烟气中排出。

3. 燃煤锅炉烟气脱硫除尘技术

脱硫除尘技术主要有 3 种:湿法脱硫除尘、干法脱硫除尘和干湿结合脱硫除尘。

（1）湿法脱硫除尘。

湿法脱硫除尘中应用较多的是湿式双旋脱硫除尘(该技术主要是利用除尘液易与硫化物和粉尘反应,完成烟气的脱硫除尘处理),通常湿法脱硫除尘技术主要有以下步骤。

①加热。烟气脱硫首先需要加热处理,烟尘加热的工具是引风机。

②引流。加热后的烟气向上运动至除尘器的上部,通过旋流板使烟尘可以均匀地引流到除尘筒中。

③脱硫除尘。除尘筒中设有喷淋设备,喷出的液体是除尘液,在除尘筒中经过烟尘和硫化物的反应,可以去除烟气中的污染物质。

④脱水排放。经过以上几个步骤处理的烟气已经能够达到排放的标准,因此烟气最后经过脱水即可进行排放。

（2）干法脱硫除尘。

干法脱硫除尘与湿法脱硫除尘类似,是利用物化反应的方式达到脱硫除尘的目的。干法脱硫除尘主要由两部分组成:一是除尘器,二是吸附塔。随着科学技术的快速发展,干法脱硫除尘技术也日趋进步,研究出在干法脱硫除尘中加入高能电子,使该技术具有更高的脱硫效率且操作简单。但该技术目前的弊端在于,使用过程中容易造成工作人员受到过多的电磁辐射,对工作人员的职业健康造成一定的影响。

（3）干湿结合脱硫除尘。

干湿结合脱硫除尘是将干法脱硫与湿法脱硫组合在一起形成在立式塔中的两套系统,烟气分别经过两种方式的处理后,能达到更好的脱硫除尘处理效果。实践证明,在中小型燃煤锅炉的烟气处理中,干湿结合脱硫除尘处理烟气的方法能有效去除硫化物和烟尘,适合在我国目前小型锅炉烟气处理中应用。干湿结合脱硫除尘的投资和运行费用较多,虽然效果较好,但考虑到经济上的因素,适合有一定资金实力的企业应用。

我国能源的利用多以煤炭为主,平均每年消耗原煤量约为 25 亿 t。煤炭燃烧会产生大量的污染物,其中对人体影响较大的是粉尘颗粒,容易诱发呼吸道疾病,同时城市雾霾的主要原因是由细粉尘 $PM_{2.5}$ 造成的。2012 年发布的《环境空气质量标准》(GB 3095—2012)已将 $PM_{2.5}$ 作为各省市的强制监测指标。

随着政府和环境主管部门各文件的发布,燃煤锅炉除尘领域急需发展。目前现有的除尘技术和设备很难适应当前的环境污染治理,特别是 $PM_{2.5}$ 将成为重点治理的对象。

4. 氮氧化物的处理方法

氮氧化物的处理方法是指用改进燃烧的过程和设备或采用催化还原、吸收、吸附等排烟脱氮的方法,控制、回收或利用废气中氮氧化物(NO_x),或对 NO_x 进行无害化处理。NO_x 主要包括一氧化氮(NO)和二氧化氮(NO_2),在 20 世纪 60 年代被确认为大气的主要污染物之一。NO_x 的防治途径:一是排烟脱氮,二是控制 NO_x 的产生。

排烟脱氮分为干法和湿法两类。

(1)干法。

干法主要有催化还原法、吸附法等。

①催化还原法。适用于治理各种污染源排放出的 NO_x。可分为非选择性还原法和选择性还原法。非选择性还原法是以一氧化碳、氢、甲烷等还原性气体作为还原剂,以元素铂、钯或以钴、镍、铜、铬、锰等金属的氧化物为催化剂,在 400 ~ 800 ℃ 的条件下,将氮氧化物还原成氮气,同时有部分还原剂与烟气中过剩的氧发生燃烧反应形成水和二氧化碳,并放出大量热。此法效率高,但耗费大量还原剂。选择性还原法是以元素铂或以铜、铁、钴、钒等的氧化物为催化剂,以氨(NH_3)或硫化氢(H_2S)为还原剂,有选择性地与排放废气中的 NO_x 反应,以 NH_3 为还原剂时,反应温度为 200 ~ 450 ℃(以 H_2S 为还原剂时反应温度为 120 ~ 150 ℃)。此法还原剂消耗仅为非选择性还原法的 1/5 ~ 1/4。我国采用金属钼、铜铬系和铁铬系做催化剂,反应温度的范围为 100 ~ 120 ℃。

②吸附法。用分子筛等吸附剂,吸附硝酸尾气中的 NO_x。氢型丝光氟石、13X 型分子筛、硅胶、泥煤和活性炭等是良好的 NO_x 吸附剂。在有氧存在时,分子筛不仅能吸附 NO_x,还能将 NO 氧化成 NO_2。通入热空气(或热空气与蒸汽的混合物)解吸,可回收硝酸(HNO_3)或 NO_2。硝酸尾气中的 NO_x 经过吸附处理可控制在 50 mg/L 以下。吸附法还可用于其他低浓度 NO_x 废气的治理。

(2)湿法。

湿法包括直接吸收法、氧化吸收法、氧化还原吸收法、液相吸收还原法和络合吸收法等,这里详细介绍前 3 种方法。

①直接吸收法。直接吸收法有水吸收、硝酸吸收、碱性溶液(氢氧化钠、碳酸钠、氨水等碱性液体)吸收、浓硫酸吸收等多种方法。我国应用漂白稀硝酸(质量分数为 15% ~ 30%)做吸收液,在压力为 2 kg/cm^2,吸收温度为 20 ℃,气液比为 290:1,空塔速度为 0.52 m/s 的条件下吸收硝酸尾气中的 NO_x,可使尾气中 NO_x 的含量降低到国家排放标准以下。用漂白稀硝酸可在低压下直接吸收 NO。例如,在质量分数为 12% 的漂白稀硝酸中 NO 的溶解度系数(β)为 4.2;用水直接吸收 NO,β 值仅为 0.041。当 NO 和 NO_2 物质的量的比为 1 时,吸收速度加快。为使部分 NO 氧化为 NO_2,使物质的量的比保持为 1,一般采取加压、降温、催化氧化、增加吸收塔体积等措施。用漂白稀硝酸直接吸收 NO,既可减少污染,又可增加硝酸产量。吸收 NO_x 后

的漂白稀硝酸,可用气体吹脱(漂白),吹脱出来的 NO_x 送入吸收塔回收。此法可从尾气中回收质量分数为 80% ~ 90% 的 NO_x。碱性溶液吸收法是用质量分数为 30% 的 NaOH 溶液或相应浓度的氨水,得到硝酸盐和亚硝酸盐。用氨水吸收得到的硝酸铵和亚硝酸铵可做农田肥料。用浓硫酸吸收既可去除 NO_x,又可去除烟气中的 SO_2,目前尚处于实验室研究阶段。

②氧化吸收法。氧化吸收法是在氧化剂和催化剂作用下,将 NO 氧化成溶解度高的 NO_2 和 N_2O_3,然后用水或碱液吸收脱氮的方法,在湿法排烟脱氮工艺中应用较多。氧化剂可用臭氧(O_3)、二氧化氯(ClO_2)、亚氯酸钠($NaClO_2$)、次氯酸钠(NaClO)、高锰酸钾($KMnO_4$)、过氧化氢(H_2O_2)、氯气(Cl_2)和硝酸(HNO_3)等。氧化吸收法按氧化方式的不同可分为催化氧化吸收法、气相氧化吸收法和液相氧化吸收法。催化氧化吸收法是在催化剂作用下将 NO 氧化成 NO_2,然后用碱液吸收,氧化剂是烟气中的过剩氧;催化剂是以活性炭、氧化铝、二氧化硅为载体的钒、钨、钛和稀土金属氧化物等。此法已用于玻璃熔窑烟气净化,脱氮率达 90% 以上,净化后烟气中 NO_x 质量浓度在 60 mg/L 以下。此法的优点是:可采用闭路循环;可把 SO_2 和尘粒等污染物同时除去;不用外加氧化剂;在烟气中喷入体积分数为 5% 的水蒸气可提高催化剂的效率和寿命;设备的投资和运转费用低。气相氧化吸收法是采用 O_3 和 ClO_2 强氧化剂在气相中将 NO 氧化成容易被水、酸和碱液吸收的 NO_2 和 N_2O_3。用水吸收可回收稀硝酸。此法已用于以液化天然气为燃料的锅炉烟气净化,脱氮率达 90% 以上。此法净化过程简单,运行可靠,对锅炉正常运转无影响,可回收高品位的 HNO_3。但 O_3 用量较多,NO 氧化成 N_2O_3 需要时间较长,氧化塔相应庞大。液相氧化吸收法是用液相氧化剂将 NO 氧化,然后用碱吸收法吸收。液相氧化剂有 $KMnO_4$、$NaClO_2$ 等,脱氮率可达 90% ~ 95%。

③氧化还原吸收法。用 O_3、ClO_2 等强氧化剂在气相中把 NO 氧化成易于吸收的 NO_2 和 N_2O_3,用稀 HNO_3 或硝酸盐溶液吸收后,在液相中用亚硫酸钠(Na_2SO_3)、硫化钠(Na_2S)、硫代硫酸钠($Na_2S_2O_3$)和尿素[$(NH_2)_2CO$]等还原剂将 NO_2 和 N_2O_3 还原为 N_2。此法已用于加热炉排烟净化。在同一塔中可同时脱去烟气中的 SO_x 和 NO_x,脱硫率达 99%,脱氮率达 90% 以上。

2.2.2　汽车尾气污染

汽车排放的尾气,即汽车从排气管排出的废气。除空气中的氮和氧以及燃烧产物 CO_2、水蒸气等无害成分外,其余均为有害成分。汽车发动机排放的尾气中一部分毒性物质是在燃料不完全燃烧或燃气温度较低时产生的。尤其是在次序启动、喷油器喷雾不良、超负荷工作运行时更为严重。燃油不能很好地与氧化物燃烧,必定生成大量的 CO、碳氢化合物和煤烟。另一部分有毒物质是由于燃烧室内的高温、高压而形成的氮氧化合物 NO_x。汽车尾气排出的污染物,给人类赖以生存的大气环境带来了严重的污染。因此,必须采取有效措施,减少或者消除汽车尾气的排污量。

1. 我国汽车尾气排放标准

我国从 20 世纪 80 年代初期开始,针对汽车尾气排放采取先易后难分阶段实施的具体方案,具体实施主要分为 3 个阶段。

(1)第一阶段。

1983 年我国颁布了第一批机动车尾气污染控制排放标准,这一批标准的制定和实施标志着我国汽车尾气法规从无到有并逐步走向法制治理汽车尾气污染的道路。在这批标准中,包括了《汽油车怠速污染排放标准》《柴油车自由加速烟度排放标准》《汽车柴油机全负荷烟度排放标准》三个限值标准和《汽油车怠速污染物测量方法》《柴油车自由加速烟度测量方法》《汽车柴油机全负荷烟度测量方法》三个测量方法标准。

（2）第二阶段。

在1983年颁布的第一批机动车尾气污染控制排放标准的基础上,我国在1989—1993年又相继颁布了《轻型汽车排气污染物排放标准》《车用汽油机排气污染物排放标准》两个限值标准和《轻型汽车排气污染物测量方法》《车用汽油机排气污染物测量方法》两个工况法测量方法标准。值得一提的是,我国1993年颁布的《轻型汽车排气污染物测量方法》采用了ECER15—04的测量方法,而《轻型汽车排气污染物排放标准》则采用了ECER15—03限值标准(欧洲在1979年实施ECER15—03标准)。

（3）第三阶段。

北京市《轻型汽车排气污染物排放标准》(DB 11/105—1998)的出台和实施,拉开了我国新一轮尾气排放法规制定和实施的序幕。从1999年起北京市实施DB 11/105—1998地方法规,2000年起全国实施《汽车排放污染物限值及测试方法》(GB 14961—1999)(等效于91/441/1EEC标准),同时《压燃式发动机和装用压燃式发动机的车辆排气污染物限值及测试方法》也制定出台。与此同时,北京、上海、福建等省市还参照ISO 3929中双怠速排放测量方法分别制定了《汽油车双怠速污染物排放标准》地方法规。

目前,在我国新车常用的欧Ⅰ和欧Ⅱ标准等术语,是指当年EEC颁发的排放指令。例如,适用于重型柴油车(质量大于3.5 t)的指令"EEC88/77"分为两个阶段实施:阶段A(即欧Ⅰ)适用于1993年10月以后注册的车辆;阶段B(即欧Ⅱ)适用于1995年10月以后注册的车辆。

2. 汽车尾气的净化处理技术

由于汽车运行具有严重的分散性和流动性,因而也给净化处理技术带来了一定的限制。除了开发机内净化处理技术外,还要大力开发机外净化处理技术,这应该从两个方面入手:一是控制技术,主要是提高燃油的燃烧率、安装防污染处理设备和开发新型发动机;二是行政管理手段,采取报废更新、淘汰旧车、开发新型汽车(即无污染物排放的机动车)的方法,并从控制燃料使用标准入手加以控制。

（1）汽车燃油的改用。

①采用无铅汽油代替有铅汽油,可减少汽油尾气中毒性物质的排放量。以无铅汽油代替四乙基铅汽油,这种汽油是用甲醛树丁醚做掺合剂,它不仅不含铅,而且汽车尾气排出的一氧化碳、氮氧化合物、碳氢化合物量均会减少。因铅是一种蓄积毒物,它通过人的呼吸、饮水、食物等途径进入人体,对人体的毒性作用是侵蚀造血系统、神经系统及肾脏等。诸如对血管系统、生殖系统、致癌、致畸等毒性作用也可能发生。

②掺入添加剂,改变燃料成分。汽油中掺入质量分数为15%以下的甲醇燃料,或采用含质量分数为10%水分的水汽油燃料,都能在一定程度上减少或者消除CO、NO_x、HC和铅尘的污染效果。若采用"甲醇燃料",即采用甲醇和其他醇类同汽油混合所制成的燃料,当甲醇的质量分数为30%～40%时,汽车尾气排出的污染物可基本消除。

③选用恰当的润滑添加剂。在机油中添加一定量(质量分数为3%～5%)石墨、二硫化钼、聚四氟乙烯粉末等固体添加剂,加入到引擎的机油箱中,可节约发动机5%左右的燃油消耗量。

④采用绿色燃料减少汽车尾气中有毒气体的排放量。美国俄亥俄州某研究所发现,用

豆油与甲醇、烧碱混合,然后去除其中的甘油,可获得"大豆柴油"。用"大豆柴油"以 3∶7 的比例掺入到普通柴油中,可供柴油汽车使用。它可大大减少发动机工作时排放的硫化物、碳氢化合物、一氧化碳和烟尘,故被誉为绿色燃料。

⑤采用燃料电池作为燃烧发电的替代品。燃料电池是一种高效的发电装置,燃料电池的燃油效率大约是内燃机的两倍,并且不产生一氧化碳、碳氢化合物或氮氧化物。它们的基本原理是将化学能直接转化为电能,避免了传统燃烧能量循环的机械步骤和热力学限制。

(2)汽车发动机内部的调试。

①减少喷油提前角。减少喷油提前角,可降低发动机工作的最高温度,使 NO_x 的生成量减少。

②改善喷油器的质量,控制燃烧条件(燃比、燃烧温度、燃烧时间),可使燃料燃烧完全,从而减少 CO、HC 和煤烟。

③调整喷油泵的供油量,降低发动机的功率,使雾化的燃料有足够的氧气进行完全燃烧,从而也可以减少 CO、HC 和煤烟的生成。

(3)发动机外部尾气净化措施。

发动机外部尾气净化采用催化剂将 CO 氧化成 CO_2,HC 氧化成 CO_2 和 H_2O,NO_x 被还原成 N_2 等。采用的催化剂有氧化锰–氧化铜、氧化铬–氧化镍–氧化铜等金属氧化物和白金属(铂)等贵金属,它们都可以净化 CO 和 HC。催化反应器设置在排气系统的排气支管与消音器之间。

目前,适用于汽车尾气净化的三效催化剂得到了广泛的应用。可同时净化汽车尾气中的 NO_x、CO 和 HC 三种有害物质为无害的氮气、二氧化碳和水。三元催化器是安装在汽车排气系统中最重要的机外净化装置,通过三元净化器时,高温汽车尾气中的 NO_x、CO 和 HC 三种气体的活性被增强,进而被转化为三种无害物质。

三元催化剂一般由贵金属、助催化剂(CeO_2 等稀土氧化物)和载体 γ–Al_2O_3 组成。三效催化转化器仅适用于无铅汽油下的尾气排放处理,主要是因为铅会使催化剂永久中毒。另外,汽油中硫含量较高时也会影响催化转化器的效率,尽管这一效应一定程度上是可逆的,但是为了适应越来越严格的排放法规,进一步降低汽油中的硫含量是未来发展的必然趋势。

随着《中华人民共和国汽车尾气净化条例》的颁布,为了满足法规的要求,外净化成为汽车尾气净化的研究重点,国内外研究热点是四元催化技术,研究开发同时净化 PM、NO_x、CO 和 HC 的四效催化剂。四元催化技术被认为是最理想的外处理技术之一,该技术具有处理效果好、处理范围广、多种污染物同时处理、净化彻底、无二次污染、对燃料硫含量无要求等优点,但存在着对催化剂要求高、处理效果差等问题。

(4)加强行政管理,减少和消除汽车尾气对大气环境的污染。

①淘汰旧车,采取报废更新,开发并采用多种燃料的新型汽车。

②严格执行国家质量技术标准,控制燃油标准。

③减少汽车的通行量,鼓励多人合乘汽车;减少出租车的空驶时间,合理调度出租车。

④加强过街天桥和地下通道的建设,完全分离行人交通、自行车交通与机动车交通,有利于组织交通形态和流量的合理分布,提高交通输运能力和平均车速。

⑤对交通路口强化管理,减少人为的交通堵塞,缓解交通压力,减少车辆废气的排放。

(5)汽车尾气专利处理技术。

①使用车用选择性催化还原排气后处理系统。车用选择性催化还原排气后处理(SCR)是通过尿素反应产生的氨再与汽车尾气进行反应的一种技术,是被认证为满足欧盟机动车污染物排放系列标准第Ⅳ阶段标准的综合排放控制系统,是一项控制柴油发动机排气中NO_x的技术。

系统使用尿素与水混合成质量分数为32.5%的溶液,这种溶液公认的工业商品名称是AdBlue。其成分在DIN标准NO.70070中有规定。固体或水溶液中的尿素被分类为非危险品。AdBlue是一种透明液体,有淡淡的氨水气味,如果溅出,水分蒸发,形成结晶。AdBlue存储在一个安装在底盘上的尿素罐中。尿素罐向安装在底盘上的定量给料单元(DU)供应溶液。DU由发动机控制模块(ECM)控制。DU使用来自车辆系统的压缩空气来产生AdBlue喷雾,通过非常精确的计量和泵送系统输送到发动机排气系统的喷嘴处。喷入排气系统中的AdBlue数量由ECM控制,在任意转速和负载状况下都能与发动机的NO_x输出相匹配。当与高温排气接触时,水迅速蒸发,尿素变成氨。氨与NO_x在催化器内反应,这一过程的结果就是从排气管中排放出无害的N_2和H_2O。该系统能够有效地减少汽车尾气中NO_x的含量,降低由于NO_x所引起的污染。但是SCR系统存在一些缺点,导致其普及率不高:SCR系统安装复杂,设备成本较高,而且必须在汽车出厂前进行安装;SCR系统需要消耗由尿素配成的AdBlue溶液,使得汽车使用成本大大上升,尿素的生产消耗也会引起二次污染;SCR系统对于汽车尾气中的CO、HC和微粒等污染物没有效果,必须加装其他净化设备;SCR系统对汽车智能要求较高,容易引起发动机无法点火。

②使用高压脉冲电晕放电技术净化汽车尾气。高压脉冲电晕放电技术利用等离子体体系中的活性物种强化(催化)氧化-还原反应,将汽车尾气中的有害物质通过氧化、还原或离解而转化为无害或低害物质以达到降低环境污染的目的。

通常认为,高压脉冲放电是由高压电场中电子雪崩产生的流柱在电场中的运动现象。流柱理论是被广泛接受的一种理论。该理论认为,在流柱头部包含大量由电场加速的高能电子,它们碰撞气体分子而使得气体分子化学键断裂,从而达到减少反应气体中有害成分的目的。高频率的脉冲电压能够在不发生火花和弧光放电的前提下,达到更高的脉冲峰值电压,同时,在时间上产生更多的流柱,从而提供更多的高能电子。这些高能电子高速碰撞气体分子,打开气体分子的化学键,产生大量的活性粒子,使气体中的气体成分发生改变。

在汽车尾气排放管后加装一个正电晕裂变反应器,就能将高压脉冲电晕放电技术用于尾气处理。正电晕裂变是指电晕净化器中的尾气分子突然得到"爆炸式"的巨大能量时成为活化分子,发生频繁碰撞,在纳秒级的有效碰撞瞬间,将动能转化为分子内部势能,使其化学键破坏,将CO、HC、NO_x和SO_2等分解成单质固体微粒子S、C和单原子气体分子O_2、N_2以及H_2O的电离过程。

高压脉冲电晕放电净化处理难点是正电晕裂变需要超高压窄脉冲激活。超高压窄脉冲是指脉冲幅值为几百kV,半幅值脉宽为几百ns,频率为几百Hz的脉冲。由于脉冲陡并且峰值很高,它能使净化器空间电场强度发生突然的巨大变化,从而使汽车尾气分子突然获得裂变的巨大能量,在纳秒间成为活化分子。目前为了产生超高压窄脉冲,广泛使用的手段有两种:一是在直流电压上叠加脉冲;二是用特殊造型的脉冲变压器及其关联装置直接生成脉冲。无论使用哪种手段,都必须保证脉冲本身内耗足够小,同时保证使脉冲电压峰值尽量高,以降低能耗。

2.3.3　室内空气污染

根据世界卫生组织 1983 年的定义,病态建筑综合征(SBS)是因使用建筑物而产生的症状,包括眼睛发红、流鼻涕、咽痛、困倦、头痛、恶心、头晕、皮肤瘙痒等。为了了解室内空气质量的状况及影响因素,以便更好地研究和解决病态建筑综合征,国内外许多学者对不同类型建筑中的室内空气质量进行了调查、分析和评价。这些调查多采用问卷调查与现场测试相结合的方法。问卷调查的内容一般包括:

(1)周围环境状况,如温度、湿度、灯光、噪声、吹风感、异味、灰尘、静电等。

(2)职业状况,如工作满意程度、工作压力、工作环境等。

(3)病态建筑综合征状况,如困倦、头痛、眼睛发红、流鼻涕、咽痛、恶心、头晕、皮肤瘙痒、过敏等。

(4)个人资料,如性别、年龄、是否抽烟、是否有过敏史等。

现场测试内容一般包括:一氧化碳、二氧化碳、尼古丁、悬浮粒子、温度、相对湿度、风速、照度等。调查结果显示,引起室内空气质量问题的原因可分为两大类:一是各类污染源产生的污染作用;二是暖通空调系统的设计或运行不当。当然两者并非完全独立,例如某些气体污染有时也可以解释为通风不足。

第一类原因一般包括:①室外大气环境的恶化,由新风吸入口或门窗等进入的污染物;②室内污染源产生的污染物,如建筑材料、室内用品、吸烟、烹调等,不断释放有毒有害的气体。

第二类原因一般包括:①通风和气流组织问题,如新风量不足、室内气流组织不好等;②热舒适性问题,当空气未达到希望的温度、湿度时,由于对热状况的不满,人们也会对室内空气质量产生抱怨。

1. 室内空气污染标准

室内空气质量参数(indoor air quality parameter)指室内空气中与人体健康有关的物理、化学、生物和放射性参数。室内空气质量指标及要求(选摘自 GB/T 18883—2022)见表 2.9。

表 2.9　室内空气质量指标及要求(选摘自 GB/T 18883—2022)

序号	参数类别	参数	单位	标准值	备注
1	物理性	温度	℃	22 ~ 28	夏季空调
				16 ~ 24	冬季采暖
2		相对湿度	%	40 ~ 80	夏季空调
				30 ~ 60	冬季采暖
3		空气流速	m/s	0.3	夏季空调
				0.2	冬季采暖
4		新风量	$m^3/(h \cdot 人)$	30	

续表2.9

序号	参数类别	参数	单位	标准值	备注
5	化学性	二氧化硫(SO_2)	mg/m^3	0.50	1 h 均值
6		二氧化氮(NO_2)	mg/m^3	0.24	1 h 均值
7		一氧化碳(CO)	mg/m^3	10	1 h 均值
8		二氧化碳(CO_2)	%	0.10	日平均值
9		氨(NH_3)	mg/m^3	0.20	1 h 均值
10		臭氧(O_3)	mg/m^3	0.16	1 h 均值
11		甲醛(HCHO)	mg/m^3	0.10	1 h 均值
12		苯(C_6H_6)	mg/m^3	0.11	1 h 均值
13		甲苯(C_7H_8)	mg/m^3	0.20	1 h 均值
14		二甲苯(C_8H_{10})	mg/m^3	0.20	1 h 均值
15		B[a]P	mg/m^3	1.0	日平均值
16		可吸入颗粒物 PM_{10}	mg/m^3	0.15	日平均值
17		总挥发性有机物(TVOC)	mg/m^3	0.60	8 h 均值
18	生物性	菌落总数	CFU/m^3	2 500	依据仪器定
19	放射性	氡(^{222}Rn)	Bq/m^3	400	年平均值(行动水平)

可吸入颗粒物(PM_{10}):指悬浮在空气中,空气动力学当量直径小于等于 $10\ \mu m$ 的颗粒物。

总挥发性有机物(total volatile organic compounds,TVOC):利用2,6-二苯基对苯醚的多孔聚合物担体(TenaxTA)作为 TenaxTA 采样,采用非极性色谱柱(极性指数小于10)进行分析,保留时间在正己烷和正十六烷之间的挥发性有机化合物。

标准状态(normal state):指温度为 273 K,压力为 101.325 kPa 时的干物质状态。

2. 室内空气污染物的危害

(1)危害主体的不确定性。

由于造成人体伤害的因素比较复杂,也不能排除室内环境污染造成伤害以外其他一些因素造成人体伤害的可能性。

造成人体伤害的因果关系复杂性是因为人生活在复杂的室内环境中,其健康损害往往由多种因素造成,如果缺乏必要的科学依据,则难以证实某种建筑装饰材料与某种健康损害结果之间的必然关系。受害个体的差异性由于每个人的体质、遗传因素、过敏史和家族病史的不同,因此在相同室内环境污染情况下受伤害情况会出现较大差异。

室内环境污染对人体伤害的潜伏性:室内空气污染造成的健康问题,有些马上表现出来,如眼睛、鼻子及喉咙刺激和头痛、头晕眼花及疲乏;有些影响健康的反应需要长期才能暴露出来,如呼吸器官疾病、心脏疾病及癌症。据医学专家研究证明,癌症在人体内的潜伏期可长达20年以上。

(2)室内环境造成伤害的广泛性。

室内环境造成伤害的广泛性增加了认定和衡量某种建筑和装饰材料中的有害物质对人

体损害程度的困难。另外,由于体质的差异性,有害物质的放射程度及用量、接触时间长短、造成的伤害也是不同的。所以,应该科学分析室内环境污染物质对人体造成的伤害,提高人们的自我保护意识和室内环境意识,尽量减少和防止室内环境中的有害物质对人体的伤害,同时,对室内污染造成的伤害要进行具体分析和科学的评判。

3. 空气污染物的来源

甲醛主要来自于装修用的刨花板、纤维板、大芯板、胶合板、沙发用海绵、海绵床垫及墙壁、地面的装饰铺设用的黏合剂等。此外,一些化纤地毯、塑料地板、油漆和用脲醛泡沫树脂作为隔热材料的预制板都会释放甲醛。甲醛还可来自化妆品、清洁剂、杀虫剂、消毒剂、印刷油墨、纸张等。室外空气中也含有甲醛,但很少。甲醛是世界上公认的潜在致癌物,其毒性危害主要表现为神经系统及呼吸系统症状、肺损伤及神经中枢系统受到影响,如头痛、头晕、咽干、咳嗽等,而且还能致使胎儿畸形。复合板家具及家庭装修中的甲醛释放期可长达 3 ~ 15 年。其质量浓度在空气中达到 $0.06 \sim 0.07$ mg/m^3 时,儿童就会发生轻微气喘。当室内空气甲醛的质量浓度为 0.1 mg/m^3 时就会产生异味并令人有不适感;达到 0.5 mg/m^3 时可刺激眼睛,引起流泪;达到 0.6 mg/m^3 可引起咽喉不适或疼痛;浓度更高时,可引起恶心、呕吐、咳嗽、胸闷、气喘甚至肺水肿;达到 30 mg/m^3 时,会立即致人死亡。

氨是一种挥发性无色气体,具有强烈的刺激性臭味,极易溶于水,对人体的黏膜产生刺激和腐蚀作用,吸入的氨容易通过肺泡进入血液,与血红蛋白结合,破坏其运氧功能。氨可麻痹呼吸道纤毛和损害黏膜上皮组织,减弱人体对疾病的抵抗力。轻者引起充血和分泌物增多,进而可引起肺水肿。长时间接触低浓度氨,可引起喉炎、声音嘶哑;重者,可发生喉头水肿、喉痉挛而引起窒息,也可出现呼吸困难、肺水肿。写字楼和家庭内空气中的氨,主要来自于建筑施工中使用的混凝土外加剂。混凝土外加剂的使用,有利于提高混凝土的强度和施工速度,对此国家有严格的标准和技术规范。在冬季施工过程中,如果在混凝土墙体中加入会释放氨气的混凝土防冻剂,或为了提高混凝土的凝固速度,使用会释放氨气的高碱混凝土膨胀剂和早强剂,将留下氨污染隐患;室内空气中的氨也可来自室内装饰材料,比如家具涂饰时所用的添加剂和增白剂大部分都是氨水,氨水已成为建材市场中必备的商品,但它们释放得比较快,不会在空气中长期大量积存。人体通过呼气、大小便、汗液每人每日平均排放 $120 \sim 670$ mg 氨。检测表明,不是冬季施工的建筑,室内氨气较少。美国制造化学师协会规定,允许工作人员在低于 100 mg/m^3 的氨质量浓度下工作 8 h。

苯是一种无色且具有特殊芳香气味的液体,具有易挥发、易燃、蒸气有爆炸性的特点,对人的皮肤和黏膜有局部刺激作用,人在短时间内吸入高浓度的甲苯、二甲苯时,可出现中枢神经系统麻醉作用,轻者会发生头晕、头痛、恶心、胸闷、乏力、意识模糊;严重者可致昏迷以及呼吸、循环衰竭而死亡。苯在短时间内影响较大,但它挥发较快,一段时间后苯的浓度会降低。吸入 $4 000$ mg/m^3 以上的苯,短时间除了对黏膜及肺有刺激性外,对中枢神经也有抑制作用,同时会伴有头痛、呕吐、步态不稳、昏迷、房律不整。吸入 $14 000$ mg/m^3 以上的苯会立即死亡。如果长期接触一定浓度的甲苯、二甲苯会引起慢性中毒,可出现头痛、失眠、精神萎靡、记忆力减退、思维及判断力降低等症状。苯化合物已经被世界卫生组织确定为强致癌物质。苯主要来自建筑装饰中大量使用的化工原材料,如涂料、胶、漆。近 20 年来,我国涂料工业发展迅速,中国涂料工业协会发布的 2023 年度我国涂料、颜料行业经济运行数据显示:我国涂料工业总产量为 $3 577.2$ 万 t,同比增长 4.5%;进口量 15.3 万 t,同比降低

20.4%;出口量为26.2万t,同比增长19.6%;表观消费量为3 566.3万t,同比增长4.2%。污染物挥发性有机化合物(VOC)、苯主要产生于涂料。通常使用的涂料分为两种:水溶性涂料和溶剂型涂料。由于涂料品种繁多,所使用的成分也十分复杂,包括各种溶剂、稀释剂、着色剂、催干剂、树脂、油类、固化剂等近百种。在成膜和固化过程中,其中所含有的甲醛、苯类等可挥发成分会从涂料中释放出来,造成污染。特别是溶剂型涂料,由于溶剂为有机溶剂,其挥发性有机物含量和苯很难避免,况且许多生产企业为了降低成本,使用杂质含量很高的原料,挥发大量的苯类有毒、有害物质。

氡是在镭裂变后产生的自然界中唯一的天然放射性惰性气体,无色、无臭、无味。了解室内氡的来源,有助于对氡的认识和防治。室内氡的来源主要有以下几个方面。

(1)从房基土壤中析出的氡。

在地层深处含有铀、镭、钍的土壤、岩石中,人们可以发现高浓度的氡。这些氡可以通过地层断裂带进入土壤和大气层。建筑物建在上面,氡就会沿着地层的裂缝扩散到室内。从北京地区建造在地质断裂带上的建筑物检测表明,三层以下住房室内氡含量较高。

(2)从建筑材料中析出的氡。

1982年联合国原子辐射效应科学委员会的报告中指出,建筑材料是室内氡的最主要来源。如花岗岩、砖沙、水泥及石膏之类,特别是含有放射性元素的天然石材,易释放出氡。

(3)从户外空气中进入室内的氡。

在室外空气中,氡被稀释到很低的浓度,几乎不对人体构成威胁。但是一旦进入室内,就会在室内大量积聚。

(4)从供水及用于取暖和厨房设备的天然气中释放出的氡。

在这方面,只有水和天然气中氡的含量比较高时才会产生危害。

(5)通风不足的建筑物,氡气会滞留及积聚。

氡及其子体在衰变时释放出 α、β 等射线,易溶于脂肪,可通过呼吸过程进入人体。由于氡与人体的脂肪有很高的亲和力,氡能在脂肪组织、神经系统、网状内皮系统和血液中广泛分布,对细胞造成损伤,最终诱发癌变。科学研究表明,氡对人体的辐射伤害占人体一生中所受到的全部辐射伤害的55%以上,其诱发肺癌的潜伏期大多在15年以上,是除吸烟以外引起肺癌的第二大因素,世界卫生组织将其列为致癌的19种物质之一。

TVOC是指可以在空气中挥发的有机化合物,按其化学结构可以分为八类,造成室内空气污染的有害气体甲醛、苯及甲苯、二甲苯等均属于TVOC范畴。室内的TVOC主要是由建筑材料、室内装饰材料及生活和办公用品等散发出来的。如建筑材料中的人造板、泡沫隔热材料、塑料板材;室内装饰材料中的油漆、涂料、黏合剂、壁纸、地毯;生活中用的化妆品、洗涤剂等;办公用品主要是指油墨、复印机、打字机等;此外,家用燃料及吸烟、人体排泄物及室外工业废气、汽车尾气、光化学污染也是影响室内TVOC含量的主要因素。研究表明,暴露在高浓度的TVOC污染的环境中,可导致人体的中枢神经系统、肝、肾和血液中毒,个别过敏者即使在低浓度下也会有严重反应,通常症状是:眼睛不适,浑身赤热、干燥、沙眼、流泪;喉部不适,咽喉干燥、发痒;呼吸气短、支气管哮喘;头痛、注意力不集中、眩晕、疲倦、烦躁等。有多种可于室内测量到的挥发性有机化合物已被公认为人类或动物的致癌物质。

4. 室内空气污染物的净化技术

随着人们对室内空气质量的重视和技术的发展,室内空气污染物净化技术日趋增多,主要有吸附净化、紫外线净化、化学净化、光催化氧化、空气负离子净化技术、生物净化、植物净化等。近几年发展比较快的技术主要有以下几种。

（1）光催化氧化技术。

光催化氧化技术原理是采用二氧化钛（TiO_2）进行光催化，直接利用包括太阳能在内的各种来源的紫外光，在常温下对各种有机和无机污染物进行分解或氧化，使其分解成 H_2O 和 CO_2，达到净化空气的目的。经报道，在波长 254 nm 的紫外光下，以光催化剂 TiO_2 活性炭纤维做载体，对甲醛进行吸附和光催化氧化，96% 的甲醛被去除。光催化氧化的优点是能耗低、操作简单、无二次污染；缺点是利用太阳光效率低、反应速度慢。

（2）臭氧技术。

臭氧是氧的同素异形体，由三个氧原子组成，具有极强的氧化性，是一种浅蓝色气体，具有强烈的刺激性臭味。臭氧的化学性质极不稳定，极易分解，其在常温下分解缓慢，在高温下迅速分解成氧气。臭氧是一种高效的消毒剂，利用臭氧的强氧化性分解污染物的方法为臭氧法，主要应用于灭菌消毒。臭氧中的氧原子能够穿透细菌病毒的细胞壁，与细菌病毒体内的不饱和键化合，从而杀死空气中的细菌病毒，发生反应后的臭氧最终还原成 O_2 和 H_2O，无二次污染物产生。低浓度的臭氧对污染物的去除效果不好，但是高浓度的臭氧对人体具有危害，《室内空气中臭氧卫生标准》（GB/T 18202—2000）规定室内 1 h 平均最高臭氧容许浓度为 0.1 mg/m^3。这一特点限制了臭氧技术的应用。臭氧在空气中的生成和转化途径如图 2.2 所示。

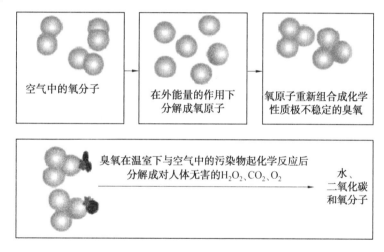

图 2.2　臭氧在空气中的生成和转化途径

（3）静电技术。

静电技术在工业除尘中的应用具有悠久的历史。早在 1977 年，美国的 Cooperman 利用梯度关系式研究了宽极距对粉尘气流的影响，对宽极距有利于提高除尘效率做了充分的理论解释。1980 年，H. Hoegh-Petersn 在原有设备上将通道加宽一倍，采用 400 mm 间距，并保持场强不变。将静电技术应用于小环境的空气净化是一种新型的空气净化方法。它主要是利用高压静电场形成电晕，在电晕区中有自由电子和离子逸出，这些带电粒子会在运动中不断地碰撞和吸附到尘埃颗粒上，从而使灰尘带上电荷，荷电后的粉尘等微粒在电场力作用下会沉积并滑落，使空气中的颗粒物和尘埃等除去，达到使空气洁净的目的。静电技术用于小环境空气净化可在有人的条件下进行持续动态的净化消毒,并具有高效的除尘作用(除尘效率在90%以上)以及能同时除菌等特点。因为空气中的细菌大多附着在尘埃颗粒上,空气中的微粒数的减少标志着细菌等微生物的减少,即能在除尘的同时除菌,但是其除菌的具体效果还有待进一步验证,而且该方法不能有效除去室内空气中的有害气体。同时该技术的使用会产生适量臭氧,而臭氧对人体是有害的,故该技术的重点应包含如何有效控制臭氧的释放量,缺点是只适用于小空间净化。

(4)负离子技术。

负离子技术是一种去除室内颗粒污染物的主要方法,利用一定浓度的空气负离子来净化空气及消毒。悬浮在空气中的颗粒污染物都带正电荷,很容易吸附空气中的微小颗粒物和带正电的颗粒物,通过正负离子吸引使得空气中的颗粒物凝聚,聚集的颗粒物成为大颗粒物因重力作用沉降下来,从而使人们在清洁的空气中感受负离子新鲜空气。研究表明,在试验条件下,负离子的除菌效果超过质量分数为3%的过氧乙酸的杀菌效果。蒋耀庭等人报道,在室内用人工负离子作用2 h,室内空气中的悬浮微粒、细菌总数和甲醛等的浓度都明显降低。该技术能较为有效地除去空气中的细菌及尘埃,但是使尘埃易吸附在墙纸和玻璃等处,不能清除出室内,而对于气体污染物,如VOC的去除有待进一步研究。同时由于通常使用的离子发生器往往也伴有臭氧的产生,故该技术的重点是如何有效解决产生高浓度负离子并有效控制臭氧的产生量。

(5)HEPA过滤法。

高效率空气微粒滤芯(HEPA)是一种国际公认最好的高效滤材,最初HEPA应用于核能研究防护,现在大量应用于精密实验室、医药生产、原子研究和外科手术等需要高洁净度的场所。HEPA由非常细小的有机纤维交织而成,对微粒的捕捉能力较强,孔径微小,吸附容量大,净化效率高,并具备吸水性。针对0.3 μm的粒子净化率为99.97%。也就是说,每10 000个粒子中,只能有3个粒子能够穿透HEPA过滤膜。因此,它的过滤颗粒物的效果非常明显,如果用它过滤香烟,那么过滤的效果几乎可以达到100%,因为香烟中的颗粒物大小介于0.5~2 μm之间,无法通过HEPA过滤膜。

因为人的肺是由肺泡组成,如果颗粒物的大小刚好与肺泡之间的缝隙相同,那么它就将占据肺泡的位置,导致肺泡的张合度改变,从而影响肺的功能。目前,介于0.01~10 μm的颗粒物对人体的影响最大,因为它本身很轻,很难受重力的影响而落在地上,因此只能飘浮在空中。最重要的是细菌、病毒、污染物等都会附着在颗粒物表面,如果被人吸入肺部,就可能导致呼吸道系统方面的疾病,而且颗粒物中还有很多致癌物质,如苯并[a]芘就是一种很强的致癌物质,它是由燃烧而生成的,如炒菜中的油烟、燃烧的沥青都含有大量的苯并[a]芘。除此之外,还有些金属元素,如铅、砷等也都附着在颗粒物的表面。最主要的是,人们无法阻挡这些有害物质进入人体内,只要是呼吸,这些颗粒物就会不知不觉地进入人体。常见的一种职业病——矽肺病,就是由工人长期在粉尘环境下工作所导致的。

(6)吸附法。

吸附法是利用某些有吸附能力的物质如活性炭、Al_2O_3、硅胶和分子筛等吸附剂吸附空气中的有害成分从而达到消除有害污染物的目的。活性炭作为一种吸附材料已有悠久的历史,自20世纪初活性炭实现工业化以来,就被广泛应用于空气净化。但是常规的活性炭有一些自身的缺陷,使其在空气净化中的应用受到限制。近几十年已研制出蜂窝状活性炭、活性炭纤维(ACF)和新型活性炭等。其中,ACF 由于其优越的吸附性能,成为近年来深受人们青睐的吸附材料。它能有效去除空气中的挥发性有害气体,同时对可吸入颗粒物也有很好的去除效果。此外,在活性炭中添加一些物质经化学处理后,原来对活性炭吸附力很弱的气体(如 NO_x 和 SO_2 等)吸附力会增强。ACF 对于去除室内空气中低浓度的污染物非常有效,它是目前多种净化设备中用于过滤滤芯的一种主要材料。但是,能与活性炭发生反应的 VOC、会发生聚合反应的 VOC 和大分子高沸点的有机物等,不宜用该方法。同时,虽然活性炭具有良好的吸附性能,采用最新的技术使纳米材料负载到炭材料的表面和孔隙内部,使炭材料的吸附性能与纳米材料空气催化性能得到结合,对各种装饰材料所释放的甲醛、苯、氨、TVOC 等有害气体,具有吸附、净化的功效,无二次污染,而且作用强效、持久。活性炭是经过活化处理的含碳物质,本身不会造成环境污染。活性炭具有非常发达的树枝状微孔结构:50 g 装修除味活性炭的微孔内表面积平均在 5 万 m^2 以上,大于 7 个标准足球场的面积。活化后的微孔结构在形成发达的内表面积的同时,也形成了发达的细孔容积,可以捕捉更多的空气中的污染物分子,从而达到净化空气的目的。

(7)生物过滤技术。

利用生物过滤技术分离醇、醛、酮和苯、甲苯、乙苯、二甲苯以及苯乙烯等简单的芳香族化合物,效果非常明显。其基本方法是在过滤器中的多孔填料表面覆盖生物膜,废气流经填料床时,通过扩散过程将污染成分传递到生物膜,并与膜内的微生物相接触而发生生物化学反应,使废气中的污染物完全降解为 CO_2 和 H_2O。该法对 H_2S、NH_3 等无机物也能完全去除。国外目前利用生物过滤技术在处理低浓度、高流量的挥发性有机物和臭味中已进行广泛应用。

(8)膜分离净化技术。

膜分离净化技术是一项简单、快速、高效和经济节能的新技术,用于分离气体的膜主要有有机膜和无机膜。有机膜分离技术现已成功地应用于其他方法难以回收的有机物的分离,如采用该方法回收有机废气中的丙酮、四氢呋喃、甲苯等,回收率可达97%。将有机膜用于室内空气中挥发性有机物的净化的研究目前还未见报道。无机膜分离技术已广泛应用于空气分离制取富氧、浓氮,天然气分离,二氧化碳回收,炼气,石油化工及合成氨的回收和酸性气体脱除等方面。该技术具有化学性质稳定、热稳定性好、不被生物降解以及较大的机械强度、孔径尺寸易控制等优点。现已有应用于室内空气净化的报道,如黄肖容等人用梯度氧化铝膜净化空气的研究。该无机膜去除空气中大于 0.2 μm 的颗粒物达100%,对细菌的总截留率也达99.99%。研究表明,无机膜具有较高的通透性和耐热耐压性能,但其气体分离系数较低,因而对室内低浓度 VOC 的去除效果不理想。而有机膜具有高的分离系数,但其气体通透量低,耐热和耐腐蚀性差,使用过程中具有易老化、易堵塞等弱点,如何使两者相结合,扬长避短,优势互补,已成为研究的热点。

(9)等离子法。

等离子法是利用气体放电产生具有高反应活性的原子、电子、分子和自由基等与各种有机、无机污染分子反应,使污染物分子分解成小分子化合物。等离子法的净化机理有两方面:一是在等离子体生成的过程中,高频放电瞬时产生的高能量能够破坏一些有害气体的化学键,进而分解为无害分子或单原子;二是离子中富含大量活性的高能电子、离子、激发态分子和自由基,这些活性粒子与有害气体频繁碰撞,分解有害气体分子的化学键使其破裂,从而使空气得到净化。等离子法在净化空气中的气体污染物方面有较好的优势,但是该法降解机理复杂、影响因素较多,因此易降解不完全,并产生副产物(CO、臭氧等)。

(10)紫外线杀菌法。

紫外线杀菌法的净化机理是紫外线穿透细菌、病毒的细胞膜,损伤其DNA,使细胞活性不断降低,并将细菌最终杀灭。紫外线灭菌法需要在一定曝光和光照强度下完成,且杀菌时间短。另外,紫外线强烈作用于皮肤时,对人体健康造成一定的损伤,因此并不是一种可靠的空气净化方法。

(11)绿色植物自然吸附法。

近年来,国内外学者根据绿色植物对有机气体有选择性吸附的特性,对室内主要有机污染气体的植物吸附开展了广泛研究,取得了可喜进展。他们通过试验筛选出了一大批对室内挥发性有机物吸收能力很强的绿色植物,如芦荟,可消除 1 m³ 空气中所含醛体积分数的90%,常青藤可吸收体积分数为90%的苯,龙舌兰可吸收体积分数为70%的苯和体积分数为50%的甲醛。研究表明,若在室内按每10 m³摆放一盆抗污染植物,就足以保证室内空气质量令人满意。

室内空气污染物种类多、来源广,既有室外的,也有室内的,对人体健康的影响既有短期效应,也有长期效应。目前,各种控制技术都有优点及不足,如负离子技术除菌及除尘效果好,但对 VOC 的去除效果不理想;膜分离净化技术对颗粒物及细菌去除效果好,但对低浓度的 VOC 去除不理想;光催化氧化技术对 VOC 去除效果较好,对颗粒物及灰尘去除效果差。因此,在控制技术上要优化组合出新技术,集多种技术优点于一体来治理室内空气污染。对于室内空气污染的控制应从多方面、多环节综合考虑科学设计,从而改善室内空气质量,营造出健康舒适的室内环境。

2.3 大气污染物的净化规律

污染物在大气中的迁移、扩散过程受到了许多气象因素的影响而表现出不同的性质。因此,对于某些气象因素的分析研究,可以为大气污染的减少提供依据和保障。

污染物进入大气中以后,会在大气湍流的作用下分散开来,即大气的扩散现象。在大气监测中,经常会出现这样一种情况,空气中某种污染物的浓度有时很高,有时却监测不到,存在着明显的时间和空间的差异,究其原因,主要是由气象条件影响导致。不同的气象条件下,同种污染物对大气环境造成的影响和危害差别会很大,可能相差几十倍甚至几百倍。由此可见,大气的扩散直接影响大气环境的污染程度。

2.3.1 大气湍流

大气湍流是大气中一种不规则的随机运动,湍流每一点上的压强、速度、温度等物理特性等随机涨落。大气湍流最常发生的三个区域是:大气底层的边界层内、对流云的云体内部、大气对流层上部的西风急流区内。

1. 大气湍流的条件

大气湍流的发生需具备一定的动力学和热力学条件。动力学条件是空气层中具有明显的风速切变;热力学条件是空气层必须具有一定的不稳定度。其中,最有利的条件是上层空气温度低于下层的对流条件,在风速切变较强时,上层气温略高于下层,仍可能存在较弱的大气湍流。

理论研究认为,大气湍流运动是由各种尺度的涡旋连续分布叠加而成。其中,大尺度涡旋的能量来自平均运动的动量和浮力对流的能量;中间尺度的涡旋能量,则保持着从上一级大涡旋往下一级小涡旋传送能量的关系;在涡旋尺度更小的范围内,能量的损耗起到了主要的作用,因而湍流涡旋具有一定的最小尺度。在大气边界层内,可观测分析到最大尺度涡旋为 1 km 到数百米,而最小尺度约为 1 mm。

2. 大气湍流对污染物的影响

大气湍流直接影响着大气中污染物的扩散、迁移和稀释。在湍流涡旋的作用下,排放到大气中的污染物质会散布开来。大气湍流的运动方向和运动速度都极不规则,具有随机性,会造成大气各部分之间的混合和交换。平常人们都可以见到,烟囱中排出的烟气总是向着下风向飘动,同时不断地向周围扩散,慢慢地与周围大气混合交换,这样烟气就会被大气稀释,使其浓度减小。

湍流扩散中各种不同尺度的大气湍涡对污染物扩散的不同阶段有着不同的作用。当污染物处于比其尺度小的湍涡中时,它会不断地向下风向飘动,并且同时受湍流作用,污染物的边缘不断地与周围的空气混合,缓慢扩张,浓度不断降低;而如果处于比其尺度大的湍涡中时,污染物会受到湍涡的挟带,自己本身的体积增大很慢,因而浓度降低会非常缓慢;当污染物处于与其尺度相仿的湍涡中时,会被湍涡拉转、撕裂而变形,扩散、稀释过程较为剧烈,浓度降低会非常快。然而,在实际的大气中存在着各种不同尺度的湍涡,污染物扩散时三种作用会同时存在并且相互作用。

2.3.2 大气稳定度

大气稳定度是指整层空气的稳定程度,以大气的气温垂直加速度运动来判定。大气中某一高度的一团空气,如受到某种外力的作用,产生向上或向下运动时,可以出现三种情况:①稳定状态,移动后逐渐减速,并有返回原来高度的趋势;②不稳定状态,移动后加速向上向下运动;③中性平衡状态,如将它推到某一高度后,既不加速,也不减速而停下来。

大气稳定度对于形成云和降水有重要作用,有时也称大气垂直稳定度。简而言之,空气受到垂直方向扰动后,大气层结(温度和湿度的垂直分布)使该空气团具有返回或远离原来平衡位置的趋势和程度。

1. 大气稳定度分级

常用的大气稳定度分类方法有帕斯奎尔(Pasquill)法和国际原子能机构(IAEA)推荐的方法。

我国现有法规中推荐的修订帕斯奎尔分类法(简记 P·S)分为强不稳定、不稳定、弱不稳定、中性、较稳定和稳定六级,它们分别表示为 A、B、C、D、E、F。

2. 大气稳定度对污染物的影响

大气稳定度同时也是表示气团是否易于发生垂直运动的判据。气象上用气温的垂直分布表征大气的稳定度,它直接影响着湍流活动的强弱,从而支配污染物的扩散和分布。通常,空气污染主要发生在近地面 2 km 以下的大气边界层中,这一层与人类活动的关系最密切、最直接,所以,本书分析的主要是指近地面层的大气稳定度。气象上对大气稳定度的判别如下:稳定,$\gamma < \gamma_d$;中性,$\gamma = \gamma_d$;不稳定,$\gamma > \gamma_d$。其中,γ、γ_d 分别表示气温的垂直递减率和干绝热递减率。

当大气处于不稳定层结时,大气的垂直运动加剧,湍流加强,大气对污染物的扩散、稀释能力会随之加强;反之当大气处于稳定层结时,会对湍流运动起抑制作用,减弱大气的扩散能力。一般情况下,夏季大气的垂直运动剧烈,湍流活动比较强,污染物消散迅速,浓度降低快,因此不会造成太严重的污染;而冬季大气层结比较稳定,污染物不易迁移、扩散、稀释,会加重污染。

2.3.3 逆温层和风

一般情况下,在低层大气中,气温是随高度的增加而降低的,但有时在某些层次可能出现相反的情况,气温随高度的增加而升高,这种现象称为逆温。出现逆温现象的大气层称为逆温层。

1. 逆温层的来源

平流层(stratosphere)中部为逆温层,其下部为同温层。

(1)由于太阳短波辐射,从地面反射到空气的热度越接近地面越显著,因此随高度增加,气温也越来越低。一种与此情况相反的是气温随高度的增加而增加,称为逆温现象。受逆温现象影响的一段垂直厚度大气则称为逆温层。

(2)逆温层的出现主要是空气下沉、绝热增温引起的。因此,在高压脊(如副热带高压脊、大陆性反气旋南下)或热带气旋外围下沉气流区支配下,都有机会出现逆温层。逆温层通常出现于对流层低层,厚度较薄,为几百米至 1 km。

(3)受逆温层影响的地区,大气都趋于稳定,对流不易发生。因此,除随寒潮所带来的逆温外,一般逆温现象都会导致地面风力微弱,空气中的悬浮粒子因此聚积而使空气质量变得恶劣。

2. 逆温的类型

逆温的类型有平流逆温、湍流逆温、辐射逆温、下沉逆温、锋面逆温和地形逆温。

(1)平流逆温。

因暖空气流到冷的地面上而形成的逆温称为平流逆温。当暖空气流到冷的地面上时,暖空气与冷地面之间不断进行热量交换。暖空气下层受冷地面影响最大,气温降低最强烈,上层降温缓慢,从而形成逆温。平流逆温的强度主要决定于暖空气与冷地面之间的温差。温差越大,逆温越强。

(2)湍流逆温。

因低层空气的湍流混合作用而形成的逆温称为湍流逆温。当气层的气温直减率小于干绝热直减率时,经湍流混合后,气层的温度分布逐渐接近干绝热直减率。因湍流上升的空气按干绝热直减率降低温度。空气上升到混合层顶部时,它的温度比周围的气温低,混合的结果使上层气温降低;空气下沉时,情况相反,致使下层气温升高,这样就在湍流减弱层出现逆温。

（3）辐射逆温。

因地面强烈辐射而形成的逆温称为辐射逆温。在晴朗无风或微风的夜晚,地面因辐射冷却而降温,与地面接近的气层冷却降温最强烈,而上层的空气冷却降温缓慢,因此使低层大气产生逆温现象。辐射逆温一般在日出后逐渐消失。

（4）下沉逆温。

因整层空气下沉而形成的逆温称为下沉逆温。当某气层产生下沉运动时,由于气压逐渐增大以及气层向水平方向扩散,因此气层厚度减小。若气层下沉过程是绝热过程,且气层内各部分空气的相对位置不变,这时空气层顶部下沉的距离比底部下沉的距离大,致使其顶部绝热增温的幅度大于底部。因此,当气层下沉到某一高度时,气层顶部的气温高于底部而形成逆温。下沉逆温多出现在高压控制的地区,其范围广,逆温层厚度大,逆温持续时间长。

（5）锋面逆温。

锋面是冷暖气团之间狭窄的过渡带,暖气团位于锋面之上,冷气团位于锋面之下。在冷暖气团之间的过渡带上,便形成逆温。

（6）地形逆温。

地形逆温多发生在山谷或盆地。夜晚山坡上降温快,冷空气沿斜坡流入低谷和盆地,使原来的较暖空气受挤抬升而出现温度倒置现象。

3. 逆温层对污染物的影响

在自然界,逆温的形成常常是几种原因共同作用的结果。无论逆温是怎样形成的,只要逆温出现,对天气均有一定影响。逆温层能阻碍空气的垂直运动,大量烟尘、水汽等聚集在逆温层下面,使能见度变坏,也易造成大气污染。

逆温层对污染物的扩散起抑制作用,直接关系到地面的污染程度。逆温层出现在地面附近时,会限制近地面层大气的湍流作用,使大气的垂直运动降低,如果出现在某一高度层上时,则会阻碍下方空气垂直运动的发展,使得污染物和空气的混合交换减弱,污染物的扩散、稀释能力减慢,存留时间较长。

4. 风的来源

风是由空气流动引起的一种自然现象,它是由太阳辐射热引起的。太阳光照射在地球表面,使地表温度升高,地表的空气受热膨胀变轻而向上升。热空气上升后,低温的冷空气横向流入,上升的空气因逐渐冷却变重而降落,由于地表温度较高又会加热空气使之上升,这种空气的流动就产生了风。

5. 风的类型

风速是指空气在单位时间内流动的水平距离。根据风对地上物体所引起的现象将风的大小分为 13 个等级,称为风力等级,简称风级。而人们平时在天气预报中听到的"东风 3 级"等说法指的是"蒲福风级"。"蒲福风级"是英国人蒲福(Francis Beaufort)于 1805 年根据风对地面(或海面)物体影响程度而定出的风力等级,共分为 0 ~ 17 级,见表 2.10。

表 2.10 风力等级划分

风级	风的名称	风速/(m·s⁻¹)	风速/(km·h⁻¹)	陆地上的状况	海面现象
0	无风	$0 \sim 0.2$	<1	静,烟直上	平静如镜
1	软风	$0.3 \sim 1.5$	$1 \sim 5$	烟能表示风向,但风向标不能转动	微浪
2	轻风	$1.6 \sim 3.3$	$6 \sim 11$	人面感觉有风,树叶有微响,风向标能转动	小浪
3	微风	$3.4 \sim 5.4$	$12 \sim 19$	树叶及微枝摆动不息,旗帜展开	小浪
4	和风	$5.5 \sim 7.9$	$20 \sim 28$	吹起地面灰尘纸张和地上的树叶,树的小枝微动	轻浪
5	劲风	$8.0 \sim 10.7$	$29 \sim 38$	有叶的小树枝摇摆,内陆水面有小波	中浪
6	强风	$10.8 \sim 13.8$	$39 \sim 49$	大树枝摆动,电线呼呼有声,举伞困难	大浪
7	疾风	$13.9 \sim 17.1$	$50 \sim 61$	全树摇动,迎风步行感觉不便	巨浪
8	大风	$17.2 \sim 20.7$	$62 \sim 74$	微枝折毁,人向前行感觉阻力甚大	猛浪
9	烈风	$20.8 \sim 24.4$	$75 \sim 88$	建筑物有损坏(烟囱顶部及屋顶瓦片移动)	狂涛
10	狂风	$24.5 \sim 28.4$	$89 \sim 102$	陆上少见,有则可使树木拔起,将建筑物损坏严重	狂涛
11	暴风	$28.5 \sim 32.6$	$103 \sim 117$	陆上很少,有则必有重大损毁	风暴潮
12	台风,又名"飓风"	$32.6 \sim 36.9$	$118 \sim 133$	陆上绝少,其摧毁力极大	风暴潮
13	台风	$37.0 \sim 41.4$	$134 \sim 149$	陆上绝少,其摧毁力极大	海啸
14	强台风	$41.5 \sim 46.1$	$150 \sim 166$	陆上绝少,其摧毁力极大	海啸
15	强台风	$46.2 \sim 50.9$	$167 \sim 183$	陆上绝少,其摧毁力极大	海啸
16	超强台风	$51.0 \sim 56.0$	$184 \sim 202$	陆上绝少,范围较大,强度较强,摧毁力极大	大海啸
17	超强台风	$\geqslant 56.1$	$\geqslant 203$	陆上绝少,范围最大,强度最强,摧毁力超级大	特大海啸

注:本表所列风速是指平地上离地 10 m 处的风速值。

6. 风对污染物的影响

排入大气中的污染物会在风的作用下,被输送到其他地区。风速越大,单位时间内污染物被输送的距离越大,混入的空气量越多,污染物浓度也越低,这样污染物在被风输送的过程中起到了稀释冲淡的作用。污染物总是分布在风的下风向,风向、风速共同影响着污染物的扩散,因此为了说明污染物和风向、风速之间的关系,提出了污染系数的概念,它是指风向频率和平均风速的比值,即

$$污染系数 = \frac{风向频率}{平均风速}$$

上式表明,风向频率低、平均风速高时,污染系数小,说明空气污染程度轻,否则相反。

2.3.4 太阳辐射与降水

地球所接收到的太阳辐射能量仅为太阳向宇宙空间放射的总辐射能量的二十亿分之一,却是地球大气运动的主要能量源泉。

1. 太阳辐射的来源

太阳以电磁波的形式向外传递能量,称太阳辐射(solar radiation),是指太阳向宇宙空间

发射的电磁波和粒子流。太阳辐射所传递的能量,称太阳辐射能。太阳辐射能按波长的分布,称太阳辐射光谱(0.4~0.76 μm 为可见光区,能量占 50%;0.76 μm 以上为红外区,占 43%;小于 0.4 μm 为紫外区,占 7%)。

2. 太阳辐射的特点

(1)全年以赤道获得的辐射最多,极地最少。这种热量的不均匀分布,必然导致地表各纬度的气温产生差异,在地球表面出现热带、温带和寒带气候。

(2)天文辐射夏季大冬季小,它导致夏季温度高冬季温度低。大气对太阳辐射的削弱作用包括大气对太阳辐射的吸收、散射和反射。太阳辐射经过整层大气时,0.29 μm 以下的紫外线几乎全部被吸收,在可见光区大气吸收很少。在红外区有很强的吸收带。大气中吸收太阳辐射的物质主要有氧、臭氧、水汽和液态水,其次有二氧化碳、甲烷、一氧化二氮和尘埃等。云层能强烈吸收和散射太阳辐射,同时还强烈吸收地面反射的太阳辐射。云的平均反射率为 0.50~0.55。

3. 太阳辐射对污染物的影响

在晴朗的白天,太阳辐射加热地面,近地面层空气的温度就会升高,大气处于不稳定状态,垂直运动加强,污染物就容易扩散、稀释;夜间,地面辐射失去热量,近地面层空气的温度就会降低,形成逆温,不利于污染物的扩散。

4. 降水的来源

水汽在上升过程中,因周围气压逐渐降低、体积膨胀、温度降低而逐渐变为细小的水滴或冰晶飘浮在空中形成云。当云滴增大到能克服空气的阻力和上升气流的顶托,且在降落时不被蒸发掉才能形成降水。水汽分子在云滴表面上的凝聚,大小云滴在不断运动中的合并,使云滴不断凝结(或凝华)而增大。云滴增大为雨滴、雪花或其他降水物,最后降至地面。人工降雨是根据降水形成的原理,人为地向云中播撒催化剂促使云滴迅速凝结、合并增大,形成降水。

5. 降水的分类

(1)锋面雨。

在锋面上空气缓慢上升(以 cm/s 的速度计算),在冷气团一侧形成层状降水。

(2)对流雨。

下垫面高温潮湿,近地面空气强烈受热,引起空气的对流运动,湿热空气在上升过程中,随气温的下降,形成对流云而降水,比如积雨云和浓积云,条件一定时即可降水。特点是强度大,历时短,范围小,还常伴有暴风、雷电,故又称热雷雨。在热带雨林气候区和夏季的亚热带季风气候区多见。

(3)地形雨。

暖湿气流在运行的过程中,遇到地形的阻挡,被迫沿着山坡爬行上升,从而引起水汽凝结而形成降水,称为地形雨。地形雨一般只发生在山地迎风坡,背风坡气流存在下沉或者下滑,温度不断增高,形成雨影区,不易形成地形雨。

(4)气旋雨。

气旋中心附近气流上升,引起水汽凝结而形成降水,称为气旋雨。常见的有热带气旋和温带气旋带来的降水。

6. 降水对污染物的影响

降水对大气污染物的清除起着重要的作用。有些污染气体能溶解于水中或与水发生化学反应产生其他物质,颗粒污染物与雨滴碰撞可附着在雨滴上并随降水带到地面,这样污染物就会被稀释、迁移或转化,从而降低浓度。

通过对以上几种气象因素的简单分析,可以看出气象因素对污染物扩散的影响直接关系到大气污染的程度,因此对于气象要素的深入研究和分析,以及和污染物扩散之间的相互关联和影响,将是气象与环保事业发展的一个必然趋势。随着现代科技的发展,一定会找出更多、更好的办法控制大气中的污染物,使地球的保护膜、人类的保护伞更好地发挥它的作用。

2.4　颗粒污染物控制

2.4.1　除尘技术基础

1. 粉尘粒径

粉尘颗粒的大小不同,物理化学性质也不同,不但对人和环境的危害不同,而且对除尘器的除尘机制和性能影响很大。

如果粒子是大小均匀的球体,则可用其直径作为尺寸,并称为粒径。但实际上,不仅粒子的大小不同,而且形状也各种各样,则需按一定的方法确定一个表示粒子大小的最佳代表型尺寸作为粒子的粒径。一般将粒径分为单个粒子大小的单一粒径和各种不同大小的粒子群的平均粒径。粒径的单位一般以 μm 表示。

(1)单一粒径。

粒子的几何形状一般是不规则的。粒径的测定和定义方法不同,所得粒径值也不同,下面介绍几种常见的定义方法。

①投影径。投影径指颗粒在显微镜下所观察到的粒径,并有四种粒径的表示方法。

a. 面积等分径。面积等分径是马丁(Martin)于 1924 年提出来的,指将颗粒的投影面积二等分的直线长度。等分径与所取的方向有关,通常采用等分线与底边平行的线作为粒径。

b. 定向径。定向径是菲雷特(Feret)于 1934 年提出来的,指颗粒投影面上两平行切线之间的距离。此径可取任意方向,通常取其与底边平行的线。

c. 长径。不考虑方向的最长径。

d. 短径。不考虑方向的最短径。

②几何当量径。取与颗粒的某一几何量(面积、体积等)相同时的球形颗粒的直径。一般有四种表示方法。

a. 等投影面积直径 d_A。与颗粒的投影面积相同的某一圆面积的直径,即

$$d_A = \left(\frac{4A_p}{\pi}\right)^{\frac{1}{2}} = 1.128A_p^{\frac{1}{2}} \tag{2.1}$$

式中　A_p——颗粒的投影面积。

b. 等体积径 d_V。与颗粒的体积相同的某一球形颗粒的直径,即

$$d_V = \left(\frac{6V_p}{\pi}\right)^{\frac{1}{3}} = 1.24\sqrt[3]{V_p} \quad \left(V_p = \frac{4}{3}\pi R^3\right) \tag{2.2}$$

式中　V_p—— 颗粒的体积。

c. 等表面积径 d_s。与颗粒的外表面积相同的某一圆球的直径,即

$$d_s = \left(\frac{S_p}{\pi}\right)^{\frac{1}{2}}$$

$$S_p = 4\pi R^2 \qquad\qquad (2.3)$$

式中　S_p—— 颗粒的外表面积。

d. 颗粒的体积表面积平均粒径 d_e。颗粒体积与外表面积之比相同的圆球直径,即

$$d_e = \frac{6V_p}{S_p} \qquad\qquad (2.4)$$

③ 物理当量径。取颗粒的某一物理量相同时球形颗粒的直径,这类粒径用沉降法测定。

a. 自由沉降径 d_t。特定气体中,在重力作用下密度相同的颗粒因自由沉降所达到的末速度与球形颗粒所达到的末速度相同时的球形颗粒的直径(指与被测粒子的密度相同,终末沉降速度相同的球的直径)。

b. 空气的动力径 d_a。在静止的空气中颗粒的沉降速度与密度为 1 g/cm³ 的圆球的沉降速度相同时的圆球直径。

c. 斯托克斯(Stokes)径 d_{st}。在层流区内(对颗粒的雷诺(Reynolds)数 $Re < 2.0$)的空气动力径,即

$$d_{st} = \left[\frac{18\mu v_t}{(\rho_p - \rho)g}\right]^{\frac{1}{2}} \qquad\qquad (2.5)$$

式中　v_t—— 颗粒在流体中的终端沉降速度,m/s;

　　　μ—— 流体的黏度;

　　　ρ_p—— 颗粒的真密度;

　　　ρ—— 流体的密度。

这里需要解释两个概念,即流体的 Re 和颗粒的真密度。

流体的 Re 是流体的惯性力与黏滞力之比。流体的 Re 的大小是描述和判定流体运动状况的准数。当 $Re \leq 2\ 300$ 时,流体的黏滞力占优势,流动呈层流状况;当 $Re \geq 4\ 000$ 时,惯性力占优势,流动呈紊流状况。

粒子在流体中的运动状况用粒子的 Re 表征,它与流体的密度和黏度有关。颗粒的 Re 远远小于流体的 Re。

颗粒的密度可分为真密度和堆积密度。由于颗粒表面不平和其内部有孔隙,所以颗粒表面及其内部吸附着一定的空气。真密度是设法将吸附在颗粒表面及其内部的空气排除以后测得的颗粒自身的密度。将包括颗粒之间及内部空气体积的颗粒密度称为堆积密度。可见,对同一种粉尘来说,其堆积密度值小于真密度值。

d. 分割粒径(或半分离粒径)d_{50}。指某除尘器能捕集该粒子群一半的直径,即除尘器分级效果为 50% 的颗粒直径。这是一种表示除尘器性能的很有代表性的粒径。

沉降直径和空气动力直径是除尘技术中应用最多的两种直径,原因在于它们与粒子在流体中运动的动力特性密切相关。

因此,粒径的测定和定义方法不同,所得粒径的值不同,应用场合也不同。所以在选取

粒径测定方法时,除需考虑方法本身的精度、操作难易及费用等因素外,还应特别注意测定的目的和应用场合。在给出或应用粒径分析结果时,应说明或了解所用的测定方法。

(2) 平均粒径。

为了能简明地表示粒子群的某一物理特性,往往需要按照应用目的求出代表粒子群特性的粒径的平均值,即平均粒径。安德烈耶夫对平均粒径的定义是,对于一个由粒径大小不同的粒子组成的实际粒子群,以及一个由均匀的球形或正方体粒子组成的假想粒子群,如果它们具有相同的某一物理性质,则称此球形粒子的直径(或正立方体的边长)为实际粒子群的平均粒径。

下面介绍长度平均粒径的求取。

把粒径为 d_1 的 n_1 个粒子,d_2 为 n_2 个粒子,d_3 为 n_3 个粒子……组成的粒子群排成一列,其全长为:$n_1d_1 + n_2d_2 + n_3d_3 + \cdots = \sum(nd)$。该粒子群的粒子总个数为 $\sum n$。假设其全长等于由粒径为 $\overline{d_1}$ 的球形粒子组成的假想粒子群的全长,即

$$n_1d_1 + n_2d_2 + n_3d_3 + \cdots = \overline{d_1}\sum n$$

由于粒子的全长相等,所以 $\sum(nd) = \overline{d_1}\sum n$,则

$$\overline{d_1} = \frac{\sum(nd)}{\sum n} \tag{2.6}$$

式中　$\overline{d_1}$——算数平均直径,由于把粒子群的全长作为基准,所以也称长度平均直径。

2. 粒径分布

粒子群的平均粒径能简明地表示粒子群的某一物理特性以及平均尺寸的大小,但不能表明各种大小的粒子的分布情况。而从了解粒子特性的实际需要及粒径测定数据的整理来看,都需要对粒子群的粒径分布有所了解。

(1) 粒径分布的表示方法。

所谓粒径分布,简单地说是指某一粒子群中不同粒径的粒子所占的比例,也称粒子的分散度。若以粒子的个数所占的比例来表示时,称为个数分布;以粒子的质量表示时,称为质量分布;以粒子的表面积表示时,称为表面积分布。除尘技术中多采用质量分布。粒径分布的表示方法有表格法、图形法和函数法。

下面以粒径测定数据的整理过程来说明粒径的表示方法及相应定义。取一组粉尘试样,质量为 m_0,经测定得到各粒径范围 d_p(或组距 Δd_p)内粒子的质量为 Δm。将这一组测定结果按下面对粒径分布的定义进行计算。

① 频数分布 $\Delta R(\%)$。频数分布也称频率分布,它是指粒径 d_p 至 $(d_p + \Delta d_p)$ 之间的粒子质量占粒子群总质量的百分数,即

$$\Delta R = \frac{\Delta m}{m_0} \times 100\% \tag{2.7}$$

并有 $\sum \Delta R = 100\%$。

用测定数据 Δm 按式(2.7)计算出各组距 Δd_p 内的 ΔR 值,填入表2.11中。若令 $\Delta d_p \to 0$,可近似得到一条频数分布曲线。

② 频率密度分布 $f(\%/\mu m)$。频率密度分布简称频数分布,是指粒径组距 $\Delta d_p = 1\ \mu m$

时的频数分布,即 $\Delta d_p = 1\ \mu m$ 时粒子质量占粒子群质量的百分数,即

$$f = \frac{\Delta R}{\Delta d_p} \tag{2.8}$$

同样,把计算出的各 f 值填入表 2.11 中。

表 2.11　粒径的分布测定和计算结果

分组号	1	2	3	4	5	6	7	8	9
粒径范围 $d_p/\mu m$	6 ~ 10	10 ~ 14	14 ~ 18	18 ~ 22	22 ~ 26	26 ~ 30	30 ~ 34	34 ~ 38	38 ~ 42
粒径组距 $\Delta d_p/\mu m$	4	4	4	4	4	4	4	4	4
粉尘质量 $\Delta m/g$	0.012	0.098	0.36	0.64	0.86	0.89	0.80	0.46	0.16
频数分布 $\Delta R/\%$	0.3	2.3	8.4	15.0	20.1	20.8	18.7	10.7	3.8
频度分布 $f/(\% \cdot \mu m^{-1})$	0.07	0.57	2.10	3.75	5.03	5.20	4.68	2.67	0.95
筛上累计分布 $R/\%$	100	99.8	97.5	89.1	74.1	54	33.2	14.5	3.8
筛下累计分布 $R/\%$	0	0.2	2.5	10.9	25.9	46	66.8	85.5	96.2

频度分布的微分定义式为

$$f = \frac{\mathrm{d}R}{\mathrm{d}d_p} \tag{2.9}$$

由计算出的各 f 值绘出频度分布曲线,由该曲线可以得出相当于最大频度的粒径 d_{om}, d_{om} 又称为众径。

③筛上累计频率分布 $R(\%)$。筛上累计频率分布简称筛上累计分布,是指大于某一粒径 d_p 的所有粒子质量占粒子群总质量的百分数,即

$$R = \sum_{d_p}^{d_{max}} \mathrm{d}R = \sum_{d_p}^{d_{max}} f\Delta d_p \tag{2.10}$$

其积分式为

$$R = \int_{d_p}^{d_{max}} \mathrm{d}R = \int_{d_p}^{d_{max}} f\mathrm{d}d_p \tag{2.11}$$

反之,将小于粒径 d_p 的所有粒子质量占粒子群总质量的百分数称为筛下累计分布,即

$$D = \int_{d_{min}}^{d_p} \mathrm{d}D = \int_{d_{min}}^{d_p} f\mathrm{d}d_p \tag{2.12}$$

D 与 R 的关系为

$$D = 1 - R \tag{2.13}$$

同样将计算出的各 D、R 值填入表 2.11 中,并可绘出累计频率分布曲线。由所绘的分布曲线求出 d_{om} 和 d_{50}。

提示:当 $R = D = 50\%$ 时所对应的直径称为中位径 d_{50}。

在除尘技术中,由于使用筛上累计分布 R 比使用频度分布更为方便,所以在一些国家的

粉尘标准中多用 R 表示粒径分布。

（2）粒径分布函数。

粒径分布的最完美表示不是图表法，而是数学函数法。如果能找到一个简单的分布函数来表示粒径分布，且其能用较少的特征参数确定，则可以用解析法求得所需要的粒径分布数据及各种平均粒径，并能以较少的粒径测定数据来确定粒径分布。用概率统计理论及经验获得的近似函数在表示粒径分布中是最常用的，它们是正态分布，又称对数正态分布和罗辛－拉姆勒分布（$R - R$ 分布）。

下面简要介绍世界上用得最多的 $R - R$ 分布。

$R - R$ 分布式为

$$R(d_{\mathrm{p}}) = \exp(-\beta d_{\mathrm{p}}^{n}) \tag{2.14}$$

$$R(d_{\mathrm{p}}) = 10^{-\beta' d_{\mathrm{p}}^{n}} \tag{2.15}$$

式中　　n——分布指数；

　　　$\beta 、\beta'$——分布系数，$\beta = \ln 10 \times \beta' = 2.303\beta'$。

对式（2.15）两端取两次对数，可得

$$\lg\left(\frac{\lg 1}{R_{d_{\mathrm{p}}}}\right) = \lg \beta' + n\lg d_{\mathrm{p}} \tag{2.16}$$

若以 $\lg d_{\mathrm{p}}$ 为横坐标，以 $\lg\left(\frac{\lg 1}{R_{d_{\mathrm{p}}}}\right)$ 为纵坐标作图，则可得一条直线。直线的斜率为指数 n，在此纵坐标上的截距为 $d_{\mathrm{p}} = 1\ \mu\mathrm{m}$ 时的 $\lg \beta'$ 值，即

$$\beta' = \frac{1}{R_{d_{\mathrm{p-1}}}} \tag{2.17}$$

若将中位径 $d_{50}(R = 50\%)$ 代入式（2.14），可求得

$$\beta = \frac{\ln 2}{d_{50}^{n}} = \frac{0.693}{d_{50}^{n}} \tag{2.18}$$

再将式（2.18）代入式（2.14）中，则得到一个常用的 $R - R$ 分布函数表达式，即

$$R_{d_{\mathrm{p}}} = \exp\left[-0.69\left(\frac{d_{\mathrm{p}}}{d_{50}^{n}}\right)\right] \tag{2.19}$$

3. 除尘装置的捕集效率

除尘装置的捕集效率是代表装置捕集粉尘效果的重要技术指标，有以下几种表示方法。

（1）总捕集效率。

总捕集效率指在同一时间内，净化装置去除污染物的量与进入装置的污染物量的百分比。总捕集效率实际上是反映装置净化程度的平均值，也称为平均捕集效率，通常用 η_{T} 表示，它是评定净化装置性能的重要技术指标。

如图 2.3 所示，除尘装置入口的气体流量为 $Q_0(\mathrm{m}^3/\mathrm{s})$，进入装置的污染物流量为 $G_0(\mathrm{g}/\mathrm{s})$，污染物的质量浓度为 $C_0(\mathrm{g}/\mathrm{m}^3)$，除尘装置出口的相应量为 $Q_{\mathrm{e}}(\mathrm{m}^3/\mathrm{s})$、$G_{\mathrm{e}}(\mathrm{g}/\mathrm{s})$、$C_{\mathrm{e}}(\mathrm{g}/\mathrm{m}^3)$。若除尘装置捕集的污染物流量为 $G_{\mathrm{c}}(\mathrm{g}/\mathrm{s})$，根据除尘装置效率的定义，可用式（2.20）表示，即

$$G_0 = G_{\mathrm{c}} + G_{\mathrm{e}} \tag{2.20}$$

故总捕集效率可表示为

$$\eta_{\mathrm{T}} = \frac{G_c}{G_0} \times 100\% = \left(1 - \frac{G_e}{G_0}\right) \times 100\% \qquad (2.21)$$

因为 $G = CQ$，所以

$$\eta_{\mathrm{T}} = \left(1 - \frac{C_e Q_e}{C_0 Q_0}\right) \times 100\% \qquad (2.22)$$

由于 Q_0 和 Q_e 与除尘装置进、出口的气体状态（温度、湿度和压力）有关，所以常换算成在标准状态（$0\,^{\circ}\mathrm{C}$，$1.013 \times 10^5\,\mathrm{Pa}$）下干气体流量表示（并加角标"$n$"），则式（2.22）变为

$$\eta_{\mathrm{T}} = \left(1 - \frac{C_{en} Q_{en}}{C_{0n} Q_{0n}}\right) \times 100\% \qquad (2.23)$$

当除尘装置严密不漏风时，$Q_{0n} = Q_{en}$，则式（2.23）可简化为

$$\eta_{\mathrm{T}} = \left(1 - \frac{C_{en}}{C_{0n}}\right) \times 100\% \qquad (2.24)$$

而实际上除尘装置经常漏风，这时捕集效率应表示为

$$\eta_{\mathrm{T}} = \left(1 - \frac{C_{en}}{C_{0n}} \times k\right) \times 100\% \qquad (2.25)$$

式中　　k—— 漏风系数。

当污染物浓度很高时，有时将几级除尘装置串联使用（例如第一级采用旋风除尘器、第二级采用电除尘器等），设每一级的捕集效率为 $\eta_1, \eta_2, \eta_3, \cdots$，效率计算为

$$\eta_{\mathrm{T}} = [1 - (1 - \eta_1)(1 - \eta_2)(1 - \eta_3)\cdots] \qquad (2.26)$$

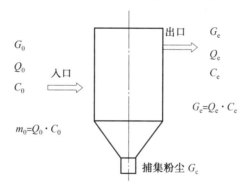

图 2.3　除尘装置示意图

（2）通过率。

除尘器的性能也可以用未被捕集的污染物量占进入净化器污染物量的百分数来表示，并称为通过率 P，即

$$P = \frac{G_c}{G_0} \times 100\% = \frac{C_{en} Q_{en}}{C_{0n} Q_{0n}} \times 100\% = 1 - \eta_{\mathrm{T}} \qquad (2.27)$$

（3）分级捕集效率。

分级捕集效率是基于除尘装置的除尘效率，一般都随粉尘粒径而变化，是为确切地表示除尘效率与粒径分布的关系而提出的，又称为部分分离效率。分级效率是指除尘装置对某一粒径 d_p 或粒径范围 d_p 至 $(d_p + \Delta d_p)$ 内粉尘的除尘效率。如设进入除尘器粒径为 Δd_p 范围内的粉尘流量为 $\Delta G_0(\mathrm{g/s})$，则粒径为 Δd_p 范围内的颗粒的分级效率为 $\eta_d(\%)$。其数学表达

式为

$$\eta_{\mathrm{d}} = \frac{\Delta G_{\mathrm{e}}}{\Delta G_0} \times 100\% \tag{2.28}$$

$$P_{\mathrm{d}} = \frac{\Delta G_{\mathrm{e}}}{\Delta G_0} \times 100\% = \frac{\Delta G_0 - \Delta G_{\mathrm{e}}}{\Delta G_0} = 1 - \eta_{\mathrm{d}} \tag{2.29}$$

分级效率与除尘器种类、粉尘特性、运行条件等有关,当粉尘特性和运行条件一定时,各种除尘器的分级效率有时也以指数函数形式表示,即

$$\eta_{\mathrm{d}} = 1 - \exp(-\alpha d_{\mathrm{p}}^{m}) \tag{2.30}$$

式中　$\exp(-\alpha d_{\mathrm{p}}^{m})$——分级通过率,即粒径 d_{p} 或 Δd_{p} 范围内的粉尘逸散的比例;

　　　　α——各种除尘器性能的特性参数,对某一台除尘器,α 为常数;

　　　　m——粒径对分级效率影响的参数,为无因次量。

从式(2.30)可以看出,α 值越大,粉尘逸散量越少,表示装置的分级效率越高。而 m 值越大,说明粉尘粒径对分级效率的影响越大。m 值的范围,对旋风除尘器为 0.65 ~ 2.30,对湿式洗涤器为 1.5 ~ 4.0。一般来说,式(2.30)较适用于粒径分布对分级效率有明显影响的旋风除尘器和湿式洗涤器等。

4.除尘装置性能和效率比较

表 2.12 列出了一些有代表性的除尘器的性能和效率比较,可在选用除尘器时参考。根据除尘器的结构及其运行情况,实际使用时表中数据可能有所变化。

表 2.12　除尘器的性能和效率比较

除尘器类型	除尘效率 /%	最小捕集粒径 /μm	阻力 /Pa	能耗 /(kJ·m⁻³)
重力沉降室	< 50	50 ~ 100	50 ~ 130	—
惯性除尘器	50 ~ 70	20 ~ 50	300 ~ 800	—
通风旋风除尘器	60 ~ 85	20 ~ 40	400 ~ 800	0.8 ~ 1.6
高效旋风除尘器(多管除尘器)	80 ~ 90	5 ~ 10	1 000 ~ 1 500	1.6 ~ 4.0
袋式除尘器	95 ~ 99	< 0.1	800 ~ 1 500	3.0 ~ 4.5
电除尘器	90 ~ 98	< 0.1	125 ~ 200	0.3 ~ 1.0
喷淋塔	70 ~ 85	10	25 ~ 250	0.8
湿式离心除尘器	80 ~ 90	2 ~ 5	500 ~ 1 500	0.8 ~ 4.5
旋风喷淋塔	80 ~ 90	2	500 ~ 1 500	4.5 ~ 6.3
泡沫除尘器	80 ~ 95	2	800 ~ 3 000	1.1 ~ 4.5
文氏管除尘器	90 ~ 98	< 0.1	5 000 ~ 20 000	8 ~ 35

2.4.2　机械式除尘器

机械式除尘器包括以重力、惯性力和离心力等为主要除尘机制的除尘器,如重力沉降室、惯性除尘器和旋风除尘器等。

1.重力沉降室

重力沉降室是利用重力作用使粉尘自然沉降的一种最简单的除尘装置,如图 2.4

所示。

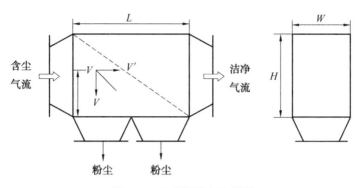

图 2.4　重力沉降室示意图

含尘气流通过横断面比管道大得多的沉降室时,流速大大降低,使大而重的尘粒得以按其终末沉降速率 v_t 缓慢落至沉降室底部。

设计计算沉降室时,应注意下面几点假设:

(1) 通过沉降室断面的水平气流速度分布是均匀的,并呈层流状态。

(2) 在沉降室入口断面上粉尘分布是均匀的。

(3) 在气流流动方向上,尘粒和气流具有同一速度。

为提高沉降室捕集效率和容积利用率,从降低高度出发,采用设多层水平隔板的多层沉降室。沉降室分层越多效果越好,但缺点是清理积灰较困难。此外,还有难以使各层隔板间气流均匀分布以及处理高温气体使金属隔板容易翘曲(变形)等缺点。沉降室内气流速度过低或沉降室长度过大,会使沉降室体积过于庞大,因而需从技术和经济上进行综合比较。

沉降室适宜于净化密度大、颗粒粗的粉尘,特别是磨损性很强的粉尘。经过精心设计能有效地捕集 50 μm 以上的尘粒、占地面积大、除尘效率低是沉降室的主要缺点。但因其具有结构简单、投资少、维护管理容易、压力损失小(一般为 50 ~ 150 Pa)等特点,仍得到了一定的应用。

2. 惯性除尘器

惯性除尘器是使含尘气流与挡板相撞,或使气流方向发生急剧转变,借助粉尘粒子本身的惯性力使粒子分离并捕集的装置。这种惯性除尘器,除借助惯性力作用外,还利用了离心力和重力的作用。惯性除尘器的结构形式多种多样,可分为碰撞式和回转式两类。惯性除尘器的分离原理和结构形式如图 2.5 和图 2.6 所示。

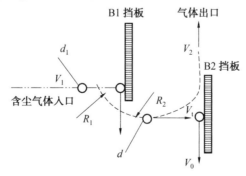

图 2.5　惯性除尘器的分离原理

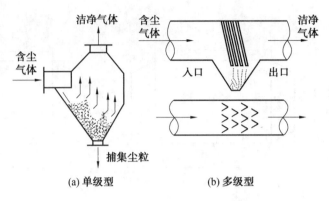

(a) 单级型   (b) 多级型

图 2.6 惯性除尘器的结构形式

3. 旋风除尘器

旋风除尘器是使含尘气流做旋转运动,借助离心力作用,将尘粒从气流中分离捕集下来的装置,其结构如图 2.7 所示。旋风除尘器具有历史悠久(应用近 100 年)、应用广泛(遍及各种工业部门)及形式繁多(达百种以上)等特点。

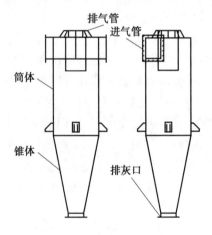

图 2.7 旋风除尘器的结构图

旋风除尘器内气流流动示意图如图 2.8 所示,进入旋风除尘器的含尘气流沿筒体内壁边旋转边下降,同时有少量气体沿径向运动到中心区域中。当旋转气流的大部分到达锥体底部附近时,则开始转为向上流动,在中心区域边旋转边上升,最后由出口管排出。同时也存在着离心的径向运动。通常将旋转向下的外圈气流称为外涡旋,旋转向上的中心气流称为内涡旋,使大部分外涡旋转变成为内涡旋的锥体顶部附近的区域称为回流区域混流区。

气流中所含尘粒在旋转运动过程中,在离心力的作用下逐步沉降到外壁上,在外涡旋的推动和重力作用下,逐渐沿锥体内壁降落到灰斗中。此外,进口气流中的少部分气流沿筒体内壁旋转向上,达到上顶盖后又继续沿出口管外壁旋转下降,最后到达出口管下端附近被上升的内涡旋带走。通常把这部分气流称为上涡旋,伴随着上涡旋有微量细粉尘被带走。

旋风除尘器具有结构简单,占地面积小,投资低,操作维修方便,压力损失中等,动力消耗不大,可用各种材料制造,能用于高温、高压及有腐蚀性气体的除尘,并可直接回收干颗粒物等优点。旋风除尘器一般用来捕集 5 ~ 15 μm 以上的颗粒物,除尘效率可达到 80% 左

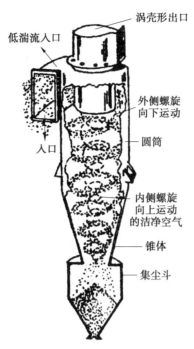

图 2.8　旋风除尘器内气流流动示意图

右。旋风除尘器的主要缺点是对捕集小于 5 μm 颗粒的效率不高,一般可做预除尘用。

4. 组合式多管旋风除尘器

为了提高除尘效率或增大处理气体量,往往将多个旋风除尘器串联或并联起来使用。当要求除尘效率较高、采用一级除尘不能满足要求时,可将两台或三台除尘器串联起来使用,这种组合方式称为串联式旋风除尘器组合形式;当处理气体量较大时,可将若干个小直径的旋风除尘器并联起来使用,这种组合方式称为并联式旋风除尘器组合形式。

(1)串联式旋风除尘器组合形式。

串联使用的目的是提高除尘效率,因此越是后段设置的除尘器,气体的含尘浓度越低,细粉尘的含量越多,因而对除尘器的除尘性能要求也越高,所以一般是将除尘效率不同的旋风除尘器串联使用。三级串联式旋风除尘器示意图如图 2.9 所示。

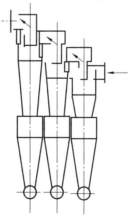

图 2.9　三级串联式旋风除尘器示意图

（2）并联式旋风除尘器组合形式。

并联使用的目的主要是增大处理气体量，但在处理气体量相同的情况下，以小直径的旋风除尘器代替大直径的旋风除尘器可以提高除尘效率。为了便于组合和均匀分配风量，通常选用同直径的并联式旋风除尘器，如图 2.10 所示。

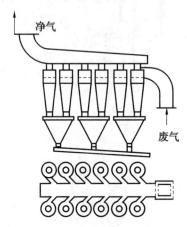

图 2.10 同直径的并联式旋风除尘器示意图

2.4.3 过滤式除尘器

过滤式除尘器是使含尘气流通过过滤材料将粉尘分离捕集的装置。过滤式除尘器也称过滤器，分为采用织物或滤纸做过滤材料的表面式过滤器及采用填充料（如各种纤维、金属绒、硅砂等）的内部式过滤器。采用滤纸或纤维填料的空气过滤器主要用于通风及空气调节工程的进气净化方面；采用织物等做过滤材料的袋式除尘器，主要用在工业排气的除尘方面。袋式除尘器的应用已近百年，除尘效率高且稳定，运行可靠，应用广泛。采用硅砂等填料的颗粒层除尘器，适用于高温烟气除尘，近年来受到了各方关注。

1. 袋式除尘器

（1）原理。

简单的袋式除尘器示意图如图 2.11 所示，含尘气流从下部进入圆筒形滤袋，在通过过滤材料的孔隙时，粉尘被过滤材料阻留下来，透过过滤材料的洁净气体由排出口排出。沉积于过滤材料上的粉尘层，在机械振动的作用下从过滤材料表面脱落下来，落入灰斗中。

袋式除尘器的滤尘机制包括筛分、惯性碰撞、拦截、扩散、静电及重力作用等。筛分作用是袋式除尘器的主要滤尘机制之一。当粉尘粒径大于过滤材料中纤维间孔隙或过滤材料上沉积的粉尘间的空隙时，粉尘即被筛滤下来。通常的织物滤布，由于纤维间的孔隙远大于粉尘粒径，所以刚开始使用时，筛分作用很小，主要靠惯性碰撞、拦截、扩散、静电作用，但是滤布逐渐形成了一层粉尘黏附层后，则碰撞、扩散等作用变得很小，而主要靠筛分作用。

（2）袋式除尘器的结构形式。

袋式除尘器的结构形式多种多样，按不同特点可做如下分类。

① 按滤袋形状分类。除尘器的滤袋主要有圆袋和扁袋两种，圆袋除尘器结构简单，便于清灰，应用最广；扁袋除尘器单位体积过滤面积大，占地面积小，但清灰、维修困难，应用较少。

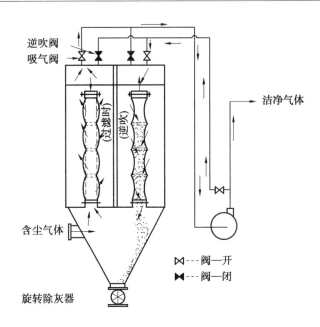

图 2.11　简单的袋式除尘器示意图

②　按含尘气流进入滤袋的方向分类。袋式除尘器按含尘气流进入滤袋的方向,可分为内滤式和外滤式两种。如图 2.12 所示。内滤式:含尘气体首先进入滤袋内部,故粉尘积于滤袋内部,便于从滤袋外侧检查和换袋;外滤式:含尘气体由滤袋外部到滤袋内部,适合于用脉冲喷吹等清灰。

③　按进气方式的不同分类。根据进气方式的不同可分为下进气和上进气两种方式。如图 2.12 所示。下进气:含尘气流由除尘器下部进入除尘器内,除尘器结构简单,但由于气流方向与粉尘沉降的方向相反,清灰后会使细粉尘重新附积在滤袋表面,使清灰效果受影响。上进气:含尘气流由除尘器上部进入除尘器内,粉尘沉降方向与气流方向一致,粉尘在袋内迁移距离较下进气远,能在滤袋上形成均匀的粉尘层,过滤性能较好,但除尘器结构较复杂。

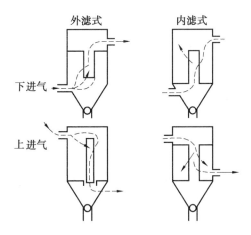

图 2.12　袋式除尘器结构形式

④ 按清灰方式分类。按清灰方式的不同,可分为四种类型,即机械振动清灰、逆气流清灰、吹灰圈清灰和脉冲清灰(图 2.13)。

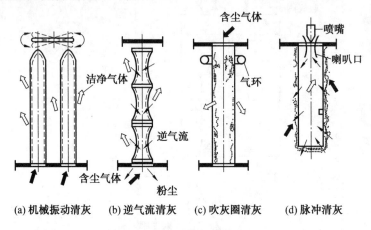

(a) 机械振动清灰　　(b) 逆气流清灰　　(c) 吹灰圈清灰　　(d) 脉冲清灰

图 2.13　典型清灰机示意图

机械振动清灰除尘器示意图如图 2.14 所示。它利用电动机带动振打机构产生垂直振动或水平振动。

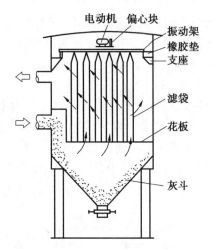

图 2.14　机械振动清灰除尘器示意图

脉冲清灰除尘器示意图如图 2.15 所示。清灰时,由袋的上部输入压缩空气,通过文氏喉管进入袋内,这股气流速度较高,清灰效果很好。目前国内外多采用这种清灰方式。

(3) 应用。

作为一种高效除尘器,袋式除尘器被广泛应用于各种工业废气除尘中,如轻工机械制造、建材、化工、有色冶炼及钢铁企业等。它比电除尘器的结构简单,投资省,运行稳定,还可以回收比电阻高而难以回收的粉尘。它与文氏管洗涤器相比,动力消耗小,回收的干粉尘便于综合利用,不存在泥浆处理问题。因此,对于细而干燥的粉尘,采用袋式除尘器净化是适宜的。

袋式除尘器不适用于净化含有油雾、凝结水及黏结性粉尘的气体,一般也不耐高温。此外,袋式除尘器占地面积较大,滤袋更换和检修较麻烦,工作环境也较差。

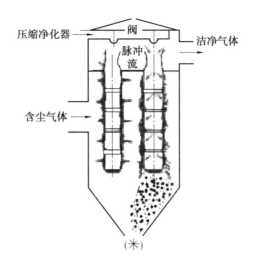

图 2.15　脉冲清灰除尘器示意图

2. 颗粒层除尘器

颗粒层除尘器是利用颗粒状物料(如硅石、砾石等)做填料层的一种内部过滤式除尘装置。其滤尘机制与袋式除尘器相似,主要靠筛滤、惯性、拦截及扩散作用等,使粉尘附着于颗粒过滤材料及粉尘表面。因此,过滤效率随颗粒层厚度及其上沉积的粉尘层厚度的增加而提高,压力损失也随之提高。

颗粒层除尘器具有结构简单、维修方便、耐高温、耐腐蚀、效率高、占地面积小、投资省等优点。我国常使用的颗粒层除尘器有耙式颗粒层除尘器和沸腾颗粒层除尘器。

(1)耙式颗粒层除尘器。

该除尘器为单层耙式颗粒层除尘器,含尘空气切向进入除尘器下部的旋风筒,在离心力的作用下预先分离粗颗粒粉尘,未被分离的细粉尘随气流进入过滤层上部箱体,当气流自上而下流过颗粒层时被阻留在滤层表面和滤层中,净化后的气体由洁净气出口排至排气总管。当颗粒层中积灰较多时由传动机构带动阀门,关闭洁净气出口,开启反吹风管,使反吹气流由下向上通过颗粒层。此时,由电机带动耙子搅动颗粒层,使积聚于颗粒层内和表面的粉尘松散,并使粒状滤层保持平整。经松动后的积尘随反吹气流进入旋风筒沉降。该种除尘器也可以多层重叠,以适应大烟气量净化。

(2)沸腾颗粒层除尘器。

烟尘中的粗颗粒在沉降室沉降,细尘粒经过滤空间被颗粒层阻留,洁净气体经洁净气口排出,如图 2.16 所示。当任何一层颗粒层积灰过多,该层电动推杆阀门关闭洁净气口,开启反吹风口,气流自下而上穿过带有众多小孔的筛板,均匀地托起颗粒层,并使其扰动、沸腾,清除附着于粒状过滤介质表面的粉尘,被清除的粉尘随反吹气流进入沉降室,其中大颗粒落入灰斗,细尘混入待过滤的含尘气流中。该种结构较耙式简单,但只适宜过滤不粘粉尘。

颗粒层除尘器能耐 350 ℃ 的高温,短时间可耐 450 ℃ 的高温,温度再提高时需用锅炉钢板制造,可耐 450 ~ 550 ℃ 的高温。

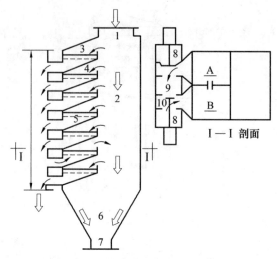

图 2.16   沸腾颗粒层除尘器示意图

1— 进气口;2— 沉降室;3— 过滤空间;4— 颗粒层;5— 筛网;6— 灰斗;
7— 排灰口;8— 反吹风口;9— 洁净气口;10— 阀门;11— 隔板

2.4.4   电除尘器

1. 原理

电除尘器是利用静电力(库仑力)实现粒子(固体粒子或液体粒子)与气流分离的一种除尘装置。图 2.17 为管式电除尘器示意图,接地的金属圆管称为集尘极(或收尘极),与高压直流电源相连的细金属线称为放电极(或电晕极)。放电极置于圆管的中心,靠下端的吊锤张紧。含尘气流从除尘器下部进气管进入,净化后的清洁气体从上部排气管排出。电除尘器的除尘过程大致可以分为 4 个阶段:气体电离、粉尘荷电、粉尘沉降、清灰。

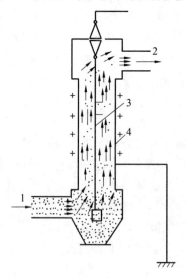

图 2.17   管式电除尘器示意图

1— 含尘气体入口;2— 净化气体出口;3— 电晕极;4— 集尘极

（1）气体电离。

要使气流中的粉尘荷电,必须有大量的离子来源,而这些离子的产生是利用放电极周围的电晕现象使气体电离来实现的。在放电极与集尘极之间施加直流高压电,使放电极发生电晕放电,气体电离,生成大量的自由电子和正离子。

（2）粉尘荷电。

在放电电极附近的电晕区内正离子立即被电晕极(假定带负电)吸引过去而失去电荷。自由电子和随即形成的负离子则因受电场力的驱使向集尘极(正极)移动,并充满两极间的绝大部分空间。含尘气流通过电场空间时,自由电子、负离子与粉尘碰撞并附着其上,便实现了粉尘的荷电。

（3）粉尘沉降。

荷电粉尘在电场中受库仑力的作用被驱往集尘极,经过一段时间后到达集尘极表面,放出所带电荷而沉积其上。

（4）清灰。

集尘极表面上的粉尘沉积到一定厚度后,用机械振打或刮板等方法将其清除,使之落入下部灰斗中。放电极也会附着少量粉尘,隔一定时间也需清灰。

2. 分类

根据电除尘器的特点可以做不同的分类:

（1）根据集尘板类型可分为管式和板式电除尘器(图 2.18)。

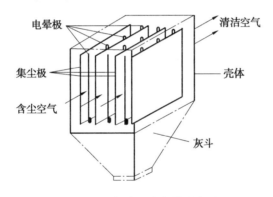

图 2.18　板式电除尘器示意图

（2）按照气流流动方向可分为立式和卧式电除尘器。

（3）按照粉尘荷电段和分离段的空间布置不同可分为一段式和两段式电除尘器。

（4）按照沉积粉尘的清灰方式可分为湿式和干式电除尘器。

3. 优缺点

优点:处理气量大,能连续操作,可用于高温高压场合。

缺点:设备庞大,占地面积大,一次性投资费用高,不能实现对高比电阻粉尘的捕集。

2.4.5　湿式气体洗涤器

（1）原理。

湿式气体洗涤器是实现废气与液体互相密切接触,使污染物从废气中分离出来的装置。湿式气体洗涤器既能净化废气中的固体粒子污染物(气体除尘),也能脱除气态污染物

（气体吸收），还能用于气体的降温、加湿和除雾等操作，这是其他类型除尘器所起不到的作用。重力湿式气体洗涤器示意图如图 2.19 所示。

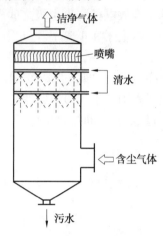

↑ 洁净气体

喷嘴

清水

◁ 含尘气体

↓ 污水

图 2.19   重力湿式气体洗涤器示意图

湿式气体洗涤器具有结构简单、造价低和净化效率高等优点，适于净化高温、易燃、易爆气体。应用湿式气体洗涤器时要特别注意的问题是：管道和设备的腐蚀，污水和污泥的处理，烟气抬升高度减少及冬季排气产生冷凝水雾等。

（2）分类。

根据湿式气体洗涤器的净化机制，可将其大致分为七类：重力喷雾洗涤器、旋风洗涤器、自激喷雾洗涤器、泡沫洗涤器、填料床洗涤器、文丘里洗涤器和机械诱导喷雾洗涤器。

以重力喷雾洗涤器为例说明湿式气体洗涤器的除尘过程。当含尘气体通过喷淋液体所形成的喷淋空间时，因尘粒和液滴之间的碰撞、拦截和凝聚等作用，使较大、较重的尘粒靠重力作用沉降下来，与洗涤液一起从塔底部排走。

2.5   气态污染物控制

气态污染物的控制方法与颗粒污染物的控制方法不同，就气态污染物控制而言，主要是利用物理和化学性质的不同（如溶解度、吸附饱和度、露点、泡点、选择性化学反应等），借助分子间作用力完成。利用物质的溶解度不同来分离气态污染物的方法称为吸收法；利用物质吸附饱和度的差异来分离气态污染物的方法称为吸附法；利用气体的露点不同来分离气态污染物的方法称为冷凝法。另外，可将气态污染物进行化学转化使其变为无害或易于处理的物质，这类方法有催化转化法和燃烧法。

2.5.1   吸收法净化气态污染物

吸收法使吸收液与气态污染物接触，利用吸收液对气态污染物各组分溶解能力的不同，使污染物组分被选择性吸收，从而使气体得以净化。参与吸收过程的吸收剂和被吸收的吸收质分别为液相和气相，并发生两相传质过程。若吸收过程不发生化学反应，单纯气体溶于液体的过程称为物理吸收，如用水吸收氯化氢气体的过程就是物理吸收。若气体吸收质与吸收剂或吸收剂某些活性组分发生化学反应的过程,称为化学吸收,如用氢氧化钠吸收空气中的二氧化碳就属于化学吸收。在大气污染控制中所净化的废气往往气量大,但含有气态污染物的浓度很低,单纯利用物理吸收法净化,多数达不到国家或地方所规定的排放标准。因此,在实际净化废气工程中多采用化学吸收。

1. 物理吸收

在一定的温度和压力下,当吸收剂和污染气体接触时,气体中的吸收质就向液体吸收剂中进行质量传递。这种传递过程十分复杂,现已提出了一些简化模型及理论来加以描述,例如双膜理论、溶质渗透理论、表面更新理论等。其中,双膜理论比较直观,易于进行数学处理,应用较广泛。

双膜理论模型如图 2.20 所示,它假设在气、液两相接触时,两相间有一个相界面,在相界面两侧各存在一层很薄的稳定滞流膜层,分别称为气膜与液膜,气膜、液膜两个膜层分别将各相主体流与相界面隔开。气液相质量传递过程是气相主体流中的吸收质先以湍流扩散到气膜表面,再以分子扩散通过气膜到相界面,进而进入液膜,吸收质仍以分子扩散通过液膜进入液相主体流中,完成吸收过程。在吸收质量传递的同时,也存在着相反的质量传递(解吸),两个不同方向的质量传递一直达到动态平衡时为止。在两相质量传递过程中,只有通过气液薄膜时存在分子扩散阻力;在气、液两相主体流中由于湍动不存在浓度梯度,因而也就不存在传质阻力;在相界面上,气、液两相随时都处于平衡状态。吸收过程的气液平衡关系服从亨利定律。

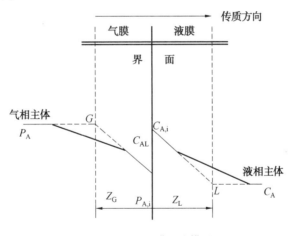

图 2.20　双膜理论模型

2. 化学吸收

被吸收的气体吸收质与吸收剂中的某些组分发生化学反应,将按化学反应平衡关系生成新的化合物。

在化学吸收过程中,气体吸收质先从气相主体经气膜扩散到气、液界面,吸收质在气相中的扩散机理同物理吸收。气体吸收质 A 扩散到两相界面后才能与吸收剂中的反应组分 B 进行化学反应,生成新的化合物,新的化合物扩散进入液相主体,完成化学吸收过程。

3. 常用的吸收设备

用于气体净化的吸收设备种类很多,最常用的是填料吸收塔(图 2.21)、湍球吸收塔(图 2.22)和板式吸收塔。

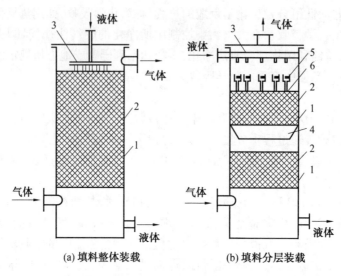

(a) 填料整体装载　　　　(b) 填料分层装载

图 2.21　填料吸收塔
1— 支撑板;2— 填料;3— 液体分布器;
4— 液体再分布装置;5— 布液槽;6— 导管

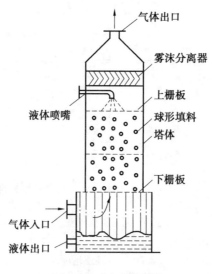

图 2.22　湍球吸收塔

　　填料吸收塔是连续接触式的气液传质设备,以塔内的填料作为气、液两相间的接触构件。填料吸收塔的塔身为直立式圆筒,底部装有填料支撑板,填料乱堆或整砌在支撑板上,填料压板压在填料上方,以防止上升气流吹动填料。液体从塔顶经液体分布器喷淋到填料上,沿着填料表面流下。气体从塔底送入,经过气体分布装置,连续通过填料层的孔隙,与液体呈逆流状态。在填料表面,气、液两相密切接触进行传质,随着塔高的变化,两相组成也相应发生变化,气相为连续相,液相为分散相。由于存在壁流现象,填料层较高时需要进行分段,中间设置再分布装置。所谓的壁流是指当液体沿着填料层向下流动时,有逐渐向塔壁集中的趋势,塔壁附近液流量的逐渐增大导致气、液两相在填料层中分布不均,从而使传质效率下降。

填料吸收塔具有生产能力大、分离效率高、压力降小、持液量小、操作弹性大等优点,但是液体负荷较小将不能有效地润湿填料表面,导致传质效率降低。

板式吸收塔通常由一个圆柱形壳体和一定间距的若干层塔板组成。操作时,液体靠重力作用由顶部逐板流向塔底排出,在各层塔板的板面上形成流动的液层;气体在压力差的推动下由塔底向上经过均布在塔板上的开孔依次穿过各层塔板由塔顶排出。根据塔板的结构不同可将塔板分为有降液管及无降液管两大类。有降液管的塔板上,液体在降液管内流通,每层板的液层高度由适当的溢流挡板调节,在塔板上气、液两相错流接触。无降液管式的塔板又称为穿流板,没有降液管,气、液两相同时逆向通过塔板上的小孔。

板式吸收塔生产能力较大,塔板效率稳定,操作弹性大,并且造价低,清洗、检修方便。板式吸收塔也存在一定的缺点,如压力损失大、操作弹性小。

湍球吸收塔操作时,气流由塔底进入,液体由塔顶进入,在一定气速下,小球悬浮,并形成湍流旋转和相互碰撞的气、液、固三相湍流运动和搅拌作用,提高了吸收效率。

湍球吸收塔风速高、处理能力大、气液分布比较均匀,结构简单且不易被堵塞,但是由于球在每段内都有一定程度的反混,本身易变形和破碎,因此湍球吸收塔适用于传质单元数不多的操作过程,如不可逆的化学吸收、脱水、除尘、温度较为恒定的气液直接接触传热。

4. 吸收法的具体应用

(1)净化低浓度二氧化硫烟气。

(2)净化含 NO_x 废气。

(3)净化含氟废气。

2.5.2 吸附法净化气态污染物

1. 基本原理

吸附是用多孔固体吸附剂将气体混合物中一种或数种组分积聚或凝缩其表面上而达到分离的目的。固体表面吸附的物质为吸附质,能够附着吸附质的物质为吸附剂。

吸附作用主要是基于固体吸附剂的表面力。根据吸附剂表面与被吸附物质之间作用力性质的不同,吸附可分为物理吸附与化学吸附。

物理吸附是由气相吸附质分子和固体吸附剂表面分子间存在静电力或范德瓦耳斯力所引起的。物理吸附是一个可逆过程。物理吸附过程为放热过程,反应过程非常快,参与吸附的各相间总是瞬间达到平衡。吸附质与吸附剂之间吸附力不强,并且吸附过程中两者不发生反应,当气体中吸附质分压降低或温度升高时,被吸附的气体易于从固体表面逸出,气体原来的性质不变。工业上常常利用这一点进行可逆性吸附剂的再生及吸附质的回收。

化学吸附是由吸附质的分子与吸附剂分子间通过化学力而进行的一种表面结合过程,这种吸附往往是不可逆的。化学吸附过程有很强的选择性,吸附速率较慢,达到吸附平衡需要很长时间,温度的升高能够提高吸附速率。

物理吸附和化学吸附常常同时出现,也有时在低温时物理吸附占主导地位,而在高温时化学吸附占主导地位。

表达在一定温度下吸附过程的平衡吸附量与气体平衡压力的关系,称为吸附等温线。

如果吸附进程是可逆的,在一定温度下,废气与吸附剂充分接触后,一方面吸附质被吸附剂吸附;另一方面一部分已被吸附的吸附质,由于热运动脱离吸附剂表面,又回到气体中,前者被吸附,后者被解吸,吸附速度和解吸速度相等时,达到吸附平衡。

　　吸附平衡是指吸附质与吸附剂长期接触后,气相中吸附质的浓度与吸附剂相中吸附质的浓度终将达到平衡。当二者的变化速率相等,吸附质在气、固两相中的浓度不再随着时间发生变化时,称这种状态为吸附平衡状态。当气体和固体的性质一定时,平衡吸附量是气体压力及温度的函数,即式(2.31)。吸附平衡由平衡吸附量表示。平衡吸附量是指吸附剂对吸附质的极限吸附量,也称吸附量分数或静活性分数,用 kg(吸附质)/kg(吸附剂) 表示,是设计和生产中一个十分重要的参数,用吸附等温线或吸附等温方程来描述。吸附等温是指吸附达到平衡时,吸附质在气、固两相中的浓度间有一定的函数关系,一般用吸附等温线表示。

$$q = f(p, T) \tag{2.31}$$

式中　　q—— 平衡吸附量,kg(吸附质)/kg(吸附剂) 或 kmol(吸附质)/kg(吸附剂)。

　　通常情况下,吸附量会随着温度的上升而减少,随着压力的升高而增大。低温、高压情况下吸附量大,极低温度情况下吸附量显著增大。在恒定温度下,吸附剂的平衡吸附量 q 与吸附质在气相中的组分分压 p 的关系称为吸附等温线。不同温度下 NH_3 在木炭上的吸附等温线如图 2.23 所示。当吸附组分分压较低时,吸附等温线的斜率较大,可以近似看作直线,说明在低压范围内,吸附量 q 与其分压 p 成正比。随着分压的增大,吸附等温线斜率减小,曲线逐渐趋于平缓,说明吸附量受分压的影响减弱,最终达到饱和吸附量,吸附剂不再具有吸附的能力。

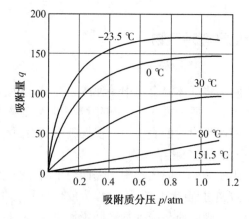

图 2.23　不同温度下 NH_3 在木炭上的吸附等温线(1 atm = 101.325 kPa)

　　20 ℃ 时各种有机溶剂蒸气在活性炭上的吸附等温线如图 2.24 所示。由图可以看出,相同温度下同一吸附剂对不同吸附质的吸附能力不同。同时许多学者提出了描述等温吸附条件下吸附量与压力的关系式,称为等温吸附方程。具有代表性的等温吸附方程有以下几种。

　　(1)Freundlich 方程。

　　以 q 表示平衡吸附量,p 表示吸附质的分压,q 与 p 的关系可以表示为

$$q = kp^{1/n} \tag{2.32}$$

式中　　k—— 常数;

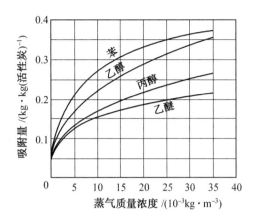

图 2.24　20 ℃ 时各种有机溶剂蒸气在活性炭上的吸附等温线

n—— 常数，$n \geqslant 1$。

式（2.32）表明，平衡吸附量与吸附质分压的 $1/n$ 次方成正比。由于吸附等温线的斜率随吸附质分压增加有较大变化，因此该方程往往不能描述整个分压范围的平衡关系，特别是在低压和高压区域内不能得到满意的试验拟合效果。

（2）Langmuir 方程。

该方程推导的基本假设如下：

①吸附剂表面性质均一，每一个具有剩余价力的表面分子或原子吸附一个气体分子。

②气体分子在固体表面为单层吸附。

③吸附是动态的，被吸附分子受热运动影响可以重新回到气相。

④吸附过程类似于气体的凝结过程，脱附类似于液体的蒸发过程，达到吸附平衡时，脱附速率等于吸附速率。

⑤气体分子在固体表面的凝结速率正比于该组分的气相分压。

⑥吸附在固体表面的气体分子之间无作用力。

设吸附剂表面覆盖率为 θ，则可表示为

$$\theta = \frac{q}{q_{\mathrm{m}}} \tag{2.33}$$

式中　q_{m}—— 吸附剂表面所有吸附点均被吸附质覆盖的吸附量，即饱和吸附量。

气体的脱附速率与 θ 成正比，可以表示为 $k_{\mathrm{d}}\theta$，气体的吸附速率与剩余吸附面积$(1-\theta)$和气体分压成正比，可以表示为 $k_{\mathrm{a}}p(1-\theta)$。吸附达到平衡时，吸附速率与脱附速率相等，则

$$\frac{\theta}{1-\theta} = \frac{k_{\mathrm{a}}}{k_{\mathrm{d}}}p \tag{2.34}$$

式中　k_{a}—— 吸附速率常数；

　　　k_{d}—— 脱附速率常数。

式（2.34）经整理后可得到单分子层吸附的 Langmuir 方程为

$$q = \frac{kpq_{\mathrm{m}}}{1+kp} \tag{2.35}$$

式中　k——Langmuir 平衡常数。

式中，Langmuir 平衡常数与吸附剂和吸附质的性质以及温度有关，其值越大，表示吸附剂的吸附能力越强。

式(2.35) 能较好地描述低、中压力范围的吸附等温线。当气相中吸附质分压较高，接近饱和蒸气压时，该方程产生偏差。这是由于这时的吸附质可以在微细的毛细管中冷凝，单分子层吸附的假设不再成立的缘故。

(3)BET 方程。

BET 方程是 Brunauer、Emmett 和 Teller 等人基于多分子层吸附模型推导出来的。BET 理论认为，吸附过程取决于范德瓦耳斯力。由于这种力的作用，可使吸附质在吸附剂表面吸附一层以后，再一层一层吸附下去，只是逐渐减弱而已。BET 方程的表示形式为

$$q = \frac{k_{\rm b} p q_{\rm m}}{(p_0 - p)\left[1 - (k_{\rm b} - 1)\dfrac{p}{p_0}\right]} \tag{2.36}$$

式中　　q—— 吸附量，kg(吸附质)/kg(吸附剂)；

　　　　$q_{\rm m}$—— 吸附剂表面完全被吸附质的单分子层覆盖时的吸附量，kg(吸附质)/kg(吸附剂)；

　　　　p_0—— 吸附质组分的饱和蒸气压，Pa；

　　　　$k_{\rm b}$—— 常数，其值与温度、吸附热和冷凝热有关。

BET 方程中有两个需要通过试验测定的参数($q_{\rm m}$ 和 $k_{\rm b}$)，该方程的适应性较广，可以描述多种类型的吸附等温线，但在吸附质分压很低或很高时会产生较大的误差。

2. 吸附剂

工业吸附剂应具备的条件为：①具有巨大内表面积、较大的吸附容量的多孔性物质；②对不同的气体分子具有很强的吸附选择性；③吸附快且再生特性良好；④具有足够的机械强度和对酸、碱、水、高温的适应性；⑤用于物理吸附时要有化学稳定性；⑥价格低廉，来源广泛。

工业上常用的吸附剂有活性炭、硅胶、活性氧化铝、分子筛等。

(1)活性炭。

活性炭是常用的吸附剂。由于它的疏水性，主要用于吸附湿空气中的有机溶剂、恶臭物质，以及烟气中的 SO_2、NO_x 或其他有害气体。活性炭是由煤、石油焦、木材、果壳等各种含碳物质在低于 773 K 温度下炭化后再用水蒸气进行活化处理得到的。它的颗粒形状有柱状、球状、粉末状等，具有比表面积大、吸附及脱附快、性能稳定、耐腐蚀等优点，但具有可燃性，使用温度一般不超过 200 ℃。

(2)硅胶。

硅胶具有很强的亲水性，它吸附的水分量可达自身质量的 50%，吸湿后吸附能力下降，因此常用于含湿量较高气体的干燥脱水、烃类气体回收，以及吸附干燥后的有害废气。硅胶是将硅酸钠溶液(水玻璃)用酸处理后得到硅酸凝胶，再经水洗、干燥脱水制得的坚硬多孔的粒状无晶形氧化硅。

(3)活性氧化铝。

活性氧化铝可用于气体和液体的干燥，石油气的浓缩、脱硫、脱氢，以及含氟废气的治理。含水氧化铝在严格控制的升温条件下，加热脱水便制成多孔结构的活性氧化铝，具有良

好的机械强度。

（4）分子筛。

分子筛被广泛用于废气治理中的脱硫、脱氮、含汞蒸气净化及其他有害气体的吸附。它是一种人工合成沸石，具有立方晶体的硅酸盐，属于离子型吸附剂。因其孔径整齐均匀，能选择性地吸附直径小于某个尺寸的分子，故有很强的吸附选择性。由于分子筛内表面积大，因此吸附能力较强。

通常，分子较小的污染物选用分子筛，分子较大的污染物应选用活性炭或硅胶；对无机污染物宜用活性氧化铝或硅胶，对有机蒸气或非极性分子宜用活性炭。

当吸附剂达到吸附饱和后需要再生，即清除被吸附的物质，恢复吸附剂的吸附能力，以便重复使用。再生的方法一般有：①加热解吸再生（变温吸附）。等压下，一般吸附容量随温度升高而减少，故可在低温下吸附，然后在高温加热下吹扫脱附。②降压或真空解吸（变压吸附）。恒温下，吸附容量随压力降低而减少，则可采用加压吸附，减压或真空下脱附。③溶剂置换再生（变浓度吸附）。对不饱和烯烃类等某些热敏性吸附质，可以采用亲和力较强的解吸溶剂进行置换，使吸附质脱附，然后加热脱附解吸剂，使吸附剂再生，并利用吸附质与解吸剂之间的沸点不同，采用蒸馏的方法分离。

3. 吸附装置

目前所使用的吸附净化设备主要有固定床吸附器、移动床吸附器和流化床吸附器三种类型。

（1）固定床吸附器。

按照吸附器矗立的方式，可将固定床吸附器分为立式、卧式两种；按照吸附器的形状，可将其分为方形、圆形两种。固定床吸附器的特点是结构简单、价格低廉，特别适合于小型、分散、间歇性污染源排放气体的净化。固定床吸附器的缺点是间歇操作，为保证操作正常运行，在设计流程时应根据其特点，设计多台吸附器互相切换使用。

（2）移动床吸附器。

在移动床吸附器中，固体吸附剂在吸附床中不断移动，固体吸附剂由上向下移动，而气体吸附质则由下向上流动，形成逆流操作。移动床主要由吸附剂冷却器、吸附剂加料装置、吸附剂卸料装置、吸附剂分配板和吸附剂脱附器等部件组成。

吸附剂冷却器是一种立式列管换热器，经脱附后的吸附剂从设备顶部的料斗进入冷却器，进行冷却降温后经分配板进入吸附段。

吸附剂加料装置一般分为机械式和气动式两类。常见的机械式加料器有闸板式、星形轮式、盘式，其中最简单的是闸板式。

吸附剂卸料装置是用来控制吸附剂移动速度的装置。最常见的卸料装置由两块固定板和一块移动板组成，移动板借助于液压机械来完成在两块固定板间的往复运动。吸附剂分配板的作用是使吸附剂颗粒沿设备的截面均匀分布，常见的有带有胀接短管的管板系列分配板和排列孔数逐渐减少的孔板系列分配板。

移动床吸附的工作原理是：吸附剂从设备顶部进入冷却器，降温后经分配板进入吸附段，借重力作用不断下降，并通过整个吸附器。净化气体从分配板下面引入，自下而上通过吸附段，与吸附剂逆流接触，净化后的气体从顶部排出。当吸附剂下降到气提段时，由底部上来的脱附气与其接触进一步吸附，将较难脱附的气体置换出来，最后进入脱附器对吸附剂进行再生。

移动床吸附器的特点是：①处理气量大；②适用于稳定、连续、量大的气体净化；③吸附和脱附连续完成，吸附剂可以循环使用；④动力和热量消耗大，吸附剂磨损大。

（3）流化床吸附器。

在设备中流体以不同的流速通过细颗粒固定床层时，就会出现流化状态。当气体以很小的流速从下向上穿过吸附剂床层时，固体颗粒静止不动。随着气体流速的逐渐增大，固体颗粒会慢慢地松动，但仍然保持互相接触，床层高度也没有变化，这种情况便是固定床操作。随着气速的继续增大，颗粒做一定程度的移动，床层膨胀，高度增加，称为临界流化态。当气速大于临界气速时，颗粒便悬浮于气体之中，并上下浮沉，这便是流化状态。

流化床吸附器的优点：①由于流体与固体的强烈搅动，大大强化了传质系数；②由于采用小颗粒吸附剂，并处于运动状态，从而提高了界面的传质速率，其适宜于净化大气量的污染废气；③由于传质速率的提高，吸附床的体积减小；④由于强烈的搅拌和混合，床层温度分布均匀；⑤由于固体和气体同处于流动状态，吸附与再生工艺过程可连续化操作。流化床吸附器的最大缺点是炭粒经机械磨损造成吸附剂的损耗。

4. 影响气体吸附的因素

（1）操作条件。

低温有利于物理吸附，高温有利于化学吸附，吸附质分压上升，吸附量增加。

（2）吸附剂的性质。

吸附剂的孔隙率、孔径、粒度等均影响比表面积的大小。被吸附气体的总量随吸附剂表面积的增加而增加。除吸附剂的临界直径外，吸附剂的相对分子质量、沸点和饱和性等也对吸附量有影响。同种活性炭做吸附剂吸附结构相似的有机物时，其相对分子质量越大、沸点越高，吸附量越大。而对于结构和相对分子质量都相近的有机物，其不饱和性越高，则越易被吸附。

（3）吸附质的浓度。

吸附质在气相中的浓度越大，吸附量也就越大，但浓度大必然使吸附剂很快饱和，使再生次数增加。因此，吸附法不易净化污染物浓度高的气体。

2.5.3　催化转化法净化气态污染物

1. 基本原理

催化转化法是利用催化剂的催化作用将废气中的有害物质转化成无害物质，或者转化成比原来存在状态更易除去的物质的一种方法。气态污染物净化中，气体作为反应物，借助固体催化剂来完成催化作用，因此气态污染物的催化转化属于多相催化作用。

该法与其他净化法的区别在于，化学反应发生在气流与催化剂接触过程中，反应物和产物不需要与主气流分离，因此避免了其他方法可能产生的二次污染，使操作过程大为简化。另一特点是对不同浓度的污染物均有较高的去除率。

2. 催化剂

凡能加速化学反应，而本身的化学组成在反应前后保持不变的物质称为催化剂（或称触媒）。参与催化转化的催化剂是能加速化学反应趋向平衡而在反应前后其化学组成和数量不发生变化的物质，催化剂使反应加速的作用称为催化作用。

催化剂种类较多,可由一种物质组成,也可由多种物质组成,工业上所采用的催化剂大多为复杂体系,由多种物质组成。催化剂由活性组分(主体)、助催化剂、载体组成。活性组分是指能单独对化学反应起催化作用的物质,可作为催化剂单独使用。助催化剂本身无活性,但具有提高活性组分活性的作用。载体组分起承载活性组分的作用,使催化剂具有合适的形状与粒度,从而增加表面积、增大催化活性、节约活性组分用量,并有传热、稀释和增强机械强度的作用。常用的载体材料有活性炭、硅藻土、分子筛以及某些金属氧化物等多孔性惰性材料。载体上附着助催化剂和活性组分,制成球状、柱状、网状、片状、蜂窝状等。

由于催化剂参加了反应,改变了反应的历程,降低了反应总的活化能,反应速度加大,提高反应速率,但催化剂的数量和结构在反应前后并没有发生变化。

3. 催化剂的影响因素

(1)老化。

催化剂在正常工作条件下逐渐失去活性的过程称为老化,一般温度越高,老化速度越快。

(2)中毒。

微量外来物质的存在使得催化剂的活性和选择性大大降低,外来物质称为催化剂毒物。

4. 催化转化法的应用

(1)工业尾气和烟气中 SO_2 和 NO_x 的去除。

(2)有机挥发性气体 VOCs 和臭气的催化燃烧净化。

(3)汽车尾气的催化净化。

2.5.4　燃烧转化法净化气态污染物

1. 基本原理

燃烧转化法是通过热氧化作用将废气中的可燃有害成分转化为无害物质或易于进一步处理和回收的物质的方法。

某些气态污染物如各种带臭味的物质、一些低浓度的有机蒸气等,它们或者是由于能被接受的浓度很低,需要较高的脱除率(达99%),或者是由于回收困难,较好的治理办法只有将其销毁或转化成其他无害且不难闻的物质,这就是燃烧法。采用燃烧法净化处理需事先了解气态污染物的温度、体积、化学组成、露点和起始浓度、排放标准等,以便准确确定燃烧条件、净化要求和是否需要预处理。

2. 燃烧装置

根据不同的燃烧条件,可供实用的燃烧装置有直接燃烧、热力燃烧和催化燃烧三种。

(1)直接燃烧。

直接燃烧也称直接火焰燃烧,也就是利用气态污染物中的可燃组分进行燃烧的方法。它适用于与空气混合后浓度接近于燃烧下限或不混入空气即可燃的气态污染物,也适用于可燃组分浓度较高或燃烧后放出的热量较高的气态污染物。只有燃烧放出的热量能够补偿各种失热,才能维持一定的温度,使燃烧连续进行。

(2)热力燃烧。

热力燃烧是用于净化处理可燃组分含量不能维持正常燃烧的气态污染物的燃烧方式。使用热力燃烧处理有机气态污染物时,当其浓度高于燃烧上限(即爆炸上限)时,则可混以空气后再燃烧。在大多数情况下可燃组分均处于爆炸下限以下,这时就需要外加辅助燃料以维持正常燃烧。

(3)催化燃烧。

催化燃烧是利用催化剂使气态污染物中的可燃组分在较低的温度下氧化分解的净化方法。对于碳氢化合物和有机溶剂蒸气,氧化分解生成 CO_2 和 H_2O,并释放出热量。催化燃烧和热力燃烧一样,需将待处理的气态污染物和催化剂先混合均匀并预热到催化剂的起燃温度,使其中的可燃组分开始氧化放热反应。通常催化燃烧的处理温度为 200~400 ℃,空速为 15 000~25 000 m^3/h,滞留时间为 0.14~0.24 s。

2.5.5　冷凝法净化气态污染物

冷凝法(condensation)是利用物质在不同温度下具有不同的饱和蒸气压的性质,采用降低系统的温度或提高系统的压力,使处于蒸气状态的污染物冷凝并从废气中分离出来的方法。冷凝法适用于净化浓度大的有机溶剂蒸气,还可以作为吸附、燃烧等净化高浓度废气时的预处理,以便减轻这些方法的负荷。

1. 基本原理

在气、液两相共存体系中,蒸气态物质由于凝结变为液态物质,液态物质由于蒸发变为气态物质。当凝结与蒸发的量相等时即达到了平衡状态。相平衡时液面上的蒸气压力即为该温度下与该组分相对应的饱和蒸气压。若气相中组分的蒸气压小于其饱和蒸气压时,液相组分继续蒸发;若气相中组分的蒸气压大于其饱和蒸气压时,蒸气就将凝结为液体。

同一物质的饱和蒸气压的大小与温度有关,温度越低,饱和蒸气压值就越小。对于含有定量浓度的有机物废气,若将其温度降低,废气中有机物蒸气的浓度不变,但其相应的饱和蒸气压值随温度的降低而降低。当降到某一温度时,与其相应的饱和蒸气压值就会低于废气组分分压,该组分就凝结为液体。在一定压力下,一定组分的蒸气被冷却时,刚出现液滴时的温度称为露点温度。冷凝法就是将气体中的有害组分冷凝为液体,从而达到分离净化的目的。

冷凝法具有以下特点:①适宜净化高浓度废气,特别是有害组分单纯的废气;②可以作为燃烧与吸附净化的预处理;③可用来净化含有大量水蒸气的高温废气;④所需设备和操作条件比较简单,回收物质纯度高;⑤用来净化低浓度废气时,需要将废气冷却到很低的温度,成本较高。

2. 冷凝设备

根据所使用的设备不同,可以将冷凝设备分为接触冷凝器和表面冷凝器两种。

接触冷凝器(contact condenser)是将冷却介质与废气直接接触进行热量交换的设备,如喷淋塔、填料塔、板式塔、喷射塔等均属于这类设备。冷却介质不仅可以降低废气的温度,而且可以使废气中的有害组分溶解。使用这类设备冷却效果好,但冷凝物质不易回收,易造成二次污染,必须对冷凝液进一步处理。

表面冷凝器(surface condenser)是将冷却介质与废气隔开,通过间壁进行热量交换,使废气冷却的设备。典型的设备有列管式冷凝器、喷淋式蛇管冷凝器等。在使用这一类设备时,可以回收被冷凝组分,但冷却效率较差。

2.5.6　生物法净化气态污染物

1. 基本原理

生物法是一种氧化分解过程:填料上的活性微生物以废气中的有机组分作为能源或养分,转化成简单的无机物或细胞组成物质。根据生物膜理论,生物法处理废气一般要经历以下步骤:①废气中的污染物与水接触并溶解于水中(即由气相进入液膜);②溶解于液膜中的污染物在浓度差的推动下进一步扩散到生物膜,然后被其中的微生物捕获和吸收;③进入微生物体内的污染物在其自身的代谢过程中作为能源和营养物质被分解,产生的代谢物一部分重回液相,另一部分气态物质脱离生物膜扩散到大气中。简要地说,生物法处理废气主要包括传质和降解两个过程,废气中的污染物不断减少,达到净化的效果。

2. 主要工艺

目前常用的生物法处理废气的工艺有生物滤池工艺、生物洗涤工艺和生物滴滤工艺。生物过滤多用于除臭,对有机废气的处理范围相对较小,而生物滴滤法处理有机废气的范围更广,并且降解有机物的能力更强。

(1)生物滤池工艺是研究最早的生物法净化废气工艺,工艺设备也相对成熟。生物滤池由敞开或封闭容器中一层层的多孔填料床组成,一般为天然有机填料,如堆肥、土壤、泥煤、骨壳、木片、树皮等,也可以是多种填料按一定的比例混合而成。填料一般具有良好的透气性、适度的通水性和持水性等优点,含污染物的废气首先经过滤器除去颗粒物质后,再经过调温调湿从滤池底部进入,通过附着微生物的填料时,污染物被微生物降解利用。在生物滤池中,液相是静止的或以很小的速度流动。运行过程中可根据工艺需要来补水,还要保证连续的气体通过。

(2)生物洗涤塔是一个活性污泥处理系统,由洗涤塔和再生池组成,它不需要填料,因此完全不同于生物滤池和生物滴滤塔。在洗涤塔中,废气从底部进入,通过鼓泡或者循环液喷淋溶于液相中,随着悬浮液流入再生池,通入空气充氧再生。污染物在再生池中被微生物氧化降解,再生池中的流出液继续循环利用。活性污泥悬浮液是最常用的生物悬浮液,由于吸收和再生的时间不同,一般吸收和再生都是两个相对独立的过程。

(3)生物滴滤塔采用填料作为微生物生长的载体,具有大的比表面积、孔隙率和高持水性。生物陶粒、聚氨酯泡沫、活性炭颗粒和复合改性填料等惰性填料是目前最常用的填料。废气污染物从滴滤塔底部进入,无机盐营养液从塔顶喷淋,沿着填料上的生物膜滴流,溶解于水中的有机污染物被以生物膜形式附着在填料上的微生物吸收,进入微生物细胞的有机污染物在微生物体内的代谢过程中作为能源和营养物质被利用或分解,多余的营养液从塔底排出进行循环喷淋。连续流动的营养液可以冲掉过厚生长的生物膜和代谢物,防止填料堵塞。

生物法早已广泛应用于污水处理中,但对于气态污染的处理开始只限于废气的脱臭,气态污染物的生物处理与传统的物化处理相比,具有成本低、效果好和产生二次污染少等优点。自20世纪80年代末起,该法在国外引起重视。日本、德国和荷兰等国家相继将该法用于气态污染物的处理工程中。此外,关于气态污染物的净化法还有电子束照射法和膜分离法等。

2.6 几种典型工业废气处理工艺

2.6.1 广东省某印染厂印染污泥焚烧烟气处理工艺

1. 工程背景

印染废水含有大量的染料、浆料、表面活性剂等组分,具有色度大、有机物浓度高、碱性强和水质水量变化大的特点。目前对印染废水的处理基本采用活性污泥法,其污泥产量占处理水量的 0.3% ~0.5%(含水率为97%),作为印染废水处理的二次产物,大量印染污泥的处置是印染行业面临的重要问题。目前,国内印染污泥的处理主要有土地利用、污泥堆肥和焚烧等方法。其中,焚烧技术的最显著优势在于可以迅速和较大程度上减少污泥的体积,同时可以回收热能,又可将焚烧灰渣综合利用,是目前污泥减量化、无害化最彻底的方法之一,受到国内外的广泛关注。

2. 工艺设计

该厂采用 4 台 75 t/h 循环流化床锅炉用于掺烧该公司日常产生的印染污泥,处理规模为 50 t/d(脱水污泥),脱水污泥的掺烧比为 1.5% ~5.0%;若采用干化污泥,掺烧比为 3% ~5%。采用"脱水污泥/干化污泥与煤混烧+剩余灰渣做建材处理"的污泥技术处理路线。烟气处理方面大都利用原有的锅炉烟气控制设施控制污泥混烧烟气,较常用的烟气治理工艺是静电/布袋除尘+脱硫,该工艺可有效控制粉尘和酸性气体,但是对重金属和 NO_x 的控制不甚理想,因此对其印染污泥焚烧后烟气治理技术工艺流程进行改进,其设计的工艺流程如图 2.25 所示。

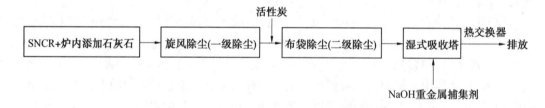

图 2.25　印染厂印染污泥焚烧烟气处理工艺流程

SNCR—选择性非催化还原

3. 处理效果

上述处理流程运行稳定,排放废气基本达到相应标准。烟气中染物的进口与出口质量浓度见表 2.13,在经过烟气净化设施以后,颗粒物的浓度大大降低,其去除率为99.4%。二氧化硫与酸性气体的去除效果不是很理想,原因可能是该厂所采用的脱硫吸收液为自产的印染废水,废水的碱度和水量都较低,使得运行时的液气体积比值较低,气体停留时间短。采取 SNCR 脱硝装置能较好地去除烟气中的 NO_x,NO_x 的出口质量浓度低于 200 mg/m³,符合欧盟 EU2000/76/EC 标准(现有标准为 400 mg/m³)。此外,烟气中 CO 出口质量浓度高于进口质量浓度是因为污泥脱水干化烟气直接进入脱硫塔,所以 CO 出口质量浓度略升高。

表 2.13　烟气中污染物的进口与出口质量浓度

项目	颗粒物 /($g \cdot m^{-3}$)	SO_2 /($g \cdot m^{-3}$)	NO_x /($g \cdot m^{-3}$)	CO /($g \cdot m^{-3}$)	HCl(以 Cl 计) /($g \cdot m^{-3}$)	HF(以 F 计) /($g \cdot m^{-3}$)
进口质量浓度	18.296	1 682.899	376.416	13.373	0.561	2.364
出口质量浓度	0.1	1 158.978	134.656	19.814	0.414	2.017
去除率/%	99.4	31.1	64.2	—	26.2	14.7

2.6.2　漯河舞阳火力发电厂废气处理工艺

1. 工程背景

电厂废气主要为锅炉燃烧过程中产生的烟气,其主要污染物为烟尘、SO_2、NO_x 等。这些气态污染物通过扩散、漂移将增加污染区域面积,造成大气污染。脱硫和除尘是电厂锅炉需要解决的问题,而脱硫分为湿法和干法两大类。目前,常用的脱硫技术有湿法石灰石/石灰烟气脱硫技术、双碱法脱硫工艺。常用的锅炉除尘有布袋除尘、电除尘、水磨文丘里除尘。

漯河舞阳火电厂的循环流化床锅炉采用布袋除尘器+旋流板塔钠碱法高效脱硫装置方式进行锅炉废气处理,虽然配备了废气治理和净化设施,但在运行过程中会出现脱硫塔水路喷头堵塞、脱硫设备结垢堵塞、脱硫效率低等问题。因此,火电厂如何使烟气脱硫净化系统连续可靠运行以更有效地控制锅炉废气是亟待解决的问题。

2. 工艺设计

该电厂共有 4 台循环流化床锅炉,其中 1#和 2#的处理能力为 130 t/h,3#和 4#的处理能力为 160 t/h,锅炉废气都采取有组织收集排放。该厂按相关环保要求对锅炉废气安装了布袋除尘和旋流板塔钠碱法脱硫设施。该工艺的原理是将吸收剂氢氧化钠经雾化喷射到烟气中,烟气中的 SO_2 与吸收剂发生反应生成硫酸氢钠,再用生石灰再生吸收液——氢氧化钠,将再生后的吸收液送回脱硫塔循环使用。其工艺流程如图 2.26 所示

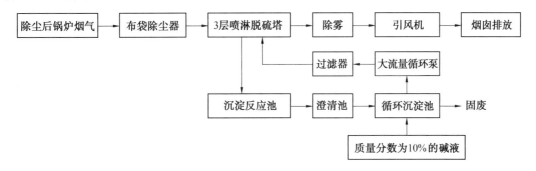

图 2.26　漯河舞阳火力发电厂废气处理工艺流程

3. 处理效果

2012 年 11 月 14 日至 15 日对该厂锅炉废气处理工程进行了环境保护的验收监测,结果见表 2.14,验收监测期间,1#、2#、3#、4#循环流化床锅炉(袋式除尘器+钠碱法脱硫塔)的出口烟气经除尘器、脱硫塔除尘后,外排废气中烟尘、SO_2、NO_x 的排放浓度及林格曼黑度均符合锅炉《火电厂大气污染物排放标准》(GB 13223—2003)第 3 时段标准和河南省非电行业

污染治理的技术要求。

表 2.14　锅炉废气污染物有组织排放监测结果和标准限值

设备与项目	废气流量 /($m^3 \cdot h^{-1}$)	烟尘排放浓度 /($m^3 \cdot h^{-1}$)	SO_2排放浓度 /($m^3 \cdot h^{-1}$)	NO_x排放浓度 /($m^3 \cdot h^{-1}$)	除尘效率/%	脱硫效率/%	林格曼黑度/级
1#锅炉进口	1.16×10^5	884	1.58×10^3	236	—	—	—
2#锅炉进口	1.16×10^5	840	1.56×10^3	120	—	—	—
1#和2#炉总排放口	2.52×10^5	43.9	148.5	180	91.4	91.4	1
3#锅炉进口	1.08×10^5	1.05×10^3	1.42×10^3	116	—	—	—
4#锅炉进口	2.00×10^5	1 327	1.54×10^3	338	—	—	—
3#和4#炉总排放口	3.04×10^5	36.4	96.6	211	97.2	93.6	1
标准限值		50	250	450	—	85	1

注:①温度为 273 K,压力为 101.325 kPa 的标准状态下干烟气中的数值。

2.6.3　攀枝花钢铁厂废气处理工艺

1. 工程背景

攀枝花钢铁厂(简明攀钢)以钒钛磁铁矿为主要原料,其烧结烟气中 SO_2 质量浓度为 4 000 ~ 7 000 mg/m^3,是国内其他钢铁企业烟气 SO_2 质量浓度的 2 ~ 3 倍。攀钢烧结机烧结混合料由 29 种原料组成团,其中铁精矿 5 种、富矿 9 种、熔剂 6 种、燃料 3 种、辅料 4 种、其他铁料 2 种,其组成及原料硫的质量分数见表 2.15。

表 2.15　烧结混合料组成及原料硫的质量分数　　　　　　　　　　　　%

组成	占混合料百分比	原料硫的质量分数
精矿粉	58.999	0.67
石灰石粉	9	0.038
澳矿	4.8	0.11
外购白灰	4.5	—
焦炭粉	4.3	0.51
高加粉	3.8	0.12
无烟煤粉	2.8	0.52
钢渣粉	2.2	0.27
中加粉	1.6	0.082

从表 2.15 可知,攀钢烧结烟气中的硫主要来源于高硫的铁精矿,铁精矿又占烧结混合料的 58.9%,根据原料平衡计算出烧结烟气中 SO_2 的排放总量。以攀钢现有烧结生产能力计算,烧结机混合原料用量每年为 850 万 t 左右,平均硫质量分数为 0.41%,年产烧结矿 800 万 t 左右,烧结矿平均硫质量分数为 0.034%。烧结混合原料中硫含量每年为 3.51 万 t,烧结矿中含硫总量每年为 0.271 万 t,外排 SO_2 总量每年为 6.47 万 t。

2. 工艺设计

有机胺(离子液)循环吸收烟气脱硫工艺脱硫原理:在水中,溶解的 SO_2 会发生式

(2.37)和式(2.38)所示的可逆水合和电离过程：

$$SO_2 + H_2O \longrightarrow H^+ + HSO_3^-$$ (2.37)

$$HSO_3^- \longrightarrow H^+ + SO_3^{2-}$$ (2.38)

在水中加入脱硫剂,可以增加 SO_2 的溶解量。脱硫剂通过与水中的氢离子发生反应,形成胺盐,式(2.37)和式(2.38)向右发生反应,增大了 SO_2 的溶解量,则发生的总反应式为

$$R_3N + SO_2 + H_2O \longrightarrow R_3NH^+ + HSO_3^-$$ (2.39)

反应方程式(2.39)说明 SO_2 的浓度增多,平衡向右移动,有利于脱硫剂溶液脱除烟气中的 SO_2 气体。采用加热方式,可以逆转式(2.37)和式(2.38)的反应,将 SO_2 解吸出来而脱硫剂溶液再生,再生脱硫剂溶液可循环使用,从而达到脱除和回收烟气中 SO_2 的目的。

脱硫工艺流程主要包括:烟气洗涤系统、SO_2 吸收系统、吸收剂再生系统、吸收剂净化系统、工艺水系统等。烧结烟气采用水洗降温、除尘、洗涤酸雾,进一步与有机胺溶液(离子液体)接触,吸收 SO_2 后的溶液(富液)经与贫液换热在再生塔内进行解析出高浓度的二氧化硫气体,高温贫液经换热降温返回吸收塔循环使用,部分溶液进行净化处理后循环使用,高浓度的 SO_2 气体制备硫酸,其工艺流程如图 2.27 示。

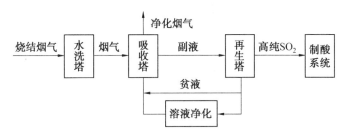

图 2.27　有机胺(离子液)循环吸收烟气脱硫的工艺流程

3. 处理效果

2012 年 11 月建成投运的攀钢 260 m^2 烧结机烟气脱硫设施处理情况见表 2.16,出口 SO_2 平均质量浓度为 6 500 mg/m^3,脱硫率大于 90% 以上。随着新 2 号与新 3 号烧结机的建成投产,脱硫设施处理的烟气量随之增大,而脱硫效率没有下降。

表 2.16　攀钢 260 m^2 烧结机烟气脱硫设施处理情况

脱硫工艺名称	烧结机面积/m^2	处理烟气量/ ($\times 10^4$ $m^3 \cdot h^{-1}$)	脱硫率/%	投产日期	承建方
有机胺(离子液)	6#,173 m^2	55	97	2008-12	华西有限公司
循环吸收烟气	新2#,360 m^2	120	97	2011-01	华西有限公司
脱硫工艺	新3#,260 m^2	85	97	2012-11	攀钢自建

思　考　题

1. 什么是大气污染？主要的大气污染物有哪些？
2. 简述大气污染的类型。
3. 主要的大气污染源有哪些？

4. 某一除尘装置处理含尘气体,入口粉尘的粒径分布和分级效率见表 2.17。试求该除尘装置的总效率。

表 2.17　入口粉尘的粒径分布和分级效率

粉尘粒径幅 Δd_p	0.5~5.8	5.8~8.2	8.2~11.7	11.7~16.5	16.5~22.6	22.6~33	33~47	47
频数分布 ΔR_i	31	4	7	8	13	19	10	8
分级频率 η_{d_i}	61	85	93	96	98	99	100	100

5. 简述旋风除尘器中颗粒物的分离过程,并画出旋风除尘器的工作原理示意图。

6. 简述组合式多管旋风除尘器的组合方式,并说明各自的作用。

7. 简述袋式除尘器的滤尘机制及主要优缺点。

8. 简述电除尘器的除尘过程。

9. 治理气态污染物的主要方法有哪些?

10. 物理吸收与化学吸收的主要差别是什么?

11. 物理吸附与化学吸附的主要差别是什么?

12. 常用的吸附剂有哪些? 如何选择吸附剂?

第3章 水污染控制工程

水是一切生物生存和发展不可缺少的物质。水体中所含的物质非常复杂,元素周期表中的元素几乎都可在水中找到。人类生产、生活和消费活动排出的废水,尤其是工业废水、城市污水等大量进入水体后势必会造成水体污染。因此,采用物理处理法、化学处理法、生物处理法和物理化学处理法等方法对废水进行处理,以及充分利用环境自净能力,以防止、减轻直至消除水体污染,改善和保持水环境质量为目标,制定废水排放标准,合理地利用水资源,加强水资源管理,就成为水污染控制工程的主要任务。

3.1 概 述

3.1.1 水体污染

水是宝贵的自然资源,没有水就没有生命。尽管地球上总水量很大,约有 14 亿 km^3,但可利用的淡水资源却不到 1%,据 2020 年的统计,我国人均水资源量为 2 100 m^3,不及世界人均值的 1/4,因此我国淡水资源还很缺乏。不仅水资源短缺,随着工业的发展,水污染也很严重,据 2023 年《中国生态环境状况公报》报道,2023 年城市污水处理总量达 641 亿 m^3。因此,防止和治理水污染是摆在人们面前的一项艰巨任务,目前造成水体污染的主要污染源有以下几种。

1. 工业污染源

工业污染源是对水体产生污染的最主要污染源,它指的是工业企业排出的生产过程中使用过的废水。根据污染物的性质,工业废水可分为:含有机物废水,如造纸、制糖、食品加工、染织工业等废水;含无机物废水,如火力发电厂的水力冲灰废水,采矿工业的尾矿水以及采煤炼焦工业的洗煤水等;含有毒的化学性物质废水,如化工、电镀、冶炼等工业废水;含病原体工业废水,如生物制品、制革、屠宰厂废水;含放射性物质废水,如原子能发电厂、放射性矿、核燃料加工厂废水;生产用冷却水,如热电厂、钢厂等废水。

2. 生活污染源

生活污染源主要来自城市,指居民在日常生活中排放的各种污水,如洗涤衣物、沐浴、烹调用水,冲洗大小便器等的污水,其数量、浓度与生活用水量有关。生活污水中的腐败有机物排入水体后,使污水呈灰色,透明度低,有特殊的臭味,含有有机物、洗涤剂的残留物、氯化物、磷、钾、硫酸盐等。

3. 农业污染源

农业污染源是指农药和化肥的不正确使用所造成的污染。如长期滥用有机氯农药和有机汞农药,污染地表水,会使水生生物、鱼贝类农药残留较高,加上生物富集作用,如食用会危害人类的健康和生命。

4.其他污染源

油轮漏油或者发生事故(或突发事件)会引起石油对海洋的污染,因油膜覆盖水面使水生生物大量死亡,死亡的残体分解可造成水体污染。

污染水体的物质成分极为复杂,概括起来主要包括无机无毒物、无机有毒物、有机无毒物、有机有毒物等。

3.1.2 水体污染物

1.无机无毒物

无机无毒物主要指氮、磷、无机酸、无机碱及一般无机盐。当水体中磷、氮含量增多时,可导致藻类等水生植物过量繁殖,形成水华或赤潮,为"水体富营养化"现象。酸、碱废水将影响水体的 pH,影响生物生存,并对构筑物造成腐蚀。无毒盐类过多,也会影响生活和工业用水质量。

2.无机有毒物

无机有毒物对生物有较强毒性。目前有非重金属的氰化物和砷化物以及重金属的汞、镉、铬、铅等毒性物质,氰化物和砷化物都是剧毒物,后四种重金属都能通过食物链不断富集,最后进入人体,造成慢性中毒。

3.有机无毒物

有机无毒物多属碳水化合物,蛋白质、脂肪等天然生成的有机物易于生物降解,向稳定的无机物转化。

4.有机有毒物

有机有毒物多为人工合成有机物,如合成洗涤剂、有机农药、合成染料,以及多环芳烃等,它们不易被生物降解,且对人危害较大,多为致癌、致畸、致突变物质。

5.放射性物质

放射性物质主要通过放出 α、β、γ 等射线损害人体组织,并可蓄积于人体内造成长期危害。

6.生活污染物质

生活污染物质主要为动物和人排泄的粪便,其中含有寄生虫、细菌和病毒,能引起各种疾病的污染。

3.1.3 水体污染来源

1.工业生产废水

工业生产废水是最主要的污染源,它有以下主要特点:排放量大,污染范围广;污染物种类繁多,浓度波动幅度大;污染物危害大;污染物排放后迁移变化规律差异大。

2.生活污水

生活污水的排放量比工业废水少得多,在组成上也有很大不同,主要是日常生活中的洗涤水,其中固体悬浮物含量很少(不足1%)。污染物多为无毒物质,生活污水有以下几个特点:

(1)氮、磷、硫含量高。

(2)有纤维素、淀粉、糖类、蛋白质、尿素等,在厌氧性细菌作用下易产生恶臭物。

(3)有多种微生物,如细菌、病毒等,易使人传染上各种疾病。

（4）由于洗涤剂的大量使用，其在污水中含量增大，对人体有一定的危害。

3. 农业生产污水

农业生产污水主要是灌溉水。由于化肥和农药的大量使用，灌溉后排出的水或雨后的径流中有一定量的农药和化肥残留，水体被污染和富营养化，水质恶化，水体一旦受到污染，即使减少甚至停止污染物的排放，要恢复到原来状态需要相当长的时间。

3.1.4　水质指标

自然界中没有绝对纯净的水，无论天然水还是各种污水、废水都会有一定浓度的杂质。杂质按其在水中存在的状态可分为悬浮物质、溶解物质和胶体物质。悬浮物质主要由颗粒组成；溶解物质主要由分子或离子组成；胶体物质则介于悬浮物质与溶解物质之间。为评价水质，必须建立水质指标体系。

水质指标项目繁多，有近百种，按其性质可分为物理性水质标准、化学性水质标准和生物学指标三大类。

1. 水质指标

（1）物理性水质指标。

温度（T）、浑浊度、色度、嗅和味、电导率、总固体和溶解性固体等。

（2）化学性水质指标。

pH、碱度、硬度、各种阳离子、各种阴离子、总含盐量、溶解氧（DO）、化学需氧量（COD）和生化需氧量（BOD）。

（3）生物学指标。

细菌总数、总大肠杆菌数、各种病原细菌和病毒等。

（4）最常用的水质指标。

浑浊度、色度、固体、碱度、硬度、BOD、COD、TOC、TOD、pH 和大肠菌群数。

水的用途极为广泛，不同用途的水其质量要求不同，因此要建立不同的水质标准，下面介绍几种常用的水质标准。

2. 水质标准

（1）饮用水质标准。表 3.1 ~ 3.4 是我国 2006 年颁布的《生活饮用水水质标准》（GB 5749—2022）。

（2）地面水环境质量标准。表 3.5 是我国 2002 年颁布的《地表水环境质量标准》（GB 3838—2002）。

（3）污水综合排放标准。见表 3.6 和表 3.7。

表 3.1　水质常规指标及限值

指标	限值
1. 微生物指标[①]	
总大肠菌群/[MPN·(100 mL)$^{-1}$或 CFU·(100 mL)$^{-1}$]	不得检出
耐热大肠菌群/[MPN·(100 mL)$^{-1}$或 CFU·(100 mL)$^{-1}$]	不得检出
大肠埃希氏菌/[MPN·(100 mL)$^{-1}$或 CFU·(100 mL)$^{-1}$]	不得检出
菌落总数/(CFU·mL^{-1})	100

续表 3.1

指标	限值
2. 毒理指标	
砷/(mg·L⁻¹)	0.01
镉/(mg·L⁻¹)	0.005
铬(六价)/(mg·L⁻¹)	0.05
铅/(mg·L⁻¹)	0.01
汞/(mg·L⁻¹)	0.001
硒/(mg·L⁻¹)	0.01
氰化物/(mg·L⁻¹)	0.05
氟化物/(mg·L⁻¹)	1.0
硝酸盐(以 N 计)/(mg·L⁻¹)	10 地下水源限制时为 20
三氯甲烷/(mg·L⁻¹)	0.06
四氯化碳/(mg·L⁻¹)	0.002
溴酸盐(使用臭氧时)/(mg·L⁻¹)	0.01
甲醛(使用臭氧时)/(mg·L⁻¹)	0.9
亚氯酸盐(使用二氧化氯消毒时)/(mg·L⁻¹)	0.7
氯酸盐(使用复合二氧化氯消毒时)/(mg·L⁻¹)	0.7
3. 感官性状和一般化学指标	
色度(铂钴色度单位)	15
浑浊度/NTU	1 水源与净水技术条件限制时为 3
臭和味	无异臭、异味
肉眼可见物	无
pH(pH 单位)	不小于 6.5 且不大于 8.5
铝/(mg·L⁻¹)	0.2
铁/(mg·L⁻¹)	0.3
锰/(mg·L⁻¹)	0.1
铜/(mg·L⁻¹)	1.0
锌/(mg·L⁻¹)	1.0
氯化物/(mg·L⁻¹)	250
硫酸盐/(mg·L⁻¹)	250
溶解性总固体/(mg·L⁻¹)	1 000
总硬度(以 CaCO₃ 计)/(mg·L⁻¹)	450
耗氧量(COD_Mn法,以 O₂ 计)/(mg·L⁻¹)	3 水源限制,原水耗氧量大于 6 mg/L 时为 5
挥发酚类(以苯酚计)/(mg·L⁻¹)	0.002
阴离子合成洗涤剂/(mg·L⁻¹)	0.3
4. 放射性指标②	**指导值**
总 α 放射性/(Bq·L⁻¹)	0.5
总 β 放射性/(Bq·L⁻¹)	1

注：①MPN 表示最可能数;CFU 表示菌落形成单位。当水样检出总大肠菌群时,应进一步检验大肠埃希氏菌或耐热大肠菌群;水样未检出总大肠菌群,不必检验大肠埃希氏菌或耐热大肠菌群;

②放射性指标超过指导值,应进行核素分析和评价,判定能否饮用。

表 3.2　饮用水中消毒剂常规指标及要求

消毒剂名称	与水接触时间	出厂水中限值	出厂水中余量	管网末梢水中余量
氯气及游离氯制剂（游离氯）/(mg·L^{-1})	至少 30 min	4	≥0.3	≥0.05
一氯胺(总氯)/(mg·L^{-1})	至少 120 min	3	≥0.5	≥0.05
臭氧/(mg·L^{-1})	至少 12 min	0.3		0.02 如加氯，总氯大于等于 0.05
二氧化氯/(mg·L^{-1})	至少 30 min	0.8	≥0.1	≥0.02

表 3.3　水质非常规指标及限值

指标	限值
1. 微生物指标	
贾第鞭毛虫/(个·(10 L)$^{-1}$)	<1
隐孢子虫/(个·(10 L)$^{-1}$)	<1
2. 毒理指标	
锑/(mg·L^{-1})	0.005
钡/(mg·L^{-1})	0.7
铍/(mg·L^{-1})	0.002
硼/(mg·L^{-1})	0.5
钼/(mg·L^{-1})	0.07
镍/(mg·L^{-1})	0.02
银/(mg·L^{-1})	0.05
铊/(mg·L^{-1})	0.000 1
氯化氰（以 CN$^-$计）/(mg·L^{-1})	0.07
一氯二溴甲烷/(mg·L^{-1})	0.1
二氯一溴甲烷/(mg·L^{-1})	0.06
二氯乙酸/(mg·L^{-1})	0.05
1,2-二氯乙烷/(mg·L^{-1})	0.03
二氯甲烷/(mg·L^{-1})	0.02
三卤甲烷(三氯甲烷、一氯二溴甲烷、二氯一溴甲烷、三溴甲烷的总和)/(mg·L^{-1})	该类化合物中各种化合物的实测浓度与其各自限值的比值之和不超过 1
1,1,1-三氯乙烷/(mg·L^{-1})	2
三氯乙酸/(mg·L^{-1})	0.1
三氯乙醛/(mg·L^{-1})	0.01
2,4,6-三氯酚/(mg·L^{-1})	0.2
三溴甲烷/(mg·L^{-1})	0.1
七氯/(mg·L^{-1})	0.000 4
马拉硫磷/(mg·L^{-1})	0.25
五氯酚/(mg·L^{-1})	0.009
六六六(总量)/(mg·L^{-1})	0.005
六氯苯/(mg·L^{-1})	0.001

续表3.3

指标	限值
乐果/(mg · L^{-1})	0.08
对硫磷/(mg · L^{-1})	0.003
灭草松/(mg · L^{-1})	0.3
甲基对硫磷/(mg · L^{-1})	0.02
百菌清/(mg · L^{-1})	0.01
呋喃丹/(mg · L^{-1})	0.007
林丹/(mg · L^{-1})	0.002
毒死蜱/(mg · L^{-1})	0.03
草甘膦/(mg · L^{-1})	0.7
敌敌畏/(mg · L^{-1})	0.001
莠去津/(mg · L^{-1})	0.002
溴氰菊酯/(mg · L^{-1})	0.02
2,4-滴/(mg · L^{-1})	0.03
滴滴涕/(mg · L^{-1})	0.001
乙苯/(mg · L^{-1})	0.3
二甲苯/(mg · L^{-1})	0.5
1,1-二氯乙烯/(mg · L^{-1})	0.03
1,2-二氯乙烯/(mg · L^{-1})	0.05
1,2-二氯苯/(mg · L^{-1})	1
1,4-二氯苯/(mg · L^{-1})	0.3
三氯乙烯/(mg · L^{-1})	0.07
三氯苯(总量)/(mg · L^{-1})	0.02
六氯丁二烯/(mg · L^{-1})	0.000 6
丙烯酰胺/(mg · L^{-1})	0.000 5
四氯乙烯/(mg · L^{-1})	0.04
甲苯/(mg · L^{-1})	0.7
邻苯二甲酸二(2-乙基己基)酯/(mg · L^{-1})	0.008
环氧氯丙烷/(mg · L^{-1})	0.000 4
苯/(mg · L^{-1})	0.01
苯乙烯/(mg · L^{-1})	0.02
苯并[a]芘/(mg · L^{-1})	0.000 01
氯乙烯/(mg · L^{-1})	0.005
氯苯/(mg · L^{-1})	0.3
微囊藻毒素-LR/(mg · L^{-1})	0.001
3.感官性状和一般化学指标	
氨氮(以 N 计)/(mg · L^{-1})	0.5
硫化物/(mg · L^{-1})	0.02
钠/(mg · L^{-1})	200

表 3.4 农村小型集中式供水和分散式供水部分水质指标及限值

指标	限值
1. 微生物指标	
菌落总数/($CFU \cdot mL^{-1}$)	500
2. 毒理指标	
砷/($mg \cdot L^{-1}$)	0.05
氟化物/($mg \cdot L^{-1}$)	1.2
硝酸盐(以 N 计)/(mg/L^{-1})	20
3. 感官性状和一般化学指标	
色度(铂钴色度单位)	20
浑浊度/NTU	3 水源与净水技术条件限制时为 5
pH	不小于 6.5 且不大于 9.5
溶解性总固体/($mg \cdot L^{-1}$)	1 500
总硬度(以 $CaCO_3$ 计)/($mg \cdot L^{-1}$)	550
耗氧量(COD_{Mn}法,以 O_2 计)/($mg \cdot L^{-1}$)	5
铁/($mg \cdot L^{-1}$)	0.5
锰/($mg \cdot L^{-1}$)	0.3
氯化物/($mg \cdot L^{-1}$)	300
硫酸盐/($mg \cdot L^{-1}$)	300

表 3.5 地表水环境质量标准基本项目标准限值

序号	分类 标准值 项目	I 类	II 类	III 类	IV 类	V 类
1	水温/℃	人为造成的环境水温变化应限制在:周平均最大温升不大于 1,周平均最大温降不大于 2				
2	pH(无量纲)	6 ~ 9				
3	溶解氧/($mg \cdot L^{-1}$),≥	饱和率90% (或7.5)	6	5	3	2
4	高锰酸盐指数/($mg \cdot L^{-1}$),≤	2	4	6	10	15
5	化学需氧量 (COD)/($mg \cdot L^{-1}$),≤	15	15	20	30	40
6	五日生化需氧量 (BOD_5)/($mg \cdot L^{-1}$),≤	3	3	4	6	10
7	氨氮(NH_3-N)/($mg \cdot L^{-1}$),≤	0.15	0.5	1.0	1.5	2.0
8	总磷(以 P 计)/($mg \cdot L^{-1}$),≤	0.02 (湖、库0.01)	0.1 (湖、库0.025)	0.2 (湖、库0.05)	0.3 (湖、库0.1)	0.4 (湖、库0.2)
9	总氮(湖、库, 以 N 计)/($mg \cdot L^{-1}$),≤	0.2	0.5	1.0	1.5	2.0
10	铜/($mg \cdot L^{-1}$),≤	0.01	1.0	1.0	1.0	1.0
11	锌/($mg \cdot L^{-1}$),≤	0.05	1.0	1.0	2.0	2.0

续表 3.5

序号	分类 标准值 项目	I类	II类	III类	IV类	V类
12	氟化物 (以 F⁻ 计)/(mg·L⁻¹),≤	1.0	1.0	1.0	1.5	1.5
13	硒/(mg·L⁻¹),≤	0.01	0.01	0.01	0.02	0.02
14	砷/(mg·L⁻¹),≤	0.05	0.05	0.05	0.1	0.1
15	汞/(mg·L⁻¹),≤	0.000 05	0.000 05	0.000 1	0.001	0.001
16	镉/(mg·L⁻¹),≤	0.001	0.005	0.005	0.005	0.01
17	铬(六价)/(mg·L⁻¹),≤	0.01	0.05	0.05	0.05	0.1
18	铅/(mg·L⁻¹),≤	0.01	0.01	0.05	0.05	0.1
19	氰化物/(mg·L⁻¹),≤	0.005	0.05	0.2	0.2	0.2
20	挥发酚/(mg·L⁻¹),≤	0.002	0.002	0.005	0.01	0.1
21	石油类/(mg·L⁻¹),≤	0.05	0.05	0.05	0.5	1.0
22	阴离子表面 活性剂/(mg·L⁻¹),≤	0.2	0.2	0.2	0.3	0.3
23	硫化物/(mg·L⁻¹),≤	0.05	0.1	0.2	0.5	1.0
24	粪大肠菌群/ (个·L⁻¹),≤	200	2 000	10 000	20 000	40 000

表 3.6 第一类污染物最高允许排放浓度

序号	污染物	最高允许排放浓度
1	总汞/(mg·L⁻¹)	0.05
2	烷基汞/(mg·L⁻¹)	不得检出
3	总镉/(mg·L⁻¹)	0.1
4	总铬/(mg·L⁻¹)	1.5
5	六价铬/(mg·L⁻¹)	0.5
6	总砷/(mg·L⁻¹)	0.5
7	总铅/(mg·L⁻¹)	1.0
8	总镍/(mg·L⁻¹)	1.0
9	苯并[a]芘/(mg·L⁻¹)	0.000 03
10	总铍/(mg·L⁻¹)	0.005
11	总银/(mg·L⁻¹)	0.5
12	总 α 放射性/(Bq·L⁻¹)	1
13	总 β 放射性/(Bq·L⁻¹)	10

表 3.7 第二类污染物最高允许排放浓度

序号	污染物	适用范围	各污染物单位		
			一级标准	二级标准	三级标准
1	pH	一切排污单位	6~9	6~9	6~9
2	色度(稀释倍数)/度	染料工业	50	180	—
		其他排污单位	50	80	—
		采矿、选矿、选煤工业	100	300	—
		脉金选矿	100	500	—
3	悬浮物(SS)/(mg·L⁻¹)	边远地区沙金选矿	100	800	—
		城镇二级污水处理厂	20	30	—
		其他排污单位	70	200	400
		甘蔗制糖、苎麻脱胶、湿法纤维板工业	30	100	600
4	五日生化需氧量(BOD₅)/(mg·L⁻¹)	甜菜制糖、酒精、味精、皮革、化纤浆粕工业	30	150	600
		城镇二级污水处理厂	20	30	—
		其他排污单位	30	60	300
		甜菜制糖、焦化、合成脂肪酸、湿法纤维板、染料、洗毛、有机磷农药工业	100	200	1 000
		味精、酒精、医药原料药、生物制药、苎麻脱胶、皮革、化纤浆粕工业	100	300	1 000
		石油化工工业(包括石油炼制)	100	150	500
5	化学需氧量(COD)/(mg·L⁻¹)	城镇二级污水处理厂	60	120	—
6	石油类/(mg·L⁻¹)	其他排污单位	100	150	500
7	动植物油/(mg·L⁻¹)	一切排污单位	10	10	30
8	挥发酚/(mg·L⁻¹)	一切排污单位	20	20	100
9	总氰化合物/(mg·L⁻¹)	一切排污单位	0.5	0.5	2.0
		电影洗片(铁氰化合物)	0.5	5.0	5.0
10	硫化物/(mg·L⁻¹)	其他排污单位	0.5	0.5	1.0
11	氨氮/(mg·L⁻¹)	一切排污单位	1.0	1.0	2.0
		医药原料药、染料、石油化工工业	15	50	—
		其他排污单位	15	25	—

续表3.7

序号	污染物	适用范围	各污染物单位		
			一级标准	二级标准	三级标准
12	氟化物/(mg·L⁻¹)	黄磷工业	10	20	20
		低氟地区(水体含氟量<0.5)	10	10	20
13	磷酸盐(以P计)/(mg·L⁻¹)	其他排污单位	0.5	1.0	—
14	甲醛/(mg·L⁻¹)	一切排污单位	—	—	—
15	苯胺类/(mg·L⁻¹)	一切排污单位	1.0	2.0	5.0
16	硝基苯类/(mg·L⁻¹)	一切排污单位	2.0	3.0	5.0
17	阴离子表面活性剂(LAS)/(mg·L⁻¹)	合成洗涤剂工业	5.0	15	20
		其他排污单位	5.0	10	20
18	总铜/(mg·L⁻¹)	一切排污单位	0.5	1.0	2.0
19	总锌/(mg·L⁻¹)	一切排污单位	2.0	5.0	5.0
20	总锰/(mg·L⁻¹)	合成脂肪酸工业	2.0	5.0	5.0
		其他排污单位	2.0	2.0	5.0
21	彩色显影剂/(mg·L⁻¹)	电影洗片	2.0	3.0	5.0
22	显影剂及氧化物总量/(mg·L⁻¹)	电影洗片	3.0	6.0	6.0
23	元素磷/(mg·L⁻¹)	一切排污单位	0.1	0.3	0.3
24	有机磷农药(以P计)/(mg·L⁻¹)	一切排污单位	不得检出	0.5	0.5
25	粪大肠菌群数/(个·L⁻¹)	医院*、兽医院及医疗机构含病原体污水	500	1 000	5 000
		传染病、结核病医院污水	100	500	1 000
26	总余氯(采用氯化消毒的医院污水)/(mg·L⁻¹)	医院*、兽医院及医疗机构含病原体污水	<0.5**	>3(接触时间不小于1 h)	>2(接触时间不小于1 h)
		传染病、结核病医院污水	<0.5**	>6.5(接触时间不小于1.5 h)	>5(接触时间不小于1.5 h)

注:*表示50个床位以上的医院;**表示加氯消毒后须进行脱氯处理,达到本标准。

3.1.5 水污染控制的基本原则和方法

近年来,由于环境污染日趋严重,许多地面水体和地下水都不同程度受到污染。因此给水处理和废水处理之间已无较大差别,处理机理和设备有许多相似之处,所以它们可以合起来称为水污染防治工程,只是在工艺流程中的各单元操作选择上有所不同而已。

1. 给水处理方法

无论从理论上还是从技术上讲,即使是废水也可以经过处理达到符合生活饮用或需要的标准。给水处理的任务就是通过必要的处理工艺,改善天然水源的水质,使之符合生活饮用水或工业用水的水质标准,具体处理方法视天然水源水质和用户对水质要求而定。

从水源来看,地面水源主要是江河、湖泊和水库,一般说来水中污染物的浓度较高,受污染程度较重;地下水源,一般说来水中污染物的浓度较低,受污染程度较轻,甚至尚未受污染。但不同地区,水质也千差万别,如有的地区地下水含铁、锰高,有的地区含氟高等。从用户来看,居民生活饮用水对水质要求较高;工业用水根据不同用途,有的对水质要求较低,有的对水质要求与生活饮用水相同,有的远高于生活饮用水。

当以地面水作为生活饮用水水源时,处理工艺包括投药、混凝、沉淀、过滤和消毒,如图3.1所示。

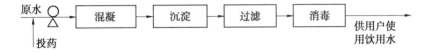

图 3.1 地面水源的饮用水处理流程

当以地下水作为生活饮用水源时,一般消毒即可满足水质要求,但有的地下水中含铁、锰高时,还需进行除铁、除锰处理;含氟高时,则需进行除氟处理。

近年来,无论地面水还是地下水,都受到不同程度的污染,上述常规给水处理流程往往不能满足水质要求,因此在消毒工艺之前,还要增加活性炭吸附或臭氧-活性炭联合处理工艺,进一步去除水中污染物质,尤其是微量有机污染物,以确保出水的水质达到生活饮用水卫生标准。

当给水为工业用水时,根据不同用途,其处理程度也不同。如冷却水,若用地面水,在含砂量不高时,自然沉降后出水即可使用。循环使用时,要增加冷却设备,降低水温是主要措施,但在地面水含砂量大时,需要自然沉淀和混凝沉淀两步处理才能满足要求。

对于特殊用水,采取特殊处理流程,如锅炉用水在生活饮用水基础上进行软化、除盐和除氧处理,然后出水才能供锅炉使用。

2. 废水处理方法

(1)基本原则。

①改善生产工艺,减少废水量。对于环境工程技术人员,应该深入生产第一线,改革生产工艺,加强管理,尽量减少废水的排放量和废水中污染物的浓度,以减轻处理构筑物的负担,从而节省处理费用。

②重复利用废水。将工业废水经适当处理后重复或循环使用,使废水排放量降至最低。水在循环使用中积累的杂质,应采取适当处理措施去除,这不仅解决了环境污染问题,而且是解决水资源贫乏问题的重要途径。

③回收有用物质。工业废水中的污染物质都是生产过程中进入水中的原料、半成品或成品等,如果将这些物质加以回收便可变废为宝,化害为利,既防止污染,又创造财富。

④对废水进行妥善处理。废水经过回收利用后,可能还有些有害物质随水流出,也有些无回收价值的物质随废水排出,生活污水含有大量有机物质,如果没有处理就排入水体,也会恶化环境。因此,必须从全局出发,加以妥善处理,使之无害化。

⑤在选择处理技术和工艺时应采用先进好用的原则,兼顾经济合理。

（2）废水处理的基本方法。

废水处理的方法很多,归纳起来可分为物理法、物理化学法和生物处理法等。

①物理法。物理法是利用物理作用来分离废水中悬浮物,在处理中无化学反应产生。例如,沉淀法可去除废水中相对密度大于1的悬浮物;气浮法可去除相对密度小于1的悬浮物及乳状油污;筛网和格栅可以去除粗大悬浮物和漂浮物。

②物理化学法。物理化学法是利用化学或物理化学作用来处理废水中的胶体物质或溶解物质。例如,中和法是利用酸碱中和来处理酸性、碱性废水的方法。

③生物处理法。生物处理法是利用微生物作用使废水或污水中溶解的有机污染物转化为无害物质的过程。根据微生物的类别,生物处理法分为好氧生物处理和厌氧生物处理。

上述各种处理方法有其各自的特点和适用的条件,例如生物处理只对有机废水适用。在实际废水处理过程中,往往是几种方法配套使用,将若干个合理组合而成的废水处理系统称为废水处理流程。

按照不同的处理程度,废水处理系统可分为一级处理、二级处理和三级处理。

一级处理只去除废水中较大的悬浮物质。物理法中的大部分方法属于一级处理。

二级处理是去除废水中呈溶解和胶体状态的有机物质。生物处理法是最常用的二级处理方法。

三级处理也称高级处理或深度处理。当出水水质的要求很高时,可以进一步去除废水中的营养物质(N、P)、生物难降解的有机质和溶解盐等。

对于某一废水来说,究竟采用哪些处理方法,选择怎样的处理流程,需根据废水的水质、水量、回收价值、排放标准、处理方法特点及经济条件等因素,必要时通过调研甚至试验研究,做出技术经济分析后决定。

城市生活污水的水质比较固定,已形成了行之有效的处理流程,如图3.2所示。

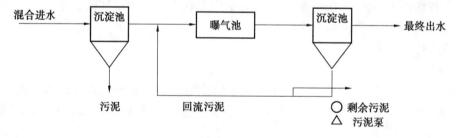

图3.2　城市污水一般处理流程

（3）废水处理程度。

废水向水体排放之前需要处理到何种程度是选择废水处理方法的重要依据,一般说来,根据有害物质、悬浮固体、溶解氧和生化需氧量来确定水体容许负荷,然后再确定废水在排入水体前需要处理的程度,并选用合适的处理方法。

具体的废水处理程度可按下述几种方法确定。

①按水体的水质要求来确定。根据水环境质量标准或其他用水标准对废水接纳水体水质要求,将废水处理到出水符合排放的程度。

$$E = (C_i - C_0)/C_i \times 100\% \tag{3.1}$$

式中　　E——废水处理程度;

C_i——未处理废水中某污染指标的平均质量浓度,mg/L;

C_0——废水处理程度,mg/L。

② 按处理厂所能达到的处理程度。近年来各国多以二级处理能达到的"双 30 标准"(要求城市污水厂出水悬浮固体和 BOD_5 均不超过 30 mg/L)来规定应处理的程度。

③ 考虑水体的稀释和自净能力确定处理程度。当水体环境容量大,利用水体的稀释和自净能力可减小处理程度,取得一定的经济效益。

3.2　水体污染的净化规律

3.2.1　河流污染与自净

1. 河流水体的自净机理

河流污染是指排入河水中的污染物在浓度上超过了该物质在河水中的本底含量和环境容量,从而导致河水发生物理、化学上的变化,使水质恶化,破坏了河水固有的生态系统,影响了河水的正常功能。

造成河流污染的因素有:排入河中的未经妥善处理的城市污水和工业废水;施用化肥农药的农田和城市污染地面的径流水;随大气扩散的污染物通过重力沉降或降水而进入河中。以上这些因素都可引起河水的污染。

受污染的河流经过一段时间后,由于受物理、化学、生物等方面的作用,污染物浓度降低,水体基本或完全恢复到原来未被污染的状态,这种现象称为河流水体自净。水体自净包括沉淀、稀释、混合、挥发等物理过程,氧化还原、分解化合、吸附、凝聚、离子交换等化学和物理化学过程,以及厌氧和好氧生物同化过程,各种过程可同时或连续发生,并互相影响和交织地进行。

(1)物理净化过程。

污水排入水体后,可沉淀的固体逐渐沉至水底形成底泥,悬浮胶体和溶解性污染物则因混合稀释而逐渐降低其在水中的浓度。

污水稀释的程度用稀释比来表示。稀释比是指参与污水混合的河水流量与污水流量之比。污水排入河流后流经相当长的距离或时间才能达到与全部河水的完全混合,因此,这一比值在不同的位置是不同的。达到完全混合所需的时间受许多因素影响,主要有稀释比、河流水文条件及污水排放口的位置和形式。

(2)化学净化过程。

通过多种化学或物理化学过程能净化水中的污染物。例如,通过氧化作用可使一些难溶性的硫化物形成溶解的硫酸盐;可溶性的二价铁和二价锰可氧化成几乎不溶解的三价铁和四价锰的氢氧化物或水合氧化物而沉淀于水底。

(3)生物净化过程。

河流中呈悬浮胶体和溶解状态的有机污染物在有溶解氧的条件和好氧微生物的作用下,被氧化降解为简单和稳定的无机物,如水、二氧化碳、氨氮和磷酸盐等,然后氨氮再由硝化菌作用转变成硝酸盐。在这一好氧生物净化过程中要消耗一定量的溶解氧,而消耗氧由水面复氧和水体中水生植物光合作用产氧来补充,即耗氧和复氧同时进行,而且在有机污染物排入水体开始阶段,由于有机物浓度大和相应的耗氧量大而复氧量较小,水体中溶解氧(DO)浓度下降,到后期阶段由于复氧速率大于耗氧速率,溶解氧浓度不断上升,BOD、DO随时间的变化曲线如图3.3所示。

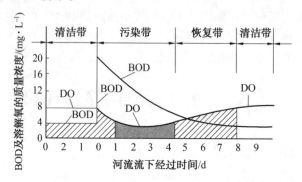

图 3.3　BOD、DO 随时间的变化曲线

由图 3.3 可知,对于 BOD 变化曲线,污水排入河中,在开始时 BOD 值急剧上升,高达20 mg/L,随着河水向下游流动,有机污染物被分解,BOD 值逐渐降低,经过 7.5 d 后,又恢复到原来状态。

对于 DO 曲线,废水注入后因微生物分解有机物耗氧,DO 开始逐渐降低并从流入的第 1天起,含量即低于地表水最低允许质量浓度(4 mg/L),在经过 2.5 d 时,降至最低点,以后虽逐渐回升,但在下游流动 4 d 前,溶解氧含量都低于地面水的最低允许质量浓度,此后逐渐回升,在下游流动 7.5 d 后才恢复到原来状态。

人们将接纳大量有机污水的河流,从污水排放后,按 BOD 及 DO 曲线划分为 3 个河段:污染段、恢复段和清洁段。

沉于水体底部的有机物则发生厌氧生物降解过程,最后形成甲烷、二氧化碳、氨和硫化氢等化合物。

2. 河流水体自净的数学模式

一般说来,物理(主要是混合稀释)过程和好氧生物氧化过程在河流水体自净中占主导地位。因此,水体自净的数学模型也集中在对这两个过程的描述上。

(1)河流水全混合稀释规律。

非降解性污染物主要通过混合稀释在河流中得到净化,而可生物降解的污染物则是通过混合稀释和生物氧化两条途径来净化。可见混合稀释在水体净化污染物中具有非常重要的作用,而对于一些较大水体,其净化污染物的贡献往往比生物净化的贡献还要大。

① 稀释机理。河流的稀释作用表现在两个方面:一是河流流速的推流;二是污染物质的扩散。

当污染物进入河流水体,由于河流流速的推动沿水流方向运动,这种转送污染物质的方式,称为推流或平流,其表达式为

$$Q_1 = VC \tag{3.2}$$

式中　Q_1——污染物质推流量,$\mathrm{mg/(m^2 \cdot s)}$;

　　　V——河流流速,$\mathrm{m/s}$;

　　　C——污染物浓度,$\mathrm{mg/m^3}$。

当污染物进入水体,使不同位置的水产生浓度差,污染物质由高浓度处向低浓度处迁移,物质的这种运动形式称为扩散,其表达式为

$$Q_2 = -K(\mathrm{d}C/\mathrm{d}X) \tag{3.3}$$

式中　　Q_2—— 污染物质扩散量,$\mathrm{mg}/(\mathrm{m}^2 \cdot \mathrm{s})$;

　　　　$\mathrm{d}C/\mathrm{d}X$—— 单位路程的质量浓度变化值,$\mathrm{mg}/(\mathrm{m}^3 \cdot \mathrm{m})$;

　　　　C—— 污染物浓度;

　　　　X—— 路程长度,由于 C 随 X 的增加而减少,故 $\mathrm{d}C/\mathrm{d}X$ 为负值;

　　　　K—— 扩散系数,m^2/s。

河流的稀释能力主要取决于河流的推流和扩散能力,而推流和扩散是同时存在且互相影响的运动形式,所以产生了污染物浓度从排出口向下逐渐下降的稀释现象。

②混合稀释规律模拟。为定量计算水体通过混合稀释的自净能力,需要确定控制断面上参与混合河水的流量。为此首先要确定混合系数 α,其定义为参与混合的河水流量与河水总流量之比,即

$$\alpha = Q_1/Q \tag{3.4}$$

式中　　α—— 混合系数;

　　　　Q_1—— 参与混合的河水流量,m^3/s;

　　　　Q—— 河水总流量,m^3/s。

计算断面的混合系数的具体值取决于其距离上游排污口的距离、河水流量、河水与排放污水的流量比、河水流速、河水弯曲状况、河流状况等因素。最简便和粗略的计算方法是按下式计算:

$$\alpha = L_1/L(L_1 \leqslant L) \tag{3.5}$$

式中　　L_1—— 排污口至计算断面的距离,km;

　　　　L—— 排污口至完全混合断面的距离,km。

计算断面废水中某种污染物在河水中的平均混合浓度按下式求得

$$C = (C_1 q + C_2 \alpha Q)/\alpha Q + q \tag{3.6}$$

式中　　C_1—— 废水中某种污染物的质量浓度,$\mathrm{mg/L}$;

　　　　C_2—— 河水中某种污染物的质量浓度,$\mathrm{mg/L}$;

　　　　Q—— 河水流量,m^3/L;

　　　　q—— 废水流量,m^3/L。

当河水中原来没有这种污染物,且河水流量远大于废水流量时,式(3.6)简化为

$$C = C_1 q/\alpha Q = C_1/n \tag{3.7}$$

式中　　n—— 河水对废水的稀释比,$n = \alpha Q/q$。

(2)污染河流的氧垂曲线。

废水进入河流后,除得到稀释外,其中的有机污染物质还会在水中微生物的作用下进行氧化分解,逐渐变成无机物质,这一过程称为水体的生化自净。

废水排入水体后,耗氧与复氧同时进行,将耗氧与复氧两条曲线叠合起来就可以得到氧垂曲线。

有机物被微生物氧化分解时需要消耗一定数量的氧,同时由于水生植物的光合作用及水体和废水中存有的氧都会补充和恢复消耗的氧,这就是水体中的耗氧和复氧过程。由图

3.3 可以看出,在排污口附近,耗氧速率大于复氧速率,使得排污口附近的溶解氧逐渐减少。这是因为废水排入后,河水中有机物较多,随着河水中有机物的逐渐氧化分解,耗氧速率逐渐减少,在排污口下游某点处出现耗氧速率与复氧速率相等,这时溶解氧含量最低,过了这一点后,溶解氧又逐渐回升,因此这一点称为临界点。再向下游,复氧速率大于耗氧速率。如果没有新的污染,河水中的溶解氧会逐渐恢复到废水排入口之前的含量。

3.2.2 湖泊、水库的污染和稀释扩散

湖泊是陆地上的主要储水洼地,是地面水的主要组成部分之一,它可分为天然湖泊和人工水库两种类型,俗称湖泊和水库。

湖泊和水库作为大的水体,其水的物理特性和溶解物质含量的变化都直接影响污染物的稀释扩散和自净能力。

湖泊和水库的水质特点是常年水质 pH 较低,色度、氨氮和磷含量较高,浮游生物、藻类较多,同时底部水层多含有铁、锰及有机物等。特别是北方冬季,水温低,呈低温低浊状态,给水质处理带来困难。

由于湖泊和水库中的水基本上处于静止或流动缓慢状态,流入的废水不易在其中进行混合、稀释和扩散。因此湖泊污染往往具有污染物质来源和污染物质种类复杂,而且易于引起局部严重污染的特点。

当湖泊和水库受到有机废水和城市污水污染时,一个明显的特点是湖水富营养化。

1. 湖泊和水库的富营养化

富营养化,是指湖泊和水库水中营养变得丰富的过程。富营养化是湖泊演化过程的一种自然现象,是向湖泊水库输入过多营养物质(主要是氮、磷)造成的。一般认为,当湖泊和水库水中总磷质量浓度高于 0.02 mg/L,全氮质量浓度达到 0.2 ~ 0.5 mg/L 以上时,即被视为富营养化水库。在富营养化时,水体中藻类异常增殖,水的透明度下降,下层水的溶解氧降低,水质恶化,以致湖泊和水库的水资源无法利用。

富营养化使水体出现"水华",它是生态系统自行调节过程被破坏的结果,也是生物群落中一种或某几种藻类转变为优势种的结果。形成"水华"的藻类能分泌对水生生物及对人类有害的有毒物质。因此,"水华"的出现必然造成许多水生生物的死亡。

2. 富营养化的控制

作为一种自然生物过程,藻类繁殖本身似乎是不足以被人们注意的,然而事实却并非如此。藻类在光合作用时产氧,从而使水中溶解氧含量升高,并促使好氧生物氧化过程的进行和有机物的矿化,最终对水体自净起到良好的作用。另外,藻类可从水体中吸取各种营养元素和被溶解的有机物,这对水体自净也是有利的。但是,当藻类过多时,便适得其反,由自净变成自污。因此,必须控制藻类的过量增殖。其办法是控制水中营养元素的含量,使营养物质限制在适于生物群落生长发育的最佳限度之内。

水体环境中含量最少、最缺乏的营养元素的浓度是浮游植物过度繁殖的限制性参数。在水体中,水生植物生长需要的营养元素氮和磷的比例是一定的,一般认为磷酸盐与硝酸盐的质量比为 1:8。因而,确定在淡水湖泊和水库中磷酸盐是限制因素。

对已富营养化的湖泊水库要采取恢复措施,如排入湖泊水库的污水要进行三级处理,将富营养化的湖泊水库的水排出湖外或引水入湖稀释以及去除富含营养的底泥等。

3. 湖泊和水库水体的自净模式

由于湖泊和水库水体流动缓慢,故入湖(库)废水中污染物沿程浓度按下式计算,即

$$\rho = \rho_0 \times e^{\frac{-k\Phi H}{2q}} \times r^2 \tag{3.8}$$

式中　　ρ——废水入湖库后任一位置的污染物质量浓度,mg/L;

　　　　ρ_0——入湖库时废水中污染物的质量浓度,mg/L;

　　　　Φ——废水在湖库水中的扩散角,当废水在岸边排放时 $\Phi = \pi$,废水在湖心排放时 $\Phi = 2\pi$;

　　　　H——废水的扩散深度,m;

　　　　q——废水入湖库时流量,m^3/d;

　　　　r——计算点距排放口距离,m;

　　　　k——污染物的自净常数,d^{-1}。

3.2.3　海湾污染特性

自有人类以来,海洋就与人类有着密切的关系。同时,海洋是人类的天然垃圾场,因为大陆径流挟带污染物质不停地倾注海洋,受污染的空气更是无时无刻不与海水接触,从而把其中的污染物质卸入海洋。可以说无论是城市和工业废弃物,还是城市和工业废水都将海洋作为最终的归宿,所以海洋尤其是沿岸及海湾的污染相当严重。海湾污染特征具体表现在污染源广、持续性强、控制复杂。

1. 污染物在海湾生态系统中的迁移转化规律

进入海湾的污染物质在海湾环境中有各种各样的迁移转化运动,首先受海水潮流、潮汐和涡流的影响而不断稀释扩散;其次,污染物也可通过食物链的逐营养级传递和转化而浓缩在生物的躯体中,或通过各离子交换等物理化学过程而浓缩在悬浮物体中,最后通过海潮和生物流动将污染物质迁移。此外,海水对可降解有机物质有自然净化功能,使其分解而进入自然循环系统中,也就是通过细菌等作用,使其分解成无机物而使海水得到净化。污染物的迁移转化途径如图 3.4 所示。

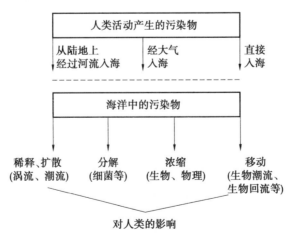

图 3.4　污染物的迁移转化途径

目前沿海城市人口过度集中,排入海水中的即使是易于分解的有机物,也因远远超过海

洋的自净能力而引起环境污染。

2. 赤潮

（1）赤潮的概念。

微小生物使海水变色的现象称为赤潮。具体地说,当水中的营养成分氮和磷的含量增加到一定程度时会导致水体富营养化和浮游生物的急剧繁殖,造成水中缺氧,鱼虾死亡,水色变异,这种现象称为赤潮,赤潮实际是水体富营养化的一种表现形式。

赤潮是对一切颜色潮的总称,实际上浮游生物种类不同而呈现不同颜色,例如某种鞭毛藻可引起绿色的赤潮。只有某些硅藻才产生褐色的赤潮。人们往往根据赤潮的颜色判断赤潮的生物种类。

（2）赤潮发生的原因。

过于丰富的营养盐(主要是氮、磷)是产生赤潮的主要原因,金属中铁和锰等微量元素以及一些特殊物质如维生素 B_1、维生素 B_2、叶绿素 a、酵母等是赤潮生物大量繁殖的重要刺激因素。物理参数中水温、pH、盐分等条件适宜是促进赤潮生物迅速繁殖的外界环境。因此,当城市污水排放、农田化肥流失和饲养场排放的废水给海洋带来大量的营养素 —— 氮、磷等营养盐时,增加了海洋的肥沃度,给海洋水产繁殖创造了有利的条件。但是,如营养素过量,造成了富营养化,当外界条件适宜时,赤潮生物便急剧、大量繁殖,覆盖海面,形成赤潮,并导致鱼虾及贝类的死亡。

据报道,赤潮藻类有 120 余种,我国近海已发现 39 种,渤海湾以夜光藻、微型原甲藻居多。

海水富营养化是赤潮发生的根源,而富营养化的主要指标是氮、磷的含量。判断是否富营养化或者是否发生赤潮的方法很多,日本水产学教授提出一个数学模型来确定海水的富营养化程度,即

$$\frac{化学耗氧量 /(mg \cdot L^{-1}) \times 无机磷(\mu g/L) \times 无机盐(\mu g/L)}{1\ 500} \geq 1 \tag{3.9}$$

（3）赤潮的危害。

赤潮发生时,大量赤潮生物繁殖并覆盖海面,空气中的氧不易进入,而且死亡的赤潮生物极易被微生物分解,从而消耗了海水中的大量溶解氧,使海水呈缺氧甚至无氧状态,由此导致海洋生物的大量死亡,另外有的赤潮生物产生的毒素对鱼、虾、贝类也有致命作用。

（4）防止赤潮的办法。

① 严格控制未经处理的工业废水和生活污水的排放,最大限度地减少水体中氮、磷含量的积累。

② 合理布局工业和居住区,防止氮和磷的集中排放。

③ 控制赤潮发生的各种环境条件。

3. 海湾海水的净化

废水排入海湾,其污染物将受到海水净化,海水净化能力在总体上分为:水动力作用的物理净化,污染物各种化学成分彼此相遇进行反应的化学净化,以及由生物吸收、代谢、分解等作用而产生的生物净化,但其主导作用是物理净化,因为海水中污染物的迁移扩散主要取决于水动力学因素。水动力学净化又分为湾内海水的净化和内湾与外海的海水交换。

（1）湾内海水的净化。

废水排放到海湾,在出口处,废水与四周海水混合并上升到海面,在海面上形成废水场,又随海流漂动,称为平流,同时废水不断向周围水域扩散。

（2）内湾与外海的海水交换。

排入内湾的污染物,一方面在内湾被海水稀释,另一方面通过内湾和外海的海水交换,使这些污染物向外海迁移扩散。

3.3　水的物理处理

水中所含的粗大颗粒物质、悬浮物可用物理处理法来去除和分离,该法可以单独使用,也可以与生物处理、化学处理联合使用。其中,格栅和筛网通常为处理厂的首个处理单元。

3.3.1　格栅

1. 格栅的作用

格栅可以用来截留生活污水、工业废水、河流湖泊中较为粗大的漂浮物和悬浮物(如纤维、碎皮、毛发、果皮、蔬菜、布条、木片、树枝、水草及塑料制品等),防止堵塞和缠绕水泵叶轮机组、曝气器、管道阀门、处理构筑物配水设施、进水口和排泥管等,有效减少后续处理所产生的浮渣,以保证管道渠道闸阀以及污水处理设施的正常工作和运行。格栅由一组或数组平行的金属栅条、塑料齿钩或金属筛网、框架以及相关的装置组成。根据工艺要求,通常倾斜安装在污水渠道、泵房集水井的进口处或者污水处理场的前端。

2. 格栅的分类

（1）按格栅的间隙分类。

根据栅条的净间隙,也可将格栅分为粗格栅、中格栅、细格栅三类。实际工程中,通常采用粗、细格栅结合使用。

① 粗格栅。栅条的净间隙范围通常为 40 ~ 150 mm,实际工程中通常采用 100 mm。一般栅条的结构多采用金属直栅条垂直排列,不设置清渣机械,在必要时会采用人工清渣的方式。此类格栅主要应用于地表水取水构筑物、城市排水合流制管道的提升泵房以及大型污水处理厂等,用于隔除水中粗大的漂浮物,如树干及塑料制品等。在粗格栅后一般要设置栅条间隙较小的格栅,进一步拦截体积稍小的杂物。

② 中格栅。在污水处理中,很多情况下中格栅也被称为粗格栅,栅条间隙范围为 10 ~ 40 mm,实际工程中通常采用 16 ~ 25 mm。用于城市污水和工业废水的处理,除个别小型工业废水处理厂采用人工清渣外,一般多采用机械清渣的方式。在早期的设计中,格栅栅条间隙的确定以不堵塞水泵叶轮为依据,较大的水泵可以选取较大的栅条间隙;而近年来的设计中均采用较小的栅条间隙来尽量多地去除漂浮的杂物。

③ 细格栅。栅条间隙范围为 1.5 ~ 10 mm,通常为 5 ~ 8 mm。近年来,细格栅设备较好地解决了栅缝易堵塞的问题,可以有效去除细小的杂物,如塑料袋和水草等。采用细格栅可以明显改善处理效果,有效减少初沉池水面的漂浮杂物。对后续处理采用孔口布水处理设备,如生物滤池旋转布水器的污水处理厂,必须去除细小杂物以免堵塞布水孔。

（2）按栅条的形状分类。

按照栅条的形状，又可将其分为平面栅条和曲面栅条两种，而平面栅条和曲面栅条均可做成粗、中、细三种类型。曲面栅可分为固定曲面格栅和旋转鼓式格栅两种，曲面格栅通常可采用水力桨板清渣、电动旋转齿耙清渣，或旋转鼓筒用穿孔冲洗管冲渣。

① 平面格栅。平面格栅由栅条与框架组成，栅条一般采用断面为正方形、圆形、锐边矩形，迎水面为半圆形的矩形，迎水面和背水面均为半圆形的矩形等钢条制造，而框架一般由等边角钢或槽钢焊接而成。圆形栅条的水力条件优于方形，但刚度较差，所以工程中常采用断面为方形或矩形的栅条，但其阻力略大。平面格栅采用人工清渣，为方便清渣，安装角度以30°～45°为宜，同时采用一定倾斜度，在提拔时也较轻松，只适用于小型污水处理厂。通常平面格栅的设计参数包括：宽度 B、长度 L、栅间距 e、栅条至外边框距离 b、框架周边宽度 d、栅条数 n。一般高度 H 与沟渠顶相平或略低。栅条至外边框的距离为

$$b = \frac{B - 10n - (n-1)e}{2}, \quad b \leqslant d \tag{3.10}$$

② 曲面格栅。曲面格栅又可以分为固定曲面格栅（栅条用不锈钢制）与旋转鼓筒式格栅两种。固定曲面格栅可以利用渠道水流速度推动除渣桨板；旋转鼓筒式格栅污水从鼓筒内向鼓筒外流动，被格除的栅渣由冲洗水管冲入带网眼的渣槽内排出。曲面格栅在实际工程中主要用于细格栅，如圆弧形栅条等，此外由于弧形栅的过栅深度和除渣高度有限，不便在泵前使用，只能用作污水水泵提升后的细格栅使用。

（3）按清渣的方式分类。

按清渣方式可以将格栅分为人工清渣格栅和机械清渣格栅两种类型。而机械清除格栅由于清渣设备的不同又可以分为多种类型。

① 人工清渣格栅。通常采用人工清渣的格栅结构都较为简单，一般格栅倾斜角度选取50°～60°，格栅上部设清捞平台，主要用于小型工业废水处理。由于清渣周期的限制，格栅阻力增大，因此一般设置渐变段以防止栅前涌水过高。当栅渣量大于 0.2 m³/d 时，为改善劳动与卫生条件通常一律采用机械清渣格栅。

② 机械清渣格栅。城市污水处理和大中型工业废水处理均采用机械清渣格栅，采用机械清渣方式的格栅主要有：伸缩臂格栅除污机、链条牵引式格栅除污机、自清式回转格栅除污机以及钢丝绳牵引式格栅除污机等。其中，前三种均采用平面格栅所用的平面固定栅条，清渣齿耙由机械结构带动，可以定期将截留在栅条前的杂物向上刮除，由皮带输送机运走。钢丝绳牵引式格栅除污机通常采用钢丝绳带动铲齿，可以适应较大的渠深，但在水下部分的钢丝绳易被杂物卡住，目前在实际应用中较少采用。

移动伸缩臂式格栅除污机，通常采用机械臂带动铲齿，不清渣时清渣设备全部在水面以上，维护检修操作方便，工作的可靠性高，但清渣设备较大，且渠深不宜过大，其结构示意图如图3.5所示。其主要由卷扬提升机构、臂角调整机构和行走机构等组成，卷扬提升机构由电动机、蜗轮减速器和开式齿轮减速器驱动卷筒，由钢丝绳牵引四节矩形伸缩套管组成的耙臂，耙斗固定在末级耙臂的端部，耙齿由钢板制成并焊接在耙斗上，耙斗内有一块借助于杠杆作用动作的刮污板，可刮除耙斗内的污物。耙斗和耙臂的下降完全依靠其自重，上升则靠钢丝绳的牵引力。在卷筒的另一端还有一对开式齿轮，带动螺杆螺母，由螺母控制钢丝绳在卷筒上的排列，避免钢丝绳叠绕而导致动作不准确。臂角调整机构由电动机经皮带传动和

蜗轮减速器带动螺杆螺母,螺母和耙臂铰接在一起。在耙臂下伸前,应使耙斗脱开格栅。在耙斗刮污前,应使耙斗接触格栅。这两个动作通过改变臂角的大小来实现。行走机构由电动机经蜗轮减速器和开式齿轮减速,带动槽轮行走。轨道为 20 号工字钢。在耙臂另一侧的车架下部安装两个锥形滚轮,可沿工字钢轨道上翼缘的下表面滚动,当耙臂伸开,整机偏重时,可防止机体倾覆。该机的供电方式采用悬挂式移动电缆,设备的各种动作由人工控制机上的按钮来实现,各动作的定位由行程开关控制。

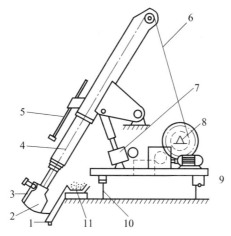

图 3.5　移动伸缩臂式格栅除污机结构示意图

1— 格栅;2— 耙斗;3— 卸渣板;4— 伸缩臂;5— 卸渣调整杆;6— 钢丝;
7— 臂角调整机构;8— 卷扬机构;9、10— 行走轮;11— 皮带运输机

链条牵引式格栅除污机中有多种链条设置方式,而较为成功的是高链条式结构,其链条与链轴等传动均在水位以上,不易被杂物卡住和腐蚀。图 3.6 为高链式格栅除污机结构示意图,图 3.7 为其动作示意图。

结合实际综合来看,目前使用的格栅除污机的耙斗绝大多数为重力式除渣耙斗,其开闭均采用钢丝绳或链牵引,依靠耙斗的自重实现清污过程,即在重力作用下,使耙斗端部耙齿插入沉积在格栅根部渣物和栅条间隙中,对附着在格栅上的污渣进行清除。由此可见,在一定结构尺寸和清渣容量情况下,势必需要加大耙斗的结构质量,增加耙斗提升机构的动力消耗。再者,由于耙斗对沉积在格栅根部的渣物的插入力与耙斗的质量成正比,耙斗自重越大,则插入渣物的作用力越大,而实际情况是耙斗自重不可能过大,导致栅耙的齿端对格栅根部沉积的大块渣物的插入力不够,清污效果不理想。同时也存在移动定位准确度较低的问题,移动格栅除污机在多渠道格栅清渣过程中,关键之处在于移动位置的控制准确性。国内目前使用的移动格栅除污机多采用简单的行程开关控制来实现除污机除渣位置定位,为了克服行走装置的惯性作用,往往采用结构较为复杂的电气和机械制动装置,造成设备结构复杂且定位精度和使用效果均不理想。移动格栅清污机的正确定位是困扰清污设备发展的技术关键。国内许多工程曾先后引进了德国、英国的地面移动式清污机,但由于移动定位精度差的问题而最终改为利用人工插销进行定位,既增加了操作人员的劳动强度,又易造成由定位偏差而产生的设备运行故障。从另一方面考虑,其普遍具有较高的功耗。

目前使用的多数格栅除污机均在进水沟渠或取水泵站地面上安装轨道操作运行。在使用过程中,除污机为满足工艺及结构的要求(如除渣宽度、清渣量、捞渣深度等),考虑除污

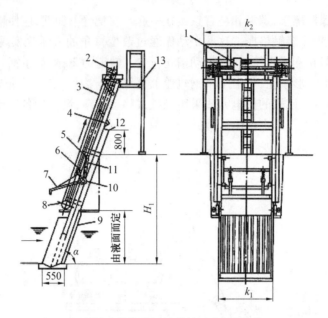

图 3.6 高链式格栅除污机结构示意图(单位:mm)

1— 三合一减速机;2— 驱动链轮;3— 主体链条;4— 刮渣板;5— 主滚轮;6— 齿耙缓冲装置;

7— 齿耙;8— 从动链轮;9— 格栅;10— 导轮;11— 导轮轨道;12— 底板;13— 平台

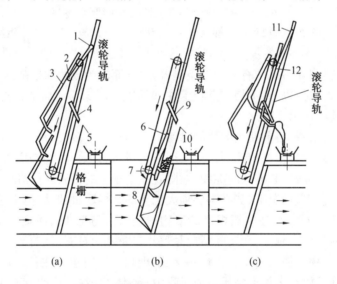

图 3.7 高链式格栅除污机动作示意图

1、6、11— 滚轮;2、7、12— 主滚轮;3、8— 齿耙;4、9— 刮渣板;5、10— 滑板

机结构的稳定性,往往将其机架制作得体积庞大,自重较大,以增强其设备在运行过程中的抗倾覆性。如此既增加了金属材料的用量,又加大了格栅除污机的运行功耗。此外,由于其操作环境差,目前使用的大多数格栅除污机为地面式运行,捞渣、卸渣过程中势必会造成对操作环境的二次污染,使得工作环境和人员的工作条件极其恶劣,同时也会对除污机的行走机构、机架等部件及运行轨道等产生较强的腐蚀和破坏作用。如此操作运行环境,无形中增加了设备的运行、维护以及管理费用,也大大地缩短了格栅除污机的使用寿命。再者,地面

式运行给操作人员的运行管理带来了极大的不便,减小了操作场地和空间,并带来了许多操作的安全隐患。

由于诸多实际因素的影响,回转格栅机成为近年来较为普遍使用的格栅机械。回转格栅是一种可以连续自动拦截并清除流体中各种形状杂物的水处理专用设备。该设备由一种独特的耙齿装配成一组回转格栅链,在电机减速机的驱动下,耙齿链进行逆水流方向回转运动。耙齿链运转到设备上部时,由于槽轮与弯轨的导向,每组耙齿之间产生相对自清运动,绝大部分固体物质靠重力落下。当耙齿将流体中的固态悬浮物分离后可以保证水流畅通,整个过程是连续的,也可是间断的。

自清式回转格栅机与传统的固定平面栅有所不同,在自清式回转格栅机械中,众多小耙齿组装在耙齿轴上,形成了封闭式耙齿链。耙齿的材料有工程塑料、尼龙以及不锈钢等,其中以不锈钢最为耐用,工程塑料则价格便宜。格栅传动系统带动链轮旋转,使得整个耙齿链上下转动(迎水面从下向上),截留在栅齿上的杂物转移至格栅的顶部,由于耙齿的特殊结构形状,当耙齿链携带杂物到达上端后反向运动时,前后齿耙产生相互错位推移,将附在栅面上的污物外推,促使杂物依靠重力而脱落。格栅设备后面还装有清除刷,在耙齿经过清洗刷时进一步刷净齿耙。目前,在国内回转式格栅的应用较为广泛,此外,还有阶梯式格栅除污机,其主要由电机减速机、动栅片、静栅片及偏心旋转机构等部件组成。偏心旋转机构在电机减速机的驱动下,使动栅片相对于静栅片做自动交替运动,从而将被拦截的固体悬浮物由动栅片逐级从水中移至卸料口。其特点是彻底避免杂物卡阻、缠绕,使运行安全可靠,清除效果好。

3. 格栅的应用

设置在污水处理厂处理系统前的格栅,栅条间距一般采用 16 ~ 25 mm,最大不超过 40 mm。所截留的污染物数量与地区的情况、污水沟道系统的类型、污水流量以及栅条的间距等因素有关。一般可参考下列数据:① 当栅条间距为 16 ~ 25 mm 时,栅渣截留量为 0.05 ~ 0.1 $m^3/10^3$ m^3 污水。② 当栅条间距为 40 mm 左右时,栅渣截留量为 0.01 ~ 0.03 $m^3/10^3$ m^3 污水。栅渣含水率为 70% ~ 80%,容重约为 750 kg/m^3。

格栅设计的主要参数是确定栅条间隙宽度,栅条间隙宽度与处理规模、污水的性质及后续处理设备的选择相关联,一般以不堵塞水泵和污水处理厂的处理设备,保证整个污水处理系统可以正常运行为原则。

多数情况下污水处理厂设置两道格栅,其中第一道格栅间隙较粗,通常设置在提升泵前,栅条间隙根据水泵要求具体确定,一般采用 16 ~ 40 mm,特殊情况下最大间隙可以定为 100 mm;第二道格栅间隙较细,一般设在污水处理构筑物之前,栅条间隙一般采用 1.5 ~ 10 mm。有时也可采用粗、中、细三道格栅同时使用。

格栅的设计及安装规定:格栅的清渣方法有人工清除和机械清除两种。每天的栅渣量大于 0.2 m^3 时,一般应采用机械清除方法。

(1) 人工清渣的格栅,其设计面积一般是进水管渠有效面积的 2 倍以上,以免清渣过于频繁。在污水泵站前集水井中的格栅,应特别注重有害气体对操作人员的危害,并应采取有效的防范措施。格栅间应设置操作平台。为方便清渣,安装角度以 30° ~ 45° 为宜。

(2) 机械清渣格栅过水面积,一般应不小于进水管渠有效面积的 1.2 倍。机械清渣的格栅,倾角一般为 60° ~ 70°,有时为 90°。机械清渣的格栅不宜少于 2 台,以免在一台格栅检修时影响工作。

（3）渠道宽度要适当，应使水流保持适当的流速，一方面泥沙不至于沉积在沟渠底部，另一方面截留的污染物不至于冲过格栅。渠道内水流速度通常采用 0.4～0.9 m/s。为了防止栅条间隙堵塞，污水过栅流速一般采用 0.6～1.0 m/s，最大流量时可高于 1.2～1.4 m/s。为了防止格栅前渠道出现阻流回水现象，一般在设置格栅的渠道与栅前渠道的联结部，应有一展开角 α 为 20° 的渐扩部位。

3.3.2 筛网

1.筛网的作用

筛网是由金属滤网制成的筛滤设备，可以去除水中格栅不能完全截留的细小悬浮物，如纤维、纸浆以及藻类等固体杂质，可根据需要选择不同孔径的筛网。通常格栅栅条间隙不小于 12 mm。当需要去除较小杂物时，不能被格栅截留且又难以用沉淀的方式来去除，同时不适宜采用粒状介质来过滤，但如果不去除则会影响后续设备正常运转和处理效果，可使用不同孔径的筛网。通常筛网用于给水处理、污水处理和回用水的深度处理，其去除效果相当于初沉池。目前普遍采用生物脱氮除磷工艺处理城镇污水，很多污水处理厂存在碳源不足的问题，采用筛网或者格网代替初沉池既可节省占地面积又可保留有效碳源。

2.筛网的分类与应用

筛网主要分为五类：固定筛网、转筒型筛网、板框型旋转筛网、连续传送带型旋转筛网和微滤机。

（1）固定筛网。

常用设备为水力筛网，通常设在水泵提升之后，用于细小杂质的去除。一般作为小型污水处理系统中短小纤维的回收。水力筛网一般为固定型，筛网一般由筛条焊接而成，筛间距一般为 0.3～2 mm。筛条断面分为矩形和楔形，楔形非常适宜于反冲洗。通常水力筛网的筛面由间距为 0.25～1.5 mm 的筛条组成。也有在筛条上再覆不锈钢或尼龙网，筛网的规格可小至 100 目。筛网倾斜设置，竖直方向上有一定弧度，从上至下筛面的倾斜角逐渐增大。筛网背后上部为进水箱，进水由水箱的顶部向外溢流，分布在筛面上。水从筛条间隙流入筛面背后部的水箱中。固□□□□□□□□□□□□□面下滑，落入渣槽中，随后

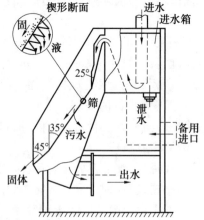

图 3.8　水力筛网结构示意图

由螺旋运输机移走。水力筛网结构示意图如图 3.8 所示。水力筛网具有结构简单、设备费
用低廉、处理可靠、维护方便等优点。但其也具有单宽水力负荷有限(对于城市污水的水力
负荷为 2 000 m³/(d·m)),单台设备存在处理能力有限(通常设备的筛宽在 2 m 以内),水力
损失较大(1.2 ~ 2.1 m)的不足之处。以上特点使得水力筛网多用于工业废水的处理,在
城市污水中仅用于个别污水处理厂。

(2) 转筒型筛网。

常用设备为转鼓式筛网。根据进水方式的不同,转鼓式筛网又可进一步分为内进水式
和外进水式两种。通常转鼓式筛网采用旋转圆筒形外壳,其上覆盖筛网,截留在筛网上的杂
物可以用刮渣板或者冲洗喷嘴清除。转鼓式筛网结构示意图如图 3.9 所示,水流方向从外
向内进水时,因杂物截留在网外,便于清洗不易堵塞,内进水转鼓式筛网的工作原理是含有
纤维的废水以平行转筒中心线的方向由配水槽进入转筒内,经筒形筛网转筒过滤后的出水
沿垂直于转筒中心线的方向通过筛网,转筒内筛网拦截了水中的悬浮物,并随转筒旋转。栅
渣在转筒内侧螺旋状导向板的作用下向筛筒另一端(出渣端)自动排出,由于废水与筛筒的
反向相对运动,提高了过水率并减小固体物对筛网的附着力,从而大大提高了过滤和回收的
效率。

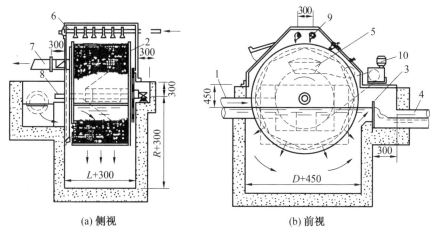

(a) 侧视　　　　　　　　　　　　　　　(b) 前视

图 3.9　转鼓式筛网结构示意图(单位:mm)

1— 进水槽;2— 筛网;3— 溢水板;4— 出水管;5— 集渣槽;6— 冲洗水管;

7— 排渣管;8— 转鼓轴;9— 喷嘴;10— 电机及变速装置

(3) 板框型旋转筛网。

常用的设备为旋转筛网,一般设在大型地面水处理的取水口格栅后,由绕在上、下两个
旋转轴上的连续滤网板组成,网板由金属框架及金属网丝组成,网孔一般为 1 ~ 10 mm。旋
转筛网由电机带动,连续转动,转速为 3 m/min 左右。筛网所拦截的杂物随筛网旋转到上部
时,被冲洗管喷嘴的压力水冲入排渣槽带走。

(4) 连续传送带型旋转筛网。

常用设备为带式旋转筛,其通常结构相对简单。一般倾斜设置在污水渠道中,自下向上
旋转,网面上截留的杂物用刮渣板或者冲洗喷嘴进一步清除。

(5) 微滤机。

微滤机的结构与转鼓筛基本相同,只是筛网的孔眼更小,可以采用孔径为 25 ~ 35 μm

的不锈钢丝筛网。水从内向外穿过滤网,滤速可采用30～120 m/h(与原水的水质和滤网孔径有关),水头损失为50～150 mm,滤筒直径为1～3 m,转速为1～4 r/min,在转鼓上部的外侧设冲洗水嘴,内侧设冲洗排渣槽,将截留在滤网内表面的杂物冲走,冲洗水量约占处理水量的1%。微滤机在给水处理中可以用于高藻水的除藻预处理。国外个别城市的污水处理厂对二沉池出水再用微滤机过滤,可以进一步降低出水中悬浮物的含量。

3.3.3 沉淀

1. 沉淀的基本原理

沉淀法是水处理中最基本的方法之一,水中悬浮颗粒的去除可通过颗粒和水的密度差在重力作用下进行分离。密度大于水的颗粒将下沉,小于水的颗粒则上浮。沉淀法一般只适用于去除粒径在20～100 μm 以上的颗粒(与颗粒的性质和密度有关),该法不适用于较小的颗粒,特别是胶体微粒需经混凝处理后,使颗粒尺寸变大具有下沉速度才能通过沉淀法去除。不同直径颗粒的自然沉降速度(10 ℃)见表3.8。

表3.8 不同直径颗粒的自然沉降速度(10 ℃) m/h

颗粒种类	颗粒直径						
	1.0 mm	0.5 mm	0.2 mm	0.1 mm	0.05 mm	0.01 mm	0.005 mm
石英砂	502	258	82	24	6.1	0.3	0.06
煤	152	76	26	7.6	1.5	0.08	0.015
典型污水可沉固体	< 152	< 61	< 18	< 3	< 0.76	< 0.03	< 0.008

(1)自由沉淀。

水中悬浮颗粒物的浓度不高又不具有凝聚的性能时,颗粒在沉淀过程中呈离散状态,其形状、尺寸、质量均不改变,下沉速度不受干扰,各自独立完成沉淀过程,在实际工程中常应用于废水处理工艺中的沉砂池和初沉池的初期。对于低浓度的离散颗粒,如砂砾、铁屑等,沉降不受周围其他颗粒的影响。颗粒在静水中受到两个基本力的作用:一个是重力 F,另一个是水对它的浮力 F_b。两个力的作用方向相反,因此颗粒所受的静作用力 F_g 为

$$F_g = V \cdot \rho_S \cdot g - V \cdot \rho_L \cdot g = V \cdot g(\rho_S - \rho_L) \tag{3.11}$$

式中 F_g—— 水中颗粒受到的静作用力;

       V—— 颗粒的体积, $\frac{1}{6}\pi d^3$(d 为球状颗粒的平均直径);

       ρ_S—— 颗粒的密度;

       ρ_L—— 水的密度;

       g—— 重力加速度。

其中,静作用力 F_g 就是颗粒沉降的推动力。当颗粒下沉时,会立即受到阻力 F_D 的作用,即

$$F_D = \lambda' \cdot A \cdot (\rho_L \cdot v_S{}^2 / 2) \tag{3.12}$$

式中 F_D—— 水对颗粒的阻力;

       λ'—— 阻力系数;

       A—— 自由颗粒的投影面积, $\frac{1}{4}\pi d^2$;

       v_S—— 颗粒在水中的运动速度,即颗粒沉速。

当颗粒所受外力平衡时,颗粒以等速沉降,即

$$V \cdot g(\rho_S - \rho_L) = \lambda' \cdot A \cdot (\rho_L \cdot v_S^2/2)$$

故此时的颗粒沉速应为

$$v_S = \left[\frac{4g(\rho_S - \rho_L) \cdot d}{3\lambda' \cdot \rho_L} \right]^{\frac{1}{2}} \tag{3.13}$$

由于阻力系数 λ' 不是常数,它随雷诺数 Re 的变化而变化,两者的变化关系曲线如图 3.10 所示。

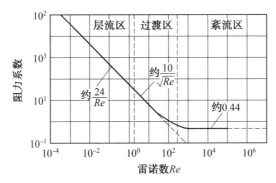

图 3.10　球形颗粒阻力系数与雷诺数的变化关系曲线

对于球形颗粒,$Re < 1$ 时,$\lambda' = 24/Re$,且 $1 < Re < 10^4$ 时,由于

$$\lambda' Re = \frac{v_S d}{\gamma} \tag{3.14}$$

式中　γ—— 水的运动黏滞系数,cm^2/s

对于直径为 d 的均质球形颗粒,有以下两种情况:

① 紊流时,当 $500 < Re < 10^4$ 时,λ' 趋于 0.4,代入式(3.13) 后得

$$v_S = \sqrt{3.3gd(\rho_S - \rho_L)} \quad (\rho_L = 1) \tag{3.15}$$

② 层流时,在 $Re < 1$ 时,$\lambda' = 24/Re$,并结合 $Re = \dfrac{v_S d}{\gamma}$,代入式(3.13),则

$$v_S = \frac{g(\rho_S - \rho_L)}{18\gamma} \cdot d^2 \tag{3.16}$$

式(3.16) 即为自由颗粒在静水中的运动公式,也称斯托克斯定律。式(3.16) 表明,颗粒沉降速度 v_S 与下述因素有关:

① 当 ρ_S 大于 ρ_L 时,$\rho_S - \rho_L$ 为正值,颗粒以 v_S 速度下沉;当 ρ_S 与 ρ_L 相等时,$v_S = 0$,颗粒在水中呈悬浮状态,这种颗粒不能用沉淀法来去除;当 ρ_S 小于 ρ_L 时,$\rho_S - \rho_L$ 为负值,v_S 值也为负值,颗粒以 v_S 速度上浮,便可用浮上法来去除。

② v_S 与颗粒直径 d 的平方成正比,因此增加颗粒直径有助于提高沉淀速度(或上浮速度),提高去除效果。

③ v_S 与 γ 成反比,γ 随水温上升而下降,即沉速受水温影响,水温上升,沉速增大。

沉淀的过程可以简化分析,即开始沉淀时颗粒加速下沉,但瞬时达到平衡,也就是说颗粒的重力与其浮力和摩擦阻力达到平衡,这时颗粒会匀速下沉。在沉淀设施的设计中,颗粒的沉降速度是起决定性作用的参数。水中的悬浮颗粒都因两种力的作用而发生运动:悬浮

颗粒受到的重力和水对悬浮颗粒的浮力。重力大于浮力时,下沉;两力相等时,相对静止,呈悬浮状;重力小于浮力时,上浮。为分析简便起见,假定颗粒为球形,沉淀过程中颗粒的大小、形状、质量等不变,颗粒只在重力作用下沉淀,不受器壁和其他颗粒影响。在静水中悬浮颗粒开始沉淀时,因受重力作用产生加速运动,经过很短的时间后,颗粒的重力与水对其产生的阻力平衡(颗粒在静水中所受到的重力与水对颗粒产生的阻力相平衡)时,颗粒等速下沉。

在水处理实践中遇到的颗粒形状、大小、密度各不相同,因此要用上面的方法来计算真实颗粒的沉降速度是困难的。在实际应用中,一般通过沉淀试验判定水样的沉降性能。

(2)絮凝沉淀。

水中的悬浮物颗粒浓度不高,但具有凝聚性能时,颗粒在沉淀过程中,其尺寸、质量均会随深度的增加而增大,沉速也随深度而增加。絮凝沉淀与自由沉淀不同,在自由沉淀的过程中,沉降速度可以被认为是不变的;而絮凝沉淀过程中,沉降速度会随着水深的增加而增大,即水深越大,较大颗粒追上较小颗粒而发生碰撞并凝聚的可能性也越大。因此,悬浮物的去除率不仅取决于沉淀速度,而且与深度有关。同时与自由沉淀相比较,在自由沉淀中可以认为与试验的水深无关,但在絮凝沉淀中却与试验的水深有关。如向地面水中投加混凝剂后形成的矾花,或者生活污水中的有机悬浮物、活性污泥等,在沉降过程中,絮状体互相碰撞凝聚,使颗粒尺寸变大,沉速将随深度而增加。在实际工程应用中,该现象通常发生在废水处理工艺中的初沉池后期、二沉池前期以及给水处理工艺中的混凝沉淀单元。

此外,絮凝沉淀的特性也可以通过沉淀试验来确定。试验用的沉淀柱高度应与拟采用沉淀设备的高度相同,而且要尽量避免剧烈搅动造成已聚凝的颗粒破碎,影响沉淀的效果。絮凝沉降试验在沉淀柱中静止状态下进行。在柱筒的不同深度处设有取样口,如图3.11(a)所示。在不同的沉淀时间,从不同的深度取样测出悬浮物的浓度,并计算出悬浮物的去除率。将这些去除率点绘于相应的深度与时间的坐标上,得到的等浓度曲线如图3.11(b)所示。这些曲线代表相等的去除率,同时也表示对应于某一去除率时颗粒沉淀路线位置最高的轨迹。

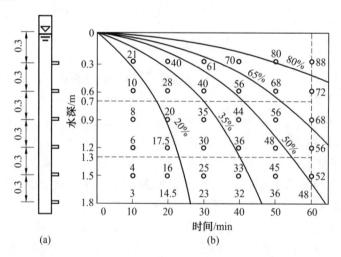

图3.11 絮凝沉淀的等效率曲线

（3）拥挤沉淀。

当水中悬浮颗粒的浓度很高时，颗粒间隙相应地减小且在沉降过程中颗粒之间彼此相互干扰，在清水与浑水之间形成明显的交界面，并逐渐向下移动，这种沉淀过程实质上是这一交界面下降的过程，因此该过程既可以称为拥挤沉淀，也可以称为集团沉淀或者分层沉淀。沉淀的颗粒可以是凝聚后的矾花，或曝气池出水中的活性污泥，或高浊度水中的泥沙。有资料介绍，当悬浮物质的数量占液体体积的 1% 左右时就会出现拥挤沉淀现象。如果颗粒的絮凝性能增加，则出现拥挤沉淀的悬浮物质的浓度将会减小。在水处理中，高浊度水的沉淀、混凝沉淀、生物处理（如曝气池）后活性污泥的沉淀等都有可能出现拥挤沉淀。

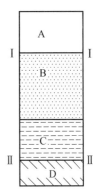

当矾花含量（质量浓度，下同）达 2 ~ 3 g/L 以上，或活性污泥含量达 1 g/L 以上，或泥沙含量达 5 g/L 以上时，将产生拥挤沉淀现象。活性污泥在二次沉降池的后期沉降就属于该类型。拥挤沉淀原理如图 3.12 所示。

图 3.12　拥挤沉淀原理

污泥开始沉淀时，沉淀柱中污泥浓度均匀一致。沉淀一段时间后，在下沉的污泥与上层澄清液之间出现明显的分界面（界面 I—I），位于澄清液层 A 下面的称为受阻沉降层 B，在此层中若取样分析，将发现污泥浓度均匀一致，并且具有一定的均匀沉降速度 v_s，即等于界面 I—I 的沉降速度。在形成界面 I—I 及受阻沉降层的同时，沉淀柱底部悬浮固体开始压缩，出现一个压缩层 D，在此层中悬浮固体的浓度也是均匀的，该层与其邻层的分界面（界面 II—II）以恒定的速度 v 上升。在受阻沉降层与压缩层之间有过渡层 C，在此层中由于泥层逐渐变浓，界面的沉降速度逐渐减小。当沉淀时间继续增长，界面 I—I 以匀速下沉，界面 II—II 以匀速上升，到 $t = t_2$ 时，界面 I—I 与 II—II 相遇，B、C 两层消失，只剩下 A 层和 D 层，此时污泥具有均匀浓度 C_2，称为临界浓度，随后压缩开始，D 层高度逐渐减小，但很缓慢，因为被替换出来的水必须通过不断减小的颗粒间空隙流出，最后直到完全压实为止。

（4）压缩沉淀。

压缩即污泥浓缩。先沉到底部的颗粒受到上部污泥质量的压力，颗粒间的孔隙水将因压力的增加和结构的变形而被挤出，使污泥浓度增加。因此，污泥的浓缩过程也就是不断排除孔隙水的过程。压缩沉降常见于各种污泥浓缩池和沉淀池积泥区内的污泥浓缩过程。

2. 沉淀池和沉砂池的分类

在典型的污水处理中，沉淀法有下列四种用法：① 用于废水的预处理，沉砂池是典型的例子，沉砂池用于去除污水中的易沉物（如砂粒）；② 用于污水进入生物处理构筑物前的初步处理（初次沉淀池，简称初沉池），用初沉池可较经济地去除悬浮有机物，以减轻后续生物处理构筑物的有机负荷；③ 用于生物处理后的固液分离（二次沉淀池，简称二沉池），主要用于分离生物处理工艺中产生的活性污泥，使处理后的水得以澄清；④ 用于污泥处理阶段的污泥浓缩。污泥浓缩池是将来自初沉池及二沉池的污泥进一步浓缩，以减小体积，降低后续构筑物的尺寸及处理费用等。

沉淀的构筑物主要分为沉砂池和沉淀池。在一级污水处理系统中，沉淀池是主要的处理设备，污水处理的好坏基本由沉淀的效果来决定。在二级污水处理系统中，在生物处理构筑物之前要设置初沉池，在生物处理构筑物后要设置二沉池，并且无论一级污水处理系统还是二级污水处理系统一般都要设置沉砂池,主要目的是去除密度较大的砂粒等无机固体颗粒物质。此外,沉淀工艺在给水处理和污水的深度处理中,以及各种工业废水的处理系统中都得到了广泛的应用。

(1) 沉淀池。

① 沉淀池的作用。沉淀池是用于去除污水中悬浮颗粒物的一种主要处理构筑物,用于水及废水的处理和生物处理的后处理,按功能及沉淀池在污水处理流程中的位置可以分为初沉池和二沉池。初沉池用于生物处理法中做预处理,对于一般的城市污水,初沉池可以去除约30% 的 BOD_5 与55% 的悬浮物。二沉池设置在生物处理构筑物后,是生物处理工艺中的组成部分。

按照构造,可将功能区分为进水区、沉淀区、污泥区、出水区以及缓冲层等五部分。其中,进水区或出水区可使水流均匀地流过沉淀池;沉淀区是实现可沉颗粒与污水分离的区域;污泥区可分为污泥储存、浓缩和排出的区域;缓冲层可分隔沉淀区和污泥区的水层,保证已沉淀颗粒不因水流搅动而再浮起。储泥区用于存放沉淀污泥,起到储存、浓缩与排放的作用。

② 沉淀池的分类。按结构形式及池内水流方向可将沉淀池分为平流式沉淀池、竖流式沉淀池、辐流式沉淀池和斜板(管)沉淀池四种。

a. 平流式沉淀池。池形呈长方形,由进入区、沉淀区、出水区和污泥区四部分组成。如图 3.13 和图 3.14 所示,污水从池的一端进入进水区,在此使水流均匀地分布在整个横断面上,并尽可能地减少扰动。沉淀区水流缓慢,水中的悬浮颗粒逐渐沉向池底。沉淀后的水进入出水区后,为了保证均匀流出,一般会采用各种新式的溢流堰,沉淀后的水经过沉淀池末端的溢流堰,经过出水槽排出池外。为阻拦浮渣随水流出以及对其收集,在堰口前还设有挡板和浮渣收集设备。为方便排除沉积于池底的污泥,沉淀池底部微有坡度,多采用斗形底。由于可沉悬浮颗粒多沉淀于池的前部,污泥斗多设在池的前端底部,利用刮泥机将沉淀污泥刮入污泥斗中,通过污泥斗底部的排泥管将斗中污泥排出池外。除此之外,还有采用多斗排泥的多斗式平流沉淀池。

平流式沉淀池具有较好的沉淀效果,对冲击负荷和温度的适应能力强,施工简单,造价较低,广泛地应用于大、中、小型污水处理厂,也可用于地下水位高及地质较差地区的给水厂。实际工程应用的主要不足是池配水不易均匀,当采用链带式刮泥机时,链带的支承件和驱动件都沉于水中容易被腐蚀。此外,池子一般的长宽比以 3 ~ 5 为宜,池子的长深比一般为 8 ~ 12。

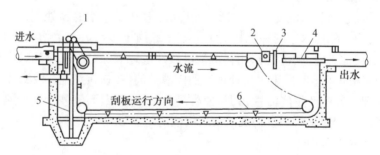

图 3.13 设有链带式刮泥机的平流式沉淀池结构示意图

1— 驱动器;2— 浮渣槽;3— 挡板;4— 可调节出水堰;5— 排泥管;6— 刮板

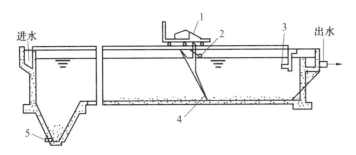

图 3.14 设有行车式刮泥机的平流式沉淀池结构示意图
1— 驱动装置;2— 刮渣板;3— 浮渣板;4— 刮泥板;5— 排泥管

　　b. 竖流式沉淀池。池形多为圆形,亦有呈方形或多角形的,废水从设在池中央的中心管进入,从中心管的下端经过反射板后均匀缓慢地分布在池的横断面上,由于出水口设置在池面或池墙四周,故水的流向基本由下向上,污泥蓄积在底部的泥斗中。其结构示意图如图3.15所示。

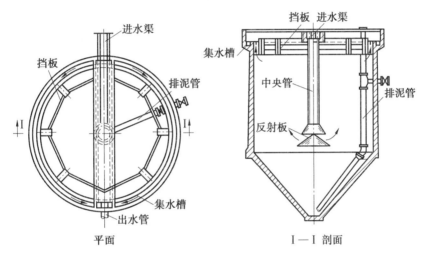

图 3.15 竖流式沉淀池结构示意图

　　c. 辐流式沉淀池。池形多呈圆形,小型池子有时也采用正方形或多角形。池的进、出口布置基本上与竖流池相同,进口在中央,出口在周围。池径与池深之比,辐流池比竖流池大许多倍。水流在池中呈水平方向向四周辐(射)流,由于过水断面面积不断变大,故池中的水流速度从池中心向池四周逐渐减慢。泥斗设在池中央,池底向中心倾斜,污泥通常用刮泥(或吸泥)机械排除。辐流式沉淀池结构示意图如图 3.16 所示。

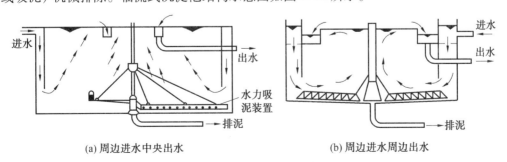

图 3.16 辐流式沉淀池结构示意图

d. 斜板(管)沉淀池。斜板(管)沉淀池是在哈真(Hazen)"浅池理论"基础上发展起来的一种新的池形。它既可以提高沉淀池的效率,又可以改善沉淀池的水力条件,所以其处理能力比一般沉淀池更强,其结构示意图如图 3.17 所示。

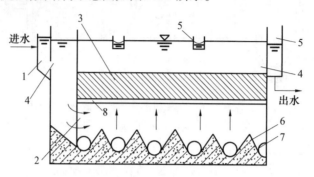

图 3.17　斜板(管)沉淀池结构示意图
1— 配水槽;2— 整流墙;3— 斜板(管)体;4— 淹没孔口;
5— 集水槽;6— 污泥斗;7— 穿孔排泥管;8— 阻流板

斜板(管)沉淀池也称为浅池沉淀池,建立在浅池沉淀的原理基础上。设有一理想沉淀池,池容为 V,表面积为 A,池长为 L,宽为 B,高为 H,处理水量为 Q,停留时间为 t,沉降速度为 U_0,则 $V = Qt, H = U_0t, Q = U_0A$。由浅池沉淀原理可知:沉淀效率仅为沉淀池表面积的函数,而与水深无关。当沉淀池容积为定值时,池子越浅,A 值越大,沉淀效率越高。所以,如果将沉淀池按高度分隔为 n 层,即分隔为 n 个高度为 $h = H/n$ 的浅层沉降单元,在 Q 不变的条件下,颗粒的沉降深度由 H 减小到 H/n,则沉淀池中可被完全除去的颗粒沉速范围由原来的 $u \geq U_0$ 扩大到 $u \geq U_0/n$,沉速 $u < U_0$ 的颗粒中能被除去的分率也由 u/U_0 增大到 nu/U_0,从而使该沉淀池悬浮颗粒去除率较原来增大了 n 倍。显然,分隔的浅层数越多,去除率越高。斜板装置水流方向示意图如图 3.18 所示。

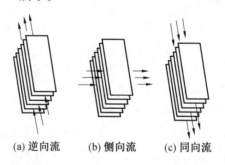

(a) 逆向流　　(b) 侧向流　　(c) 同向流

图 3.18　斜板装置水流方向示意图

理想条件下,分隔成几层的沉淀池,其过水能力可较原池提高几倍。为了解决在浅层沉淀区内的排泥问题,工程上将浅层沉淀区间的水平隔板层改为倾斜成一定角度(一般为 60°)的斜面,称为斜板沉淀池。浅层沉淀区内进一步分割成蜂窝形或波纹形管,则称为斜管沉淀池,在实际工程运用中采用的斜管沉淀池可以根据水流和污泥的相对方向将其分为逆向流、同向流和侧向流三种类型,其中以逆向流——水流向上、泥流向下、倾角60°应用最为广泛。斜管沉淀池虽在生产上比一般沉淀池有大幅度的提高,但池体缩小使得单位面积排泥量增加,再加上斜板间距或斜管管径较小,容易在板间或管内积泥致使排泥不畅,从而导致出水水质恶化。此外,该类池还存在耐冲击负荷能力差等问题,所以近年来斜板(管)沉淀池在污水处理厂未得到推广,但在给水处理厂和含油污水隔油池中应用较多。

③ 沉淀池的运行方式。沉淀池的运行方式可以分为间歇式与连续式两种。在间歇式运行的沉淀池中,其工作过程大致可以分为三步:进水、静置和排水。污水中可沉淀的悬浮固体在静置时完成沉淀过程,然后由移动式的滗水器或者设置在沉淀池壁不同高度的排水管排出。在连续运行的沉淀池中,污水连续不断地流入与排出。污水中可沉淀颗粒在水的流动过程中完成沉淀,可沉颗粒受到由重力所造成的沉速与水流流动的速度两方面的作用。水流流动的速度对颗粒的沉淀有重要的影响。

(2) 沉砂池。

① 沉砂池的作用。沉砂池的作用主要是从水中分离密度较大的无机颗粒,一般去除污水中粒径大于 0.2 mm 的砂粒和煤渣等。沉砂池中砂粒的沉降属于自由沉淀,以重力分离为基础,将进入沉砂池的污水流速控制在只能使密度大的无机颗粒下沉,而有机悬浮颗粒被水流带走。一般设置于泵和沉淀池之前,既能保护后面的设备和管道免受磨损,也能减轻沉淀池的负荷,使无机颗粒和有机颗粒分离。

② 沉砂池的分类。沉砂池的分类主要有四种形式:平流式沉砂池、曝气式沉砂池、竖流式沉砂池和旋流式沉砂池。

a. 平流式沉砂池。平流式沉砂池是最常采用的一种形式,具有构造简单、工作稳定、处理效果好且易于排除沉砂等优点。平流式沉砂池的水流部分实际上是一个两端设有闸板、加深加宽的明渠,当污水流过沉砂池时,由于过水断面增大,水流速度下降,污水中携带的无机颗粒在重力作用下下沉,而密度较小的有机物仍处于悬浮状态,并随水流走,起到分离无机物的目的,且在池的底部设 1 或 2 个储砂斗。

在结构上,平流式沉砂池两端应设有闸门,以控制水流。由于污水流量在运行时变化较大,为了调节流速,设计时一般采用 2 座或 2 座以上的平流式沉砂池,在不同水量时组合使用。在池的底部设置 1 或 2 个储砂斗,下接排砂管。

b. 曝气式沉砂池。一般沉砂池去除的无机颗粒中难免夹杂有机物,利用曝气沉砂池基本可以解决这一问题。曝气沉砂池是一个长型渠道,沿渠道壁一侧的整个长度上,距池底 0.6 ~ 0.9 m 处设置曝气装置,在池底设置沉砂斗,池底有 0.1 ~ 0.5 的坡度,以保证砂粒滑入砂槽。为了使曝气能起到池内回流作用,在必要时可在设置曝气装置的一侧装设挡板。

污水在池中存在两种运动形式,其一为水平流动(流速一般取 0.1 ~ 0.3 m/s),同时,由于在池的一侧有曝气作用,因此在池的横断面上产生旋转运动,整个池内水流产生螺旋状前进的流动形式。其工作原理示意图如图 3.19 所示。由于曝气以及水流的螺旋旋转作用,污水中悬浮颗粒相互碰撞、摩擦,并受到气泡上升时的冲刷作用,使黏附在砂粒上的有机污染物得以上浮而被带出池外,沉于池底的砂粒较为纯净,长期搁置也不至于腐化。因此,该池排除的沉渣一般只含有 5% 的有机物。此外,可通过调节曝气量使除砂效果稳定,受污水流量变化的影响较小,同时对污水起到了预曝气的作用,有利于进一步的生化处理。

c. 竖流式沉砂池。竖流式沉砂池是一个圆形池,污水由中心管进入池内后自下而上流动,通常最大流速为 0.1 m/s,最小流速为 0.02 m/s,砂粒借重力沉于池底,适用于去除较粗(粒径为 0.6 mm 以上)的砂粒。由于它的结构比较复杂,处理效果一般较差,目前在实际应用中已很少使用。

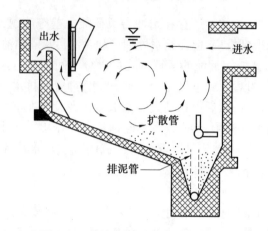

图 3.19 曝气沉砂池工作原理示意图

d. 旋流式沉砂池。利用水力旋流使泥沙与污水分开,从而达到除砂的目的。污水从切线方向进入圆形沉砂池,进水渠道末端设跌水坎,使可能沉积在渠道底部的砂子向下滑落沉砂池;在沉砂池中间设有可调速的桨板,使池内的水流保持环流。在桨板和进水水流的共同作用下,沉砂池内会产生螺旋状环流,在重力作用下,砂子下沉并向中心移动,由于越靠近中间水流断面越小,水流速度逐渐加快,最后将沉砂落入砂斗。而较轻的有机物则在沉砂池中间部位与砂子分离,池内环流在池壁处向下,到池中间则向上,加上桨板的作用,有机物在池子中心部位向上升起,并随出水水流进入后续构筑物。而旋流沉砂池的排砂方式主要有泵排砂和气提排砂两种。

3. 沉淀池和沉砂池的设计

(1) 沉淀池的设计。

① 设计流量。沉淀池的设计流量自流入沉淀池时,应按最大流量作为设计流量;当用水泵提升时,应按水泵的最大组合流量作为设计流量。在合流制系统中应按降雨时的设计流量校核,但沉淀时间应不少于 30 min。

② 沉淀池的数量。对于城市污水处理厂,沉淀池的数量应不少于 2 个。

③ 经验设计参数。对于城市污水处理厂,如无污水沉淀性能的实测资料时,可参照表3.9 的经验参数选用。

表 3.9 城市污水厂沉淀池设计参数

沉淀池类型	在处理工艺中的作用	沉淀时间 t/h	表面水力负荷 $q/$ $(m^3 \cdot m^{-2} \cdot h^{-1})$	污泥量 / $(g \cdot d^{-1} \cdot 人^{-1})$	污泥含水率 / %
初沉池	单独沉淀法	1.5 ~ 2.0	1.5 ~ 2.5	15 ~ 27	95 ~ 97
初沉池	二级处理前	1.0 ~ 2.0	1.5 ~ 3.0	14 ~ 25	95 ~ 97
二沉池	活性污泥法后	1.5 ~ 2.5	1.0 ~ 1.5	10 ~ 21	99.2 ~ 99.6
二沉池	生物膜法后	1.5 ~ 2.5	1.0 ~ 2.0	7 ~ 19	96 ~ 98

④ 沉淀池的有效水深 H、沉淀时间 t 与表面水力负荷 q 的关系见表3.10。沉淀池超高不少于 0.3 m;缓冲层高采用 0.3 ~ 0.5 m;储泥斗斜壁的倾角,方斗不宜小于60°,圆斗不宜小于 55°;排泥管直径不小于 200 mm。

表 3.10　有效水深 H、沉淀时间 t 与表面水力负荷 q 的关系

表面水力负荷 $q/(m^3 \cdot m^{-2} \cdot h^{-1})$	沉淀时间 t/h				
	$H = 2.0$ m	$H = 2.5$ m	$H = 3.0$ m	$H = 3.5$ m	$H = 4.0$ m
3.0	—	—	1.0	1.17	1.33
2.5	—	1.0	1.2	1.4	1.6
2.0	1.0	1.25	1.5	1.75	2.0
1.5	1.33	1.67	2.0	2.33	2.67
1.0	2.0	2.5	3.0	3.5	4.0

⑤ 沉淀池出水部分一般采用堰流,出水堰的负荷为:初沉池应不大于 2.9 L/(s·m);二沉池一般取 1.5 ~ 2.9 L/(s·m)。储泥斗的容积一般按不大于 2 d 的污泥量计算。对于二沉池,按储泥时间不超过 2 h 计算。沉淀池一般采用静水压力排泥,静水压力数值如下:初沉池应不小于 1.5 m 为 H_2O;活性污泥法的二沉池应不小于 0.9 m 为 H_2O;生物膜法的二沉池应不小于 1.2 m 为 H_2O。

(2) 沉砂池的设计。

① 平流式沉砂池的设计。设计流量应按分期建设考虑。当污水以自流方式流入时,应按最大设计流量计算;当污水以水泵抽送方式流入时,应按工作水泵的最大可能组合流量来计算;当用于合流制系统时,应按降雨时的设计流量计算;沉砂池的座数或分隔数不得少于两个,宜按并联设计。当水量小时,可考虑单个运行;当水量大时,则两个同时运行。池底坡度一般为 0.01 ~ 0.02,并可根据除砂设备要求考虑池底的形状。生活污水的沉砂量:0.01 ~ 0.02 L/(人·d);城市污水的沉砂量:30 m^3/10^6 m^3 污水,含水率为 60%,容重为 1 500 kg/m^3;储砂斗体积按 2 d 以内的沉砂量考虑,斗壁与水平面倾角不应小于 55°。除砂宜采用机械方法,当采用重力排砂时排砂管直径不应小于 200 mm,并应于排砂管的首端设置排砂闸门,使排砂管畅通而不堵。此外,污水在池内的最大流速为 0.3 m/s,最小流速为 0.15 m/s;最大流量时,污水在池内的停留时间不少于 30 s,一般为 30 ~ 60 s;有效水深应不大于 1.2 m,一般采用 0.25 ~ 1.0 m,池宽不小于 0.6 m;池底坡度一般为 0.01 ~ 0.02,当设置除砂设备时,可根据除砂设备的要求考虑池底形状。

② 曝气沉砂池的设计。水平流速一般取 0.08 ~ 0.12 m/s,旋转流速应保持 0.25 ~ 0.3 m/s。污水在池内的停留时间为 4 ~ 6 min。如作为预曝气,停留时间为 10 ~ 30 min。池的有效水深为 2 ~ 3 m,池宽与池深比为 1 ~ 1.5 m,池的长宽比可达 5,当池长宽比大于 5 时,应考虑设置横向挡板;曝气沉砂池多采用穿孔管曝气,孔径为 2.5 ~ 6.0 mm,距离池底 0.6 ~ 0.9 m,并应有调节阀门(方便根据水量、水质调节曝气量),每立方米污水曝气量为 0.1 ~ 0.2 m^3。池内应设消泡装置。进水方向应与池中旋流方向一致,出水方向应与进水方向垂直,最好设置挡板。

③ 旋流沉砂池设计。旋流沉砂池的表面水力负荷约为 200 m^3/(m^2·h),水力停留时间为 20 ~ 30 s。进水渠道直段长度应为渠宽的 7 倍,并且不小于 4.5 m,以创造平稳的进水条件;进水渠道流速,在最大流量的 40% ~ 80% 情况下为 0.6 ~ 0.9 m/s,在最小流量时大于 0.15 m/s,最大流量时不大于 1.2 m/s;出水渠道宽度为进水渠道的两倍,出水渠道的直线长度要相当于出水渠的宽度;沉砂池前应设格栅,下游应设堰板,以保证沉砂池内所需水位。

3.3.4 澄清

1. 澄清的基本原理

在沉淀池中,悬浮颗粒沉降到池底即完成沉淀过程。在澄清池中,将沉淀到池底的污泥再提升起来,使之在池中形成稳定的泥渣悬浮层(接触凝聚区),当污水的杂质与悬浮泥渣相互接触时,脱稳杂质被泥渣层吸附或截留,从而使水获得澄清。这种把泥渣层作为接触介质的过程,实际上也是絮凝的过程,一般称为接触絮凝,而悬浮泥渣层则称为接触凝聚区。

澄清池充分利用池底沉泥中未被利用的接触絮凝活性,为使泥渣层始终保持接触絮凝活性,澄清池的排泥设备可根据新形成的活性泥渣量不断排除多余的陈旧泥渣,多用于给水处理中。通常,能被悬浮泥渣吸附的水中杂质是水中悬浮颗粒与混凝剂作用后形成的微小絮凝体,因此实际上澄清池是在一个装置中完成混凝处理工艺过程(水和混凝剂的混合、反应及絮凝体分离)的一种特殊形式的设备。

悬浮泥渣层通常是在澄清池开始运转时,在原水中加入较多的凝聚剂,并适当降低负荷,经过一定时间的运转后逐步形成的。当原水悬浮物浓度较低时,为了加速泥渣层的形成,也可人工投加黏土。通常泥渣层的污泥质量浓度为 $3 \sim 10 \ g/L$,为保持悬浮层稳定,必须控制悬浮层内污泥的总容积不变,由于原水不断进入,新的悬浮物不断进入池内,如果悬浮层超过一定的浓度,悬浮层将逐渐膨胀,最后出水的水质恶化。因此,在生产运行过程中要通过控制悬浮层的污泥浓度来维持正常的操作。其方法是:用量筒从悬浮区取 100 mL 水样,静置 5 min,沉下的污泥所占毫升数用百分比来表示,称为沉降比。根据各地水质和水温的不同,沉降比宜控制在 $10\% \sim 20\%$。当沉降比超过限值时,即进行排泥。同时澄清池的排泥能不断排出多余的陈旧泥渣,其排泥量相当于新形成的活性泥渣量。故泥渣层始终处于新陈代谢中,从而保持接触絮凝的活性。

2. 澄清池的分类

常见的澄清池有脉冲澄清池、机械搅拌澄清池、水力循环澄清池和悬浮澄清池等。以下主要介绍前两种常见的澄清池。

(1)脉冲澄清池。

脉冲澄清池的特点是澄清池的上升流速发生周期性的变化,这种变化是由脉冲发生器引起的。脉冲发生器有多种形式,采用真空泵脉冲发生器的澄清池剖面图如图 3.20 所示。其工作原理:原水加入混凝剂后流入进水室,真空泵造成的真空使进水室内水位上升,此为充水过程。当水面达到进水室最高水位时,进气阀自动开启,使进水室与大气相通。这时进水室内水位迅速下降,向澄清池放水,此为放水过程。原水通过设置在底部的配水管进入澄清池进行澄清净化。当水位下降到最低水位时,进气阀自动关闭,真空泵则自动启动,再次造成进水室内的真空,进水室内水位又上升,如此反复进行脉冲工作。充水时间一般为 $25 \sim 30 \ s$,放水时间为 $6 \sim 10 \ s$。总的时间称为脉冲周期。脉冲澄清池底部的配水系统采用稳流板,如图 3.20(b)所示,投加过混凝剂的原水通过穿孔管喷出,水流在池底直流向上,在稳流板下的空间剧烈翻腾,形成小涡体群,营造良好的碰撞反应条件,最后水流通过稳流板的缝隙进入悬浮层,进行接触凝聚。

在脉冲的作用下,池内悬浮物一直周期性地处于膨胀和压缩状态,进行一上一下的运动,这种脉冲作用使悬浮层的工作稳定。但是,由于池子底部的配水系统不可能做到完全均

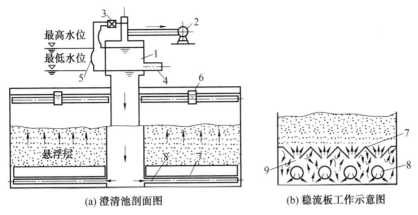

图 3.20　采用真空泵脉冲发生器的澄清池剖面图
1— 进水室;2— 真空泵;3— 进气阀;4— 进水管;5— 水位电极;6— 集水槽;
7— 稳流板;8— 穿孔配水管;9— 缝隙

匀地配水,所以悬浮层区和澄清区的断面水流速度总是不均匀的,水流的不均匀性产生的后果是高速的部分将矾花带出悬浮层区,矾花浓度降低,没有起到足够的接触聚凝作用,使水质变坏。当池子的水流连续向上时,上述现象就会加剧,而且成为一种恶性循环,这就是一般澄清池(特别是悬浮澄清池)工作恶化的原因。脉冲澄清池在充水时间内,由于上升水流停止,在悬浮物下沉及扩散的过程中,会使断面上的悬浮物浓度分布均匀化,并加强颗粒的接触碰撞,改善混合絮凝的条件,从而提高净水效果。由于脉冲作用本身的优点,脉冲澄清池占地少,造价低,且其单池面积可以很大,为其他类型澄清池所不及。

(2) 机械搅拌澄清池。

机械搅拌澄清池剖面结构示意图如图 3.21 所示,主要由第一和第二絮凝室和分离室构成。整个池体上部是圆筒形,下部是截头圆锥形。原水由进水管进入环形三角配水槽,通过其缝隙均匀流入第一絮凝室,进行进一步的接触絮凝,形成大而结实的絮凝体,以便在分离室进行良好的固液分离。在分离室进行固液分离后的清水通过周边的集水渠收集后排除。混凝剂的投加点,按实际情况和运行经验来确定,可以由加药管加入澄清池的进水管、三角配水槽或者第一絮凝室。

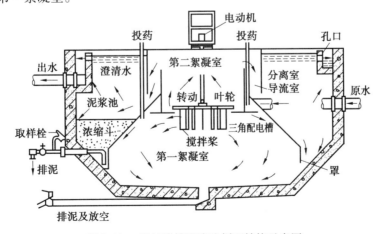

图 3.21　机械搅拌澄清池剖面结构示意图

搅拌设备由提升叶轮和搅拌桨组成。提升叶轮安装在第一和第二絮凝室的分隔处。搅拌设备的作用如下：

① 提升叶轮将回流液从第一絮凝室提升到第二絮凝室，使回流液的泥渣不断在池内循环。

② 搅拌桨使第一絮凝室内的泥渣与原水迅速混合，泥渣随水流处于悬浮和环流状态。

第二絮凝室设有导流板，用于消除叶轮提升时所引起的水的旋转，使水流平稳地经导流室流入分流室。分离区中下部为泥渣层，上部为清水层。向下沉降的泥渣沿锥底的回流缝再进入第一絮凝室，重新参与接触絮凝，一部分泥渣则自动排入泥渣斗进行浓缩，至适当浓度后经排泥管排出。在分离室，可以加设斜板（管），以提高沉淀效率。

3. 澄清池设计

澄清池是一种将絮凝反应过程与澄清分离过程综合为一体的构筑物。在澄清池中，沉泥被提升并使之处于均匀分布的悬浮状态，在池中形成高浓度的稳定活性泥渣层。原水在澄清池中由下向上流动，泥渣层由于受重力作用，可在上升水流中处于动态平衡状态。当原水通过活性污泥层时，按照接触凝聚原理，原水中的悬浮物便被活性污泥渣层阻留，使水获得澄清，清水在澄清池上部被收集。沉渣体积浓度 $\mu' = \mu(1 - C_v)n \rightarrow C_v = 1 - (\mu'/\mu)1/n$。式中，$u'$ 为泥渣悬浮层上升流速；u 为分散颗粒沉降速度；C_v 为悬浮层泥渣体积浓度；n 为系数（无机粒子 $n = 3$，有机粒子 $n = 4$）。由此看来，上升流速 u' 直接决定了悬浮层泥渣体积浓度 C_v，因此正确选用上升流速，保持良好的泥渣悬浮层是澄清池取得较好处理效果的基本条件。主要工艺参数如下：

（1）清水区上升流速（表面负荷）一般为 0.8 ~ 1.1 mm/s；

（2）水在澄清池内的总停留时间为 1.2 ~ 1.5 h；

（3）叶轮提升流量为进水流量的 3 ~ 5 倍，叶轮直径为第二絮凝室内径的 70% ~ 80%，并应设调整叶轮转速和开启度的装置；

（4）机械加速澄清池内上升流速为 0.9 ~ 1.2 mm/s；

（5）水力循环澄清池内的上升流速为 0.8 ~ 1.1 mm/s；

（6）脉冲澄清池内的上升流速为 0.8 ~ 1.1 mm/s，其中悬浮澄清池分别为 0.9 ~ 1.0 mm/s（单层），0.7 ~ 0.9 mm/s（双层）；

（7）第一絮凝室、第二絮凝室（包括导流区）和分离式的容积比一般控制在 2∶1∶1 左右。第二絮凝室的流速一般为 40 ~ 60 mm/s。

3.3.5 气浮

1. 气浮的基本原理

（1）气浮过程与去除对象。

气浮是一种固液分离或液液分离的方法。气浮是通过在水中通入空气，产生微细的气泡，使其与水中密度接近于水的固体或液体污染物黏附，形成密度小于水的水 – 气 – 颗粒的三相混合气浮体，在浮力的作用下，上浮至水面形成浮渣层，从而回收水中的悬浮物质，同时改善水质。为改善水中悬浮物与微细气泡的黏结程度，通常还需要同时向水中加入混凝剂或浮选剂。

目前，气浮法已经发展到去除水中溶解性污染物（需要在气浮前投加药剂，使其转化为不溶解的固体颗粒),这使得传统的气浮处理工艺已扩展到电镀、化工、有色金属、冶炼工业等含重金属和有机物废水的处理中。同时,用该法还可以去除细小分散的亲水性颗粒,但需要将被气浮的颗粒先经过浮选剂处理转变成疏水性颗粒。由此可见,气浮法应用面很广,这主要是因为该法具有在池内澄清分离时间短、浮渣含水量低、除渣方便以及操作简单等特点。

(2) 悬浮物与气泡附着的条件。

任何不同介质的相表面上都因受力不均衡而存在界面张力。气浮工艺涉及水、气、固三种介质的相互作用。在水、气、固三相混合体系中,每两相之间都存在界面张力(σ),如图 3.22 所示。三相间的吸附界面构成的交界线称为润湿周边。通过润湿周边、粒界面张力作用线($\sigma_{水粒}$)、气界面张力作用线($\sigma_{水气}$)的交角称为接触角(θ)。接触角大于 90° 的物质称为疏水性物质,易于被气泡黏附;接触角小于 90° 的物质称为亲水性物质,不易被气泡所黏附。

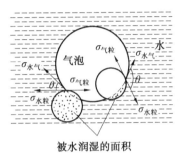

图 3.22　亲水性颗粒和疏水性颗粒

按照热力学理论,由水、气泡和颗粒构成的三相体系中,存在着体系界面自由能(W),并呈减小的趋势。

$$W = \sigma S_i \tag{3.17}$$

式中　σ——界面张力,N/m;

　　　S_i——界面面积,m²。

在气泡未与颗粒附着之前,体系界面自由能为 W_1(假设颗粒和气泡的单位面积 $S_i = 1$),则

$$W_1 = \sigma_{水气} + \sigma_{水粒} \tag{3.18}$$

当颗粒与气泡附着以后,体系界面能减少为 W_2,则

$$W_2 = \sigma_{气粒} \tag{3.19}$$

附着前后,体系界面能的减少值为 ΔW,则

$$\Delta W = \sigma_{水气} + \sigma_{水粒} - \sigma_{气粒} \tag{3.20}$$

根据热力学的概念,气泡和颗粒的附着过程是向该体系界面能量减少的方向自发地进行,因此 ΔW 必须大于 0。ΔW 值越大,推动力越大,越易于气浮处理;反之亦然。

当颗粒与气泡黏附,处于稳定状态时,水、气、颗粒三相界面张力的关系为

$$\sigma_{水粒} = \sigma_{气粒} + \sigma_{水气}\cos(180° - \theta) \tag{3.21}$$

将式(3.21)代入式(3.20)中得到

$$\Delta W = \sigma_{水气}(1 - \cos\theta) \tag{3.22}$$

式(3.22)说明在水中并非所有物质都能黏附到气泡上。当 $\theta \to 0$ 时, $\cos\theta \to 1$, $\Delta W \to 0$,这种物质不能气浮;当 $\theta < 90°$, $\cos\theta < 1$, $\Delta W < \sigma_{水气}$,这种颗粒附着不牢固、易脱落,此为亲水吸附;当 $\theta > 90°$, $\Delta W > \sigma_{水气}$,易气浮(疏水吸附);当 $\theta \to 180°$, $\Delta W \to 2\sigma_{水气}$,这种物质最易被气浮。

例如乳化油类, $\theta > 90°$,其本身相对密度小于1,用气浮法特别适合。当油粒黏附到气泡上以后,油粒的上浮速度将大大增加。例如 $d = 1.5\ \mu m$ 的油粒单独上浮时,根据 Stokes 公式计算,浮速小于 $0.001\ mm/s$,黏附到气泡上后,由于气泡的平均上浮速度可达 $0.9\ mm/s$,油粒浮速可增加约900倍。

当接触角 $\theta < 90°$,由式(3.22)可知,水的表面张力越小,体系的界面能减小值 ΔW 越小,即界面的气浮活性越低;反之,则有利于气浮。如石油废水中表面活性物质含量少, $\sigma_{水气}$ 较大($5.34 \times 10^{-3} \sim 5.78 \times 10^{-3}\ J$),乳化油粒疏水性强,其本身相对密度小于1,直接气浮效果好。而煤气洗涤水中的乳化焦油,因水中含有大量杂酚和脂肪酸盐,且表面活性物质含量也较多,水的表面张力小($4.9 \times 10^{-3} \sim 5.39 \times 10^{-3}\ J$),直接气浮效果较石油废水差很多。

对于细分散的亲水性颗粒(如 $d < 0.5 \sim 1\ mm$ 的煤粉、纸浆等),若用气浮法进行分离,则需将被气浮的物质进行表面改性,即用浮选剂处理,使被气浮的物质表面变成疏水性而易于附着在气泡上,同时浮选剂还有促进气泡生成的作用,可使废水中的空气泡形成稳定的小气泡,这样更有利于气浮。浮选剂大多数由极性－非极性分子组成。浮选剂的极性基团能选择性地被亲水性物质所吸附,非极性基团朝向水,这样亲水性物质的表面就被转化成疏水性物质从而黏附在空气气泡上,如图3.23所示,随气泡一起上浮到水面。

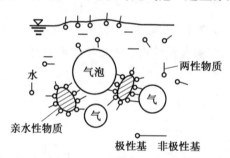

图 3.23　亲水性物质与浮选剂作用后与气泡黏附的情况

浮选剂的种类很多,如松香油、煤油产品、脂肪酸及其盐类、表面活性剂等。对不同性质的废水应通过试验,选择合适的品种和投加量,必要时可参考矿冶工业的相关浮选资料。

(3)气泡的分散度和稳定性。

为保证稳定的气浮效果,在气浮中要求气泡具有一定的分散度和稳定性。实践表明,气泡直径在 $100\ \mu m$ 以下才能很好地附着在悬浮物上。如果形成大气泡,附着的表面积将会显著减小。如直径为 $1\ mm$ 的气泡中的空气含量相当于8 000个直径为 $50\ \mu m$ 的气泡中的空气含量,后者的总表面积为前者的400倍。另外,大气泡在上升过程中将会产生剧烈的水力搅动,不仅不能使气泡很好地附着在颗粒表面,而且会将絮体颗粒撞碎,甚至撞开已附着的小气泡。

在洁净的水中,由于表面张力较大,注入水中的气泡有自动降低表面自由能的倾向,即气泡合并作用。由于这一作用的存在,在表面张力较大的洁净水中气泡常很难达到气浮操作要求的极细分散度。同时,如果水中表面活性物质较少,则气泡外表面由于缺乏表面活性物质的包裹和保护,气泡上升到水面以后,水分子很快蒸发,使气泡发生破灭,以致在水面得不到稳定的气泡层。这样一来,虽然颗粒可以附着在气泡上,并上浮到水面,但所形成的气泡不够稳定,已浮起来的悬浮物颗粒也会因气泡的破灭又重新落回水中,使气浮效果降低。为了防止上述现象,保持气泡的分散度和稳定性,当水中表面活性物质较少时,可向水中添加一定的表面活性物质。表面活性物质由极性 – 非极性分子组成,极性基团易溶于水,伸向水中,非极性基团为疏水基,伸入气泡中,由于同号电荷的相斥作用可以防止气泡的兼并和破灭,从而保证了气泡的极细分散度和稳定性。

对于有机污染物含量不高的废水,在进行气浮时,气泡的稳定性可能成为影响气浮效果的主要因素。投加适当的表面活性剂是必要的。但当表面活性物质过多时,会导致水的表面张力降低,水中污染粒子严重乳化,表面 ζ 电势增高,水中含有与污染粒子相同荷电性的表面活性物质的作用转向反面。这时尽管气泡稳定,但颗粒与气泡黏附不牢,气浮效果下降。因此,如何掌握水中表面活性物质的最佳含量,成为气浮处理需要探讨的重要课题之一。

2. 气浮的分类

按气浮工艺过程中微细气泡的产生方式,气浮可以分为电解气浮法、散气气浮法和溶气气浮法。溶气气浮法根据气浮池中气泡析出时所处的压力不同,又分为溶气真空气浮法和加压溶气气浮法两种,加压溶气气浮法是目前较为常用的气浮方法。

(1) 电解气浮法。

电解气浮法是在直流电的电解作用下,利用正极和负极产生的氢气和氧气的微气泡,对水中的悬浮物质进行黏附并将其带至水面以进行固液分离的方法。电解气浮法装置结构示意图如图 3.24 所示。电解法产生的气泡小于溶气法和散气法产生的气泡,可用于去除细分散悬浮物固体和乳化油。电解法除了可以用于固液分离外,还具有多种作用,如对有机物的氧化作用、脱色和杀菌作用。主要用于工业废水的处理中,对于废水负荷的变化适应性较强,生成污泥量较少,占地面积小,噪声低,但由于电解作用,电耗较高,较难适用于大型废水处理厂。

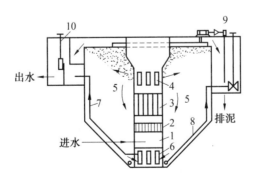

图 3.24 电解气浮法装置结构示意图

1— 入流室;2— 整流栅;3— 电极组;4— 出流孔;5— 分离室;6— 集水孔;

7— 出水管;8— 排沉泥管;9— 刮渣机;10— 水位调节器

（2）散气气浮法。

目前主要应用的有扩散板曝气气浮法和叶轮气浮法两种。

① 扩散板曝气气浮法。扩散板曝气气浮法是使用压缩空气通过具有微孔结构的扩散板或扩散管,以微小气泡的形式进入水中,与水中悬浮物发生黏附并气浮。这种方法的优点是简单易行,但扩散装置的微孔容易堵塞,产生的气泡较大,气浮效率不高。扩散板曝气气浮法装置结构示意图如图3.25所示。

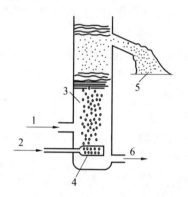

图3.25　扩散板曝气气浮法装置结构示意图

1— 入流液;2— 空气进入;3— 分离柱;4— 微孔扩散板;5— 浮渣;6— 出流液

② 叶轮气浮法。叶轮气浮法装置结构示意图如图3.26所示,在叶轮气浮池的底部设有叶轮叶片,由转轴与池上部的电机相连接,并由后者驱动叶轮转动。在叶轮的上部装有带导向叶轮的盖板。盖板下的导向叶轮为2 ~ 18片,与直径成60°角,如图3.27所示。盖板与叶轮间距为10 mm,在盖板上开孔12 ~ 18个,孔径为20 ~ 30 mm,位置在叶轮片中间,作为循环水流的入口。叶轮为6个叶片,叶轮与导向叶轮之间的间距为5 ~ 8 mm。

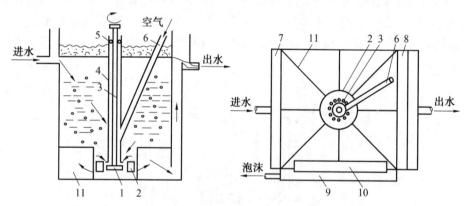

图3.26　叶轮气浮法装置结构示意图

1— 叶轮;2— 盖板;3— 转轴;4— 轴套;5— 轴承;6— 进气管;7— 进水槽;

8— 出水槽;9— 泡沫槽;10— 刮沫板;11— 整流板

叶轮气浮的充气是依靠设置在池底的叶轮高速旋转时在固定的盖板下形成负压,从空气管中吸入空气,而废水由盖板上的小孔进入。在叶轮的搅动下,空气被粉碎成细小的气泡,并与水充分混合,水气混合体甩出导向叶轮之外。导向叶轮使水流阻力减小,又经整流

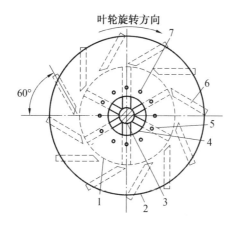

图 3.27　叶轮盖板结构示意图

1— 叶轮;2— 盖板;3— 转轴;4— 轴承;5— 叶轮叶片;6— 导向叶轮;7— 循环进水口

板稳流后在池体平稳地垂直上升,进行气浮。形成的泡沫不断地被缓慢转动的刮板刮出池外。叶轮直径一般为 200 ~ 600 mm,叶轮的转速多采用 900 ~ 1 500 r/min,圆周线速度为 10 ~ 15 m/s,气浮池充水深度与吸气量有关,一般为 1.5 ~ 2.0 m,不超过 3.0 m。叶轮气浮一般适用于悬浮物浓度较高的废水气浮,例如用于从洗煤水中回收洗煤粉,设备不易堵塞。叶轮气浮产生的气泡直径约为 1 mm,效率约为加压溶气气浮的 80%。

（3）加压溶气气浮法。

① 加压溶气气浮法的工艺组成。加压溶气气浮是目前应用最为广泛的一种气浮方法。其基本原理是使空气在加压条件下溶于水中,再将压力降至常压,使过饱和的空气以细微气泡的形式释放出来。该工艺的设备主要包括空气饱和设备、空气释放设备和气浮池等。

② 加压溶气气浮法的基本流程。

a.全溶气流程。在该流程中将全部废水送入加压溶气罐,再经减压释放装置进入气浮池进行固液分离。由于对全部废水进行加压溶气电耗较高,但没有水回流,所以气浮池容积较小。

b.部分溶气流程。在该流程中将废水部分(一般为 30% ~ 35%)进行加压溶气,其余部分直接进入气浮池。其特点是比全溶气流程省电,另外由于只有部分废水进入溶气罐,加压水泵所需加压的水量和溶气罐的容积小于全溶气方式,故可节省部分设备费用。由于仅部分废水进行加压溶气,所能提供的空气量较少,因此,若要提供与全溶气方式同样的空气量,必须加大溶气罐的压力。

c.回流加压溶气流程。该方式是将部分出水回流(一般为 10% ~ 20%)用加压泵送往压力溶气罐。空压机将空气送入压力溶气罐,使空气充分溶于水中。压力溶气水经释放器,进入气浮池,并与废水原水混合。由于突然减到常压,溶解于水中的过饱和空气从水中逸出,形成许多微细的气泡,从而产生气浮作用。气浮池形成的浮渣由刮渣机刮到浮渣槽内后排出池外。处理水从气浮池的中下部排出。该方式适用于悬浮物浓度较高的废水,但由于回流水的影响,气浮池所需的容积大于全溶气和部分溶气方式的气浮池。

③ 加压溶气气浮法的基本特点。加压溶气气浮法与电解气浮法和扩散板曝气气浮法

相比,首先其空气在水中的溶解度大,能提供足够的微气泡,可满足不同要求的固液分离,确保去除效果;其次加压溶气水经减压释放后产生的气泡小(20 ~ 120 μm)、粒径均匀、微气泡在气浮池中上升速度很慢,对池内水流的扰动较小,特别适用于松散、细小絮凝体的固体分离;此外,其设备及运行流程相对简单,维护管理较为方便。

④ 加压溶气气浮法的主要设备。主要包括压力容器系统、溶气水的减压释放系统和气浮池。

a. 压力容器系统。主要包括加压泵、压力溶气罐和空气设备,其中加压水泵用于提升污水,将水、气以一定压力送至压力溶气罐。加压泵的压力决定了空气在水中的溶解程度。压力溶气罐的作用是使水与空气充分接触,促进空气溶解。溶气方式常用的是水泵 – 空压机溶气方式。

b. 溶气水的减压释放系统。作用是将来自压力溶气罐的溶气水减压后迅速使溶于水中的空气以极为细小的气泡形式释放出来,要求微气泡的直径为20 ~ 100 μm。

c. 气浮池。其功能是提供一定的容积和池表面,使微气泡与水中悬浮颗粒充分混合、接触、黏附,并进行气浮。根据水流流向,气浮池有平流式和竖流式两种基本形式。平流式气浮池是目前最常用的一种形式,其结构示意图如图3.28所示,此外,竖流式气浮池结构示意图如图3.29所示。

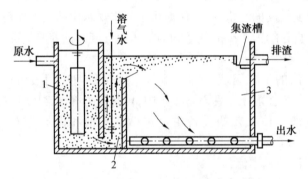

图 3.28　平流式气浮池结构示意图
1— 反应池;2— 接触室;3— 气浮池

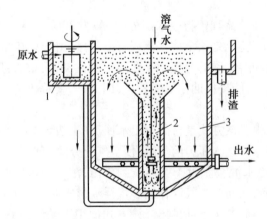

图 3.29　竖流式气浮池结构示意图
1— 反应池;2— 接触池;3— 气浮池

3. 气浮法在水处理中的应用

（1）气浮法在废水处理中的应用。

气浮法在废水处理中有广泛的应用，主要用于自然沉淀难以去除的乳化油类和相对密度接近于 1 的悬浮固体等。可应用的废水包括含油废水、造纸废水、染色废水以及电镀废水等，还可以用于剩余污泥的浓缩。

① 处理含油废水。由于含油废水的范围很广，如石油化工、机械加工以及食品加工等行业都会产生大量的含油废水。油品在废水中主要以三种状态存在：悬浮状态、乳化状态和溶解状态。而气浮法主要用于去除乳化状态的油类。

② 处理印染废水。由于印染废水的色度高，水质复杂，BOD_5/COD 的值较低，因此可以采用气浮法对印染废水进行处理。对于含硫化、分散等不溶性染料的印染废水，应用气浮法的效果十分显著。

③ 处理造纸厂白水。由于造纸工业是耗水量最大的工业之一，其中抄纸工段产生的白水约占整个造纸过程排水量的一半。造纸白水含有大量的纤维、填料以及松香胶状物等，采用气浮法对白水进行处理不仅可以回收纤维，提高资源利用率，而且可以使白水循环使用，节约水资源，减少废水排放量。根据实际运行经验，用气浮法处理白水，一般只需要 15 ~ 20 min，时间短，悬浮物去除率在 90% 以上，COD 去除率为 80% 左右，浮渣质量分数为 5% 以上。

（2）气浮法在给水处理中的应用。

① 净化高含藻水源。我国有许多水厂的水源都源于湖泊和水库，受生活污水和工业废水的污染，富营养化程度逐年增加，导致藻类繁殖严重。对于高含藻水源的净化，采用气浮法效果显著。例如，昆明水厂以滇池为水源，无锡冲山水厂以太湖为水源等均采用气浮工艺除藻，均取得了良好的效果。

② 净化低温低浊水。低温低浊水的净化是给水处理领域中的难题之一。不论北方还是南方，冬季水厂的沉淀、澄清设备的净化效果都就会变差。尤其北方冬季水温在 0 ℃ 左右时，投加混凝剂后絮体不仅不沉淀，而且会出现处理水浊度增高的现象。对于沉淀法难以取得良好效果的低温低浊水源的净化，采用气浮法可以取得较好的效果。实际工程应用中，如吉林市第三水厂和沈阳市自来水厂等均采用气浮法净水工艺。

③ 净化受污染水体。我国江河水源的污染是各地区普遍存在的问题，采用一般的沉淀法很难去除其中的色、臭、味以及有机污染物。采用气浮法可以释放大量微细气泡，对水体起到曝气充氧作用，因此能减轻臭味与色度，增加水中溶解氧量，降低耗氧量。例如，苏州自来水公司所属胥江水厂，采用气浮法后水中溶解氧含量明显升高，色度去除率达到 60% ~ 80%，出水浊度也随之降低。

3.3.6 过滤

1. 过滤的基本原理

当水通过粒状过滤材料（如石英砂）床层时，其中悬浮颗粒和胶体物质被截留在过滤材料的表面和内部空隙中。这种通过粒状介质分离不溶性污染物的方法称为粒状介质过滤。过滤不仅能降低水的浊度，而且可使水中的有机物、细菌甚至病毒随着浊度的降低而被除去。过滤后水中残留的细菌、病毒等也因为失去浑浊物的依附，容易在消毒过程中被灭活，所以在生活饮用水的净化工艺中,甚至可以省略沉淀池和澄清池,但是滤池是不可以缺少的。滤池的进水浊度一般在 10 NTU 以下,经过过滤后的出水浊度可以降低到 1 NTU 以下,以满足饮用水标准。在废水处理中滤池的主要作用是去除水中微细悬浮物。因此,它既可放在活性炭吸附、膜分离或离子交换等设备之前,作为保护这些后处理设备的预处理,也可用于化学混凝和生化处理之后作为废水回用的深度处理。随着废水资源化需求的日益提高,过滤在废水深度处理中也得到了广泛的应用。粒状介质过滤的机理可以大致概括为以下三个方面。

(1) 阻力截留。

当原水自上而下流过粒状过滤材料层时,粒径较大的悬浮颗粒首先被截留在表层过滤材料的空隙中,从而使过滤材料间的空隙越来越小,截污能力随之变得越来越强,结果逐渐形成一层主要由被截留的固体颗粒构成的滤膜,并由它起主要的过滤作用,这种作用属于阻力截留或筛滤作用。筛滤作用的强度主要取决于表层过滤材料的最小粒径和水中悬浮物的粒径,并与过滤速度有关。悬浮物粒径越大,表层过滤材料和过滤速度越小,越容易形成表层滤膜,滤膜的截污能力也越高。

(2) 重力沉降。

原水通过过滤材料层时,众多的过滤材料表面提供了巨大的可供悬浮物沉降的面积。据估计,粒径为 0.5 mm 的 1 m³ 过滤材料中拥有 400 m² 有效的沉降面积,形成无数的小"沉淀池",悬浮颗粒极易在此沉降。重力沉降强度主要与过滤材料的直径和过滤速度相关。过滤材料的直径越小,沉降面积越大;过滤速度越小,水流越平稳,这些都有利于悬浮物的沉降。

(3) 接触絮凝。

由于过滤材料具有巨大的表面积,它与悬浮物之间有明显的物理吸附作用。此外,通常用做过滤材料的砂粒在水中常带有表面负电荷,能吸附带负电荷的黏土杂质和多种有机物等胶体,在砂砾上发生接触絮凝。在大多数情况下,过滤材料表面对尚未凝聚的胶体还能起到接触碰撞的媒介作用,从而促进其凝聚过程。

2. 滤池的分类

在实际的过滤过程中,以上三种机理往往同时起作用,只是依条件不同而有主次之分。对于粒径较大的悬浮颗粒,以阻力截留为主,由于这一过程主要发生在过滤材料表层,通常称为表面过滤。对于细微悬浮物,以发生在过滤材料深层的重力沉降和接触絮凝为主,称为深层过滤。目前,常用的滤池类型有很多种,按照过滤材料的放置方式分类,有单层滤池、双层滤池和多层滤池;按照作用水头分类,有重力式滤池(作用水头为 4 ~ 5 m) 和压力式滤池(作用水头为 10 ~ 20 m);按照过滤速度分类,有慢滤池和快滤池等。

慢滤池的滤速通常低于 10 m/d,是利用在砂层表面自然形成的滤膜去除水中的悬浮杂质和胶体,同时由于滤膜中微生物的生物化学作用,水中的细菌、铁和氨等可溶性物质以及产生的色、臭、味的微量有机物都可被部分去除。但是,由于慢速过滤的生产效率低,并且设备占地面积大,目前各国很少采用,基本上被快速过滤技术所取代。相反,快速过滤则不同,其可将过滤速度提高到 10 m/d 以上,使水快速通过砂等粒状颗粒滤层,在滤层内部去除水中的悬浮杂质,因此是一种深层过滤。快速过滤的前提条件是必须先投加混凝剂,当向水中投加混凝剂后,水中胶体的双电层得到压缩,容易被吸附在砂粒表面或已被吸附的颗粒上,这就是接触黏附作用。这种作用机理在实践中得到了验证：表面洗砂层粒径为 0.5 mm，空隙尺寸为 80 μm，进入滤池的颗粒大部分小于 30 μm，但仍能被去除。快滤池自从 1884 年在世界上正式使用以来已经有 100 多年的历史，目前在水处理中已得到了广泛的应用。由于滤池的基本构造是相似的，分别简要介绍几种滤池的构造及工作原理。

（1）普通快滤池。

普通快滤池是应用较广的池型之一，一般是矩形的钢筋混凝土池子，可以几个池子相连成单行或双行排列。过滤工艺过程包括过滤和反洗两个基本阶段。过滤即截留污染物；反洗是将被截留的污染物从过滤材料层中洗去，使之恢复过滤能力。从过滤开始到结束所延续的时间称为滤池的工作周期，一般应大于 8 h，最长可达 48 h 以上。从过滤开始到反洗结束称为一个过滤循环。

过滤开始时，原水自进水管（浑水管）经集水渠、洗砂排水槽分配进入滤池，在池内水自上而下穿过过滤材料层、垫料层（承托层），由配水系统收集，并经清水管排出。经过一段时间过滤后，过滤材料层被悬浮颗粒所阻塞，水头损失逐渐增大至一个极限值，以致滤池出水量锐减；另外，由于水流的冲刷力会使一些已被截留的悬浮颗粒从过滤材料表面剥落而被大量带出，影响出水水质。这时，滤池应停止工作，进行反冲洗。而反冲洗时，关闭浑水管，开启排水阀及反冲洗进水管，反冲洗水自下而上通过配水系统、垫料层、过滤材料层，并由洗砂排水槽收集，经集水渠内的排水管排走。在反冲洗过程中，反洗水的进入会使过滤材料层膨胀流化，过滤材料颗粒之间相互摩擦、碰撞，附着在过滤材料表层的悬浮物质被冲刷下来，由反洗水带走。滤池经反冲洗后，恢复了过滤和截污的能力，又可以重新工作。若刚开始过滤的出水水质较差，则应排入下水道直至出水合格，即初滤排水。

（2）压力滤池。

压力滤池是密闭的钢罐，内部装有与快滤池相似的配水系统和过滤材料等，是在压力下进行工作的。在工业给水处理中，它常与离子交换软化器串联使用，过滤后的水往往可以直接送到用水点。过滤材料的粒径和厚度都比普通滤池大，分别为 0.6 ~ 1.0 mm 和 1.1 ~ 1.2 m。过滤速度常采用 8 ~ 10 m/h，甚至更大。配水系统多采用小阻力系统中的缝隙式滤头。压力滤池的水头损失可允许达到 5 ~ 6 m，甚至 10 m 以上。反洗常用空气助洗和压力水反洗的混合方式，以节省冲洗水量，提高反洗效果。

压力滤池又分为竖式和卧式，竖式滤池直径一般不超过 3 m，卧式滤池直径也不超过 3 m，但长度可达 10 m。压力滤池耗费钢材多，投资较大，但因占地少，又有定型产品，可缩短建设周期，且运行管理方便，因而在工业中应用较广。

（3）均粒过滤材料滤池。

均粒过滤材料滤池是一种过滤材料粒径较为均匀的重力式快滤池，因为其进水槽形状为 V 形，又称 V 形滤池。均粒过滤材料滤池的特点如下。

① 采用单层加厚均粒过滤材料，滤层含污能力增大。过滤材料粒径一般为 0.95 ~ 1.35 mm，并非完全均一，只是 d_{max} 和 d_{min} 相差较小，趋于均匀，不均匀系数为 1.2 ~ 1.6。反冲洗后过滤材料不会发生明显的水力分级现象，过滤材料空隙尺寸相对较大，过滤式杂质穿透深度大，且因过滤材料层较厚（通常为 0.9 ~ 1.5 m），滤层含污能力增大，过滤周期延长。

② 等水头恒速过滤。各分格滤池的进水渠相互连通，出水阀门随砂面上的水位变化不

断调节开启度,使砂面上水位在整个过滤周期内保持不变。在这种恒速过滤情况下,滤层的截污量与过滤时间的线性关系可以通过控制过滤周期以保证滤后水质。

③ 采用气水联合反冲洗。反冲洗过程分气冲、气水同时反冲和水冲三个步骤。空气泡与过滤材料颗粒相摩擦,将附着在过滤材料表面的污染物剥离,过滤材料下沉,污染物浮上来被水冲走,反冲洗效果好。气冲强度通常为 50 ~ 60 $m^3/(h \cdot m^2)$,清水冲洗强度为 13 ~ 15 $m^3/(h \cdot m^2)$。均粒过滤材料滤池的滤速可达 7 ~ 20 m/h,一般为 12.5 ~ 15.0 m/h。过滤周期长,处理效率高,操作自动化程度高,适用于大中型水厂。

过滤是水处理工程中最为常用的工艺过程之一,至今仍在不断发展中,例如滤池构造上有双阀滤池、转盘滤池,过滤材料上有泡沫塑料、纤维球塑料及硅藻土等,运行工作方式上有移动冲洗罩滤池和幅向连续过滤器等。因其砂层表面长期形成的生物滤膜是其去污的重要机理,可除去微量的有机物、色度和一些细菌及原生动物,使出水水质好而得到重视。

3. 膜过滤

膜过滤是利用特殊的薄膜对液体中的成分进行选择性过滤的技术。膜过滤分离技术主要包括微滤(MF)、超滤(UF)、纳滤(NF)、反渗透(RO)、扩散渗析及电渗析(ED)。通常来讲,根据需去除的杂质或颗粒直径的大小,可以选择相应的膜技术。水中的溶质成分在膜表面会逐渐积累造成"膜污染",所以需要及时清洗膜(一般采用气水反冲洗的方法)以维持其正常工作,膜分离方法的主要性能见表 3.11。

表 3.11　膜分离方法的主要性能

名称	驱动力	操作压力/MPa	基本分离机理	膜孔/nm	截留相对分子量	主要分离对象
微滤	压力差	0.05 ~ 0.2	筛分	90 000 ~ 150 000	(过滤粒径在 0.025 ~ 10 μm 之间)	固体悬浮物、颗粒、纤维、原生生物和细菌等
超滤	压力差	0.1 ~ 0.6	筛分	10 ~ 1 000	1 000 ~ 30 000	生化制品、病毒、胶体和大分子物质(分子量为 1 000 ~ 30 万)
纳滤	压力差	1.0 ~ 2.0	筛分 + 溶解/扩散	3 ~ 60	100 ~ 1 000	溶质、二价盐、病毒和大分子物质(分子量为 200 ~ 1 000)
反渗透	压力差	2 ~ 7	溶解/扩散	< 2 ~ 3	< 100	全部的悬浮物、溶质和无机离子

4. 过滤法在水处理中的应用

过滤在水和废水处理过程中是一个不可或缺的环节。在给水处理中,过滤一般设置于沉淀池或澄清池之后。当原水浊度较低(一般小于 50 NTU),且水质较好时,原水可以不经沉淀而进行直接过滤。直接过滤有两种方式:一种为原水经投加混凝剂后直接进入滤池过滤,滤前不设任何絮凝设备,这种过滤方式称为接触过滤;另一种是在滤池前设一简易的微絮凝池,原水投加混凝剂后先经微絮凝池,形成粒径大致在 40 ~ 60 μm 的微絮粒后,进入滤池过滤,这种过滤方式称为微絮凝过滤。微絮凝池的絮凝条件不同于一般絮凝池,一般要求形成的絮凝体尺寸较小,便于絮体能深入滤层深处以提高滤层的含污能力。因此,微絮凝池的水力停留时间一般较短,通常为几分钟。

采用直接过滤工艺需要注意以下几点:原水浊度和色度较低且变化较小。若对原水水质变化趋势无充分把握时,不应轻易采用直接过滤方式。通常采用双层、三层或均质过滤材料。过滤材料的粒径和厚度需适当增加,否则滤层表面空隙易被堵塞。滤速应根据原水水质来决定。浊度偏高时应采用较低的滤速,反之亦然。在废水处理中,过滤主要用于深度处理。二级生物出水可经混凝沉淀后再进行过滤,以进一步去除残留的有机物和悬浮杂质等,出水可用于一般市政杂用或对水质要求不高的工业用水,如补充工业冷却用水等。此外,过滤还可以作为活性炭吸附、离子交换、电渗析、反渗透和超滤等工艺的前处理。

3.4　水的化学和物理化学处理

3.4.1　混凝

1. 混凝的基本原理

水中的各种固体物质构成了水污染最明显的部分。大颗粒悬浮物可在重力作用下沉降,细微颗粒包括悬浮物和胶体颗粒,它们的自然沉降是极其缓慢的,且它们是造成水体浑浊的根本成因。它们的去除依赖于破坏其细分散或胶体的稳定性,如加入混凝剂破坏胶体和悬浮微粒在水中形成的稳定分散体系,使其聚集为具有明显沉降性能的絮凝体,然后才能通过重力沉降法将其分离去除。这一过程中包括凝聚和絮凝两个步骤,统称为混凝。具体来说,凝聚是指使胶体脱稳并聚集为微絮粒的过程;而絮凝则是指絮粒通过吸附、卷带和桥连作用而成为更大絮体的过程,这就是水处理工艺中常采用的混凝沉淀技术。

（1）胶体的稳定性。

胶体形成稳定性的主要原因有三个:胶体微粒的布朗运动、胶体颗粒间的静电斥力和颗粒表面的溶剂化作用。胶体的稳定性是上述特性的综合表现,尤其是胶粒之间静电斥力作用的结果。如要了解胶体带电现象和使胶体脱稳的途径,就必须研究胶体的结构。黏土胶体结构示意图如图 3.30 所示,它的中心是由数十到数千个不溶于水的胶体分子聚合成的胶核。在表面选择吸附一层带同号电荷的离子,这些离子可以是胶核表层分子离解产生,也可以是水中原来就存在的 H^+、Na^+ 等阳离子或 OH^- 等阴离子,这层离子称为胶体的电位离子,它决定了胶粒的电荷多少和符号,即构成了双电层的内层。由于电位离子的静电引力,在其周围的溶液中又吸引了众多的异号离子,形成反离子层,它构成了双电层的外层。其中,紧靠电位离子的反离子被电位离子牢固地吸引,当胶核运动时,它也随着一起运动,组成吸附层,它和电位离子一起组成胶团的固定层。固定层以外的反离子,由于热运动和液体溶剂化作用而向外扩散,因此受电位离子的引力较弱,不随胶核一起运动,它们围着吸附层形成了扩散层。固定层与扩散层之间的交界面称为滑动面,滑动面以内的部分称为胶粒,它是带电微粒。胶粒与扩散层一起构成了电中性的胶团。上述胶体及胶粒表面双电层结构以 $Al(OH)_3$ 溶胶为例表述,如图 3.31 所示。

当胶粒运动时,扩散层中大部分反离子会脱离胶团,向溶液主体扩散。其结果必然使胶

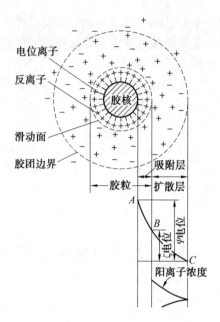

图 3.30 黏土胶体结构示意图

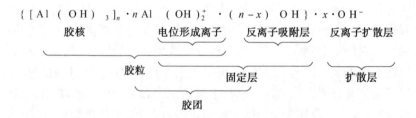

图 3.31 Al(OH)₃ 溶胶表面双电层结构示意图

粒产生剩余电荷,从而胶粒与扩散层之间形成电位差,称为电动电位,常称 ζ 电位。而胶核表面的电位离子与溶液主体之间的电位则称为总电位或热力学电位 ψ。在总电位一定时,扩散层越厚,ζ 电位越高;反之扩散层越薄,ζ 电位越低。ζ 电位引起的静电斥力,阻止胶粒互相接近和接触碰撞。因此,胶体微粒不能相互聚结而长期保持稳定的分散状态。

使胶体微粒不能相互聚结的另一个因素是水化作用。由于胶粒带电,将极性水分子吸引到其周围形成一层水化膜。水化膜同样能阻止胶粒间相互接触。但是,水化膜是伴随胶粒带电而产生的,如果胶粒的 ζ 电位消除或减弱,水化膜也随之消失或减弱。

长期以来,人们对凝聚、絮凝和混凝的确切含义有不同的解释,但有时混同使用,因此在使用的过程中难免出现一些混淆。在本书中,凝聚是指胶体颗粒的脱稳过程,它主要是指向水中投加混凝剂,通过结合或吸附,压缩胶体双电层和中和胶体的电荷来实现胶体颗粒的脱稳;絮凝是指胶体粒子脱稳后,在搅拌作用下,通过互相接触、吸附和架桥(主要是高分子物质)等形成大颗粒絮凝体的过程;混凝包括凝聚和絮凝两个过程。

(2)混凝机理。

① 双电层压缩机理。如前所述,水中胶粒能维持稳定的分散悬浮状态,主要是由于胶粒的 ζ 电位。如能消除或降低胶粒的 ζ 电位,就有可能使微粒碰撞絮结,失去稳定性。通过

向水中投加不同的电解质(混凝剂)可以达到这一目的。例如,天然水中带负电荷的黏土胶粒,在投入铁盐或铝盐等混凝剂后,混凝剂提供的大量正离子会涌入胶体扩散层甚至吸附层。因为胶核表面的总电位不变,增加扩散层及吸附层中的正离子浓度,会使扩散层减薄,即 ζ 电位降低。当大量正离子涌入吸附层以致扩散层完全消失时,ζ 电位为零,称为等电状态。在等电状态下,胶粒间静电斥力消失,胶粒最易发生聚结。实际上,ξ 电位只要降至某一程度而使胶粒间排斥的能量小于胶粒布朗运动的动能时,胶粒就开始产生明显的聚结,这时的 ξ 电位称为临界电位。胶粒因 ζ 电位降低或消除以致失去稳定性的过程,称为胶粒脱稳。脱稳的胶粒相互聚结,称为凝聚。这种通过投加化学凝聚剂 —— 电解质,压缩扩散层以导致胶体颗粒间相互聚结作用的机理,称为双电层压缩机理。

② 吸附电中和作用机理。它是指胶粒表面对异号离子、异号胶粒或链状高分子以及带异号电荷的部位有强烈的吸附作用。由于这种吸附作用中和了胶粒表面的部分电荷,减少了静电斥力,因而胶体颗粒间容易相互接近并且相互吸引,最终形成凝聚沉淀。

③ 吸附架桥作用机理。主要指高分子物质与胶体颗粒间的吸附与桥连作用,如三价铝盐或铁盐以及其他高分子混凝剂溶于水后,以水解和缩聚反应形成高分子聚合物。这种高分子聚合物具有线性结构,因其线性长度较大,当它的一端吸附某一胶粒后,另一端又吸附另一胶粒,在相距较远的两胶粒间进行吸附架桥,使颗粒逐渐变大,形成肉眼可见的粗大絮凝体。这种由高分子物质吸附架桥作用而使微粒相互黏结的过程,称为絮凝。

④ 沉淀物网捕机理。当采用金属盐(如三价铝盐或铁盐)或金属氧化物和氢氧化物(如石灰作为混凝剂)时,如果投加量大将迅速析出金属氢氧化物或金属碳酸盐沉淀。这些沉淀物在自身沉降过程中能集卷、网捕水中的胶体颗粒,使胶体同沉淀物一起被除去。

2. 混凝剂和助凝剂

在混凝过程中为了使水中悬浮微粒或胶体颗粒变成易于去除的大絮凝体而向水中投加的主要化学药剂称为混凝剂。常用的混凝剂主要有无机混凝剂和有机混凝剂两大类。无机混凝剂品种较少,主要是铁盐、铝盐及其聚合物,在水处理中应用最为广泛。有机混凝剂品种很多,主要是高分子物质,但在水处理中的应用相对无机混凝剂少。

(1) 无机混凝剂。

① 铝盐。

a. 硫酸铝。硫酸铝有固体和液体两种形态,固体产品为白色、淡绿色或淡黄色片状或块状,液体产品为无色透明至淡绿色或淡黄色,常用的是固态硫酸铝。硫酸铝按照用途可以分为两大类:Ⅰ 类为饮用水用;Ⅱ 类为工业用水、废水和污水处理用。固态硫酸铝这两类产品的 Al_2O_3 含量①均不小于 15.6%,不溶物含量均不大于 0.15%,铁含量不大于 0.5%。硫酸铝 Ⅰ 类产品对铅、砷、汞、铬和镉含量还有相应的规定。硫酸铝使用方便,且混凝效果好,但当水温较低时硫酸铝水解困难,形成的絮体较为松散。在工程中可采用干式或湿式投加,当采用湿式投加时质量分数一般为 10% ~ 20%,同时硫酸铝在使用时的有效 pH 范围较窄,在 5.5 ~ 8 之间。

b. 聚合铝。聚合铝包括聚合氯化铝(PAC,在水处理剂的相关国家标准中,2003 年以后

---

① 含量除特殊说明外均指质量分数。

聚合氯化铝更名为聚氯化铝)和聚合硫酸铝(PAS)等。目前使用最多的是聚合氯化铝。20世纪80年代,日本开始研制聚合氯化铝。我国于20世纪70年代开始研制,目前已经得到广泛应用。聚合氯化铝的化学式为 $Al_n(OH)_mCl_{(3n-m)}$,式中 $0 < m < 3n$。从安全方面考虑,产品标准对生活饮用水所用聚合氯化铝原料做了限制。产品分为固体和液体,其中有效成分以氯化铝含量表示,用于生活饮用水时,液体中含量不小于10%,固体中含量不小于29%;用于工业给水、废水和污水及污泥处理时,液体中含量不小于6%,固体中含量不小于28%。

PAC作为混凝剂处理水时具有许多优点,其适应范围广,对污染严重或者低浊度、高浊度及高色度的原水均可以达到较好的混凝效果;水温低时,仍可保持稳定的混凝效果;适宜的pH范围较宽,在5～9范围之间;同时矾花形成快,颗粒大而重,沉淀性能好,投药量比硫酸铝低。同时PAC的作用机理与硫酸铝相似,但其效能更优。实际上,聚合氯化铝可以看成是氯化铝在一定条件下经过水解、聚合后的产物。一般的铝盐在投入水中后才进行水解聚合反应,因此反应产物的形态受水的pH及铝盐的浓度影响。而聚合氯化铝在投入水中前的制备阶段已经发生水解聚合,投入水中后也可以发生新的变化,但聚合物成分基本确定。其成分主要取决于羟基和铝的物质的量之比,通常称为盐基度 B,$B = [OH]/3[Al] \times 100\%$。盐基度对混凝效果的影响很大,用于生活饮用水净化的聚合氯化铝的盐基度一般为40%～90%;用于工业给水、废水和污水及污泥处理的聚合氯化铝的盐基度一般为30%～95%。PAS中的硫酸根离子具有类似羟基的架桥作用,促进铝盐的水解聚合反应。

② 铁盐。

a. 三氯化铁($FeCl_3 \cdot 6H_2O$)。三氯化铁是铁盐混凝剂中最常见的一种。与铝盐相似,三氯化铁溶于水后铁离子通过水解聚合可以形成多种成分的配合物或聚合物,其混凝机理也与铝盐相似,其pH使用范围较宽,在5～11之间,形成的絮凝体也较铝盐絮凝体密实,沉淀性能好且处理低温或低浊度水的效果优于铝盐。但缺点是溶液具有较强的腐蚀性,固体产品易吸收潮解,不易保存,处理后水的色度高于铝盐。三氯化铁有固、液两种形态,按照用途可以分为两类:Ⅰ类为饮用水处理用,Ⅱ类为工业用水、废水和污水处理用。固体三氯化铁Ⅰ类和Ⅱ类产品中 $FeCl_3$ 的含量分别达到96%和93%以上,不溶物含量分别小于1.5%和3%。液体三氯化铁Ⅰ类和Ⅱ类产品中 $FeCl_3$ 的含量分别为41%和38%以上,不溶物含量小于0.5%。

b. 硫酸亚铁($FeSO_4 \cdot 7H_2O$)。硫酸亚铁在水中离解出的二价铁离子只能生成简单的单核络合物,因此不具有三价铁离子的优良混凝效果。残留于水中的二价铁离子会使处理后的水带有一定颜色,特别是与水中有色胶体作用后将生成颜色更深的不易沉淀的物质。因此采用硫酸亚铁作为混凝剂时,应先将二价铁离子氧化成三价铁离子后再使用。氧化方法有空气氧化法和氯氧化法等。

c. 聚合铁。聚合铁包括聚合硫酸铁(PFS)和聚合氯化铁(PFC),其中聚合硫酸铁是碱式的聚合物,其化学式为 $[Fe_2(OH)_n(SO_4)_{(3-n)/2}]_m$,式中 $n < 2$,$m > 10$。聚合硫酸铁有液体和固体两种形态,液体呈红褐色,固体呈淡黄色。制备聚合硫酸铁的方法有多种,目前基本上以硫酸亚铁为原料,采用不同的氧化方法,将硫酸亚铁氧化成硫酸铁,同时控制总硫酸根和总铁的物质的量比,使得氧化过程中部分羟基取代部分硫酸根而形成碱式硫酸铁。碱式硫酸铁易于聚合而产生聚合硫酸铁。聚合硫酸铁的盐基度需要控制在较低范围内,一般

[OH]/[Fe] 控制在 8% ~ 16%。聚合硫酸铁具有优良的凝聚效果,其腐蚀性也远远小于三氯化铁。试验表明,聚合氯化铁的混凝效果一般高于聚合硫酸铁,但由于聚合氯化铁的产品稳定性较差,在聚合后几个小时至一周内即发生沉淀,使混凝的效果降低,因此目前市场中尚未有大规模商品化的应用。

③ 其他无机聚合物/复合物。目前,新型无机混凝剂的研究趋向于聚合物和复合物,如铁 – 铝、铁 – 硅复合物,此外,无机与有机的复合物研制也成为热点课题。与传统的混凝剂相比,这些无机聚合物及复合物混凝剂的优点可以概括为:对于低浊水、高浊水、有色水以及严重污染水、工业废水都具有十分优良的混凝效果;投加量少的同时,投加后原水的 pH 和碱度降低程度低,药剂的腐蚀性减弱,且适宜的 pH 范围宽,混凝效果稳定,适应各种条件的能力强。

(2) 有机高分子混凝剂。

有机高分子混凝剂又分为天然和人工合成两大类。天然有机高分子混凝剂有淀粉、动物胶、树胶和甲壳素等。在水处理中人工合成的有机高分子混凝剂种类日益增多并居于主要地位。有机高分子混凝剂一般是线形高分子聚合物,分子呈链状,并由许多链节组成,每一链节为一个化学单体,各单体以共价键结合。聚合物的分子量为各单位的分子量的总和,单体的总数称为聚合度。高分子混凝剂的聚合度是指链节数,约为 1 000 ~ 5 000,低聚合度的分子量从 1 000 至几万,高聚合度的分子量从几千至几百万。

按照分子聚合物中含有官能团的带电与离解情况可分为四种类型:① 官能团离解后带正电的称为阳离子型;② 官能团离解后带负电的称为阴离子型;③ 分子中既含有正电基团又含有负电基团的称为两性型;④ 分子中不含离解基团的称为非离子型。水处理中常用的是阳离子型、阴离子型和非离子型,两性型使用极少。其中,非离子型聚合物的主要产品是聚丙烯酰胺(PAM) 和聚氧化乙烯(PEO),前者是使用最为广泛的高分子混凝剂(其中包括水解产品)。聚丙烯酰胺的聚合度高达 20 000 ~ 90 000,分子量高达 150 万 ~ 600 万。高分子混凝剂的混凝效果主要在于对胶体表面具有强烈的吸附作用,在胶粒之间起到吸附架桥的作用。为使高分子混凝剂更好地发挥吸附架桥作用,应尽可能使高分子链条在水中伸展。为此,通常将聚丙烯酰胺在碱性条件(pH > 10) 下使其部分水解,生成阴离子型水解聚合物(HPAM)。而聚丙烯酰胺经部分水解后,部分酰胺基转化为羧酸基,带有负电荷,在静电斥力作用下,高分子链条得以在水中充分伸展。由酰胺基转化成羧酸基的百分数称为水解度。水解度过高或过低都不利于获得良好的混凝效果,一般水解度控制在 30% ~ 40%。通常将聚丙烯酰胺作为助凝剂配合铝盐或铁盐混凝剂使用,效果显著。阳离子型聚合物通常带有氨基、亚氨基等基团。由于水中的胶体一般带有负电荷,因此阳离子型聚合物具有良好的混凝效果。阳离子型高分子混凝剂在国外的使用呈日益增多的趋势,在我国也开始研制,但由于价格较为昂贵,迄今为止实际工程应用中使用得不多。

有机高分子混凝剂使用中的毒性问题始终未得到人们的关注。聚丙烯酰胺是由丙烯酰胺聚合而成的,在产品中含有少量未聚合的丙烯酰胺单体。丙烯酰胺对人体有危害,属于可能对人体有致癌性的物质。世界卫生组织《饮用水水质准则》(第 3 版) 和我国现行《生活饮用水卫生标准》(GB 5749—2022) 对其质量浓度的限值是 0.5 μg/L。对于聚丙烯酰胺产品,我国现行的国家标准《水处理剂 —— 聚丙烯酰胺》(GB 17514—2017) 规定,饮用水处理中所用的丙烯酰胺产品中丙烯酰胺单体残留量不大于 0.025%,用于污水处理的聚丙烯酰胺单体残留量不大于 0.05%。

(3) 助凝剂。

当单用混凝剂不能取得良好效果时,可投加某些辅助药剂以提高混凝效果。助凝剂本身可以起混凝作用也可以不起混凝作用,但与混凝剂一起使用时能促进混凝过程产生大而结实的矾花,这种辅助药剂称为助凝剂。助凝剂可用于调节或改善混凝的条件,例如当原水的碱度不足时可投加石灰或碳酸氢钠等;当采用硫酸亚铁作为混凝剂时可加氯气将亚铁 Fe^{2+} 氧化成三价铁离子 Fe^{3+} 等。助凝剂也可用于改善絮凝体的结构,利用高分子助凝剂的强烈吸附架桥作用,使细小松散的絮凝体变得粗大而紧密,常用的有聚丙烯酰胺、活化硅酸、骨胶、海藻酸钠和红花树等。具体按照其功能可以分为三大类。

① 酸碱类。当受处理水的 pH 不符合工艺要求时,常需投加酸碱,如石灰、硫酸等,用以调整水的 pH。

② 絮体结构改良剂。用以加大矾花的粒度和结实性,改善矾花的沉降性能,如活化硅酸和骨胶等,均可以加快矾花的形成,改善矾花的结构和沉降性。

③ 氧化剂类。可以用来破坏干扰混凝的有机物,如投加氯或臭氧等氧化有机物,以提高混凝效果。

3. 影响混凝效果的主要因素

(1) 水温。

水温在一定程度上影响着无机盐类的水解。当水温低时,水解反应速度较慢,且水的黏度较大,布朗运动减弱,微絮体不易形成,这种影响对铝盐的反应更为明显。

(2) 水的 pH 和碱度。

水的 pH 对混凝的影响程度视混凝剂的品种而异,如用硫酸铝去除水中的浊度时,最佳 pH 范围在 6.5 ~ 7.5 之间,用于除色时,pH 范围在 4.5 ~ 5 之间。高分子混凝剂尤其是有机高分子混凝剂混凝效果受 pH 的影响较小。

从铝盐和铁盐的水解反应式可以看出,水解过程中不断产生 H^+ 必将使水的 pH 下降。要使 pH 保持在最佳的范围内,应用碱性物质与其中和。当原水中碱度充分时,还不致影响混凝效果;但当原水中碱度不足或混凝剂投加量较大时,水的 pH 将大幅度下降,影响混凝效果。此时,应投加石灰或碳酸氢钠等调节碱度。

(3) 水中杂质的成分、性质和浓度。

水中杂质的成分、性质和浓度对混凝效果有明显的影响。例如,天然水中以含黏土类杂质为主,需要投加混凝剂的量较少;而污水中有大量有机物时,需要投加较多的混凝剂才有混凝效果,其投加量可达 $10 ~ 10^3$ mg/L。但是,其影响因素比较复杂,理论上只限于进行定性推断和估计。在生产和实际上,主要依靠混凝试验选择合适的混凝剂品种和最佳投加量。

(4) 水力条件。

混凝过程中的水力条件对絮凝体形成影响极大。整个混凝过程可以分为两个阶段:混合和反应。水力条件的配合对这两个阶段非常重要。混合阶段的要求是使药剂迅速均匀地扩散到全部水中以创造良好的水解和聚合条件,使胶体脱稳并借颗粒的布朗运动和紊动水流进行凝聚。反应阶段要求使混凝剂的微粒通过絮凝形成大的具有良好沉淀性能的絮凝体。反应阶段的搅拌程度或水流速度应随着絮凝体的增大而逐渐降低,以免增大的絮凝体被打碎。

4. 混凝设备

混凝设备主要包括混凝剂的配制和投加设备、混合设备及反应设备。

（1）混凝剂的配制和投加设备。

混凝剂的投加方式分为干投法和湿投法两种。目前我国多采用湿投法。如果所用混凝剂是固体形式（块状或粒状），则需要首先将其溶解并配制成一定浓度的溶液之后再投加。药液的投配要求计量准确，因此在向原水中投加药剂时，一般需要采用某种计量或定量设备。对于湿法常用的药液投加方式主要有泵前投加、高位溶液池重力投加、水射器投加及计量泵投加等，现在也出现各种自动投加药液设备。

（2）混合设备。

药剂的混合可采用水力或机械混合设备。混合方式如下：

① 水泵混合。水泵混合是利用水泵叶轮中水流所产生的局部涡流而达到混合的方式，这种混合方式所需设备简单，能耗低、混合迅速、均匀，而且混合效果也较好。

② 水力混合。水力混合是利用输水管内的水流使药剂扩散的一种方式。

③ 机械搅拌混合。在混合池中，以电动机驱动桨板或螺旋桨快速旋转使之充分混合。

此外，还有分流隔板混合池，它是利用隔板使水流受到局部阻力产生的湍流以达到混合的目的。图3.32为常用的机械混合设备示意图。

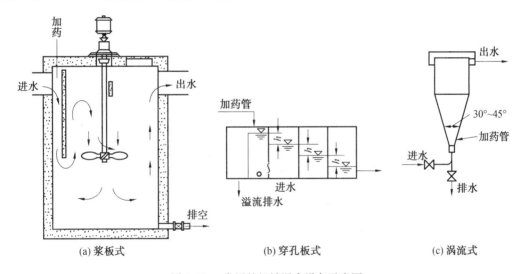

图 3.32　常用的机械混合设备示意图

（3）反应设备。

絮凝反应设备根据其搅拌方式主要分为机械搅拌反应池和水力搅拌反应池两大类。机械搅拌由池内装置的各种机械设备来完成；水力搅拌反应池则由水流的紊动作用进行搅拌。机械搅拌虽然较为复杂，但便于调节搅拌强度。设备的任务是使细小的矾花逐渐絮凝成较大的颗粒，以便通过沉淀去除。反应设备中要求有适宜的搅拌强度，既要为细小絮体的逐渐长大创造良好的碰撞机会和吸附条件，又要防止已经形成的较大的矾花被碰撞打碎。因此搅拌强度在混合设备中要小，但时间较长，反应设备的主要设计参数就是搅拌强度和搅拌时间。

5.混凝法在水处理中的应用

（1）混凝法处理废水的特点。

混凝不仅可以去除废水中呈胶体和微小悬浮物状态的有机和无机污染物,还可以去除废水中某些溶解性物质,如砷、汞等,以及导致水体富营养化的磷元素。因此,混凝在工业废水处理中应用十分广泛,既可以作为独立的处理单元,也可以与其他处理方法联合使用,进行预处理、中间处理以及最终处理。近年来,由于污水回用的需要,混凝作为城市污水深度处理技术而得到了广泛的应用。此外,混凝法还可以改善污泥的脱水性能,在污泥脱水工艺中是一种不可缺少的前处理手段。

与给水处理中的天然水相比,由于工业废水和生活污水的性质复杂,利用混凝法处理废水的情况更为复杂。有关混凝剂品质和混凝条件的确定,因废水种类和性质而异,需要通过试验才能确定适宜的混凝剂种类和投加量。混凝法处理废水的优点是设备简单,基建费用低廉,易于实施且处理效果好,但缺点是运行费用高,产生的污泥量大。

（2）混凝法处理不同类型废水的应用。

① 印染废水处理。印染废水的特点是色度高、水质复杂多变,含有悬浮物、染料和化学助剂等污染物。对于在废水中呈胶体状态的染料等污染物,可以用混凝法去除。混凝剂的选择与染料种类有关,需要根据混凝试验确定。对于直接染料,一般可以用硫酸铝和石灰作为混凝剂;对于还原染料或硫化染料,可以用酸将 pH 调节到 1 ~ 2 使还原染料析出。聚合氯化铝对直接染料、还原染料和硫化染料都有较好的混凝效果,但对于活性染料、阳离子染料的效果则较差。

② 含乳化油废水处理。石油冶炼厂和煤气发生站等产生的废水中含有大量油类污染物和悬浮物等,其中乳化油颗粒较小,表面也带有电荷,隔油池去除效果不佳,可以采用混凝法来去除。通过投加混凝剂可以改变胶体粒子表面的电荷,破坏乳化油的稳定体系,形成絮凝体。通常混凝法能够使废水的含油量从数百 mg/L 降至 5 mg/L 左右。国内的一些炼油污水处理厂采用混凝加气浮的方法处理含油废水,效果良好。

③ 城市污水深度处理。城市污水经二级生物处理以后,出水 COD 质量浓度在 50 ~ 100 mg/L,SS 质量浓度小于 30 mg/L,尚不能满足污水回用的要求,可以采用混凝法对二级生物处理出水进行深度处理。经混凝沉淀后,出水一般可达到市政杂用水水质的要求。

3.4.2　消毒

1.消毒的目的和意义

消毒主要是杀死对人体健康有害的病原微生物,但目前水厂所用的消毒方法一般并不能杀死所有的有害微生物,防治的传染病也只限于伤寒、霍乱及细菌性痢疾等几种。根据《生活饮用水卫生标准》(GB/T 5749—2022),饮用水微生物检测合格的主要指标为总大肠杆菌群、大肠埃希氏菌不得检出(MPN/(100 mL) 或 CFU/(100 mL)),菌落总数小于 100 CFU/ mL,贾第鞭毛虫和隐孢子虫数均小于 1 个 /(10 mL)。

在城市给水厂中水经混凝沉淀和过滤后,能除掉很多细菌,但远不能达到饮用水的水质标准。一般说来,混凝沉淀可以去除沉淀池中 50% ~ 90% 的大肠杆菌,过滤可以去除滤池中 90% 的大肠杆菌。即使水质较好的河水,每升约含大肠杆菌 10 000 个,通过混凝沉淀过滤后往往还含有大肠杆菌 100 个左右,所以最后必须用消毒来解决。按给水厂中常用的加氯量,加氯一次约去除大肠杆菌90%,每升含100个大肠杆菌的水加氯后大肠杆菌数量约可减少至10个,这样再加强处理操作、提高处理效果即可达到饮用水标准。如果原水中大肠杆菌数量特别多,在第一次消毒后需再次消毒。

水的消毒方法有很多。水处理工艺中常用的方法有:氯消毒、臭氧消毒和紫外线消毒。由于氯具有价格低廉、消毒效果良好和使用较方便等优点,所以它是当前水厂中普遍采用的消毒药剂。除了前面谈到的饮用水必须进行消毒外,为了防止疾病的传播,生活污水和工业废水经过一般处理后也必须进行消毒。

2. 氯消毒

氯消毒可使用液氯,也可使用漂白粉。

(1) 氯消毒机理。

① 当水中不含氨时。当水中不含氨时,加入氯或漂白粉可发生以下反应:

$$Cl_2 + H_2O \Longleftrightarrow HOCl + H^+ + Cl^- \tag{3.23}$$

$$HOCl \Longleftrightarrow H^+ + OCl^- \tag{3.24}$$

HOCl 为次氯酸,OCl$^-$ 为次氯酸根,两者在水中所占的比例主要取决于水的 pH。HOCl 和 OCl$^-$ 都有氧化能力,但 HOCl 是中性分子,可以扩散到带负电的细菌表面,并渗入细菌体内,借氯原子的氧化作用破坏菌体内的酶而使细菌死亡,而 OCl$^-$ 带负电,难以靠近带负电的细菌,所以虽有氧化能力,也很难起到消毒作用。从图 3.33 可以看出,水的 pH 越低,所含的 HOCl 越多,消毒效果越好。

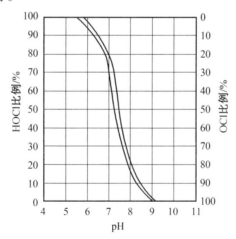

图 3.33　不同 pH 水中 HOCl 与 OCl 所占比例

② 当水中含氨时。由于有机污染物的污染,不少地面水源中常含有一定量的氨。反应式(3.23) 所产生的 HOCl 会与氨化合产生一类称为胺的化合物,其成分视水的 pH 和 Cl$_2$、NH$_3$ 含量比值等而定。NH$_2$Cl、NHCl$_2$、NCl$_3$ 分别称为一氯胺、二氯胺、三氯胺,它们发生的化学反应如下:

$$NH_3 + HOCl \Longleftrightarrow NH_2Cl + H_2O \tag{3.25}$$

$$NH_3 + 2HOCl \Longleftrightarrow NHCl_2 + 2H_2O \tag{3.26}$$

$$NH_3 + 3HOCl \Longleftrightarrow NCl_3 + 3H_2O \tag{3.27}$$

当水的 pH 在 5.0 ~ 8.5 之间时,NH$_2$Cl 和 NHCl$_2$ 同时存在,但 pH 低时,NHCl$_2$ 较多。

$NHCl_2$ 的杀菌力比 NH_2Cl 强,所以水的 pH 低有利于消毒。NCl_3 需要在 pH 低于 4.4 时才产生,在一般自来水中形成的可能性不大。

氯胺的消毒实际上是依靠 HOCl,但进行得较 HOCl 缓慢,这是因为只有当 HOCl 发挥消毒作用而被消耗后,式(3.25)和式(3.26)的反应才向左边进行,继续提供给消毒所需的 HOCl。水中 HOCl 和 OCl^- 所含的氯的总量称为游离性或自由性氯,氯胺所含的氯总量则称为化合性氯。

氯加入水中后,一部分被能与氯化合的杂质消耗,剩余的部分称为余氯。我国生活饮用水卫生标准(GB 5749—2022)规定,加氯接触 30 min 后,游离性余氯不应低于 0.3 mg/L,集中式给水厂的出厂水除应符合上述要求外,管网末梢水的游离性余氯质量浓度不应低于 0.05 mg/L。保留一定数量余氯的目的是保证自来水出厂后还具有持续的杀菌力。近年来发现,氯化消毒过程中有可能产生致癌性的三氯甲烷等消毒副产物。因此国内外都在探索更为理想的消毒药剂,以保证人民的身体健康。

（2）加氯量。

消毒时水中的加氯量可以分为两部分,即需氯量和余氯量,需氯量是指用于杀死细菌和氧化有机物等所消耗的氯量,余氯量即上面提到的可保持水中具有持续杀菌力的氯量,即 0.3 mg/L。

$$需氯量 + 余氯量 = 加氯量$$

测定需氯量时,可在一组水样中加入不同剂量的氯或漂白粉,经一定接触时间后,测定水中余氯量,从而确定满足需氯要求的剂量。所需余氯的性质、种类与数量、水温和接触时间等应根据实际要求来确定。在进行需氯量试验的同时,必须以细菌检验配合才能得到可靠的结果。图 3.34 为水中杂质主要为氨的需氯量的试验结果。

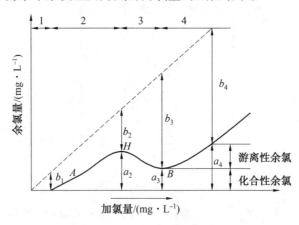

图 3.34　水中杂质主要为氨的需氯量的试验结果

图 3.34 中虚线(该线与坐标轴成 45° 角)表示水中无杂质时加氯量与余氯量间的关系。这时,需氯量为零,余氯量等于加氯量。实线表示氯与杂质化合后的情况,虚线与实线之间的纵坐标 b 值即需氯量,需氯量代表一些被氯氧化的杂质,如细菌、有机物等,氧化后的产物不是次氯酸和氯胺,不能被余氯测定所反映。a 代表余氯量,余氯量 a 与需氯量 b 之和恰好等于加氯量。通常可把实线分为四个区:在一区内,氯先与水中所含的还原性物质(如 NO_2^-、Fe^{2+}、H_2S)等反应,而被还原为不起消毒作用的氯离子(Cl^-)。一般余氯测定不能反

映 Cl^-，这时的余氯量为零，在此过程中虽然也会杀死一些细菌，但消毒效果是不可靠的。在二区内，氯与氨开始化合，产生氯胺，有余氯存在，但余氯是化合性氯，有一定的消毒效果。三区内仍然是化合性余氯，但由于加氯量增加，开始发生下列反应：

$$NH_2Cl + NHCl_2 + HOCl \longrightarrow N_2O + 4HCl \tag{3.28}$$

$$2NH_2Cl + HOCl \longrightarrow N_2 + 3HCl + H_2O \tag{3.29}$$

反应结果使氯胺被氧化成一些无消毒作用的化合物，并且由于余氯测定不能反映 HCl 中的氯，所以余氯反而逐渐减少，最后到最低的折点 B。折点 B 以后进入第四区，这时余氯上升，从 B 点起所增加的投氯量完全以游离性余氯存在。这部分余氯曲线与 45° 虚线相互平行。这一区的消毒效果最好。余氯曲线的形状和试验时间有关，接触时间长，折点 B 的余氯量会接近于零，使四区内几乎全是游离余氯，消毒能力也最强。

水厂生产实践表明：当水中氨的质量浓度在 0.3 mg/L 以下时，加氯量通常控制在折点后，水中氨的质量浓度高于 0.5 mg/L 时，峰点 H 点以前的化合性余氯量已足够消毒使用，加氯量可控制在峰点前以节约氯量，水中氨的质量浓度在 0.3 ～ 0.5 mg/L 范围内时，由于加氯量难于掌握，如控制在峰点前，往往由于化合性余氯较少，有时达不到要求，控制在折点后则浪费加氯量。缺乏试验资料时，一般的地面水经混凝、沉淀和过滤后或清洁的地下水，加氯量可采用 1.0 ～ 1.5 mg/L。一般的地面水经混凝、沉淀而未经过滤的，可采用 1.5 ～ 2.5 mg/L。

当按大于需氯曲线上所出现的折点的量加氯时，常称为折点氯消毒或折点氯化法。

折点氯化法又常根据加氯的地点不同而有许多术语，如加氯点在所用处理设备以前则称为预氯化法；加氯点在所用处理设备以后则称为后氯化法；经过氯化处理的水在管网中再进行加氯则称为中途氯化法或二次氯化法。大多数水厂都在过滤后的清水中加氯，加氯点选在滤后水到清水池的管道上或清水池进口处，以保证氯与水充分混合。

（3）加氯设备。

① 氯气。氯气是一种有毒气体，因此氯的运输、储存和使用应谨慎小心，加氯设备的安装位置应尽量靠近加氯点。加氯间应结构坚固，能防冻、保暖、通风良好，并宜安装排气风扇。加氯间内应备有检修工具和抢救设备。加氯设备有氯瓶和加氯机两种。

② 漂白粉。漂白粉需配成溶液加注，溶解时先调成糊状，然后加水配成体积分数为 1% ～ 2%（以有效氯计）的溶液。当投加在滤后水中时，溶液必须先经过 4 h 到一昼夜的澄清。

3. 臭氧消毒

臭氧是强烈的氧化剂，它能氧化多种有机物和无机物，如酚类、苯环类、氰化物、硫化物、亚硝酸盐、铁、锰、有机氮化合物等。由于对各种有机物的作用范围较广，可以去除其他方法不易去除的 COD 和 TOC，属于"最有效武器"。臭氧有很强的氧化漂白作用，可以明显降低水的色度。在应用实例中，臭氧既可以杀灭水中的藻类，又具有阻垢和缓蚀作用。

（1）臭氧消毒的机理。

臭氧由三个氧原子组成，在常温、常压下为淡蓝色气体，有强烈的刺激性臭味，臭氧十分不稳定，分解时会释放出新生态氧[O]。该物质具有强氧化能力，是除氟以外最活泼的氧化剂，能杀死具有顽强抵抗力的微生物，其机理尚不明确。药剂的氧化能力不足以衡量其杀菌的能力，但必须是药剂可以穿透细菌的细胞壁。臭氧杀菌效率高，主要原因是其氧化能力、深入细胞壁的能力强,能够破坏细菌有机体链状结构而导致细菌死亡。空气中含有体积分数为21%的氧气,臭氧是以空气中的氧或已经制备的纯氧为原料通过高压放电产生的,管式臭氧发生器示意图如图3.35所示。

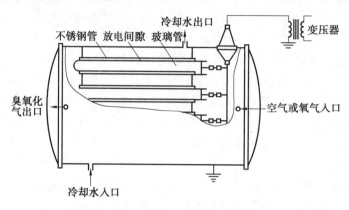

图3.35　管式臭氧发生器示意图

　　制造臭氧的空气必须是先净化和干燥的,以提高臭氧发生器的效率并减少腐蚀。空压机将空气送至冷却器,并经过滤器加以净化,再经过1~2级硅胶或分子筛干燥器,将空气干燥至露点(-50℃)以下,最后经过臭氧发生器,通过15 000~17 500 V高电压,由电晕放电后产生臭氧。严格来讲,臭氧发生器生产的是含有臭氧的空气,其中臭氧的质量分数为2%~3%;若以纯氧为原料,臭氧的质量分数可以提高3倍。

　　臭氧在水中的溶解度虽然比氧高,但在一般温度和近乎中性的条件下,每升水中仅能溶解十几微克的臭氧。因此,不能充分利用发生器所制造的全部臭氧,损失达到40%。为使臭氧在水中充分混合,提高臭氧利用率,一般需要水深5~6 m甚至10 m或通过几个串联的接触器。此外,还必须使进入接触器的臭氧化空气变成微小气泡均匀散布。在接触器的底部可以设管式或板式微孔扩散器。扩散器常用陶瓷或微孔塑料,也可由不锈钢或钛制成。臭氧消毒不需要很长的接触时间,不受水中氨氮和pH的影响。臭氧能氧化水中的有机物,可以用于除去水中的铁、锰,并能去除嗅、味、色度等。臭氧还能完全去除水中的酚,增加水中的溶解氧,改善水质,还可分解难生物降解的有机物和“三致”(致癌、致畸、致突变)物质,提高污水的可生化性;同时臭氧在水中易分解,不会因残留造成二次污染。

　　(2)臭氧消毒法在污水处理中应用的注意事项。

　　①水质影响。主要是水中含有的COD、$NO_2 - N$、悬浮固体以及色度等对臭氧消毒的影响。

　　②臭氧投加量和剩余臭氧量。剩余臭氧量像余氯一样在消毒中起着重要的作用,在饮用水消毒时要求剩余臭氧质量浓度为0.4 mg/L,此时饮用水中大肠杆菌数可满足水质标准的要求。在污水消毒时,剩余臭氧只能存在很短的时间,如在二级出水臭氧消毒时臭氧存留时间只有3~5 min。所测得的剩余臭氧除少量的游离臭氧外,还包括臭氧化物、过氧化物和其他氧化剂。在水质好时游离的臭氧含量较高,消毒效果最好。

　　③接触时间。臭氧消毒所需要的接触时间很短,但这一过程也受水质因素的影响,另外有研究发现在臭氧接触最初停留时间10 min内臭氧有持续消毒作用,30 min后不再产生持续消毒作用。

④ 臭氧与污水的接触方式。臭氧与污水的接触方式对消毒效果也会产生影响,如采用鼓泡法,则气泡分散得越小,臭氧的利用率越高,消毒效果越好。气泡大小取决于扩散孔径尺寸、水的压力和表面张力等因素,机械混合器、反向螺旋固定混合器和水射器均有很好的水气混合效果,完全可用于污水的臭氧消毒。

（3）污水臭氧处理工艺。

采用臭氧消毒的污水,预处理是十分重要的,往往由于预处理程度不够而影响臭氧消毒的效果,污水处理程度要经过技术经济比较来确定。污水消毒最好是经过二级处理后再用臭氧消毒,这样可以减少臭氧的投加量,降低设备投资费用和运行费用。污水臭氧消毒工艺的设计包括预处理工艺设计、臭氧消毒接触系统设计及臭氧发生器配套设备的选择等。预处理工艺是指臭氧消毒之前对污水进行一级处理或二级处理的过程。

4. 紫外线消毒

（1）紫外线（ultra violet,UV）消毒的基本原理。

紫外线是电磁波的一种,原子中的电子从高能阶跃迁到低能阶时,会把多余能量以电磁波的形式释放。电磁波的能量越强,频率越高,波长越短。人类肉眼能看见的可见光的波长为 400 ～ 700 nm,对于肉眼来说,400 nm 的电磁波显示为蓝色、紫色,780 nm 的电磁波显示为橙色、红色。紫外线是指波长低于 400 nm 的电磁波,因其光谱在紫色区外,故名为紫外线。紫外线通常是指波长在 100 ～ 400 nm 的电磁波,人的眼睛看不到紫外线。100 ～ 400 nm 波长的紫外线,按其对人体的影响及功能分为 UV – A、UV – B、UV – C 和 V – UV。UV – A 是指波长为 315 ～ 400 nm 的紫外线,UV – A 能使人的皮肤产生黑色素,使皮肤变黑。UV – B 是指波长为 280 ～ 315 nm 的紫外线,UV – B 能致癌,令皮肤产生皱纹、老化。UV – C 是指波长为 200 ～ 280 nm 的紫外线,其中 254 nm 波段的紫外线有杀菌、消毒的效果。波长为 240 ～ 270 nm 的 UV – C 能直接破坏细胞、病毒的 DNA 和 RNA,使微生物迅速死亡,此段波与微生物细胞中 DNA 和 RNA 对紫外线的吸收情况重合。图 3.36 所示为 DNA 和 RNA 对紫外线的吸收光谱,其吸收的峰值为 250 ～ 260 nm。蛋白质的其他结构,如苯基苯丙氨酸、色氨酸以及酪氨酸中芳香环的吸收峰值约为 280 nm,对紫外线的吸收是对光子能量的吸收,可以引发相应的反应。紫外线消毒的机理主要是紫外线能够改变和破坏蛋白质的 DNA 和 RNA 结构,导致核酸结构改变,从而抑制核酸的复制,使生物体失去蛋白质合成和复制的繁殖能力。此外,波长为 100 ～ 200 nm 的 V – UV 能够与大气或溶液中的氧气分子发生反应,产生臭氧,从而使微生物的细胞壁以氧化形式被破坏,微生物立刻死亡。

地球上所有已知的生命形式都是以 DNA 和 RNA 作为繁殖和遗存的基础。DNA 和 RNA 由四种化学物单元组成:腺嘌呤（adenine,A）、胸腺嘧啶（thymine,T）、胞嘧啶（cytosine,C）、鸟嘌呤（guanine,G）。细胞繁殖时 DNA 中的长链打开,每条长链上的 A 单元会与 T 单元结合,每条长链都可复制出与刚分离的另一条长链同样的链条,恢复原来分裂前的完整 DNA,成为新生细胞的基础。波长在 240 ～ 270 nm 的紫外线能够使 DNA 分子中同一条链上两个相邻的胸腺嘧啶碱基产生反应,两个胸腺嘧啶碱基以共价键连接成环丁烷的结构,形成胸腺嘧啶二聚体,如图 3.37 所示。胸腺嘧啶二聚体的形成影响了 DNA 的双螺旋结构,使其复制和转录功能受到阻碍,因此 DNA 失去产生蛋白质及复制的能力。细胞或病毒的 DNA、RNA 受破坏后其产生蛋白质的能力和繁殖能力均已丧失,因为细菌、病毒的生命周期一般很短,不能繁殖的细菌、病毒就会迅速死亡。胸腺嘧啶二聚体对 DNA 复制过程的抑制如图 3.38

所示。

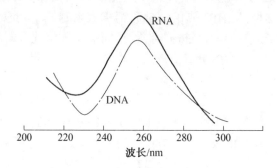

图 3.36 DNA 和 RNA 对紫外线的吸收光谱

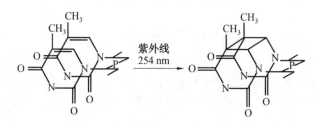

图 3.37 胸腺嘧啶二聚体的形成

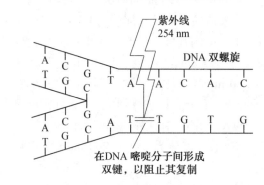

图 3.38 胸腺嘧啶二聚体对 DNA 复制过程的抑制

A— 腺嘌呤;T— 胸腺嘧啶;G— 鸟嘌呤;C— 胞嘧啶

（2）紫外线消毒的特点。

① 紫外线消毒的优点。紫外线消毒无化学药品的投加,不会产生 THMs 类消毒副产物;杀菌作用快、效果好;无臭味、无噪声且不影响水的口感;容易操作,管理简单,运行和维修费用低。

② 紫外线消毒存在的问题。紫外线消毒不能提供剩余的消毒能力,当处理水离开反应器之后,一些被紫外线杀伤的微生物在光复活机制下会修复损伤的 DNA 分子,使细菌再生。因此,要进一步研究光复活的原理和条件,确定避免光复活发生的最小紫外线照射强度、时间或剂量。石英套管外壁的清洗工作是运行和维修的关键。当污水流经紫外线消毒器时,其中许多无机杂质会沉淀、黏附在套管外壁上,尤其当污水中有机物含量较高时更容易形成污垢膜,而且微生物容易生长形成生物膜,这些都会抑制紫外线的透射,影响消毒效果。因此,必须根据不同的水质采用合理的防结垢措施和清洗装置,开发研制具有自动清洗

功能的紫外线消毒器。目前国产紫外灯执行直管型石英紫外线低压汞消毒灯的国家行业标准,灯的最大功率为 4 W,且有效寿命一般为 1 000 ~ 3 000 h。在我国目前城市污水处理厂紫外消毒系统招标中,有些城市污水处理厂由于大量工业污水的导入,排放的污水色度加深,但招标文件中的污水紫外透射率参数仍采用国外提供的数值,造成与国内污水实际情况差别很大,为将来紫外设备的运行和达到消毒要求设置了难以克服的障碍。

（3）紫外线消毒处理的影响因素。

① 待处理水的性质。铁、锰和藻类等物质会过量吸收紫外线,降低紫外线的透过,影响消毒效果。待处理水的紫外线透光率是紫外线消毒设备设计的重要考虑因素。水中的颗粒物质会对细菌和病毒起到包裹屏蔽的保护作用,降低紫外线的透过率,影响消毒效果。对于饮用水紫外线消毒处理必须在过滤之后,颗粒物含量较少,所以包裹屏蔽作用不严重。但是对于污水消毒,必须严格控制二沉池出水的悬浮物质量浓度。根据已有的资料,对于悬浮物质量浓度小于 30 mg/L 的二沉池出水,紫外线消毒可以有效控制大肠菌群数量在 10^4 个 /L 以下;悬浮物质量浓度小于 10 mg/L,可以有效控制大肠菌群数量在 10^3 个 /L 以下。对于紫外线透光率较低和颗粒物含量较高的水,必须采用较高的紫外剂量。

② 灯管表面结垢问题。水中的各种悬浮物质、生物以及有机物和无机物都会造成石英套管表面结垢,将极大程度地影响紫外线的透过率。需要定期进行机械清洗和化学清洗,紫外线消毒设备要设有清洗设施,给水厂紫外线消毒设备大约每个月清洗一次,污水处理厂大约每周清洗一次,一段时间后还需要再进行化学清洗。

③ 紫外线灭活微生物的光复活问题。可见光会使已被紫外线灭活的微生物有一部分又重新复活,称为光复活现象。光复活现象的机理是可见光激活了细胞体内的光复活酶,它能分解紫外线产生的胸腺嘧啶二聚体。因此,实际紫外线消毒剂量中应设有考虑光复活的余量,并且消毒后的饮用水应减少与光线的接触。

④ 剩余保护问题。由于紫外线消毒没有剩余保护作用,对于给水厂消毒,目前需要采用紫外线与化学消毒剂联合使用的消毒工艺,即以紫外线作为前消毒工艺,再加入少量化学消毒剂,以满足配水管网对管网水剩余消毒剂的要求,控制微生物在管网中的再生长。

3.4.3　吸附

1. 吸附的基本原理

吸附分离操作是通过多孔固体物料与某一混合组分体系接触,有选择地使体系中的一种或多种组分附着于固体表面,从而实现特定组分分离的操作过程。其中,被吸附到固体表面的组分称为吸附质,用于吸附吸附质的多孔固体称为吸附剂。吸附质吸附到吸附剂表面的过程称为吸附,而吸附质从吸附剂表面逃逸到另一相中的过程称为解吸。通过解吸,吸附剂的吸附能力得到恢复,故解吸也称为吸附剂的再生。作为被分离对象的体系可以是气相,也可以是液相,因此吸附过程是发生在"气 – 固"或者"液 – 固"体系的非均相界面上的。

吸附过程基本上可以分为三个阶段:第一阶段为吸附质扩散通过水膜而到达吸附剂表面,这一阶段吸附质从气流主体穿过颗粒周围气膜扩散到外表面;第二阶段为吸附质在空隙内扩散,这一阶段吸附质由外表面经微孔扩散至吸附剂微孔表面;第三阶段为吸附质在吸附剂表面上发生吸附。通常吸附阶段反应速率非常快,总过程速率由第一阶段、第二阶段的速率所控制。在一般情况下,吸附过程开始时往往由膜扩散控制,而在吸附终端时内扩散起决定性作用。

2. 吸附作用的分类

吸附作用分为两类:物理吸附和化学吸附。一般吸附都兼有物理吸附和化学吸附功能,两种吸附过程可以同时进行。

（1）物理吸附。

物理吸附是由于分子间相互作用产生的吸附,没有选择性,吸附强度大,具有可逆性,是放热过程。物理吸附的作用力为分子的范德瓦耳斯力。范德瓦耳斯力是定向力、诱导力和逸散力的总称。物理吸附的特征是:吸附质与吸附剂间不发生化学反应;吸附过程极快,参与吸附的各相间常瞬时即达平衡;吸附为放热反应;由于吸附剂与吸附质间的吸附力不强,当降压或温度升高时,被吸附的气体能很容易地从固体表面逸出,而不改变气体原来的形状;是一种可逆过程(吸附与脱附)。

（2）化学吸附。

化学吸附是靠化学键力相互作用产生的吸附,这种吸附选择性好,吸附力强,具有不可逆性,是吸热过程。化学吸附作用力是化学键力(需一定的活化能,故又称活化能吸附)。化学吸附的特征是:有很强的选择性;吸附速度较慢,达到吸附平衡需相当长的时间;升高温度可提高吸附速度。

3. 吸附剂

工业上常采用天然矿物,如硅藻土、白土、天然沸石等作为吸附剂,虽然其吸附能力较弱,选择吸附分离能力较差,但由于价格低廉易得,主要用于产品的简易加工。硅藻土在80 ~ 110 ℃ 温度下,经硫酸处理活化后得到的活性白土在炼油工业上作为脱色、脱硫剂应用较多。此外,常用的吸附剂还有活性炭、硅胶、活性氧化铝、沸石分子筛、炭分子筛、活性炭纤维、金属吸附剂和各种专用吸附剂等。一般而言,任何固体物质的表面都对流体分子具有一定的物理吸附作用,但作为工业用的吸附剂应该具有以下特性。

（1）吸附容量大。

由于吸附过程发生在吸附剂表面,所以吸附剂容量取决于吸附剂表面积的大小。吸附剂表面积包括吸附剂颗粒的内表面积和外表面积,通常吸附的总表面积主要由颗粒空隙的内表面积提供,外表面积只占总表面积的极小部分。

（2）选择性强。

为了实现对目的组分的分离,吸附剂对要分离的目的组分应有较大的选择性,吸附剂的选择性越高,一次吸附操作的分离越完全。因此,对于不同的混合体系应选择适合的吸附剂。

（3）稳定性好。

吸附剂应具有较好的热稳定性,在较高温度下解吸再生其结构不会发生太大的变化。同时,还应具有耐酸、耐碱的良好的化学稳定性。

（4）适当的物理特性。

吸附剂应具有良好的流动性和适当的堆积密度,对流体的阻力较小。另外,还应具有一定的机械强度,以防止在运输和操作过程中发生过多的破碎,造成设备的堵塞或组分的污染。吸附剂破碎是吸附剂损失的直接原因。

3.4.4　氧化还原

1. 氧化还原的基本原理

利用水中的有害物质在氧化还原反应中能被氧化或还原的性质,把它们转化为无毒、无害的物质,这种方法称为氧化还原法。无机物的氧化还原过程实质上就是电子的转移。失去电子的过程称为氧化过程,失去电子的元素所组成的物质称为还原剂;得到电子的过程称为还原,得到电子的元素所组成的物质称为氧化剂。在氧化还原的过程中,氧化剂本身被还原,而还原剂本身被氧化。某种物质能否表现出氧化剂或者还原剂的作用,主要由反应双方氧化还原能力的相对强弱来决定。氧化还原能力是指某种物质失去或者获得电子的难易程度,可以统一用氧化还原电势作为指标。

通常来说,对于有机物的氧化还原过程,往往难于用电子的转移来分析判断。因为碳原子经常是以共价键与其他原子相结合的,电子的移动情况十分复杂,许多反应并不发生电子的直接转移,只是周围的电子云密度发生变化。目前还没有建立电子云密度变化与氧化还原方向和程度之间的定量关系。因此,一般凡是加氧或去氢的反应称为氧化,或者有机物与强氧化剂作用生成 CO_2、H_2O 等的反应判定为氧化反应;加氢或去氧的反应称为还原。从理论上讲,按照氧化还原电势序列,每一种物质都可以相对应地称为另一种物质的氧化剂或者还原剂,但是在水处理的实际工程中还要考虑许多因素,比如对于水中特定的污染物是否有良好的氧化还原作用;反应后的生成物是否无害且不需要二次处理;是否易得且价格合理;常温下是否反应迅速,不需额外加热,以及反应时所需要的 pH 不太高或不太低等。因此,根据经验资料表明在实际工程应用的废水处理中常采用的氧化剂有空气中的氧、纯氧、臭氧、氯气、漂白粉、次氯酸钠以及三氯化铁等。常用的还原剂有硫酸亚铁、氯化亚铁、铁屑、锌粉以及二氧化硫等。

2. 氧化还原的分类

根据水中有毒有害物质在氧化还原反应中能被氧化或者还原的不同分类,氧化还原法又可以分为氧化法和还原法两大类。氧化法按照反应条件,分为常温常压和高温高压两大类。常温常压的氧化法种类有很多,如空气氧化法、氯氧化法、Fenton 氧化法、臭氧氧化法、光氧化法和光催化氧化法等。高温高压法近年来发展很快,有湿式催化氧化法、超临界氧化法、燃烧法等,主要用于高浓度难降解有机废液的处理。而还原法主要包括化学还原法(例如利用亚硫酸钠、硫代硫酸钠、硫酸亚铁等作为还原剂)和金属还原法等。此外,在电解时,阳极可以产生氧化反应,阴极可以产生还原反应,氧化和还原反应同时在电解槽中进行。水处理中常见的氧化法和还原法见表 3.12。

3. 几种常见的氧化还原方法及应用

(1) 空气氧化法。

空气氧化法是在水中鼓入空气或氧气以氧化水中的有害物质。在常温常压以及中性pH 条件下,分子 O_2 为弱氧化剂,反应性很低,故常用来处理易氧化的污染物,如 S^{2-}、Fe^{2+} 和 Mn^{2+} 等。提高温度和氧分压可以增大氧化还原电势,添加催化剂可以降低反应的活化能,这些都有利于氧化反应的进行。

表 3.12 水处理中常见的氧化法和还原法

分类		方法
氧化法	常温常压	空气氧化法
		氯氧化法(液氯、NaClO、漂白粉等)
		Fenton 氧化法
		臭氧氧化法
		光氧化法
		光催化氧化法
		电解(阳极)
	高温高压	湿式催化氧化法
		超临界氧化法
		燃烧法
还原法		化学还原法(亚硫酸钠、硫代硫酸钠、硫酸亚铁、二氧化硫)
		金属还原法(金属铁、金属锌)
		电解(阴极)

在地下水中往往含有溶解性的 Fe^{2+} 和 Mn^{2+},可以通过曝气利用空气中的 O_2 将它们分别氧化成 $Fe(OH)_3$ 和 MnO_2 沉淀物,从而加以去除。而 Fe^{2+} 的氧化速率与氢氧根离子浓度的二次方成正比,即水的 pH 每升高 1 个单位,氧化速度将增大 100 倍。在 pH ≤ 6.5 的条件下,氧化速率很慢。因此,当水中含 CO_2 浓度较高时,应加大曝气量来去除 CO_2,提高 pH,加速 Fe^{2+} 的氧化。当水中含有大量的 SO_4^{2-} 时,$FeSO_4$ 的水解将产生 H_2SO_4,此时可以用石灰进行碱化处理,同时曝气除铁。而地下水除锰要比除铁困难许多,实践证明,要使 Mn^{2+} 被溶解氧氧化成 MnO_2,需要将水的 pH 提高到 9.5 以上。在相似的条件下,Mn^{2+} 的氧化速率明显慢于 Fe^{2+}。为更有效地除锰,需要寻找催化剂或更强的氧化剂。研究表明,MnO_2 对 Mn^{2+} 的氧化具有催化作用,由此开发了曝气 – 过滤除锰工艺,即先将含锰的地下水强烈曝气,尽量除去二氧化碳提高 pH 后,再流入装有锰砂或石英砂的过滤器中,利用接触氧化的原理将水中的 Mn^{2+} 氧化成 MnO_2,产物逐渐附着在过滤材料表面形成一层能起催化作用的活性滤膜,加速除锰的过程。在曝气 – 过滤除铁除锰工艺中,曝气方式可采用莲蓬头喷水、水射器曝气和空气压缩机充气等。过滤器可以采用重力式或压力式,如无阀滤池、压力滤池等。过滤材料的粒径一般为 0.6 ~ 2 mm,高度为 0.7 ~ 1 m,滤速为 10 ~ 20 m/h。

(2)氯氧化法。

在氯氧化法中的氯系氧化剂包括氯气、氯的含氧酸及其钠盐、钙盐和二氧化氯。除了用于消毒外,氯氧化法还可用于氧化废水中的某些有机物和还原性物质的去除,如氰化物、硫化物、酚、醇、醛、油类,以及用于废水的脱色、除臭等。例如,在 pH > 8.5 的碱性条件下用氯气进行氧化,可将氰化物氧化成无毒物质。然而,在所有含氯的氧化药剂中,氯气是普遍使用的氧化剂,既可以作为消毒剂,也可以氧化污染物。

(3)臭氧氧化法。

臭氧的氧化性在天然元素中仅次于氟,可分解一般氧化剂难以破坏的有机物,并且不产生二次污染。因此广泛地用于消毒、除臭、脱色以及除酚、氰、铁、锰等。臭氧氧化处理系统中的主要设备是臭氧接触反应器。在生产中,通常以空气为原料制备臭氧化空气。在臭氧化空气中,臭氧的体积分数只占 0.6% ~ 1.2%。根据气态方程和道尔顿分压定律,臭氧的分压也只有臭氧化空气的 0.6% ~ 1.2%。因此,在水温为 25 ℃ 时,将臭氧化空气注入水中,臭氧的溶解度为 3 ~ 7 mg/L。但臭氧不稳定,在常温下易自行分解成氧气并释放大量能量,正因如此,当臭氧的体积分数在 25% 以上时,容易发生爆炸,但一般臭氧化空气中臭氧的体积分数不超过 10%,因此不会有爆炸的危险。体积分数为 1% 的臭氧,在常温常压的空气中分解的半衰期为 16 h 左右。随着温度升高,其分解速率也加快。臭氧在水中的分解速率比在空气中快很多,并与温度和 pH 相关,臭氧在水中分解的半衰期见表 3.13。可见温度和 pH 越高,分解越快。由于臭氧不易储存,在实际应用中需边生产边使用。

表 3.13　臭氧在水中分解的半衰期

温度 /℃	1	10	14.6	19.3	14.6	14.6	14.6
pH	7.6	7.6	7.6	7.6	8.5	9.2	10.5
半衰期 /min	1 098	109	49	22	10.5	4	1

高质量浓度的臭氧是有毒气体,空气中臭氧质量浓度超过 0.1 mg/L 时,眼、鼻、喉会感到刺激;质量浓度为 1 ~ 10 mg/L 时,会感到头痛,出现呼吸器官局部麻痹等症状;质量浓度为 15 ~ 20 mg/L 时,可能致死。一般从事臭氧处理工作的人员所在环境中,臭氧质量浓度的允许值为 0.1 mg/L。通常在实际生产中,可以通过化学法、电解法、紫外光法和无声放电法来除去臭氧,并作为一种强氧化剂来处理染料和印染废水、电镀含氰废水和含酚废水。

3.4.5　离子交换

1. 离子交换法的原理

离子交换剂具有离子交换能力,利用固相离子交换剂功能基团所带的可交换离子,与交换剂的溶液中相同电性的离子进行交换反应,可以进行离子的置换、分离、去除、浓缩,这种技术称为离子交换法。而离子交换法是水软化除盐处理中最常用的方法,具有处理程度高、出水水质好、技术成熟、设备简单且管理方便、价格适宜及应用广泛的特点。离子交换法是目前最重要和应用最广泛的化学分离方法之一,该法就其适用的分离对象而言,几乎可以用来分离所有的无机离子,同时也能用于许多结构复杂、性质相似的有机化合物的分离。该法就其可适用的分离规模而言,不仅能适应工业生产中大规模分离的要求,而且可以用于实验室微量物质的分离和分析。离子交换分离中最常用的是柱上色谱分离法。该法是将颗粒状的离子交换树脂或无机离子交换剂装柱后使用。此外,也可以加工成离子交换膜、离子交换纸、离子交换纤维等形式,以纸上色谱法、薄层色谱法,或者作为电渗析的隔膜等,用于化学分离和分析或纯化等过程。

离子交换动力学:离子交换反应发生在固、液两相之间,反应速度一般较慢,所以反应速率对于分离情况影响较大。

当溶液中离子 A 与树脂上离子 B 发生交换反应时,整个过程可以分为以下 5 个步骤:

① 离子 A 扩散到树脂颗粒表面。不论交换过程是在溶液流经交换柱时进行还是在容器中不断搅拌下进行,在树脂颗粒表面总存在一薄层静止不动的溶液薄膜。其厚度为 $10^{-2} \sim 10^{-3}$ cm,因 A 必须扩散通过这些薄膜才能到达树脂颗粒表面,这一过程称为膜扩散或外扩散。

②A 扩散透过树脂表面的半透膜进入树脂颗粒内部网状结构中,这一过程称为颗粒扩散或内扩散。

③A 和 B 发生交换反应。

④ 被交换下来的 B 扩散通过树脂内部及其表面的半透膜,即经过内扩散离开树脂相。

⑤ 离开树脂相后的 B 必须扩散经过树脂表面一薄层静止不动的溶液薄膜,即经过外扩散后进入溶液主体。

在交换过程中,由于外部溶液及树脂相内部都必须保持电中性,因此在 A 扩散透过静止的溶液薄膜到树脂表面,以及扩散透过树脂表面半透膜进入树脂相内部的同时,必定有相同数目的 B 以相同的速度、相反的方向扩散离开树脂相进入溶液主体。因此这 5 个步骤实质上可以看作是 3 个步骤,即膜扩散、颗粒扩散和交换反应。在这 3 个步骤中,交换反应进行得较快,膜扩散和颗粒扩散进行得较慢,因此整个交换过程的速度由膜扩散和颗粒扩散的速度所决定。对于溶胀的树脂,在很稀的外部溶液(≤ 0.01 mol/L) 中膜扩散比颗粒扩散更慢,此时膜扩散速度决定整个离子交换过程的速度。当溶液浓度较高(≥ 0.1 mol/L) 时,颗粒扩散比膜扩散更慢些,此时颗粒扩散速度决定整个离子交换过程的速度。当外部溶液浓度在 $0.01 \sim 0.1$ mol/L 之间时,两种扩散速度相差不大,离子交换速度由二者共同控制。

2. 离子交换法的特点

离子交换过程能如此广泛地应用,主要是由于离子交换法具有以下优点。

(1) 吸附的选择性高。

可以选择合适的离子交换树脂和操作条件,使对所处理的离子具有较高的吸附选择性。因而可以从稀溶液中将其提取出来,或根据所带电荷性质、电离程度的不同,将离子混合物加以分离。

(2) 适用范围广。

处理对象从痕量物质到工业规模,范围极其广泛,尤其适用于从大量物质中富集微量组分。

(3) 多相操作,分离容易。

由于离子交换是在固相和液相之间操作,通过交换树脂后,固、液相已实现分离,故易于操作。

3. 离子交换剂

迄今为止,人们从自然界或者通过人工合成已经找到了许多物质可以作为离子交换剂,按性质可以分为两大类:一类是无机化合物,称为无机离子交换剂,如自然界中存在的黏土、沸石,人工制备的某些金属氧化物或难溶盐类等;另一类是有机化合物,即有机离子交换剂,其中应用最为广泛的是离子交换树脂,它们是人工合成的带有离子交换功能团的有机高分子聚合物。

离子交换树脂是具有特殊网状结构的高分子化合物,在树脂中,高分子链互相缠绕连接。在高分子链上有可以电离或具有自由电子对的功能基。带电荷的功能基上还与功能基电荷符号相反的离子结合,这种离子称为反离子,它可以同外界与它电荷符号相同的离子进行交换。不带电荷而仅有自由电子对的功能基可以通过电子对结合极性分子、离子或离子化合物。含有带电荷功能基的树脂占离子交换树脂的大多数。能解离出阳离子(如 H^+)的树脂称为阳离子交换树脂;能解离出阴离子(如 Cl^-)的树脂称为阴离子交换树脂。

树脂的交联度通常用"X"表示,例如"X－4""X－8"分别表示树脂的交联度为 4% 和 8% 。交联度的大小直接影响网状结构的紧密程度和孔径大小,改变交联度的大小可以调节树脂的一些物理化学性能。

树脂互相交联的高分子链之间具有空隙,链间的空隙在充满水时成为分子和离子的通道,这些空隙一般孔径小于 5 nm,称为化学孔。只含有化学孔的树脂称为凝胶树脂。凝胶树脂相中还可以形成一些较大的孔穴,它们是在制备树脂时加入致孔剂,在高聚物结构形成时因发生相分离而生成的。致孔剂被提取之后,树脂中留下大大小小、形状各异、互相贯通的孔穴,这些孔穴的直径小则数十纳米,大则数千纳米,称为物理孔,具有这种网状物理孔的树脂就是通常所说的大孔树脂。大孔树脂自 20 世纪 60 年代研制成功以来有很大的发展,几乎各种类型的树脂都可以用大孔骨架结构通过功能基反应来制备。大孔树脂的孔结构是永久性的,而凝胶树脂的空隙只有在加水溶胀之后才出现。因而大孔树脂的表面积较大,交换速度快。不仅在水溶液中,而且在非水体系中也能使用。由于大孔的存在,在反复溶胀时,颗粒不易破碎,热稳定性也较好。除凝胶型、大孔型树脂之外,还有一类载体型树脂,它是以硅胶球或玻璃球为核心,覆以树脂层而制得的,可用于高效液相色谱柱等柱内压力较大的装置中。

离子交换树脂种类繁多,分类方法也有多种。按树脂的物理结构分类,可分为凝胶型、大孔型和载体型树脂;按合成树脂所用原料单体分类,可分为苯乙烯系、丙烯酸系、酚醛系、环氧系以及乙烯吡啶系;按用途分类时,对树脂的纯度、粒度、密度等有不同要求,可以分为工业级、食品级、分析级和核等级等几类。

4.离子交换法在工业废水处理中的应用

在工业废水的处理中,离子交换法主要用于回收重金属离子,以及放射性废水和有机废水的处理。工业废水的水质复杂,常含有各种悬浮物、油类和溶解盐类,在采用离子交换法处理前需要进行适当的预处理。离子交换的处理效果受 pH 的影响较大,其会影响某些离子在废水中的形态,并影响树脂交换基团的离解。必要时需要预先进行 pH 的调整。同时离子交换的处理效果还受到温度的影响,温度高有利于交换速度的增加,但过高的水温对树脂有一定损害,应适当降温。此外,高价金属离子会引起离子交换树脂的中毒,即由于高价离子与树脂交换基团的结合能力极强,再生极为困难,因此,对于处理含三价铁离子等高价离子的树脂,需要定期用高浓度的酸再生。

对于含有氧化剂的废水,应当尽量采用抗氧化性较好的树脂;对于同时含有有机污染物的废水,可以采用大孔型树脂对有机物进行吸附。废水处理的再生残液中污染物质的含量很高,应当考虑回收再利用。再生剂的选择要便于回收。离子交换处理只是一种浓缩的过程,并不改变污染物的性质,对于再生残液必须妥善处置。在实际工程应用中,离子交换树脂主要用于回收金属离子和进行低浓度放射性废水的预浓缩处理,如含铬废水、含钼再生液以及印刷线路板生产废水等。

3.5　污水的生物处理

污水的生物处理是利用微生物具有氧化分解有机物的功能,采取一定的人工措施,创造有利于微生物生长繁殖的环境,使其大量增殖以提高氧化分解有机物效率的一种水处理方法。在自然界存在着大量依靠有机物生活的微生物,它们不但能氧化分解一般的有机物,而且能氧化分解有毒的有机物(如酚、醛、腈等)和构成微生物营养元素的无机毒物(如氰化物、硫化物等)。根据生物处理过程中微生物对氧的需求情况,生物处理一般分为好氧生物处理和厌氧生物处理。

3.5.1　污水的好氧生物处理

好氧生物处理是指在有氧条件下进行生物处理,污染物最终被分解成 CO_2 和 H_2O,好氧生物处理方法主要有活性污泥法和生物膜法。好氧生物处理过程分为分解反应(又称氧化反应、异化代谢、分解代谢)、合成反应(也称合成代谢、同化作用)、内源呼吸(也称细胞物质的自身氧化)3 个阶段。影响好氧生物处理的主要因素有:溶解氧(DO)、水温、营养物质、pH、有毒物质(抑制物质)、有机负荷率和氧化还原电位等。

1. 活性污泥法

活性污泥法是处理城市污水最广泛使用的方法,它能从污水中去除溶解的和胶体的可生物降解有机物,以及能被活性污泥吸附的悬浮固体和其他一些物质。活性污泥法本质上与天然水体(江、湖)的自净过程相似,两者都为好氧生物过程,只是它的净化强度大,因而活性污泥法是天然水体自净作用的人工化和强化。

(1)活性污泥概述。

1912 年英国克拉克(Clark)和盖奇(Gage)发现,对污水进行长时间曝气会产生污泥,同时水质会得到明显的改善。继而阿尔敦(Arden)和洛开脱(Lockett)对这一现象进行了研究,曝气试验是在瓶中进行的,每天试验结束时将瓶倒空,第二天重新开始,他们偶然发现,由于瓶子清洗不完善,瓶壁附着污泥时,处理效果反而好。由于认识了瓶壁留下污泥的重要性,随后他们在每天结束试验前,将曝气后的污水静止沉淀,只倒去上层净化清水,留下瓶底的污泥,供第二天使用,这样大大缩短了污水的处理时间,他们把这种污泥称为活性污泥。

活性污泥是一种絮状的泥粒,主要由细菌、真菌、原生动物和后生动物等微生物群体构成,并以有机物为起点形成食物链,如图 3.39 所示。其中,最主要的是细菌和一些分解中的有机物和无机物,由微生物和有机物构成的挥发性活性污泥占全部污泥的70% ～80% ,根据处理水质的不同,活性污泥可呈褐色、黄色等不同颜色,而且具有很大的表面积和很强的吸附、氧化分解有机物的能力。

细菌是单细胞微生物,按形态可分为球菌、杆菌和螺旋菌三类。废水处理设备中出现的细菌很多,对净化污水有重要作用的细菌有无色杆菌属、产碱杆菌属、芽孢杆菌属、黄杆菌属、微球菌属及假单胞菌属。其中,假单胞菌属是最有代表性的污水处理的活性细菌之一,它能利用有机物作为碳源和氮源。在污水处理中哪种细菌占优势,与原水中营养基质和环境有关,如含有蛋白质的水质利于产杆菌生长,含糖类的水质利于假单胞菌生长等。细菌繁

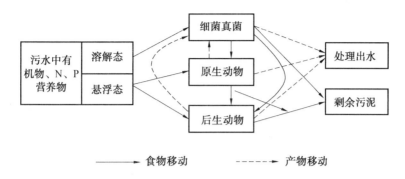

图 3.39　活性污泥微生物群体的食物链

殖世代时间为 20 ~ 30 min。有些细菌(动胶杆菌属、假单胞菌属和黄杆菌属) 可絮凝成团粒,称为菌胶团,其活性强,沉降性好,并可防止被微型动物吞噬,是活性污泥的主体。

真菌构造复杂,种类繁多,主要分为霉菌和丝状菌。霉菌常出现在 pH 较低的污水中,丝状菌适宜在缺氧的环境中生长,可以分解碳水化合物、脂肪、蛋白质及其他含氮化合物。真菌的净化效率高,是活性污泥絮体的骨架,也是污泥膨胀的主要原因,要合理利用和控制。

原生动物是极微小的能运动的微生物。原生动物通常是单细胞生物,大多属于好氧异养型,少数为厌氧型,主要分为肉足虫、鞭毛虫和纤毛虫等三类。当运行条件和处理水质发生变化时,原生动物的种类也随之变化,因此原生动物能起指示生物的作用。

后生动物在水处理设备中一般不常出现,主要分为轮虫和线虫。轮虫是原生动物的典型代表,它可有效地消耗分散絮凝的细菌及颗粒较小的有机物。

在生物处理中,细菌降解有机物,原生动物捕食游离细菌使水得到进一步净化,后生动物捕食原生动物,这种情况在延时曝气时可能出现。

(2) 活性污泥法的基本原理。

① 活性污泥法的基本流程。尽管活性污泥法的形式多种多样,但基本流程如图 3.40 所示。

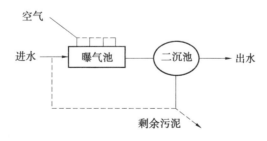

图 3.40　活性污泥法的基本流程

活性污泥法的主要构筑物是曝气池(反应主体)和二沉池。污水不断引入曝气池,混合液也不断从曝气池排出流入二沉池,在二沉池活性污泥和水澄清分离后,部分活性污泥再回流到曝气池。需要处理的污水和回流活性污泥一起进入曝气池成为悬浮混合液,通入曝气池的空气一方面使污水和活性污泥充分混合,另一方面保证混合液中有足够的溶解氧,使污水中的有机物被活性污泥中的好氧微生物分解。在污水处理过程中活性污泥的量不断增加,为了维持稳定操作,部分活性污泥(剩余污泥)从系统中排出。在活性污泥法中也常采用初沉池,以降低曝气池进水中的有机负荷,从而降低处理成本。活性污泥法中的回流系统的主要作用是保证曝气池内维持足够的污泥浓度,通过改变回流比改变曝气池的运行工况。剩余污泥是去除有机物的途径之一,可维持系统的稳定运行。

活性污泥系统有效运行的基本条件包括:废水中含有足够的可溶性易降解有机物;混合液含有足够的溶解氧;活性污泥在池内呈悬浮状态;活性污泥连续回流,及时排除剩余污泥,使混合液保持一定浓度的活性污泥。

② 活性污泥法的净化过程和机理。在活性污泥处理系统中,有机底物从废水中被去除的实质是有机底物作为营养物质被活性污泥微生物摄取、代谢与利用的过程,这一过程的结果是使污水得到净化,微生物获得能量而合成新的细胞,活性污泥得到增长。一般将整个净化反应过程分为3个阶段:吸附阶段、氧化阶段和絮凝体的形成与凝聚沉淀阶段。

a. 吸附阶段。污水主要由曝气池内活性污泥的吸附作用而得到净化。曝气池内的活性污泥由于具有很大的表面积(介于2 000 ~ 10 000 m^2/m^3 混合液)及表面具有多糖类的黏质层,因此,当污水中悬浮的胶体物质与活性污泥接触后就很快吸附上去。该阶段单位污泥去除有机物的数量取决于污水的类型以及活性污泥的性能,对于悬浮和胶体物质含量较高的生活污水、食品工业等废水,生化需氧量的去除率可达80% ~ 85%,往往在10 ~ 30 min 内完成吸附作用。回流的活性污泥再生性能好,活性得到很好的恢复,有利于 BOD 去除率的提高。在这一阶段除了吸附作用外,还发生吸收和氧化作用,但以吸附作用为主。

b. 氧化阶段。该阶段是在有氧条件下发生在生物体内的一种生物化学代谢过程。被活性污泥吸附的大分子有机物质在微生物胞外酶的作用下水解为可溶性有机小分子物质,透过细胞膜进入微生物细胞内,作为微生物的营养物质,经过一系列的生化反应,最终被氧化为 CO_2 和 H_2O 等,并释放出能量,与此同时,微生物利用氧化过程中产生的一些中间产物和呼吸作用释放的能量合成细胞物质,在此阶段中微生物不断繁殖,有机物也不断地被氧化分解。图 3.41 为微生物代谢过程,从污水处理的角度来看,无论是氧化分解有机物还是合成新的细胞物质,都能从污水中去除有机物,但合成新的细胞物质应易于与水进行分离,从而达到净化污水的目的。

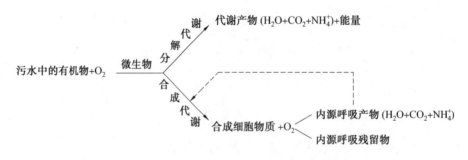

图 3.41 微生物代谢过程

c. 絮凝体的形成与凝聚沉淀阶段。污水经过氧化阶段,其中的有机物一部分被氧化分解为 CO_2 和 H_2O,另一部分则合成新的细胞物质成为菌体。为达到净化污水,必须使菌体形成易于沉降的絮凝体与水分离。活性污泥的许多菌种在一定条件下都能形成易于沉淀的絮凝体。关于细菌凝聚形成絮凝体的机理有各种说法,但都不够充分,目前应用较广泛的是含能学说,能量是形成絮凝体的重要因素,但其他因素(如有机和无机胶体、盐浓度、pH、搅拌和原生动物等)也起着重要的作用。

(3) 活性污泥法的影响因素。

① BOD 负荷。一般活性污泥法的 BOD 负荷率均控制在 $0.3 \text{ kg BOD}_5/(\text{kg MLSS} \cdot \text{d})$ 左右运行。BOD 负荷的提高虽然能加快污泥增长和有机物氧化分解的速率,但使排出水中有机物浓度也相应提高,造成出水水质下降;BOD 负荷过低,将降低曝气池的处理能力,同时由于污泥沉淀性能欠佳及代谢产物的再污染,所以出水水质也不会相应提高。

② 溶解氧。活性污泥法是通过好氧微生物群体的代谢作用来实现污水水质的净化,所以氧是好氧微生物生存的必要条件,供氧不足将妨碍好氧微生物的代谢过程,使需氧量低的丝状菌等繁殖,引起活性污泥膨胀,活性污泥混合液中溶解氧的质量浓度一般控制在 2 mg/L 左右为宜。

③ 营养物质。微生物要维持正常的生命活动,必须从周围环境中吸收各种营养物质,各种微生物对营养物质的需求不尽相同。微生物的营养物质包括碳素营养(碳源)、氮素营养(氮源)、磷和其他各种微量元素以及水分。碳源以污水的 BOD_5 负荷表示,在活性污泥法中,碳、氮、磷元素需要量一般应满足 BOD_5、N、P 的质量比为 $100:5:1$,准确的数量应根据试验来确定。

④ pH。活性污泥法混合液适宜的 pH 一般为 $6.5 \sim 9.0$,pH 降至 4.5 时,因真菌占优势,原生动物全部消失,严重影响沉淀分离;pH 超过 9 时,微生物的代谢速度受到影响。

⑤ 水温。一般认为水温在 $20 \sim 30 \text{ ℃}$ 时,生化处理效果最好,但对于大型污水处理厂,当水温维持在 $6 \sim 7 \text{ ℃}$ 时,若采取提高活性污泥浓度和降低污泥负荷等措施,一般来说也能有效地发挥活性污泥法的净化能力。

⑥ 有毒物质。重金属、氰、酚等很多物质对微生物都是有毒害作用的,其毒害作用的大小与多种因素有关,因此在生物处理时应控制毒物在允许的浓度范围内。

(4) 活性污泥的性能指标及参数计算。

① 混合液悬浮固体浓度(mixed liquor suspended solid,MLSS)。MLSS 是指曝气池中废水和活性污泥的混合液体的悬浮固体浓度,以 mg/L 表示,即

$$\text{MLSS} = M_a + M_e + M_i + M_{ii} \tag{3.30}$$

式中　M_a——具有活性的微生物群体;

　　　M_e——微生物自身氧化的残留物;

　　　M_i——原污水挟入的不能被微生物降解的无机物;

　　　M_{ii}——不能被微生物降解的有机物。

② 混合液挥发性悬浮固体浓度(mixed liquor volatile suspended solid,MLVSS)。MLVSS 是指曝气池中废水和活性污泥的混合液体的悬浮固体浓度,以 mg/L 表示。在条件一定时,MLVSS/MLSS 是较稳定的,城市污水一般是 $0.75 \sim 0.85$ mg/L。

$$\text{MLVSS} = M_a + M_e + M_i \tag{3.31}$$

③ 污泥沉降比(SV)。SV 是指将混匀的曝气池活性污泥混合液迅速倒进 1 000 mL 量筒中至满刻度,静置沉淀 30 min 后,沉淀污泥与所取混合液的体积比即为污泥沉降比(%),又称污泥沉降体积(SV_{30}),单位为 mL/L,它能相对地反映污泥数量及污泥的凝聚、沉降性能,可用于控制排泥量和及时发现早期的污泥膨胀,正常数值为 $20\% \sim 30\%$。

④ 污泥体积指数(SVI)。SVI 是指曝气池出口处混合液经 30 min 静沉后,1 g 干污泥所形成的污泥体积,单位为 mL/g,即

$$SVI = \frac{SV(mL/L)}{MLSS(g/L)} \quad \text{或} \quad SVI = \frac{SV(\%) \times (mL/L)}{MLSS(g/L)} \tag{3.32}$$

SVI 能更准确地评价污泥的凝聚性能和沉降性能。其值过低,说明泥粒小、密实、无机成分多;其值过高,说明其沉降性能不好,将要或已经发生膨胀现象。城市污水的 SVI 一般为 50 ~ 150 mL/g。

⑤ 有机容积负荷(L_v)。L_v 是指每立方米池容积每日负担的有机物量,一般指单位时间负担的 5 d 生化需氧量千克数(曝气池、生物接触氧化池和生物滤池)或挥发性悬浮固体千克数(污泥消化池),单位为 kg COD(BOD)/(m³ · d)。

$$L_{vCOD} = \frac{Q \cdot C_i}{V} \left[kg\ COD/(m^3 \cdot d) \right] \tag{3.33}$$

$$L_{vBOD_5} = \frac{Q \cdot B_i}{V} \left[kg\ BOD_5/(m^3 \cdot d) \right] \tag{3.34}$$

式中　Q——曝气池进水流量,m³/d;

B_i、C_i——BOD、COD 的质量浓度,mg/L;

V—— 曝气池体积,m³。

有机容积去除负荷用 $C_i - C_e$ 代替式(3.33) 中的 C_i,用 $B_i - B_e$ 代替式(3.34) 中的 B_i。

⑥ 有机污泥负荷(L_s)。L_s 是指单位质量的活性污泥在单位时间内所去除的污染物的量。污泥负荷在微生物代谢方面的含义就是有机底物的含量(F) 与系统内活性细菌的数量(M) 的比值(F/M),单位为 kg COD(BOD)/(kg 污泥 · d)。

$$L_{sCOD} = \frac{Q \cdot C_i}{V} \left[kg\ COD/(kg\ MLSS \cdot d) \right] \tag{3.35}$$

$$L_{sBOD_5} = \frac{Q \cdot B_i}{V} \left[kg\ BOD_5/(kg\ MLSS \cdot d) \right] \tag{3.36}$$

式中　Q—— 每天进水量,m³/d;

C_i、B_i——COD、BOD 的质量浓度,mg/L;

V—— 曝气池有效容积,m³;

X—— 污泥质量浓度,mg/L。

曝气池的有机污泥去除负荷用 $C_i - C_e$ 代替式(3.35) 中的 C_i,用 $B_i - B_e$ 代替式(3.36) 中的 B_i。

⑦ 水力停留时间(HRT)。HRT 是指待处理污水在反应器内的平均停留时间,即污水与生物反应器内微生物作用的平均反应时间,单位为 h。公式为

$$HRT = V/Q \ (h) \tag{3.37}$$

⑧ 污泥停留时间(SRT)。SRT 是污泥在处理构筑物内的平均驻留时间,即污泥龄,单位为 h 或 d。从直观上看,可以用处理构筑物内的污泥总量与剩余污泥排放量的比值来表示,即

$$SRT = VX/(Qw \cdot X_r) \ (h\ 或\ d) \tag{3.38}$$

$$(X_r)_{max} = 10^6/SVI \tag{3.39}$$

式中 X_r—— 沉池底部经过浓缩后排出的污泥的浓度。

（5）活性污泥增长规律与反应动力学。

① 活性污泥中微生物的增殖规律。活性污泥的增长规律受到活性污泥的能量含量即 F/M 值的影响。而 F/M 值是指在温度适宜、DO 充足且不存在抑制物质的条件下，活性污泥微生物的增殖速率，主要取决于微生物与有机质的相对数量，即 F/M 值。F/M 值也是影响有机物去除速率、氧利用速率的重要因素。实际上，F/M 值就是以 BOD_5 表示的进水污泥负荷（L_{sBOD_5}），即

$$F/M = L_{sBOD_5} = \frac{Q \cdot B_i}{V \cdot X_v} \quad [\text{kg BOD}_5/(\text{kg VSS} \cdot \text{d})] \quad (3.40)$$

式中 X_v—— 即 X_i，进水的混合液悬浮固体质量浓度。

由于活性污泥的增殖主要是由 F/M 值所控制，因此，处于不同增长期的活性污泥，其性能不同，处理出水的水质也不同。可以通过调整 F/M 值来调控曝气池的运行工况，以达到所要求的出水水质和活性污泥的良好性能。活性污泥微生物增殖是微生物增殖和自身氧化（内源呼吸）两项作用的综合结果。所以，微生物的净增殖速率为

$$\left(\frac{dx}{dt}\right)_g = \left(\frac{dx}{dt}\right)_s - \left(\frac{dx}{dt}\right)_e \quad (3.41)$$

式中 $\left(\dfrac{dx}{dt}\right)_g$—— 活性污泥微生物的净增殖速率，kg VSS/d；

$\left(\dfrac{dx}{dt}\right)_s$—— 活性污泥微生物的合成速率，$\left(\dfrac{dx}{dt}\right)_s = -a\left(\dfrac{ds}{dt}\right)_u$，$a$ 为降解每 kg BOD_5 所产生的 VSS 值，即产率系数，kg VSS/(kg $BOD_5 \cdot$ d)；

$\left(\dfrac{dx}{dt}\right)_e$—— 活性污泥微生物自身氧化速率，$\left(\dfrac{dx}{dt}\right)_e = bx_v$；

b—— 每 kg VSS 每日自身氧化的 kg 数，即自身氧化系数，d^{-1}；

x_v——VSS，kg。

因此，活性污泥微生物增殖的基本方程式为

$$\left(\frac{dx}{dt}\right)_g = -a\left(\frac{ds}{dt}\right)_u - bx_v \quad (3.42)$$

积分后，得出活性污泥微生物在曝气池内每日的净增长量为

$$\Delta x = aQS_r - bVx_v \quad (3.43)$$

式中 Δx—— 每日污泥增长量（VSS），kg/d；

Q—— 每日处理废水量，m^3/d；

S_r—— $S_r = S_i - S_e$；

S_i—— 进水 BOD_5 质量浓度，kg BOD_5/m^3 或 mg BOD_5/L；

S_e—— 出水 BOD_5 质量浓度，kg BOD_5/m^3 或 mg BOD_5/L。

a、b—— 经验值，对于生活污水或与之性质相近的工业废水，$a = 0.5 \sim 0.65$，$b = 0.05 \sim 0.1$。

一般来说，可将增长曲线分为 4 个时期：适应期、对数增长期、减速增长期和内源呼吸期。如图 3.42 所示，每个增长期中的有机物去除、氧利用速率和污泥特性等各不相同。

a. 适应期。适应期是活性污泥微生物对于新的环境条件、污水中有机物污染物的种类

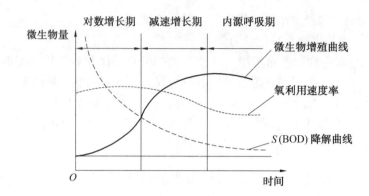

图 3.42　活性污泥微生物增殖曲线及其与有机底物降解、氧利用速率的关系

等的一个短暂的适应过程,经过适应期后,微生物从数量上可能没有增殖,但发生了一些质的变化。而 BOD_5、COD 等各项污染指标可能并无较大变化。

b. 对数增长期。对数增长期 F/M 值高[大于 2.2 kg BOD_5/(kg VSS·d)],所以有机底物非常丰富,营养物质不是微生物增殖的控制因素,微生物的增长速率与基质浓度无关,呈零级反应,它仅由微生物本身所特有的最小世代时间所控制,即只受微生物自身的生理机能的限制,微生物以最高速率对有机物进行摄取,也以最高速率增殖而合成新细胞。此时的活性污泥具有很高的能量水平,其中的微生物活动能力很强,导致污泥质地松散,不能形成较好的絮凝体,污泥的沉淀性能不佳,活性污泥的代谢速率极高,需氧量大,一般不采用此阶段作为运行工况,但也有采用的,如高负荷活性污泥法。

c. 减速增长期。F/M 值下降到一定水平后,有机底物的浓度成为微生物增殖的控制因素。微生物的增殖速率与残存的有机底物呈正比,为一级反应。有机底物的降解速率也开始下降,微生物的增殖速率逐渐下降,直至在本期的最后阶段下降为零,但微生物量仍逐渐增长,活性污泥的能量水平已下降,絮凝体开始形成,活性污泥的凝聚、吸附以及沉淀性能均较好,由于残存的有机物浓度较低,出水水质有较大改善,并且整个系统运行稳定。

d. 内源呼吸期。内源呼吸的速率在本期之初首次超过合成速率,因此从整体上来说,活性污泥的量减少,最终所有的活细胞消亡,而仅残留内源呼吸的残留物,这些物质多是难以降解的细胞壁等。污泥的无机化程度较高,沉降性能良好,但凝聚性较差,有机物基本消耗殆尽,处理水质良好。

② 活性污泥反应动力学。在活性污泥系统中,由于 F/M 值不同,BOD 的去除速率(有机物降解速率)、污泥增长速率和氧利用速率都各不相同,为了确定活性污泥系统的设计和运行参数,必须建立这些变化速率的动力学关系。

a. 莫诺特(Monod) 公式。活性污泥微生物在利用有机物过程中,用于表示生化反应的公式主要有莫诺特提出的一相说和加勒特及索耶提出的两相说。有人曾对这两种理论进行比较和对照,认为如果它们都引入了一定的假定条件,这两种理论是完全一致的,没有本质的差别。为此只对莫诺特公式介绍如下。

莫诺特通过稀溶液(基质成为细菌增殖的控制因素) 纯菌种的增长试验,得出细菌的比增殖速率与基质浓度之间的关系,如图 3.43 所示。

这与表示酶促反应速度的米 – 门公式极其相似,因此莫诺特提出了与其类似的表示微

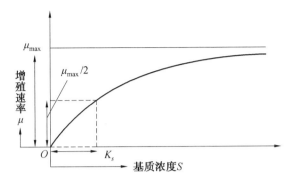

图 3.43　细菌的比增殖速率与基质浓度之间的关系

生物比增长速率和有机物浓度关系的动力学公式,即

$$\mu = \mu_{max} \frac{S}{K_S + S} \tag{3.44}$$

或

$$\frac{1}{\mu} = \frac{1}{\mu_{max}} + \frac{K_S}{\mu_{max}} \times \frac{1}{S} \tag{3.45}$$

式中　μ—— 细菌的比增殖速率;

　　　μ_{max}—— 细菌最大比增殖速率;

　　　S—— 基质质量浓度(简称基质浓度),mg/L;

　　　K_S—— 饱和常数,即 $\mu = \mu_{max}/2$ 时的基质浓度。

当细菌的浓度为 x_v 时,细菌的比增殖速率可表示为 $\mu = \frac{1}{x_v} \times \frac{dx_v}{dt}$,所以式(3.44)又可表示为

$$\frac{dx_v}{dt} = \mu_{max} \left(\frac{S}{K_S + S} \right) \times x_v \tag{3.46}$$

由式(3.46)可见,μ 值取决于 K_S 和 S 的相对大小。

当 $K_S \gg S$,即基质浓度较低时,S 可忽略不计,则

$$\mu = \frac{\mu_{max}}{K_S} \times S \tag{3.47}$$

即细菌的比殖速率与基质浓度成正比,因此,细菌增殖速率遵从一级反应规律。

当 $S \gg K_S$ 时,即基质的浓度很高时,K_S 可忽略不计,则

$$\mu = \mu_{max} \tag{3.48}$$

即细菌的比增殖速率与基质浓度无关。因此,细菌增殖速率可用零级反应表示,即

$$\frac{dx_v}{dt} = \mu_{max} \times x_v = K_0 \times x_v \tag{3.49}$$

式中　K_0—— 零级反应速率常数。

b. 基质去除速率。通常在活性污泥法的曝气池内,进水的基质 BOD_5 在 500 mg/L 以下,所以基质去除速率往往与其浓度呈一级反应。图 3.44 为完全混合曝气池在稳定运行情况下的主要运行参数示意图。因为是完全混合曝气池,所以池内基质的浓度和出水基质浓度相等,均以 S_e 表示。

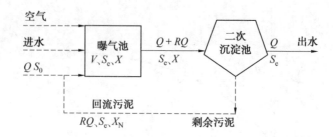

图 3.44　完全混合曝气池在稳定运行情况下的主要运行参数示意图

Q— 水流量(m^3/d);S— 基质浓度(kg/m^3);X— 污泥质量浓度(kg/m^3)

V— 曝气池容积(m^3);R— 回流比;X_N— 剩余污泥质量浓度

曝气池内基质去除速率为

$$\frac{dS}{dt} = -KS_e \qquad (3.50)$$

曝气池内单位污泥浓度对基质去除速率为

$$\frac{1}{X} \times \frac{dS}{dt} = -\frac{K}{X} \times S_e \qquad (3.51)$$

设 $k = K/X$,k 为基质去除速率常数,式(3.51) 即为

$$\frac{dS}{dt} = -k \times X \times S_e \qquad (3.52)$$

根据图 3.44,曝气池内基质的平衡关系为

基质变化量 = 流入基质量 − 流出基质量 − 池中生化反应去除基质量

$$V\frac{dS}{dt} = Q \times S_0 + R \times Q \times S_e - (Q + RQ)S_e - k \times X \times S_e \times V \qquad (3.53)$$

在稳定工况下,$V\dfrac{dS}{dt} = 0$,所以式(3.53) 可改写为

$$Q \times S_0 - Q \times S_e = k \times X \times S_e \times V \qquad (3.54)$$

污水在曝气池内停留时间 $t = V/Q$,令 $S_r = S_0 - S_e$,则

$$S_r/(X \times t) = k \times S_e \qquad (3.55)$$

式中　$S_r/(X \times t)$——基质去除速率;

　　　k——基质去除速率与 S_e 关系的直线斜率。

c. 基质的去除与污泥的增长。曝气池内净增长的污泥量为

$$\Delta X_v = aQS_r - bV \cdot X_v \qquad (3.56)$$

式中　aQS_r——因基质被去除而产生的污泥量,其中 a 为污泥增长系数,即合成污泥量/去除的 BOD_5 总量,kg/kg;

　　　$bV \cdot X_v$——曝气池中由于微生物自身氧化所减少的污泥量,其中 b 为活性污泥的自身氧化率,即内源呼吸中单位时间被氧化的微生物量,d^{-1}。

d. 基质的去除与氧的消耗。微生物降解有机物过程中,总需氧量为

$$O_2 = a'Q(S_0 - S_e) + b'V \cdot X_v \qquad (3.57)$$

式中　$a'Q(S_0 - S_e)$——分解氧化有机物所需的氧量,其中 a' 为氧化系数,表示氧化 1 kg BOD_5 需氧的 kg 数,kg O_2/kg BOD_5;

$b'V \cdot X_v$——微生物自身氧化所需氧量,其中 b' 为内源呼吸自身氧化耗氧率 (d^{-1}),

即 $kg\ O_2/(kg\ MLSS \cdot d)$。

式中的 a、b、a' 和 b' 可根据试验确定,也可按经验,参考表 3.14 选用。

表 3.14　不同污水的 a、b、a' 和 b' 值

污水种类	a	b	a'	b'
生活污水	0.5 ~ 0.65	0.05 ~ 0.01	0.42 ~ 0.53	0.158 ~ 0.21
石油化工污水	—	—	0.75	0.16
含酚污水	0.70	—	0.56	—
合成纤维污水	0.38	0.1	0.55	0.142
漂染污水	—	—	0.5 ~ 0.6	0.065
炼油污水	—	—	0.5	0.12
酿造污水	0.93	—	0.44	—
制药污水	0.77	—	0.35	0.354
亚硫酸浆粕污水	0.55	0.13	0.40	0.185
制浆造纸污水	0.76	0.016	0.38	0.092

(6)活性污泥系统的单元构筑物。

①曝气装置。曝气装置是将空气中的氧有效地转移到混合液中。目前所采用的曝气装置主要有鼓风曝气和机械曝气两种。

鼓风曝气装置可分为(微)小气泡型、中气泡型、大气泡型、水力剪切型和水力冲击型等。鼓风机是其加压设备,(微)小气泡型曝气装置是由微孔透气材料(陶土、氧化铝、氧化硅或尼龙等)制成的扩散板、扩散盘和扩散管等,气泡直径在 2 mm 以下(气泡在 200 μm 以下者为微孔),氧的利用率较高,氧转移效率值为 15% ~ 25%,动力效率为 2 kg O_2/(kW·h)以上,但是易堵塞,空气需经过滤处理净化;中气泡型曝气装置的气泡直径为 2 ~ 6 mm;水力剪切型空气扩散装置利用本身的构造特点,产生水力剪切作用,将大气泡切割成小气泡,增加气液接触面积,达到提高效率的目的;水力冲击型曝气器中射流曝气分为自吸式和供气式,自吸式射流曝气器由压力管、喷嘴、吸气管、混合室和出水管等组成。

机械曝气装置式样较多,可归纳为叶轮和转刷两类。因曝气叶轮安装在池面,也称表面曝气。有的曝气叶轮安装在池中与鼓风曝气联合使用,曝气叶轮有泵型、倒伞型、平板型和 K 型等。曝气转刷实际上是一个带有不锈钢丝或板条的横轴,它现在主要是配合氧化沟使用。机械曝气的原理分为水跃、提升和负压吸气。水跃过程是在曝气机转动时,表面的混合液不断地从周边被抛向四周,形成水跃,液面被强烈搅动而卷入空气;曝气机具有提升作用,使混合液连续地上下循环流动,不断更新气液接触界面,强化气、液接触;负压吸气过程是在曝气器转动时,使其在一定部位形成负压区而吸入空气。

②曝气池的构造和类型。曝气池根据混合液的流型可分为推流式曝气池、完全混合式曝气池和循环混合式曝气池 3 种。

a.推流式曝气池。池型为长方廊道型,池子常由 1 ~ 4 个折流廊道组成,采用单数廊道时,水流的入口和出口在池子的两端;采用双数廊道时,入口和出口在池子的同一端。

b. 完全混合式曝气池。污水和回流污泥进入曝气池后,迅速与池内混合液混合,使全池液体浓度基本一致。按其与二沉池是否合在一起分为合建式和分建式。合建式完全混合曝气池又称完全混合曝气沉淀池。分建式完全混合曝气池为了达到完全混合的目的,污水和回流污泥沿曝气池长均匀进入,混合液均匀地从池另一侧沿流出水槽流入二沉池。

c. 循环混合式曝气池。多采用转刷曝气,其面形状像跑道,转刷转动使混合液曝气并在池内循环流动,使活性污泥保持悬浮状态。

③ 二沉池(二次沉淀池)。二沉池是活性污泥系统的重要组成部分,用以澄清混合液和回收、浓缩活性污泥。二沉池的好坏直接影响出水水质和回流污泥浓度。二沉池有平流、竖流和辐流三种形式,也有斜板或斜管沉淀池。

(7) 活性污泥系统的主要运行方式。

迄今为止,活性污泥法在工程领域有多种各具特色的运行方式,几种常用的运行方式如下。

① 传统活性污泥法。传统活性污泥法又称普通活性污泥法,曝气池呈长方形,水流形态为推流式。污水净化的吸附阶段和氧化阶段在一个曝气池中完成。其优点是处理效果好,BOD_5 的去除率可达 90% ~ 95%;对废水的处理程度比较灵活,可根据要求进行调节等。缺点是不能适应冲击负荷,需氧量沿池长前大后小,而空气的分布是均匀的,这是造成前段氧量不足、后段氧量过剩的现象。若要维持前段足够的溶解氧,则后段会大大超过需要,造成浪费。由于曝气时间长,曝气池体积大,占地面积和基建费用也相应增大。

② 完全混合活性污泥法。完全混合活性污泥法的流程和普通法相同。该法有两个特点:一是进入曝气池的污水立即与池内原有浓度低的大量混合液混合,得到了很好的稀释,所以将进水水质的变化对污泥的影响降低到很小程度,能较好地承受冲击负荷;二是池内各点有机物底物含量均匀一致,系统内活性细菌的数量基本相同,池内各部分工作情况几乎完全一致。由于微生物生长所处阶段主要取决于 F/M,所以完全混合法能把整个池子情况控制在良好的同一条件下进行,微生物活性能够充分发挥,这一特点是推流式曝气池所不具备的。

③ 阶段曝气活性污泥法。阶段曝气活性污泥法又称分段进水活性污泥法或多点进水活性污泥法。工艺流程的主要特点是废水沿池长分段注入曝气池,有机物负荷分布较均衡,改善了供氧速率与需氧速率间的矛盾,有利于降低能耗;提高了曝气池对冲击负荷的适应能力;混合液中的活性污泥浓度沿池长逐步降低,出流混合液的污泥较低,减轻二沉池的负荷,有利于提高二沉池固、液分离效果。

④ 吸附再生活性污泥法。吸附再生活性污泥法又称生物吸附法或接触稳定法,主要特点是将活性污泥法对有机污染物降解的两个过程 —— 吸附、代谢过程,分别在各自的反应器内进行。

污水和活性污泥在吸附池内混合接触 0.5 ~ 1.0 h,使污泥吸附大部分悬浮、胶体状及部分溶解有机物后,在二沉池中进行分离,分离出的回流污泥先在再生池内进行 2 ~ 3 h 曝气,然后进行生物代谢,充分恢复活性后再回到吸附池。其中,吸附池和再生池可分建,也可合建。

吸附再生活性污泥法的主要优点是废水与活性污泥在吸附池的接触时间较短,吸附池容积较小;再生池接纳的仅是浓度较高的回流污泥,因此再生池的容积也较小;吸附池与再生池容积之和仍低于传统法曝气池的容积,建筑费用较低,具有一定的承受冲击负荷的能力,当吸附池的活性污泥遭到破坏时,可由再生池的污泥予以补充。其主要缺点是对废水的处理效果低于传统法;对溶解性有机物含量较高的废水,处理效果更差。

⑤ 延时曝气活性污泥法。延时曝气活性污泥法又称完全氧化活性污泥法,主要特点是有机负荷率非常低,污泥持续处于内源代谢状态,剩余污泥少且稳定,无须再进行处理;处理出水水质稳定性较好,对废水冲击负荷有较强的适应性;在某些情况下,可以不设初沉池。缺点是池容大,曝气时间长;建设费用和运行费用都较高,而且占地面积大。一般适用于处理水质要求高的小型城镇污水和工业污水,水量一般在 1 000 m³/d 以下。

⑥ 纯氧曝气活性污泥法。纯氧中氧的分压比空气约高 5 倍,纯氧曝气可大大提高氧的转移效率,氧的转移率可提高到 80% ~ 90%,而一般的鼓风曝气仅为 10% 左右;可使曝气池内活性污泥质量浓度高达 4 000 ~ 7 000 mg/L;能够大大提高曝气池的容积负荷;剩余污泥产量少;SVI 值较低,一般无污泥膨胀之虑。

⑦ 浅层低压曝气法。浅层低压曝气法只有在气泡形成和破碎的瞬间,氧的转移率最高,因此没有必要延长气泡在水中的上升距离。其曝气装置一般安装在水下 0.8 ~ 0.9 m 处,因此可以采用风压在 1 m 以下的低压风机,动力效率较高,可达 1.80 ~ 2.60 kg O₂/(kW·h),其氧转移率较低,一般只有 2.5%,池中设有导流板,可使混合液呈循环流动状态。

⑧ 深水曝气活性污泥法。曝气池水深在 7 ~ 8 m 以上,由于水压较大,氧的转移率可以提高,相应也能加快有机物的降解速率,占地面积较小,一般有两种形式,深水中层曝气法(空气扩散装置设在深 4 m 左右处)和深水深层曝气法(空气扩散装置仍设于池底部)。

⑨ 氧化沟。氧化沟也称氧化渠,又称循环曝气池,是活性污泥法的一种变形,由 20 世纪 50 年代荷兰的 Pasveer 首先设计,最初一般用于日处理水量在 5 000 m³ 以下的城市污水。

a. 氧化沟的工作原理与特征。氧化沟池体狭长(可达数十米甚至近百米),池深度较浅,一般在 2 m 左右,最深可达 6 m。曝气装置多采用表面机械曝气器,竖轴、横轴曝气器都可以。进、出水装置为单管进水,溢流堰出水。氧化沟呈完全混合推流式,沟内的混合液呈推流式快速流动(0.4 ~ 0.5 m/s),由于流速高,原废水很快与沟内混合液相混合,因此氧化沟又是完全混合的。其 BOD 负荷低,类似于活性污泥法的延时曝气法,处理出水水质良好,可考虑不设初沉池,不单设二沉池,对水温、水质和水量的变动有较强的适应性,污泥产率低,剩余污泥产量少,世代时间很长的细菌如硝化细菌能在反应器内得以生存,从而使氧化沟具有脱氮的功能。

b. 氧化沟的几种典型构造形式。氧化沟的典型构造主要有 Carrousel 式、Orbal 式和交替工作式。

Carrousel 式氧化沟,又称平行多渠形氧化沟。20 世纪 60 年代末由荷兰某公司开创。采用竖轴低速表面曝气器,水深可达 4 ~ 4.5 m,沟内流速达 0.3 ~ 0.4 m/s,混合液在沟内每 5 ~ 20 min 循环一次,沟内混合液总量是入流废水量的 30 ~ 50 倍,BOD₅ 去除率可达 95% 以上,脱氮率可达 90%,除磷效率可达 50%,应用广泛,最大规模为 650 000 m³/d。

Orbal 式氧化沟,又称同心圆型氧化沟。主要特点是圆形或椭圆形的沟渠能更好地利用水流惯性,可节省能耗。多沟串联可减少水流短路现象,最外层第一沟的容积为总容积的 60% ~ 70%,其中的 DO 接近于零,为反硝化和磷的释放创造了条件,第二、三沟的容积分别为总容积的 20% ~ 30% 和 10%,而 DO 则分别为 1 mg/L 和 2 mg/L,这种沟渠间的 DO 浓度差,有利于提高充氧效率。

交替工作式氧化沟,是由丹麦某公司所开发的,有二沟和三沟式两种形式。交替用作曝气池和沉淀池,不需要二沉池和污泥回流装置,曝气转刷的利用率较低。

⑩SBR 法。间歇式活性污泥法又称序批式间歇反应器(SBR)。SBR 只有一个曝气池,可同时完成曝气沉淀等功能,其运行可以分为 5 个工序:注水、反应、沉淀、排放和待机,一批污水完成 5 个步骤为一个周期,所有操作均在设有曝气或搅拌装置的设备中进行。

SBR 采用周期间歇排水,排水时池中水位不断下降,为了不扰动污泥层和不使水面上的浮渣进入出水中,需要一种出水淹没于水下且能适应水位变化的排水装置,称为滗水器。其主要特征是不设二沉池,曝气池兼具二沉池的功能,而且不设污泥回流设备,在多数情况下,不需要设置调节池;SVI 值较低,污泥易于沉淀,一般不产生污泥膨胀现象。如运行管理得当,处理出水水质将优于连续式;通过对运行方式的适当调节,易于实现自动化控制。

(8)活性污泥系统的工艺计算与设计。

进行活性污泥系统的工艺计算和设计,首先应充分掌握与废水、污泥有关的原始资料并确定设计的基础数据,主要包括废水的水量、水质及其变化规律、对处理后出水的水质要求、对处理中产生的污泥的处理要求、污泥负荷率与 BOD_5 的去除率和混合液浓度与污泥回流比。

活性污泥系统的计算与设计的内容主要包括工艺流程的选择、曝气池的计算与设计、曝气系统的计算与设计、二沉池的计算与设计和污泥回流系统的计算与设计。

① 工艺流程的选择。活性污泥工艺流程的选择主要依据以下几个方面:

a. 废水的水量、水质及变化规律。

b. 对处理后出水的水质要求。

c. 对处理中所产生的污泥的处理要求。

d. 当地的地理位置、地质条件、气候条件等。

e. 当地的施工水平以及处理厂建成后运行管理人员的技术水平等。

f. 工期要求以及限期达标的要求。

g. 综合分析工艺在技术上的可行性和先进性以及经济上的可能性和合理性等。

h. 对于工程量大、建设费用高的工程,则应进行多种工艺流程比较后才能确定。

② 曝气池的计算与设计。

a. 曝气池容积的计算。常用的是有机负荷法,有关公式为

$$E = \frac{S_i - S_e}{S_i} \times 100\% = \frac{S_r}{S_i} \times 100\% \tag{3.58}$$

$$V = \frac{Q \cdot S_r}{X_v \cdot L_{srBOD_5}} = \frac{Q \cdot S_r}{L_{vrBOD_5}} \tag{3.59}$$

$$X_v = f \cdot X, \quad t = \frac{V}{Q} \times 24 \tag{3.60}$$

式中　　E ——BOD_5 的去除率,% ;

　　　　S_i ——进水的 BOD_5 质量浓度,kg BOD_5/m^3 或 mg BOD_5/L;

　　　　S_e ——出水的 BOD_5 质量浓度,kg BOD_5/m^3 或 mg BOD_5/L;

　　　　S_r ——去除的 BOD_5 质量浓度,kg BOD_5/m^3 或 mg BOD_5/L;

V——曝气池的容积，m^3；

Q——进水设计流量，m^3/d；

X_v——MLVSS，kg VSS/m^3 或 mg VSS/L；

L_{srBOD_5}——BOD_5 的污泥去除负荷，kg BOD_5/（kg VSS·d）；

L_{vrBOD_5}——BOD_5 的容积去除负荷，kg BOD_5/（m^3·d）；

f——MLVSS/MLSS 比值，一般取值为 0.7 ~ 0.8；

X——MLSS，kg SS/m^3 或 mgSS/L；

t——水力停留时间或曝气时间，h。

b. 需氧量与供气量的计算。

需氧量为

$$O_2 = a'QS_r + b'VX_v（kg\ O_2/d）\tag{3.61}$$

式中　Q——进水设计流量，m^3/d；

S_r——去除的 BOD_5 质量浓度，kg BOD_5/m^3 或 mgBOD_5/L；

X_v——MLVSS，kg VSS/m^3 或 mg VSS/L；

V——曝气池的容积，m^3。

应注意：由于 1 d 内进入曝气池的废水量和 BOD_5 的质量浓度是变化的，所以计算时还应考虑最大时需氧量。

③ 曝气系统的计算与设计。

a. 曝气装置的选定及布置。曝气装置选定的一般要求是使体系具有较高的氧利用率（E_A）和动力效率（E_p）。曝气装置应不易堵塞和破损，出现故障时便于维护管理。设计时还应考虑废水水质、地区条件及曝气池的池型、水深等。

b. 空气管道的计算与设计。一般规定小型废水处理站的空气管道系统为枝状，而大、中型废水处理厂则宜采用环状管网，以保证安全供气。空气管道可设在地面上，接入曝气池的管道应高出池水面 0.5 m，以免发生回水现象，空气管道干、支管的设计流速为 10 ~ 15 m/s，竖管、小支管为 4 ~ 5 m/s。

空气通气管道和曝气装置的压力损失一般控制在 14.7 kPa 以内，其中空气管道的总损失控制在 4.9 kPa 以内，曝气装置的阻力损失为 4.9 ~ 9.8 kPa。

空气管道的压力损失（h）的求定：

$$h = h_1 + h_2\tag{3.62}$$

式中　h_1——空气管道的沿程阻力，mm H_2O；

h_2——空气管道的局部阻力，mm H_2O。

其中，

$$h_1 = i \cdot l \cdot \alpha_T \cdot \alpha_p\tag{3.63}$$

式中　i——空气管道单位长度的阻力，根据 Q，v 查表可得，mmH_2O/m；

l——空气管道得长度，m；

α_T——空气容重修正系数，20 ℃ 时 $\alpha_T = 1$，30 ℃ 时 $\alpha_T = 0.98$；

α_p——压力修正系数，在标准状态下为 1.0。

其中，

$$h_2 = i \cdot l_0 \cdot \alpha_T \cdot \alpha_p \tag{3.64}$$

式中 l_0 ——空气管的当量长度,m。

$$l_0 = 55.5 \cdot K \cdot D^{1.2} \tag{3.65}$$

式中 K ——长度换算系数,查表可得;

D ——空气管道的管径,m。

鼓风机所需的压力(H)为

$$H = h_1 + h_2 + h_3 + h_4 \tag{3.66}$$

式中 h_3 ——曝气装置的安装深度,mm;

h_4 ——曝气装置的阻力,mm H_2O/m,一般根据产品样本或试验数据确定。

④ 二沉池的计算与设计。二沉池的作用是分离泥水、澄清混合液、浓缩和回流活性污泥。其工作性能的好坏,对活性污泥处理系统的出水水质和回流污泥的浓度有直接影响。与初沉池相比,二沉池的特点是活性污泥混合液的浓度较高;有絮凝性能,其沉降属于成层沉淀;活性污泥的质量较轻,易产生异重流。因此,其最大允许的水平流速或上升流速都应低于初沉池,由于二沉池还起着污泥浓缩的作用,所以需要适当增大污泥区的容积。

二沉池计算与设计的主要内容包括:池型的选择、沉淀池(澄清区)面积、有效水深的计算、污泥区容积的计算和污泥排放量的计算。

a. 二沉池的沉淀面积和有效水深的计算。二沉池的沉淀面积和有效水深的计算方法主要有表面负荷法和固体通量法。

表面负荷法计算有效水深(H)和二沉池面积(A)的公式为

$$H = \frac{Q_{max} \cdot t}{A} = q \cdot t$$

其中

$$A = \frac{Q_{max}}{q} \tag{3.67}$$

式中 A ——二沉池的面积,m^2;

Q_{max} ——废水最大时流量,m^3/h;

q ——水力表面负荷,m^3/($m^2 \cdot h$);

H ——澄清区水深,m;

t ——二沉池的水力停留时间,h。

q 值一般为 $0.7 \sim 1.8$ m^3/($m^2 \cdot h$),与污水性质有关。当污水中无机物含量较高时,可采用较高的 q 值;当污水中含有的溶解性有机物较多时,则 q 值宜低。混合液污泥浓度对 q 值的影响较大,当污泥质量浓度较高时,应采用较小的 q 值,反之可采用较高的 q 值,混合物污泥质量浓度与 q 值的关系见表 3.15。

表 3.15 混合物污泥质量浓度与 q 值的关系

MLSS/($mg \cdot L^{-1}$)	q/($m^3 \cdot m^{-2} \cdot h^{-1}$)
2 000	1.8
3 000	1.26
4 000	1.01
5 000	0.79
6 000	0.65

7 000	0.50

二沉池的沉淀面积以最大时流量作为设计流量,不考虑回流污泥量,但二沉池的某些部位则需要包括回流污泥的流量在内,如进水管(渠)道、中心管等。通常按沉淀时间来确定,沉淀时间一般取值为 1.5 ~ 2.5 h。

固定通量法计算二沉池面积(A)公式为

$$A = (1 + R) \cdot Q_{max} \cdot X/G_t \tag{3.68}$$

式中　A——二沉池的面积,m^2;

$\quad\quad X$——沉淀池的悬浮固体质量浓度,kg/m^2;

$\quad\quad R$——污泥回流比;

$\quad\quad G_t$——固体通量,$kg\ SS/(m^2 \cdot d)$;

$\quad\quad Q_{max}$——废水最大时流量,m^3/h。

对于连续流的二沉池,悬浮固体的下沉速度为沉淀池底部排泥导致的液体下沉速度,以及在重力作用下悬浮固体的自沉速度之和,一般二沉池的 G_t 值为 140 ~ 160 kg SS/($m^2 \cdot d$),如果是斜板二沉池,则 G_t 值可达到 180 ~ 195 kg SS/($m^2 \cdot d$),有效水深同样按水力停留时间来定。

b. 出水堰负荷和池边水深。二沉池的出水堰负荷一般在 1.5 ~ 2.9 L/($m \cdot s$) 之间选取。为了保证二沉池的水力效率和有效容积,池的水深和直径应保持一定的比例关系,见表 3.16。

表 3.16　二沉池的水深和直径的关系

二沉池直径 /m	池边水深 /m
10 ~ 20	3.0
20 ~ 30	3.5
> 30	4.0

c. 污泥斗的计算。污泥斗的作用是储存和浓缩沉淀后的污泥,由于活性污泥易因缺氧失去活性而腐败,因此污泥斗容积不能过大。

污泥斗内的平均污泥浓度(X_s)为

$$X_s = 0.5(X + X_r) \tag{3.69}$$

污泥斗容积(V_s)为

$$V_s = T(1 + R)QX/[0.5(X + X_r)] \tag{3.70}$$

对于分建式沉淀池,一般规定污泥斗的储泥时间为 2 h,所以污泥斗容积为

$$V_s = 4(1 + R)QX/(X + X_r) \tag{3.71}$$

式中　Q——日平均废水流量,m^3/h;

$\quad\quad X$——混合液污泥质量浓度,$mg\ SS/L$;

$\quad\quad X_r$——回流污泥质量浓度,$mg\ SS/L$;

$\quad\quad R$——回流比;

$\quad\quad V_s$——污泥斗容积,m^3。

d. 污泥排放量的计算。污泥排泥量的计算公式为

$$\Delta x_v = aQS_r - bVX_v \qquad (3.72)$$

注意:式中Δx_v是以 VSS 计的,应换算成 SS。

⑤ 污泥回流系统的计算与设计。

a. 回流量的计算。污泥回流量是关系到处理效果的重要设计参数,应根据不同的水质、水量以及运行方式确定适宜的回流比。在设计时,应按最大回流比设计,并保证其具有在较小回流比时工作的可能性,以便使回流比在一定范围内可以调节。

b. 污泥回流设备的选择。污泥回流设备中常用的污泥提升设备是污泥泵,大、中型污水处理厂一般采用螺旋泵或轴流式污泥泵,小型污水处理厂一般采用小型潜污泵或空气提升器。

2. 生物膜法

(1) 生物膜法概述。

生物膜法又称固定膜法,是与活性污泥法并列的一类废水好氧生物处理技术。其实质是使细菌、真菌等微生物和原生动物、后生动物等微型动物附着在过滤材料或某些载体上生长繁育,并在其上形成膜状生物污泥 —— 生物膜。生物膜具有高度亲水、高度密集等性质。主要去除废水中溶解性的和胶体状的有机污染物。主要类别有生物滤池(包括普通生物滤池、高负荷生物滤池和塔式生物滤池等)、生物转盘、生物接触氧化法和好氧生物流化床等。

生物膜的形成需要具备以下前提条件:起支撑作用的载体物(填料或过滤材料);营养物质(有机物、N、P) 以及其他接种微生物。当前提条件达到后,含有营养物质和接种微生物的污水在填料的表面流动,一定时间后,微生物会附着在填料表面增殖和生长,形成一层薄的生物膜。在生物膜上由细菌及其他各种微生物组成生态系统以及生物膜并对有机物的降解功能达到平衡和稳定,生物膜即达到成熟。生物膜从开始形成到成熟,一般需要 30 d左右。

生物膜处理工艺的主要特点是在处理污水时对水质、水量变动有较强的适应性;污泥沉降性能良好,易于固液分离;能够处理低浓度污水,易于维护运行;节能、运行费用少。

(2) 生物膜法的基本原理。

流动的污水长期与过滤材料或载体相接触时,只要营养物质和氧供给充足,微生物就会在过滤材料等表面上增殖,形成以好氧微生物为主体的生物层。随着微生物的不断增殖,生物膜不断增厚,当增厚至一定程度时,空气中的氧就不能透过并到达好氧层的深部(靠近过滤材料的生物膜),在此形成厌氧膜,所以生物膜是由好氧和厌氧两层构成的。生物膜是微生物高度密集的物质,在膜的表面和内部生长着各种类型的微生物(如好氧菌、厌氧菌、兼性菌的菌胶团和线虫类、轮虫类等原生及后生动物)。

生物膜的构造如图 3.45 所示,可见空气中的氧溶解于流动水层中,通过附着水层进入生物膜供微生物呼吸,污水中的有机物由流动水层经附着水层进入生物膜,通过微生物的代谢活动而被氧化分解,使流动水层在其不断流动过程中得到净化,微生物代谢产物的气体,如好氧层产生的CO_2,厌氧层产生的H_2S、NH_3 和 CH_4 等从水中逸出进入空气,其他代谢产物则通过附着水层进入流动水层,并随其排出。

生物膜是会更新和脱落的。有机物的降解主要是在好氧层内进行,其厚度一般为2 mm。当厌氧层厚度增加到一定程度时,靠近载体表面处的微生物由于得不到作为营养的

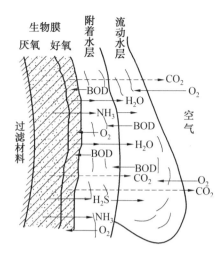

图 3.45　生物膜的构造

有机物,其生长进入内源呼吸期,附着载体的能力减弱,此时生物膜已老化,再加上气态产物的不断逸出和外部水流剪切力的作用,减弱了生物膜在过滤材料上的固着力,促使生物膜脱落。老化的生物膜脱落后,随水流排出,所以在生物膜法中需设二沉池。当然老化的生物膜脱落后又会生长出新的生物膜。因此,在生物膜处理系统的工作过程中,生物膜不断生长、脱落和更新,从而保持生物膜的活性。

（3）生物滤池。

① 生物滤池的基本原理。生物滤池是在污水灌溉的实践基础上发展起来的人工生物处理系统。生物滤池可分为普通生物滤池、高负荷生物滤池、塔式生物滤池和活性生物滤池等。

生物滤池的基本工艺流程如图 3.46 所示。废水自上而下从过滤材料空隙间流过,与生物膜充分接触。有机污染物被吸附降解,主要依靠过滤材料表面的生物膜对废水中有机物的吸附氧化作用来完成。生物滤池具有工作稳定、运行费用低、去除率高等特点。

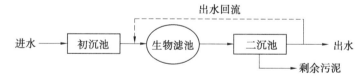

图 3.46　生物滤池的基本工艺流程

② 生物滤池的构造。生物滤池由滤床（池体与过滤材料）、布水装置和排水系统等部分组成。

a. 池体。20 世纪 30—40 年代以前多是方形或矩形,出现旋转布水器后,大多采用圆形。高负荷生物滤池通常是圆形,池壁分为有孔洞或无孔洞的两种。有孔洞的池壁有利于过滤材料的内部通风,但在冬季易受低气温的影响,一般要求池壁高于过滤材料 0.5 m,必要时池体应采取防冻、采暖以及防蝇等措施。

b. 过滤材料。过滤材料是生物膜赖以生长的载体,其主要特性是:具有大的表面积,有利于微生物的附着;能使废水以液膜状均匀分布于其表面;有足够大的孔隙率,使脱落的生物膜能随水流到池底,同时保证良好的通风;适合于生物膜的形成与黏附,且应该既不被微生物分解,又不抑制微生物的生长;有较好的机械强度,不易变形和破碎。普通生物滤池的过滤材料一般为实心拳状过滤材料,如碎石、卵石、炉渣等。工作层过滤材料的粒径为 25 ~ 40 mm,承托层过滤材料的粒径为 70 ~ 100 mm,同一层过滤材料要尽量均匀,以提高孔隙率。过滤材料的粒径越小,比表面积越大,处理能力也随之提高,但粒径过小,孔隙率降低,则过滤材料层易被生物膜堵塞。一般当过滤材料的孔隙率在 45% 左右时,过滤材料的比表面积为 65 ~ 100 m^2/m^3。高负荷生物滤池的过滤材料粒径较大,一般为 40 ~ 100 mm,其中工作层过滤材料的粒径为 40 ~ 70 mm,承托层则为 70 ~ 100 mm,孔隙率较高,可以防止堵塞和提高通风能力。过滤材料常采用卵石、石英砂、花岗岩等,一般以表面光滑的卵石为主。塑料过滤材料多由聚氯乙烯、聚苯乙烯和聚丙烯等制成,形状有波纹板式和蜂窝式等。塑料过滤材料具有质量轻、强度高、耐腐蚀、比表面积和孔隙率较大等特点。

c. 布水装置。布水装置的目的是将废水均匀地喷洒在过滤材料上,主要有固定式布水装置和旋转式布水装置。普通生物滤池多采用固定式布水装置,而高负荷生物滤池和塔式生物滤池常用旋转布水装置。

d. 排水系统。排水系统处于滤床的底部,其作用是收集、排出处理后的废水和保证良好的通风,由渗水顶板、集水沟和排水渠组成,渗水顶板用于支撑过滤材料,其排水孔的总面积应不小于滤池表面积的 20%,渗水顶板的下底与池底之间的净空高度一般应在 0.6 m 以上,以利于通风,一般在出水区的四周池壁均匀布置进风孔。

③ 生物滤池。

a. 普通生物滤池。普通生物滤池也称滴滤池,是最早出现的第一代生物滤池,属于低负荷滤池,水力负荷为 1 ~ 4 m^3/(m^2·d),BOD$_5$ 容积负荷为 0.1 ~ 0.4 kg BOD$_5$/(m^3·d)。其突出的优点是净化效果好,BOD$_5$ 去除率可达 95% 以上,且运行稳定、易于管理。其缺点是占地面积大,过滤材料易堵塞,因此在使用上受到限制。

普通生物滤池由池体、过滤材料、布水装置和排水系统等 4 个部分组成。滤池在平面上可呈方形、矩形或圆形。池壁可筑成带孔洞和不带孔洞两种。常用过滤材料有碎石、卵石、炉渣、焦炭和陶粒等,也有的应用塑料过滤材料。目前普遍使用的布水装置有固定喷嘴式和旋转式布水器。排水系统设于池体的底部,其作用是排除处理后的水,并保证滤池通风良好。

普通生物滤池的过滤材料总体积(V) 计算公式为

$$V = QS/L_{vBOD} \tag{3.76}$$

式中　　V——过滤材料总体积,m^3;

　　　　Q——进水平均流量,m^3/d;

　　　　S——进水 BOD$_5$ 质量浓度,mg/L;

　　　　L_{vBOD}——容积负荷,一般取 0.15 ~ 0.3 kg BOD/(m^3·d)。

滤床的有效面积(F) 为

$$F = V/H \tag{3.77}$$

式中　　F——滤床的有效面积,m^2;

　　　　H——过滤材料高度,H = 1.5 ~ 2.0 m。

表面水力负荷校核(q) 为

$$q = Q/F \tag{3.78}$$

　　b.高负荷生物滤池。高负荷生物滤池是为了解决普通生物滤池存在的一些弊端而开发的第二代工艺。其滤池的 BOD_5 容积负荷为普通生物滤池的 6～8 倍,水力负荷则为 10 倍,但它的 BOD 去除率比普通生物滤池低,一般为 75%～90%。图 3.47～3.49 分别为单级高负荷生物滤池、两级串联高负荷生物滤池和交替式两级串联高负荷生物滤池的工艺流程图。

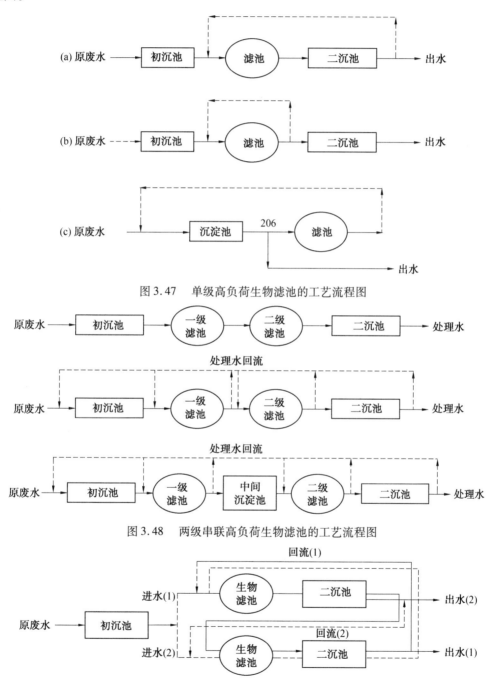

图 3.47　单级高负荷生物滤池的工艺流程图

图 3.48　两级串联高负荷生物滤池的工艺流程图

图 3.49　交替式两级串联高负荷生物滤池的工艺流程图

高负荷生物滤池的高滤度通过限制进水的 BOD_5 值和在流程上采取处理水回流等措施实现。当进入滤池污水的 BOD_5 质量浓度大于 200 mg/L 时，在进入滤池前必须用处理水回流稀释。其优点是稀释进水并使水质均匀、稳定；提高进水量，加大水力负荷，可及时地冲下过厚和老化的生物膜，抑制厌氧层生长，从而使生物膜经常保持活性；抑制臭气的产生和滤池蝇的过度滋长。当原污水浓度较高，而对处理水的要求也较高时，可采用二段滤池系统。此外还有采用人工鼓风，以强化曝气的曝气滤池。

高负荷生物滤池计算：

高负荷生物滤池的滤斗总体积 (V) 和滤池面积 (F) 的计算公式与普通生物滤池一致。其回流比 (R) 的计算公式为

$$R = Fq/Q - 1 \tag{3.79}$$

式中 R——回流比；

q——表面水力负荷，通常在 10 ~ 30 $m^3/(m^2 \cdot d)$ 之间。

高负荷单级生物滤池的出水水质与滤池高度以及水力负荷之间的关系为

$$\frac{C_e}{C_i} = e^{\frac{-K \cdot H}{q^n}} \tag{3.80}$$

式中 C_e——出水 BOD_5 质量浓度，mg/L；

C_i——进水质量浓度，mg/L；

H——滤池高度，m；

q——水力负荷，$m^3/(m^2 \cdot d)$；

K——常数，min^{-1}；

n——常数。

c. 塔式生物滤池。塔式生物滤池是根据气体洗涤塔原理开创的第三代生物滤池。在生物膜的形成、生长和降解有机物的机理等方面与普通和高负荷生物滤池没有根本区别，但在构造和净化功能等方面却有某些独到之处，所以在城市污水和各种有机工业废水的处理上得到了较广泛的应用。塔式生物滤池较适用于小型污水处理厂，一般沿高度分层建造，在分层处装有格栅以承托过滤材料，过滤材料宜采用轻质材料，如塑料波纹板、管和复合材料制成的蜂窝过滤材料等。为防止过滤材料压碎，层高应大于 2 m。污水由上而下滴落，风由塔下进入。

塔式生物滤池的塔形结构使其占地面积较其他类型滤池大为减少，同时使滤池内形成较强的拔风状态，故通风良好。该滤池的水力负荷(80 ~ 200 $m^3/(m^2 \cdot d)$) 和 BOD 容积负荷(1 ~ 2 kg $BOD_5/(m^3 \cdot d)$ 分别是高负荷滤池的 1 ~ 9 倍和 2 ~ 3 倍。高的水力负荷，使滤池内水流紊动强烈，加上良好的通风，使污水、空气、生物膜三者充分接触，大大加快了传质速率。高的有机负荷和水力负荷使生物膜迅速生长的同时，又受到强烈的水力冲刷，使生物膜不断脱落更新，塔内的生物膜具有较高的活性。在塔式生物滤池的各层上生长着种属不同，但又适应该层污水性质的生物群，这有利于微生物的新陈代谢和有机物的降解，也正是这种分层的特点，使该装置能承受较大的有机物质和有毒物质的冲击负荷。

塔式滤池因生物膜更新速度快，所以易产生堵塞现象，为此要求控制进水 BOD 质量浓度小于 500 mg/L，否则需要采用处理水回流稀释措施。此外，该法 BOD_5 去除率较低(60% ~ 85%)，因为塔高会使污水提升费用较大。

④影响生物滤池功能的主要因素。

a. 滤床的比表面积和孔隙率。生物膜是生物膜法的主体。过滤材料的表面积越大,生物膜的表面积越大,生物膜的量越多,净化功能也越强。孔隙率大,则滤床不易堵塞,通风效果好,可为生物膜的好氧代谢提供足够的氧。滤床的比表面积和孔隙率增大,扩大了传质的界面,促进了水流的紊动,有利于提高净化功能。

b. 滤床的高度。滤床不同高度的生物膜量、微生物种类和去除有机物的速度等方面都是不同的。滤床上层的废水中的有机物浓度高,营养物质丰富,微生物繁殖速度快,生物膜量多且主要以细菌为主,有机污染物的去除速率高。随着滤床深度的增加,废水中的有机物量减少,生物膜量也减少,微生物从低级趋向高级,有机物去除速率降低,有机物的去除效果随滤床深度的增加而提高,但去除速率却随深度的增加而降低。滤床高度与处理效率之间的关系和滤床不同深度处的生物膜量见表 3.17。

表 3.17　滤床高度与处理效率之间的关系和滤床不同深度处的生物膜量

距离滤床表面的深度 /m	污染物去除率 /%				生物膜量 /(kg·m⁻³)
	丙烯腈 (156 mg·L⁻¹)	异丙醇 (35.4 mg·L⁻¹)	SCN⁻ (18.0 mg·L⁻¹)	COD (955 mg·L⁻¹)	
2	82.6	31	6	60	3.0
5	99.2	60	10	66	1.1
8.5	99.3	70	24	73	0.8
12	99.4	91	46	79	0.7

c. 有机负荷与水力负荷。有机负荷是指单位体积过滤材料(或池子)单位时间内所能去除的有机物量。它是生物滤池(或曝气池)设计和运行的重要参数,单位是 $kg\ BOD_5/(m^3·d)$。水力负荷是单位体积过滤材料或单位面积每天可以处理的废水水量(如果采用回流系统,则包括回流水量)。

d. 回流。对于高负荷生物滤池与塔式生物滤池,常采用回流。其优点是不论原废水的流量如何波动,滤池可得到连续投配的废水,因而其工作较稳定;可以冲刷去除老化生物膜,降低膜的厚度,并抑制滤池蝇的滋生;均衡滤池负荷,提高滤池的效率;可以稀释和降低有毒有害物质的浓度以及进水有机物浓度。

⑤生物滤池与活性污泥法的组合应用。活性生物滤池处理系统(activated biofilter)实际上是生物滤塔和曝气池串联组成的两段生物处理系统。其工艺流程图如图 3.50 所示

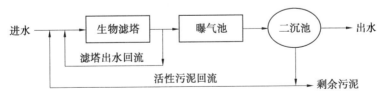

图 3.50　活性生物滤池处理系统工艺流程图

(4)生物转盘。

生物转盘是 20 世纪 60 年代开创的一种生物膜法污水生物处理技术,因其净化功能好、处理效果稳定、能源消耗低等优点得到广泛应用。生物转盘处理系统的工艺包括初沉池、生

物转盘和二沉池,核心构筑物是生物转盘。生物转盘具有节能、生物量多、净化率高、适应性强、维护管理简单、功能稳定可靠、无噪声等特点。

①生物转盘的基本原理与组成。传动装置驱动转盘以较低的线速度(15～18 m/min)在槽内转动,使转盘上的生物膜交替与空气、污水接触。生物转盘的结构示意图如图 3.51 所示,当生物膜浸没于水中时,污水中的有机物为生物膜所吸附,当生物膜随着转盘的转动离开污水时,生物膜的表面形成一薄层水层,水层从空气中吸收氧使膜上吸附的有机物被微生物氧化分解。转盘不断地转动,使有机物不断被氧化分解。老化的生物膜受水流与转盘之间产生的剪切力作用而剥落,随污水流走。

生物转盘由盘片、接触反应槽、转轴及驱动装置三部分构成。该装置是将数十个直径为1～3 m(最大可达5 m)、厚度为1～10 m的平板式盘片,以20～30 mm间隔,用中心轴串联起来,放在半圆形接触反应槽内,传动装置驱动盘片以0.8～3 r/min 的速度旋转。生物膜生长在盘片上。

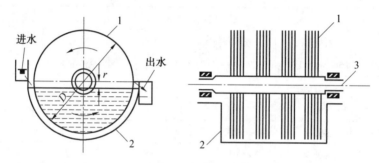

图 3.51　生物转盘的结构示意图
1— 盘片;2— 接触反应槽;3— 转轴

②生物转盘的工艺流程与组合。生物转盘的组合方式有单轴单级、单轴多级和多轴多级,如图 3.52 所示。有时根据需要还可以进行串、并联组合。级数的多少和组合方式。主要根据水质、水量、净化要求及现场条件等因素决定。以去除 BOD 和深度处理为目的的工艺流程图如图 3.53 和图 3.54 所示。生物转盘与其他工艺的组合流程图如图 3.55 所示。

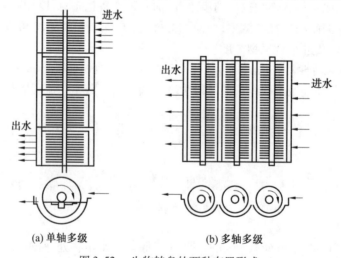

(a) 单轴多级　　　　　　　　　　(b) 多轴多级

图 3.52　生物转盘的两种布置形式

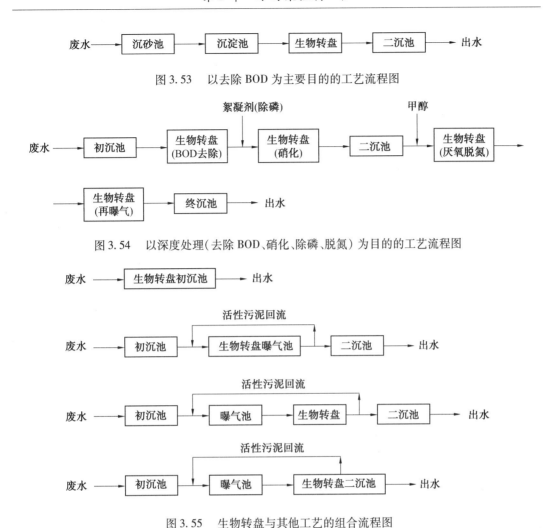

图 3.53　以去除 BOD 为主要目的的工艺流程图

图 3.54　以深度处理(去除 BOD、硝化、除磷、脱氮) 为目的的工艺流程图

图 3.55　生物转盘与其他工艺的组合流程图

③ 生物转盘的特征。生物转盘对 BOD 值从 10 000 mg/L 以上的超高质量浓度到 10 mg/L 以下的超低质量浓度有机污水都可进行处理,并且处理效果较好,说明该法耐负荷冲击适应能力强。在该工艺中,最初几级的转盘上微生物的浓度较高,这是生物转盘高效率的主要原因,同时在多级的生物转盘中,每级上生长着不同的生物相,这有利于不同有机化合物的降解。在转盘上可以增殖世代时间长的微生物,如硝化菌等,所以生物转盘具有硝化和反硝化的功能;生物膜上的微生物的食物链较长,故产生污泥量较少,约为活性污泥的 1/2,而且污泥质密,容易沉淀;接触氧化槽不需要曝气和污泥回流,因此动力消耗低。此外,还有维护管理方便,不产生二次污染等特点。

(5) 生物接触氧化法。

生物接触氧化法也称淹没式生物滤池,它是在池内装有填料,污水浸没全部填料并以一定的速度流经填料,填料上长满了生物膜,采用与曝气池相同的曝气方法,提供微生物所需的氧量,并起到搅拌和混合的作用。生物接触氧化是一种介于活性污泥法与生物滤池两者之间的生物处理方法并兼有两者的优点。

① 生物接触氧化法原理。生物接触氧化法是在充氧条件下,微生物在填料表面形成生

物膜,污水浸没全部填料并与填料上的生物接触,通过微生物代谢作用将污水中的有机物转化为 CO_2 和新生物质。生物接触氧化法的基本流程图如图 3.56 所示。

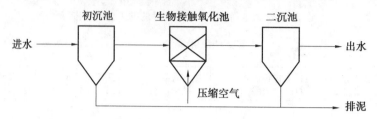

图 3.56　生物接触氧化法的基本流程图

② 生物接触氧化法特点。生物接触氧化法多采用蜂窝式或列管式填料,上下贯通,污水在管内流动,水力条件良好,再加上曝气设备供给的充沛溶解氧和充足的有机物,使生物膜上的生物相当丰富,形成了一个密集又稳定的生态系统,因而能有效地提高净化效果;该法不仅能有效地去除有机物,还能脱氮除磷。此外,该法抗冲击负荷能力强,产生污泥量少,不需要污泥回流,也不会产生污泥膨胀,所以易于维护管理,保证出水水质;同时该法不产生滤池蝇,也不会散发臭气污染环境。

③ 生物接触氧化池的装置。其主要处理构筑物是接触氧化池,它分为分流式和直流式两种类型。

a. 分流式接触氧化池。分流式就是污水的充氧和与填料接触分别在不同的隔间内进行。分流式又分为曝气区在池中间的中心曝气型和曝气区与填料各在池子一侧的单侧曝气型等。分流式可使污水缓慢流入填料,有利于生物增殖。但由此也带来了生物膜更新速度慢和易堵塞等问题。因此该种池型多用于 BOD_5 负荷较低的污水处理。

b. 直流式接触氧化池。该类型就是曝气装置设在底部,在填料下直接向其鼓风,在填料区产生向上的升流。在这种装置中,生物膜在上升流的冲击和搅拌下更新快,能经常保持较好的活性,并可避免发生堵塞现象。

④ 生物接触氧化池的计算与设计。一般采用有机负荷法进行设计,有机负荷最好通过试验确定,一般处理城市废水时可采用 $1.0 \sim 1.8 \ kg \ BOD_5/(m^3 \cdot d)$,废水在池中的水力停留时间不应小于 $1.0 \ h$(按填料体积计算),进水 BOD_5 质量浓度过高时,应考虑出水回流。

生物接触氧化池的有效容积(即填料体积)V 为

$$V = \frac{Q \cdot (S_i - S_e)}{L_{vBOD_5}} \tag{3.81}$$

式中　　Q——日均流量,m^3/d;

　　　　S_i——进水 BOD_5 质量浓度,mg/L;

　　　　S_e——出水 BOD_5 质量浓度,mg/L;

　　　　L_{vBOD_5}——有机容积负荷,$kg \ BOD_5/(m^3 \cdot d)$。

有效接触时间 t 为

$$t = \frac{V}{Q} \tag{3.82}$$

池深 H_0 为

$$H_0 = H + h_1 + h_2 + h_3 \tag{3.83}$$

式中　　H——填料高度,m;

　　　　h_1——超高,一般取 0.5 m;

　　　　h_2——填料层上部水深,一般为 0.4 ~ 0.5 m;

　　　　h_3——填料至池底的高度,为 0.5 ~ 1.5 m。

（6）生物流化床。

① 载体颗粒流化原理与特点。生物流化床是以小颗粒的砂、焦炭、活性炭等材料为载体,在载体的表面生长生物膜。充氧后的污水以一定速度自下而上流经流化床,使流化床内的载体处于流化状态。处理水由流化床上部流入二沉池,为了更新生物膜,在处理流程中往往设置脱膜设备,以脱去老化的生物膜,被脱除的生物膜作为剩余污泥排出。其具有生物固体质量浓度高(10 ~ 20 g/L)、基建费用较少、可适应较大的冲击负荷等特点。

载体颗粒的流化是由上升的水流(或水流与气流)所造成的,可分为固定、流化和流失三种状态。根据供氧、脱膜和流化床结构等的不同,生物流化床法主要有四种工艺:以纯氧为氧源的生物流化床工艺、压缩空气为氧源的生物流化床工艺、三相流生物流化床工艺和厌氧 – 兼性生物流化床工艺。

② 生物流化床的构造。生物流化床主要包括反应器、载体、布水设备和脱膜装置等。

a. 反应器。一般呈圆柱状,高径比一般采用 3∶1 ~ 4∶1,若采用内循环三相生物流化床,升流区截面积与降流区截面积之比应在 1 左右。

b. 载体。主要性能是:相对密度略大于 1;表面比较粗糙;对微生物无毒性;不与废水物质反应和价廉易得。常用载体有砂粒、无烟煤、焦炭、活性炭、陶粒及聚苯乙烯颗粒,生物固体浓度与载体投加量有直接关系。

c. 布水设备。对两相生物流化床,布水均匀十分关键,对三相生物流化床,由于有气体的搅拌,布水设备不十分重要。

d. 脱膜装置。一般三相生物流化床不需设置专门的脱膜装置。在两相生物流化床系统中常设的脱膜装置有振动筛、叶轮脱膜装置和刷式脱膜装置。

③ 生物流化床的特点。在生物流化床中,由于小颗粒载体的比表面积大(2 000 ~ 3 000 m²/m³ 载体),所以单位体积混合液中含有较高的生物量,最大可达 30 ~ 40 g/L,因此,吸附、氧化降解有机物的能力特别强。由于载体处于流化状态,污水能够充分地与载体上的生物相接触,从而大大强化了传质过程,进水 BOD_5 值可达 8 000 g/L,BOD_5 容积负荷可达 7 kg BOD_5/(m³·d) 以上。总之该法具有处理效果好、效率高,占地少,投资省,不会发生污泥膨胀和滤料堵塞等特点。该法的主要缺点是动力消耗较大、处理水量少和较难用于大型污水处理厂等。

（7）活性生物滤池。

活性生物滤池是将生物滤塔、曝气池及二沉池组合在一起。生物滤塔的部分出水和二沉池的回流污泥一起进入生物滤塔。

3.5.2　污水的厌氧生物处理

厌氧生物处理是在无氧的条件下,利用兼性菌和厌氧菌将有机物分解为 CH_4、CO_2、H_2S、N_2、H_2 和 H_2O 以及有机酸和醇等的一种生物处理法。人们有目的地利用厌氧生物处理已有近百年的历史,但由于传统的厌氧法存在水力停留时间长、有机负荷低等缺点,在过去很长一段时间没有得到广泛采用,仅限于处理污水厂的污泥、粪便等。在废水处理方面,几乎采用好氧生物处理。近二十年来,随着生物学、生物化学等学科的发展和工程实践经验的积累,不断开发出新的厌氧处理工艺和构筑物,克服了传统工艺的缺点,使得这一处理技术的理论和实践都有了很大进步,在处理高浓度有机废水方面取得了良好的效果和经济效益。

有机废水厌氧生物处理工艺可分为厌氧活性污泥法和厌氧生物膜法两大类。长期以来一直以厌氧活性污泥法为主,经过长时间的发展,其处理工艺已由最初只用于处理污泥的普通消化池,发展到可处理有机废水的厌氧接触消化池、升流式厌氧污泥床(UASB)等多种工艺。厌氧生物膜法包括厌氧生物滤池、厌氧流化床和厌氧生物转盘等。

厌氧处理与好氧处理相比有以下特点:① 可以直接处理高浓度的有机废水,不需要大量的稀释水,并有较高的去除效果,可降解一些好氧处理难以降解的物质;② 处理过程中动力消耗低,一般为活性污泥法的1/10,产生的甲烷气体又能作为能源;③ 产生的剩余污泥量少,仅为好氧处理的1/10到1/6,并已高度矿化,易于脱水,消化后的污泥在卫生学和化学上都是稳定的,可以作为肥料和饲料;④ 厌氧处理设备较便宜,不需要价格较贵的曝气设备,还可以利用某些废水的高温条件进行高温厌氧处理,减少人工降温费用;⑤ 厌氧处理出水水质差,为使水质达到国家标准,尚需进行补充处理;⑥ 污泥增长缓慢,装置启动周期长(第一次启动需要8～12周的时间);⑦ 操作控制因素较为复杂,需对操作人员进行培训;⑧ 因为所产甲烷易燃,需要有相应的安全措施。

1. 厌氧活性污泥法

(1)厌氧生物处理的机理。

有机物的厌氧分解过程在微生物学上可分为前后两个阶段:酸性消化(酸性发酵)阶段和碱性消化(甲烷发酵)阶段,这两个阶段分别由两类微生物群体完成,如图3.57所示。

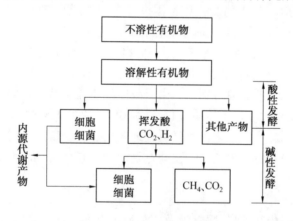

图 3.57   有机物的厌氧分解过程

① 酸性消化阶段,也称产酸阶段。在该阶段中起作用的是产酸菌(兼性厌氧菌)。首先产酸菌中的发酵细菌将各种复杂的有机物 —— 碳水化合物、蛋白质、脂肪等分别水解成单糖、肽和氨基酸、丙三醇及脂肪酸等,并通过发酵将水解产物转化成 H_2、CO_2、NH_3、挥发性有机酸(VFA)和乙醇等,然后产氢产乙酸菌再将丙酸、丁酸、乙醇等转化成 H_2、CO_2 和乙酸。

② 碱性消化阶段,也称产甲烷阶段。该阶段是在产甲烷菌(专性厌氧菌)的作用下,将

酸性消化阶段的代谢产物进一步分解成 CH_4、CO_2 以及少量的 NH_3 和 H_2S 等。

甲烷细菌对 pH 的要求很严格,适宜的范围是 6.8 ~ 7.8。甲烷细菌对温度的适应性较差,在一定温度下驯化的甲烷细菌,当温度升高或降低 1 ~ 2 ℃ 时,就可能使消化过程受到破坏。甲烷细菌的繁殖很慢,一般 4 ~ 6 d 繁殖一代。因此,必须注意避免过多地从处理构筑物中排出成熟的污泥,或采用回流污泥的方法,以利于保持较多的甲烷细菌。甲烷细菌的专一性很强,每种菌只能代谢特定的基质,因此有机物的厌氧分解往往是不完全的。

正常的厌氧消化过程应保持酸的形成速度与甲烷的形成速度相平衡。由于甲烷细菌的世代期比产酸细菌长,对环境的适应性差,甲烷的形成速度较慢,所以碱性消化阶段控制着整个系统的反应速度,整个过程中必须维持有效的碱性消化条件。

（2）影响厌氧生物处理的主要因素。

① 温度。根据厌氧菌最适宜的生存温度,将其分成低温菌、中温菌和高温菌三类。据此,厌氧处理工艺一般也分为三种:低温消化(5 ~ 15 ℃)、中温消化(30 ~ 35 ℃)和高温消化(50 ~ 55 ℃)。

② 酸碱度。在厌氧消化池发酵初期,产酸菌降解有机物产生大量的有机酸和碳酸盐,使发酵液中的 pH 明显下降,但同时产酸菌中还有一类氨化细菌,能迅速分解蛋白质产生氨,氨可以中和一部分酸,起到一定的缓冲作用。另外,产甲烷菌可利用乙酸、CO_2、H_2 生成甲烷,因此避免了酸的累积,使系统的 pH 稳定在一定的范围内。一般消化池内 pH 应维持在 6.5 ~ 7.8,厌氧消化池中碱度应保持在 2 000 ~ 3 000 mg/L。

③ 负荷。负荷是厌氧处理中污水或污泥中有机物进行厌氧消化速率高低的综合性指标,是厌氧消化的主要控制参数。

④ 碳氮比。有机物质中的碳氮比(C/N)对消化过程有较大影响。C/N 过高,组成细菌的氮量不足,消化液的缓冲能力较低,pH 易下降;C/N 过低,则氮量过高,pH 可能上升到 8.0 以上,对产甲烷菌产生毒害作用。当 C/N 为(10 ~ 20)∶1 时,消化效果较好。

⑤ 有毒物质。污泥中的有毒物质影响消化的正常进行,因此必须严格控制有毒物质排入污水系统。污泥消化有害物质最大允许质量浓度见表 3.18。

表 3.18　污泥消化有害物质最大允许质量浓度　　　　　　　　　　mg/L

有毒物质	最大容许质量浓度	有毒物质	最大容许质量浓度
硫酸铝	5	苯	200
铜	25	甲苯	200
镍	500	戊酸	100
铅	50	甲醇	5 000
三价铬	25	三硝基甲苯	60
六价铬	3	合成洗涤剂	100 ~ 200
硫化物	150	氨氮	1 000
丙酮	800	硫酸银	2 000

⑥ 氧化还原电位。非产甲烷菌可以在氧化还原电位为 + 100 ~ - 100 mV 的环境下正常生长和活动;而产甲烷菌的最适氧化还原电位为 - 150 ~ - 400 mV,在培养产甲烷菌的初期,氧化还原电位不能高于 - 320 mV。严格的厌氧环境是产甲烷菌进行正常活动的基本条件,可以用氧化还原电位表示厌氧反应器中的含氧浓度。

⑦ 营养要求。多数厌氧菌不具备合成某些必要的维生素或氨基酸的功能,所以有时还需要投加 K、Na、Ca 等金属盐类,微量元素 Ni、Co、Mo、Fe 等,以及有机微量物质,如酵母浸出膏、生物素和维生素等。

（3）厌氧接触消化法。

① 普通厌氧消化池。普通厌氧消化池又称传统消化池,目前也可用于高浓度有机废水的处理,但它仍是污泥稳定化处理最基本的方法。如图 3.58 所示,普通厌氧消化池是用钢筋混凝土建成拱顶圆池,池径在几米到几十米,柱体高度约为直径的一半,底部为便于排泥制成圆锥形。池内采用机械、水力或沼气进行搅拌。经消化的废水由上部排出,沼气从顶部排出,该池型的主要缺点是效率低,消化池的体积利用率低。

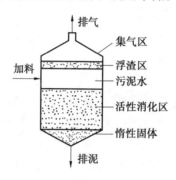

图 3.58　普通厌氧消化池工艺流程图

② 厌氧接触消化池。厌氧接触消化池工艺流程图如图 3.59 所示。其消化池为完全混合式普通消化池,因设置沉淀池和进行污泥回流,与普通消化池相比,提高了池中的污泥浓度,在一定程度上提高了消化池的有机负荷和处理效率。由于消化产生气体易黏附在污泥上影响沉淀,在污水进入沉淀池前应设脱气器,以改善污泥的沉降性能,避免污泥流失。

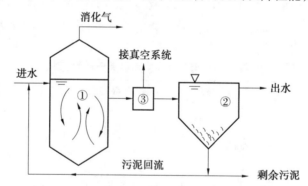

图 3.59　厌氧接触消化池工艺流程图
① 混合接触池;② 沉淀池;③ 真空脱气器

（4）升流式厌氧污泥床反应器。

1974 年,荷兰的 Lettinga 等人开发了升流式厌氧污泥床反应器,标志着厌氧反应器的研究进入了新的时代。

升流式厌氧污泥床（UASB）反应器是厌氧处理技术的重大突破。UASB 具有运行费用低、投资省、效果好、耐冲击负荷、适应 pH 和温度变化、结构简单及便于操作等特点,主要应用于啤酒、酒精和制药等生产废水处理。

　　升流式厌氧污泥床反应器如图 3.60 所示。该反应器主要分为三部分:底部布水系统、反应区(分为污泥床和污泥悬浮层区两部分)、顶部气液固三相分离区。污水由底部进入反应器后,首先经过浓度很高、具有良好沉降性和絮凝性的颗粒污泥床,在此有机物被厌氧分解产生沼气,由于产生沼气的上升和搅拌作用,在污泥床的上部形成悬浮污泥层。气、水、泥混合液上升至三相分离区,气体碰到隔板折向气室,被分离排出,水和污泥靠重力作用进入沉淀区,污泥沉到沉淀区底部并通过沉淀区污泥回流孔返回反应区,清水则从沉淀区上部排出。

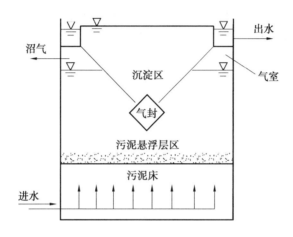

图 3.60　升流式厌氧污泥床反应器

　　(5) 内循环厌氧反应器。

　　内循环厌氧(IC) 反应器是第三代厌氧反应器(图 3.61)。其构造特点是具有很大的高

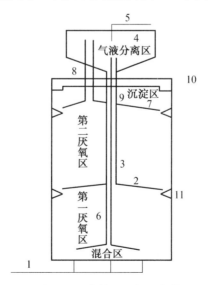

图 3.61　内循环厌氧反应器

1— 进水;2— 一级三相分离器;3— 沼气提升管;4— 气液分离器;5— 沼气排出管;6— 回流管;
7— 二级三相分离器;8— 集气管;9— 沉淀区;10— 出水管;11— 气封

径比。IC反应器基本构造是由2层UASB反应器串联而成。反应器的高度达16～25 m,外观上像是一个厌氧生化反应塔,塔体一般为圆筒形结构。污水直接进入反应器底部,通过布水系统与厌氧颗粒污泥混合。形成的泥水混合物进入第一厌氧区,在高浓度污泥作用下,大部分有机物转化为沼气,沼气被第一级三相分离器收集。经第一厌氧区处理后的废水,除一部分被沼气提升外,其余都通过三相分离器进入第二厌氧区。IC反应器与UASB反应器相比具有超高的容积负荷率、处理容量大、投资少、占地面积小、启动快和运行稳定等特点,适合于处理浓度较低和温度较低的有机废水,值得进一步研究开发与推广。

(6)膨胀颗粒污泥床。

膨胀颗粒污泥床(EGSB)反应器是对UASB反应器的改进,即厌氧流化床与UASB反应器两种技术的成功结合,属于第三代厌氧反应器。与UASB反应器相比,两者最大的不同在于反应器内液体上升流速不同。EGSB反应器采用了更大的高径比和增加了出水回流,上升流速高达2.5～6.0 m/h,远大于UASB反应器采用的0.5～2.5 m/h的上升流速。其主要目的是提高反应器内的液体上升流速,使颗粒污泥床层充分膨胀,再加上产气的搅拌作用,污水与微生物间充分接触,加强传质效果,还可以避免反应器内死角和短流的产生,可以处理较低浓度的有机废水。

(7)厌氧折流板反应器。

厌氧折流板(ABR)反应器是McCarty和Bachmann等人于1982年在总结各种第二代厌氧反应器处理工艺性能的基础上,开发和研制的一种新型高效厌氧活性污泥法,如图3.62所示。其突出特点是使用一系列垂直的折流板,在水流方向形成依次串联的隔室,从而使其中的微生物种群沿水流方向的不同隔室,实现产酸和产甲烷相的分离,在单个反应器中达到两相或多相运行。近几年来ABR反应器工艺不断在酒精废水和高浓度糖浆废水等方面得到广泛的研究和应用。

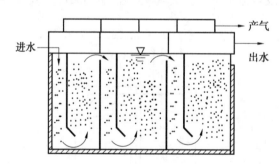

图3.62　厌氧折流板反应器

(8)两相厌氧生物处理工艺。

两相厌氧生物处理工艺(two-phase anaerobic bio-treatment)的本质特征是实现生物相的分离,即建造两个独立控制的反应器,如图3.63所示。

这两个独立控制的反应器分别培养产酸细菌和产甲烷细菌,并提供它们各自的最佳生长条件,实现完整的厌氧发酵过程,从而发挥它们的活性,提高处理效果,增加运行稳定性。产酸阶段起作用的主要是兼性产酸菌,它对生活环境(如pH、温度等)的适应性较强,若原废水以溶解性有机物为主,则反应速度快,所需时间短。产甲烷阶段起作用的主要是绝对厌氧菌,对环境的要求严格。随着对两相厌氧概念和厌氧降解机理的进一步理解,如何针对不

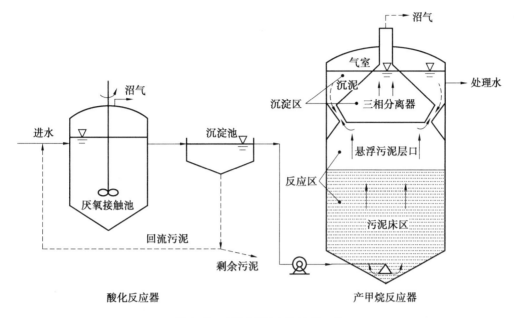

图 3.63　两相厌氧生物处理工艺

同水质并结合各种新型高效厌氧反应器的特点进行产酸相和产甲烷的组合才能达到更好的处理效果成为新的研究方向。

2. 厌氧生物膜法

常见的厌氧生物膜法分为厌氧生物滤池、厌氧流化床、厌氧生物转盘（ARBC）和 LARAN 工艺等。

（1）厌氧生物滤池。

厌氧生物滤池与好氧生物接触氧化池的原理基本相同,只是厌氧生物滤池无须供氧。其构造与一般的生物滤池相似,但是池顶密封。生物膜不断代谢,老化的生物膜随水流带出,产生的消化气从滤池的顶部排出。厌氧滤池是最具代表性的厌氧生物滤池。

厌氧滤池（AF）是 1969 年 Young 和 McCarty 开发研究的,它的出现开创了常温下对中等浓度有机废水的厌氧处理,又称厌氧固定膜反应器。厌氧滤池的构造如图 3.64 所示,包括池体、过滤材料、布水设备以及排水、排泥设备等,结构和原理类似于好氧淹没生物滤池,只

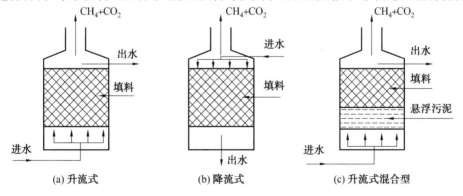

图 3.64　厌氧滤池的构造

是其在厌氧条件下运行。厌氧滤池分为升流式、降流式和升流式混合型。厌氧生物滤池呈圆柱形,池内装放填料,厌氧菌在填充材料上附着一层厌氧生物膜,池底和池顶密封。污水自上而下或自下而上通过过滤材料层时,在填料表面的厌氧生物膜作用下,废水中的有机物被降解,生成 CH_4 和 CO_2。其有机负荷一般为 $2 \sim 16 \ kg \ COD/(m^3 \cdot d)$,因污泥龄较长(可达 100 d 或更长),所以运行和处理比较稳定。

目前,厌氧生物滤池已应用于化工、酿酒、饮料和食品加工等工业废水和城市生活污水处理,既适用于处理高浓度有机废水,也可以处理低浓度废水。

(2) 厌氧流化床。

如图 3.65 所示,典型的厌氧流化床为圆柱形结构,床内装有惰性颗粒载体,厌氧细菌组成生物膜在载体上,除不需要供氧外,其他与好氧流化床相似。水流经床体时,载体会膨胀。如果膨胀床上升,水流速度增加到一定程度上,通过床内的颗粒体层压力下降到恰好等于介质所受的重力,载体颗粒将在水中自由悬浮,达到最小流化点,膨胀床即向流化床转化。流化床具有传质效果好、代谢产物易排出、生物膜薄和处理效率高等优点。

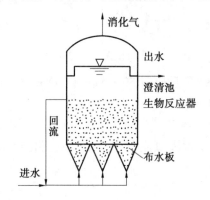

图 3.65　厌氧流化床的结构

(3) 厌氧生物转盘。

厌氧生物转盘是厌氧消化工艺类型之一,具有旋转水平轴的队列式密封长圆筒,轴上装有一系列圆盘。运行时圆盘大部分浸在污水中,厌氧微生物附着在旋转的圆盘表面形成生物膜,吸附污水中的有机物并产生沼气。厌氧生物转盘具有以下特点:微生物浓度高,可承受较高的有机负荷;一般在中温发酵条件下,有机物面积负荷可达 $0.04 \ kg \ COD/(m^2 \cdot d)$,相应的 COD 去除率可达90% 左右;废水在反应器内按水平方向流动,无须提升废水和回流,既节能又便于操作;可处理含悬浮固体较高的废水,不存在堵塞问题;由于转盘转动,不断使老化生物膜脱落,使生物膜经常保持较高活性;具有承受冲击负荷的能力,处理过程稳定性较强;采用多级串联,各级微生物处于最佳生存条件下。厌氧生物转盘的主要缺点是盘片成本较高,从而整个装置造价很高。

(4)LARAN 工艺。

LARAN 工艺是针对传统活性污泥法的诸多问题而研究开发的一种新的固定床厌氧循环反应器,反应器内装有波纹环型塑料填料。生长缓慢的厌氧微生物附着生长在比表面积较大的填料上,可使反应器内保持较高的污泥浓度。废水自上而下流经固定床,并将大部分废水由底部经原废水进口处的射流器循环流至反应器的上部,通过废水的循环,强化反应器内部水流的混合效果,调节原废水水质的波动,削弱废水的冲击负荷,处理出水经设在反应器上部的竖管收集系统流出反应器。处理过程中产生的沼气与废水逆向流动,并通过设在顶部的出气管流出反应器。该工艺具有耐冲击负荷、产泥少、去除率高和构造简单等特点。

3.5.3　污水的脱氮除磷技术

氮、磷是引起水体富营养化的主要污染物。一般的活性污泥法以去除污水中的可降解有机物为主要目的,对污水中氮、磷的去除效果有限。随着生物脱氮除磷理论研究的不断创新与突破,许多国家都加强了对生物脱氮除磷技术的研究,诸多新型生物脱氮除磷技术先后问世,现对几种传统生物脱氮除磷技术及新型生物脱氮除磷技术做简要介绍。

1. 污水的生物脱氮技术

(1) 污水的生物脱氮基本原理。

生物脱氮由硝化和反硝化两个过程组成。

① 硝化过程。硝化过程是在自养型好氧硝化菌的作用下发生的生化反应,使污水中的 $NH_4^+ - N$ 氧化为 $NO_3^- - N$。

在氨氧化细菌的作用下:

$$NH_4^+ + 3/2O_2 \longrightarrow 2H^+ + H_2O + NO_2^- + 能量$$

在亚硝酸盐细菌的作用下:

$$NO_2^- + 1/2O_2 \longrightarrow NO_3^- + 能量$$

总反应为

$$NH_4^+ + 2O_2 \longrightarrow NO_3^- + 2H^+ + H_2O$$

在上述生化反应过程中,硝化菌在获得能量的同时,部分 NH_4^+ 被同化为细胞组织,其合成反应为

$$4CO_2 + HCO_3^- + NH_4^+ + H_2O \longrightarrow C_5H_7NO_2 + 5O_2$$

归纳试验与理论计算结果,得到硝化反应综合反应方程式为

$$22NH_4^+ + 37O_2 + 4CO_2 + HCO_3^- \longrightarrow C_5H_7NO_2 + 21NO_3^- + 20H_2O + 42H^+$$

可见,好氧生物硝化过程是消耗水的碱度,降低 pH,只能使 $NH_3 - N$ 发生化学形态的转化,不能最终脱氮。欲最终脱氮,还必须进一步将 NO_3^- 转化为气态 N_2,使其逸入大气。通常将这一生物再转化过程称为反硝化过程。

影响硝化的因素有 DO、pH 和温度等环境因素,好氧段溶解氧应保持在 $1 \sim 2$ mg/L,即要达到硝化目的,DO 必须充足。在混合培养系统中,氨氧化细菌最适宜的 pH 为 $7.0 \sim 8.5$,亚硝酸氧化细菌为 $6.0 \sim 7.5$,两种硝化菌的最适宜温度为 30 ℃。

② 反硝化过程。反硝化过程也就是脱氮过程,是由反硝化细菌来完成的。大多数反硝化细菌属于异养型兼性厌氧菌,在缺氧条件下,反硝化细菌以有机物为电子供体(供氢体),以硝酸盐为最终电子受体,氧化污水中的有机物,用于产能和增殖,同时 NO_2^- 和 NO_3^- 被还原成 N_2,从水中逸出,从而达到脱氮的目的。

$$NO_3^- + 3H(供氢体 \longrightarrow 有机物) \longrightarrow 1/2N_2 + H_2O + OH^-$$

$$NO_3^- + 5H(供氢体 \longrightarrow 有机物) \longrightarrow 1/2N_2 + 2H_2O + OH^-$$

为使反应进行完全,必须向反硝化池中投加一定数量的有机物。在此过程中 1 g NO_3^-

还原成 N_2 将生成 37.5 g 碱度。

影响反硝化过程的环境因素有溶解氧、pH 和温度等。氧可抑制硝酸盐还原作用,反硝化池中的溶解氧应控制在 0.5 mg/L 以下。温度对反硝化速率影响很大,最适宜温度为 30 ℃,低于 25 ℃ 时速度明显下降,小于 5 ℃、大于 40 ℃ 反硝化作用几乎停止。最适宜的 pH 在 7.5 ~ 9.2 之间。

（2）生物脱氮工艺。

生物脱氮工艺的开发是在 20 世纪 30 年代发现生物滤床中的硝化、反硝化反应开始的,但其应用是在 1969 年美国的 Barth 提出三段生物脱氮工艺后。现对几种典型的生物脱氮工艺进行介绍。

① 三段生物脱氮工艺。该工艺是将有机物氧化、硝化及反硝化独立开来,每一部分都有其自己的沉淀池和各自独立的污泥回流系统,其工艺流程图如图 3.66 所示。除碳、硝化和反硝化在各自的反应器中进行,并分别控制在适宜的条件下运行,处理效率高。

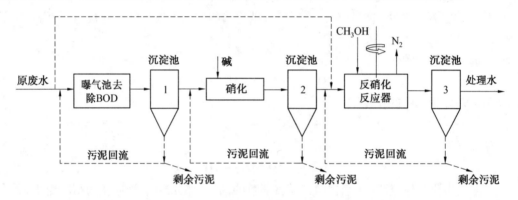

图 3.66　三段生物脱氮工艺流程图

由于反硝化设置在有机物氧化和硝化段之后,主要靠内源呼吸碳源进行反硝化,效率很低,所以必须在反硝化段投加外加碳源来保证高效、稳定的反硝化反应。随着对硝化反应机理认识的加深,将有机物氧化和硝化合并成一个系统以简化工艺,从而使形成二段生物脱氮工艺成为现实。各段同样有其自己的沉淀池污泥回流系统。除碳和硝化作用在一个反应器中进行时,设计的污泥负荷要低,水力停留时间和污泥龄要长,否则硝化作用会降低。在反硝化阶段仍需要补加碳源来维持反硝化的顺利进行。

②Bardenpho 生物脱氮工艺。该工艺取消了三段脱氮工艺的中间沉淀池,如图 3.67 所示。该工艺设立了两个缺氧段,第一段利用原水中的有机物为碳源和第一好氧池中回流的含有硝态氮的混合液进行反硝化反应。经第一段处理,脱氮已基本完成。为进一步提高脱氮效率,废水进入第二段反硝化反应器,利用内源呼吸进行反硝化。最后的曝气池用于吹脱废水中的氮气,提高污泥的沉降性能,防止在二沉池发生污泥上浮现象。该工艺比三段脱氮工艺减少了投资和运行费用。

③ 缺氧 – 好氧生物脱氮工艺。该工艺于 20 世纪 80 年代初开发,其工艺流程图如图 3.68 所示。该工艺将反硝化段设置在系统的前面,因此又称为前置式反硝化生物脱氮系统,是目前较为广泛采用的一种脱氮工艺。反硝化反应以污水中的有机物为碳源,曝气池中含有大量硝酸盐的混合回流液,在缺氧池中进行反硝化脱氮。在反硝化反应中产生的碱度

可补偿硝化反应中所消耗的碱度的 50% 左右。该工艺流程简单,不需要外加碳源,因而基建费用及运行费用较低,脱氮效率一般在 70% 左右。但由于出水中含有一定浓度的硝酸盐,在二沉池中有可能进行反硝化反应,造成污泥上浮,影响出水水质。

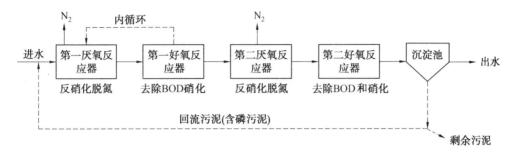

图 3.67 Bardenpho 生物脱氮工艺流程图

图 3.68 缺氧 – 好氧生物脱氮工艺流程图

2. 污水的除磷技术

污水中的磷以正磷酸盐、聚磷酸盐和有机磷等形式溶解于水中,一般仅能通过物理、化学或生物方法使溶解的磷化合物转化为固体形态后予以分离。除磷的方法主要分为物理法、化学法及生物法三大类。物理法因成本过高、技术复杂而很少应用。本书主要介绍化学法和生物法。

(1) 污水除磷原理。

① 化学法除磷。化学法是最早采用的一种除磷方法。该方法是以磷酸盐和某些化学物质如铝盐、铁盐、石灰等反应生成不溶的沉淀物为基础进行的,产物常具有絮凝作用,有助于磷酸盐的分离。化学法除磷过程中发生的化学反应见表 3.19。

表 3.19 化学法除磷过程中发生的化学反应

项目	化学反应	化学污泥的组分
石灰	$5Ca^{2+} + 3PO_4^{3-} + OH^- \longrightarrow Ca_5(PO_4)_3(OH)$	$Ca_5(PO_4)_3(OH)$
	$Ca^{2+} + CO_3^{2-} \longrightarrow CaCO_3$	$CaCO_3$
铝盐	$Al^{3+} + PO_4^{3-} \longrightarrow AlPO_4$	$AlPO_4$
	$Al^{3+} + 3OH^- \longrightarrow Al(OH)_3$	$Al(OH)_3$
铁盐	$Fe^{3+} + PO_4^{3-} \longrightarrow FePO_4$	$FePO_4$
	$Fe^{3+} + 3OH^- \longrightarrow Fe(OH)_3$	$Fe(OH)_3$

a. 石灰。选用石灰的目的是利用钙离子与磷酸盐生成沉淀去除污水中的磷元素。在钙离子去除磷的反应中,碳酸盐会与磷酸盐发生竞争,使得与磷酸盐反应的自由钙离子大大减少,从而降低磷的去除效率,当 pH = 9 ~ 10 时,这种情况最严重。

b. 铝盐。氢氧化铝是一种性能优良的吸附剂,其在污水中能直接与磷酸盐迅速反应生成沉淀。但这个反应对 pH 要求较高,只有当 pH 较低时,氢氧化铝才能与之反应生成沉淀。污水中有些有机物质会包裹在无机铝离子周围,抑制磷酸盐沉淀的生成,所以如果使用铝离子去除污水中的磷,一定要在工艺的末端加入,此时有机物质的浓度较低,除磷效果比较好。

c. 铁盐。硫酸亚铁和氯化铁都是主要的铁盐除磷剂,铁盐和铝盐的反应机理相同。铁盐溶于水后,三价铁离子会同时发生两个反应,一部分是与 PO_4^{3-} 形成难溶性的盐,另一部分通过溶解和吸水形成强烈水解,同时水解过程中会发生聚合反应。

化学法的特点是磷的去除率较高,处理效果稳定,污泥在处理和处置过程中不会重新释放磷而造成二次污染,但污泥的产量比较大。

② 生物法除磷。生物法除磷是通过反应器中的微生物来去除污水中的磷,主要分为两种工艺:一种是传统的生物除磷工艺,即通过微生物对水中磷元素直接利用;另一种则是强化生物除磷工艺(EBPR),是借助活性污泥中的聚磷菌(PAOs)对磷元素的超量吸收,将磷元素以聚磷酸盐的形式储存在微生物体内。

a. 传统生物除磷工艺。传统生物除磷的研究历史比较悠久,主要通过单一的细菌或微藻来完成除磷。蓝细菌除磷能力比较强,但是微藻去除水中磷时,微藻回收是一个难题。微藻应用时一般向水中加入可固定的球形凝胶颗粒,主要机理是凝胶颗粒的吸附和微藻的吸收作用。

b. 强化生物除磷工艺。强化生物除磷是依靠 PAOs 来完成的,这类细菌是指那些既能储存聚磷(poly - P)又能以聚 β 羟基丁酸(PHB)的形式储存碳源的细菌。在厌氧、好氧交替运行的条件下,通过 PHB 与 poly - P 的转化使其成为优势菌,并过量去除系统中的磷。

ⅰ. 磷的厌氧释放。在厌氧的条件下产酸菌将有机物转化为低分子的有机酸、醇等,聚磷菌依靠体内储存的聚磷的分解产生能量,将这些分解产物合成 PHB 储存在细菌体内。聚磷的分解引起细胞内磷的积累,细胞内不能用于合成的磷酸盐就会排到细胞体外,从而引起水中磷的浓度升高,这就是磷的厌氧释放。

ⅱ. 磷的好氧吸收。经过有效的磷释放,聚磷菌体内积累了大量的 PHB,在好氧条件下,聚磷菌既可以继续利用污水中的有机基质,又可以分解产物合成 PHB 储存在体内,提供碳源,同时将细胞外的磷合成聚磷储存在体内,使生成的活性污泥的含磷量是普通活性污泥含磷量的 2 ~ 3 倍,这是因为聚磷菌在好氧条件下具有可超出生理需求过量摄取磷的特点,因而使水中磷被去除。

③ 反硝化除磷。反硝化聚磷菌(DPB)是一类能够在厌氧状态下释放磷,在硝酸盐(NO_3^-)或亚硝酸盐(NO_2^-)存在的缺氧情况下聚磷,并同时具有反硝化功能的聚磷菌。在传统 A/A/O 工艺缺氧段污泥中存在利用亚硝酸盐的反硝化聚磷菌。

反硝化除磷可以克服传统的生物脱氮除磷工艺碳源不足的缺点,利用硝酸盐代替氧气作为电子受体,同时进行脱氮除磷和有机物去除,实现"一碳两用"。此工艺实现了同步脱氮除磷和降解有机物,具有节省碳源,不需曝气,低污泥产量的优点,适合处理污水氮磷含量高且 COD 浓度低的污水。

(2) 生物除磷工艺。

① An/O 工艺。An/O 工艺是厌氧池和好氧池的组合,该工艺具有同时去除污水中有机污染物和磷的功能,其流程图如图 3.69 所示。

为了使微生物在好氧池中易于吸收磷,溶解氧应维持在 2 mg/L 以上,pH 应控制在 7 ~ 8 之间。磷的去除率还取决于进水中的 BOD_5 与磷浓度之比。据报道,如果这一比值大于 10∶1,出水中磷的质量浓度可在 1 mg/L 左右。由于微生物吸收磷是可逆的过程,过长的曝气时间及污泥在沉淀池中停留时间过长都有可能造成磷的释放。

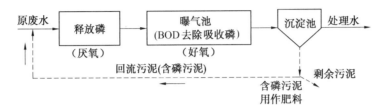

图 3.69　厌氧 – 好氧除磷工艺流程图

②Phostrip 工艺。Phostrip 工艺流程图如 3.70 所示。从图 3.70 可知,该工艺主流是常规的活性污泥工艺,而在回流污泥过程中增设厌氧放磷池和上清液的化学沉淀池,称为旁路。回流污泥经厌氧放磷后再和进水一起进入曝气池吸收磷。因而,该法是一种生物法和化学法协同的除磷方法。该工艺操作稳定性好,出水中磷的质量浓度可小于 1.5 mg/L,表 3.20 中列出了 A/O 法和 Phostrip 工艺的典型设计参数。

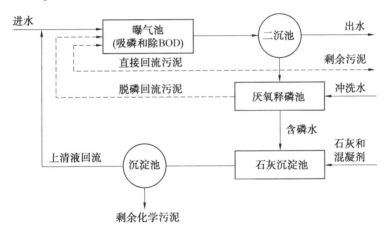

图 3.70　Phostrip 工艺流程图

表 3.20　生物除磷工艺的典型设计参数

设计参数	单位	A/O 工艺	Phostrip 工艺
污泥负荷	kg BOD_5/(kg MLVSS · d)	0.2 ~ 0.7	0.2 ~ 0.5
污泥龄	d	2 ~ 6	5 ~ 15
MLSS	mg/L	2 000 ~ 4 000	2 000 ~ 4 000
厌氧段 HRT	h	0.5 ~ 1.5	10 ~ 20(放磷池)
好氧段 HRT	h	1 ~ 3	4 ~ 10
污泥回流	%	25 ~ 40	50 左右
内循环	%	—	10 ~ 20(放磷池)

③UCT 工艺。UCT(university of cape town) 工艺是在 A/A/O 工艺基础上改进而成的,反应区由厌氧 – 缺氧 – 好氧顺序连接而成,硝化液从好氧区回流到缺氧区,污泥回流首先

从二沉池回流到缺氧区,然后经反硝化去除硝酸盐氮后,再从缺氧区回流到厌氧区。与 A/A/O 工艺相比,通过污泥回流的不同路径设置,大大减少了最终回流到厌氧区污泥中含有的硝酸盐氮,确保良好的厌氧环境,使得进水有机物被优先用于释磷,然后在缺氧区进行反硝化脱氮和反硝化除磷,在好氧区进行好氧吸磷和硝化反应,显著提高了同步脱氮除磷效果。硝酸盐氮通过 UCT 工艺可以将系统缺氧吸磷率提高到 30%,从而进一步节省碳源和能耗。UCT 工艺流程图如图 3.71 所示。

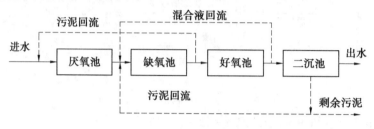

图 3.71 UCT 工艺流程图

3. 污水同步脱氮除磷技术

(1) 生物脱氮除磷典型工艺。

为了达到在一个处理系统中同时去除氮、磷的目的,近年来,各种脱氮除磷工艺应运而生,主要是 An/A/O 工艺、改进的 Bardenpho 工艺、UCT 工艺和 SBR 工艺等。生物脱氮除磷工艺的典型设计参数见表 3.21。

表 3.21 生物脱氮除磷工艺的典型设计参数

设计参数	单位	A/A/O 法	改进的 Bardenpho 工艺
污泥负荷(F/M)	kg BOD_5/(kg MLVSS·d)	0.15 ~ 0.25	0.1 ~ 0.2
污泥龄	d	15 ~ 27	10 ~ 30
MLSS	mg/L	3 000 ~ 5 000	2 000 ~ 4 000
厌氧段 HRT	h	0.5 ~ 1.0	1 ~ 2
缺氧段 – 1HRT	h	0.5 ~ 1.0	2 ~ 3
好氧段 – 1HRT	h	3.5 ~ 6.0	4 ~ 12
缺氧段 – 2HRT	h		2 ~ 4
好氧段 – 2HRT	h		0.5 ~ 1
污泥回流	%	20 ~ 50	50 ~ 100
内循环	%	100 ~ 300	400

①An/A/O 工艺。An/A/O 工艺是指在原来 An/O 工艺的基础上嵌入一个缺氧池,并将好氧池中的混合液回流到缺氧池中,达到反硝化脱氮的目的,这样厌氧 – 缺氧 – 好氧相串联的系统能同时除磷脱氮,简称 A^2/O 工艺,其流程如图 3.72(a) 所示。该处理系统出水中磷的质量浓度基本可在 1 mg/L 以下,氨氮质量浓度也可在 15 mg/L 以下。由于污泥交替进入厌氧和好氧池,丝状菌较少,污泥的沉降性能很好。

② 改进的 Bardenpho 工艺(An/A/O/A/O)。Bardenpho 工艺由四池串联,即缺氧 – 好氧 – 缺氧池 – 好氧池,类似二级 A/O 工艺。第二级 A/O 的缺氧池基本上利用内源碳源进行脱氮,最后的曝气池可以吹脱氨氮,提高污泥的沉降性能。为了提高除磷的稳定性,在 Bardenpho 工艺流程之前增设一个厌氧池,以提高污泥的磷释放效率,如图 3.72(b) 所示。

只要脱氮效果好,通过污泥进入厌氧池的硝酸盐很少,不会影响污泥的放磷效果,从而使整个系统达到较好的脱氮除磷效果。

③MUCT工艺。改进的 Bardenpho 工艺,由于二沉池回流污泥中很难避免有一些硝酸盐回流到流程前端的厌氧池,从而影响除磷效果,为此 UCT 工艺将二沉池的回流污泥回流到缺氧池,污泥中携带的硝酸盐在缺氧池中反硝化脱氮。同时为弥补厌氧池中污泥的流失,增设缺氧池至厌氧池的污泥回流,这样厌氧池可免受硝酸盐的干扰,如图 3.72(c) 所示。但 UCT工艺在运行中存在两个问题:污泥沉降性与运行控制手段。运行期间发现,需要调整合适的硝化液回流比,使缺氧段能在硝酸盐负荷较低的条件下运行,避免硝酸盐氮进入厌氧段。但是进水水质本身 C/N 值就是不确定的,特别在暴雨与洪峰期间变化更大,故不可能对硝化液回流比进行控制,故在 UCT 工艺基础上,把原来的缺氧反应器分成了两个缺氧段,第一个缺氧段污泥量比值达到 0.1,第二个缺氧段接受来自好氧段的硝化液,硝化液的内循环比值根据流入第二个缺氧段的硝酸盐氮的含量而定,要求硝酸盐氮的含量能达到其反硝化能力,即回流到第二个缺氧段的硝酸盐应该超过反应器总体积的去除负荷。尽管反应器出水中含有硝酸盐,但是对稳定好氧段硝酸盐浓度影响不大。

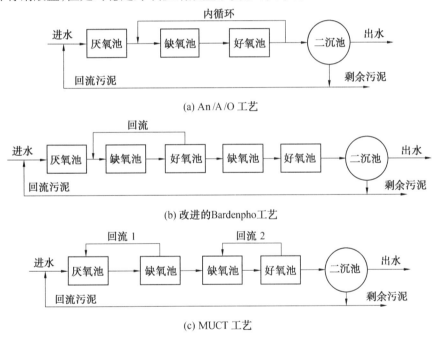

(a) An/A/O 工艺

(b) 改进的 Bardenpho 工艺

(c) MUCT 工艺

图 3.72　生物脱氮除磷工艺流程图

④SBR工艺。SBR 还具有同时脱氮除磷的效果,其工艺是将除磷脱氮的各种反应,通过按时间顺序上的控制,在同一反应器中完成。如进水后进行一定时间的缺氧搅拌,好氧菌将利用水中携带的有机物和溶解氧进行好氧分解,此时水中的溶解氧将迅速降低甚至达到零,这时厌氧发酵菌进行厌氧发酵,反硝化菌进行脱氮。然后停止搅拌一段时间,使污泥处于厌氧状态,聚磷菌放磷。接着进行曝气,硝化菌进行硝化反应,聚磷菌吸磷,经一定反应时间后,停止曝气,进行静止沉淀。当污泥沉淀下来后,撇出上部清水,而后再放入原水,如此周而复始。SBR 工艺可取得很好的脱氮除磷效果,自动控制系统完善。由于 SBR 是间歇运行的,为了连续进水,至少需设置两套 SBR 设施进行切换。

　　⑤A^2N工艺与其改进工艺。反硝化除磷(A^2N)是用厌氧/缺氧环境,培养驯化出一类可以以氧气、亚硝酸盐、硝酸盐作为电子受体的 DPB 为优势菌种,通过它们的代谢作用来同时完成过量吸磷和反硝化过程而达到脱氮除磷的双重目的。

　　A^2N工艺充分利用反硝化除磷的理论,将反硝化聚磷菌和硝化菌培养在不同的反应器中,创造最佳的运行条件,是典型的双污泥系统。A^2N工艺可降低碳源(COD)50% 的需求,同时对氧气的需求也降低 30%,另外产生的污泥量减少了 50%,从而为反硝化除磷工艺的推广应用奠定了基础。

　　(2)生物脱氮除磷活性污泥功能及其影响因素。

　　①生物脱氮除磷活性污泥法工艺及功能。生物脱氮除磷活性污泥法工艺及功能见表3.22。

表 3.22　　生物脱氮除磷活性污泥法工艺及功能

方法简称		回流		功能	
中文	英文	混合液	污泥	功效	缺点
A/O	MLE	NR	RAS	脱氮效果良好 碱度消耗降低 污泥沉降性能良好 需氧量降低 反应器容积不大 操作简便	出流含氮较高
A/O/A/O	Bardenpho（4 级）	NR	RAS	脱氮效果高超 碱度消耗降低 污泥沉降性能好 需氧量降低 操作简便	反应器容积大
An/A/O	A^2/O^{TM}（A^2/O）	NR	RAS	脱氮效果良好 除磷效果一般 碱度消耗降低 污泥沉降性能好 需氧量降低 反应器容积不大 操作简便	脱氮效果不太高,除磷效果一般
An/A/A/O	MUCT	A_0R NR	RASA	脱氮效果良好 除磷效果良好 碱度消耗降低 污泥沉降性能好 需氧量降低 反应器容积不大 操作简便	脱氮效果不太高

续表3.22

方法简称		回流		功能	
中文	英文	混合液	污泥	功效	缺点
An/A/O/A/O	改进的 Bardenpho	NR_4	RAS	脱氮效果高超 碱度消耗降低 污泥沉降性能好 需氧量减少 操作简便	反应器容积大 除磷效果差

注:中文简称中拼音字母表示有氧区,A 表示缺氧区,An 表示厌氧区;NR 表示硝化混合液回流;NR_4 表示第 4 组的 A_0O 的 NR;A_0R 表示缺氧混合液回流;RAS 表示回流活性污泥;RASA 表示回流活性污泥与无氧区出流合并。

② 脱氮除磷活性污泥法的影响因素。影响传统活性污泥法的因素同样影响生物脱氮除磷活性污泥法,但影响程度可能有差异,因为主体微生物的生理特性和环境要求有差异。

影响因素主要有三类:环境因素,如温度、pH、溶解氧;工艺因素,如泥龄、各反应区的水力停留时间;污水成分,如 BOD_5 与 N、P 的比值。

生命活动一般都受温度影响,通常温度上升,活性加强。温度影响应在处理设施长期的运行中留心考察。

城市污水中的 pH 通常在 7 左右,适于生物处理,略有波动影响不大。硝化菌和聚磷菌对 pH 较为敏感,pH 低于 6.5 时影响严重,处理效果下降。硝化菌和聚磷菌要求有氧区有丰富的溶解氧,而在缺氧区或无氧区没有溶解氧。但回流混合液和回流污泥携带溶解氧,因而有氧区溶解氧也不宜过高,通常维持在 2 mg/L 左右。

生物除磷泥龄越短,污泥含磷量越高,因而希望在高负荷下运行。但除磷的同时也希望脱氮,而硝化只能在泥龄长的低负荷系统中才能进行,因而是矛盾的。这种矛盾在水温较低时更明显,水温低于 15 ℃ 时,硝化效果下降。

通常城市生活污水 BOD_5、N、P 的组成可适应生物脱氮除磷的要求。近年来的研究表明,通过缺氧、厌氧的合理组合,并提高活性污泥的浓度,在水力停留时间接近传统活性污泥法的情况下,出水 COD、BOD_5、SS、NH_3^- - N 和总磷含量都能达到排放标准,若 N、P 含量过高,则较难同时达到排放标准。

4. 新型的污水脱氮技术

以上介绍的皆为典型的传统硝化、反硝化工艺,这些工艺都按照硝化和反硝化两个阶段构造出缺氧区和好氧区,形成分级硝化反硝化工艺,以便硝化与反硝化能够独立进行。但传统的生物脱氮方法存在着水力停留时间长、基建运行费用高等问题,因此许多国家都加强了对生物脱氮新技术的研究。生物脱氮技术在概念和工艺上的新发展主要有短程硝化 - 反硝化工艺、同步硝化 - 反硝化工艺、厌氧氨氧化工艺等。

(1) 短程硝化反硝化。

① 基本概况。传统的硝化作用是一个序列反应,先由氨氧化细菌将氨氧化为亚硝酸盐,然后由亚硝酸盐氧化细菌把亚硝酸盐氧化成硝酸盐,再进行反硝化。而短程硝化反硝化技术是将硝化反应控制在亚硝酸盐阶段,不进行亚硝酸盐至硝酸盐的转化,然后以亚硝酸盐为起点直接进行反硝化反应。

短程硝化反硝化技术是将硝化反应控制在亚硝酸盐阶段,不进行亚硝酸盐至硝酸盐的转化,然后以亚硝酸盐为起点直接进行反硝化反应,如图 3.73 所示。

　　与传统的硝化反硝化技术相比,短程硝化反硝化具有如下优点:好氧阶段由于省去了亚硝酸盐到硝酸盐的氧化过程从而节省 25% 的氧供给量;缺氧段由于省去了硝酸盐至亚硝酸盐的还原过程从而节省了 40% 的外碳源消耗量(以甲醇计);由于省去了亚硝酸盐氧化菌和硝酸盐型反硝化菌的作用从而降低了剩余污泥产量;可以缩短水力停留时间,在高氨环境下,NH_4^+ 的硝化速率和 NO_2^- 的反硝化速率均比 NO_2^- 的氧化速率和 NO_3^- 的反硝化速率快,因而水力停留时间可缩短,反应器容积也可相应减小。

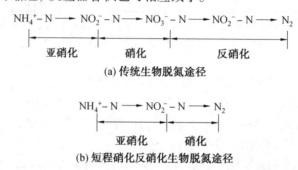

图 3.73　传统生物脱氮途径和短程硝化反硝化生物脱氮途径

　　② 短程硝化反硝化工艺的影响因素。

　　a. 温度。温度低于 20 ℃ 时,氨氧化菌的最大生长速率小于亚硝酸盐氧化菌,而温度大于 20 ℃ 时,氨氧化菌的最大生长速率超过亚硝酸盐氧化菌。因此,升高温度不但能加快氨氧化菌的生长速率,而且能扩大氨氧化菌和亚硝酸盐氧化菌的生长速率上的差距,有利于筛选氨氧化菌,淘汰亚硝酸盐氧化菌。氨氧化菌和亚硝酸盐氧化菌在不同温度条件下的污泥龄如图 3.74 所示。

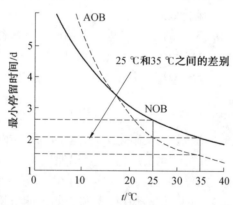

图 3.74　氨氧化菌和亚硝酸盐氧化菌在不同温度条件下的污泥龄

　　b. pH。pH 是影响亚硝酸盐硝化的重要因素。研究表明,亚硝酸盐氧化菌生长的最佳 pH 为 7.4 ～ 8.3,而氨氧化菌的最佳 pH 则高于 8.0。利用氨氧化菌和亚硝酸盐氧化菌的最佳 pH 的不同,控制硝化类型及硝化产物;此外,pH 对于系统的影响还体现在对于进水中基质的解离平衡上,如游离氨(free ammonia,FA)。废水中氨随 pH 不同分别以分子态和离子态形式存在。分子态 FA 对硝化作用有明显的抑制作用,亚硝酸盐氧化菌比氨氧化菌对 FA 更敏感,0.6 mg/L 的 FA 几乎可以抑制亚硝酸盐氧化菌的活性,从而使亚硝酸盐氧化受阻,出现亚硝酸盐积累。所以可以通过控制系统中 FA 的质量浓度介于亚硝酸盐氧化菌抑制浓度和氨氧化菌抑制浓度之间实现亚硝酸盐的积累。但亚硝酸盐氧化菌对游离氨有适应性，游离氨对该菌的抑制浓度随之改变。

c. 污泥停留时间。由于氨氧化菌的世代时间（倍增时间）小于亚硝酸盐氧化菌，在悬浮生长系统中，控制泥龄即可洗出亚硝酸盐氧化菌而保留氨氧化菌，故通过直接调节水力停留时间即可实现稳定的短程硝化反应。

d. DO 的控制。氨氧化菌的氧饱和常数一般为 0.2 ~ 0.4 mg/L，而亚硝酸盐氧化菌为 1.2 ~ 1.5 mg/L，因此，氨氧化菌对氧的亲和力高于亚硝酸盐氧化菌，当反应体系中的溶解氧质量浓度成为限制性因素时，即在较低的 DO 质量浓度下，氨氧化菌的增殖速率加快，补偿了由低氧所造成的代谢活动下降，而亚硝酸盐氧化菌代谢能力大幅度下降，其氧化亚硝态氮的能力大为减弱，从而造成体系中亚硝态氮的积累。

e. 抑制剂。对硝化反应有抑制作用的物质有：过高浓度的 NH_3、重金属、有毒有害物质以及有机物。重金属会对硝化反应产生抑制，如 Ag、Hg、Ni、Cr 和 Zn 等，其毒性作用由强到弱。某些有机物如苯胺、邻甲酚和苯酚等对硝化细菌也具有毒害或抑制作用，并且这些有机物对亚硝酸盐氧化菌的抑制作用比氨氧化菌强，所以在对含这类物质的污水生物脱氮中会产生亚硝酸盐积累现象。

f. 实时控制。短程硝化的实现与维持可以通过控制硝化反应在亚硝酸盐阶段结束，以 DO、氧化还原电位（ORP）、pH 作为控制参数可以对生物脱氮反应进行过程控制。在 SBR 系统，由于硝化反应使水中氨氮量逐渐减少，DO 随之上升；同时由于系统中的氧化态物质不断增加，ORP 也会逐渐上升。当硝化结束时，耗氧速率下降，系统出现了 DO 拐点；另外，由于系统中不再产生新的氧化态物质，ORP 变化曲线出现平台。因此，可以通过控制 DO、ORP、pH 实现短程硝化。

（2）同步硝化反硝化工艺。

① 基本概况。根据传统生物脱氮理论，在脱氮过程中必须依次经过硝化和反硝化两个独立的阶段，即在好氧条件下，氨氮首先被氨氧化菌氧化为 $NO_2^- - N$，再被亚硝酸盐氧化菌氧化成 $NO_3^- - N$，然后在厌氧或缺氧条件下，$NO_3^- - N$ 被反硝化细菌还原为 N_2。由于对环境的要求不同，两过程不能同时发生，所以现行的生物脱氮工艺是将硝化和反硝化作为两个独立的阶段分别安排在不同的反应器中或者利用间歇运行方式在时间上实现好氧和厌氧环境完成对氮的去除。因此，传统生物脱氮工艺存在流程长、构筑物多、投资大、控制因素多以及运行费用高等缺点。

同步硝化反硝化生物脱氮工艺与传统生物脱氮工艺相比，具有很明显的优势，硝化反应的产物可直接成为反硝化反应的底物，避免了硝化过程中 NO_2^- 的积累对硝化反应的抑制，加速了硝化反应的速度；而且，反硝化反应中所释放出的碱度可部分补偿硝化反应所消耗的碱度，使系统中的 pH 相对稳定；另外，硝化反应和反硝化反应可在相同的条件和系统下进行，简化了操作难度。根据化学计量学计算，亚硝酸盐型同步硝化反硝化（SND）还具有以下几个优点：在硝化阶段可节约 25% 左右的需氧量，既减少了曝气量，降低了能耗，又在反硝化阶段减少了约 40% 的有机碳源，降低了运行费用，而且 $NO_2^- - N$ 的反硝化速率通常比 $NO_3^- - N$ 的反硝化速率高 63% 左右，同时还减少了 50% 左右的污泥量；反应器容积可减少 30% ~ 40%。

②反应机理。目前对同步硝化反硝化的理论机制研究主要集中在微环境理论、微生物学理论和中间产物理论等方面。

a. 微环境理论。微环境理论是从物理学角度对同步硝化反硝化现象进行解释。该理论考虑活性污泥和生物膜的微环境中各种物质（如 DO、有机物等）的传递与变化。由于氧扩散的限制,在微生物絮体或者生物膜内产生溶解氧梯度,即微生物絮体或生物膜的外表面溶解氧浓度高,以好氧硝化菌及氨化菌为主,深入絮体内部,氧传递受阻及絮体外部氧的大量消耗,产生缺氧区,反硝化菌占优势,从而形成有利于实现同步硝化反硝化的微环境（图 3.75）。此外具有一定大小尺寸（大于 100 μm）的颗粒污泥,特别是好氧颗粒污泥,由于氧扩散的限制,其内部也能形成缺氧或厌氧区,同样具有实现同步硝化反硝化的微观环境。

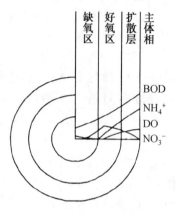

图 3.75　生物絮体内反应区和底物浓度分布示意图

b. 微生物学理论。通常硝化细菌是自养型好氧微生物,但近年来生物科学家研究发现许多微生物如荧光假单胞菌（*Pseudomonas flurescens*）、粪产碱菌（*Alcaligenes facealis*）、铜绿假单胞菌（*Pseudomonas aeruginos*）等都可以对有机或无机氮化合物进行异养硝化。与自养型硝化菌相比,异养型硝化菌的生长速率快、细胞产量高、要求的溶解氧浓度低、能忍受更酸性的生长环境。好氧反硝化菌和异养硝化菌等的发现,打破了传统理论认为硝化反应只能由自养菌完成和反硝化反应只能在厌氧条件下进行的认识,使得同步硝化反硝化从微生物学理论上得以实现。

c. 中间产物理论。从生物化学途径中产生的中间产物,也能够解释一部分总氮损失的原因。关于硝化作用的生物化学机制的研究,目前已初步确定按以下途径进行:

$$NH_3 \rightarrow H_2N-NH_2 \rightarrow NH_2-OH \rightarrow N_2 \rightarrow N_2O(HNO) \rightarrow NO \rightarrow NO_2^- \rightarrow NO_3^-$$

在硝化、反硝化过程均可以产生中间产物 NO 和 N_2O,而且其比例可高达氮去除率的 10% 以上。另有研究表明,在亚硝酸细菌的作用下,氨的氧化过程也可能产生 N_2O,美国哈佛大学的 Gereau 等利用亚硝化单胞菌进行的纯培养试验表明,低溶解氧明显降低了 NO_2^- 的产生量;相反,N_2O 的产生量却增加,从 0.3% 上升到约 10%。较多的研究表明,在好氧硝化过程中,如果碳氮比值较低,DO 较低或 SRT 较小,都能导致 N_2O 释放量增大;而且好氧反硝化会产生比缺氧反硝化时更多的 N_2O 中间产物。所以在硝化和反硝化的反应进程中氮的损失除了以氮气溢出的形式外,还有以 N_2O 和 NO 溢出的形式。

③ 同步硝化反硝化工艺影响因素。

a. DO。控制系统中溶解氧浓度在一定范围内,对获得高效的同步硝化反硝化具有极其重要的意义。溶解氧浓度低,会造成硝化的程度和效率降低;溶解氧浓度高,虽会促进硝化过程的进行直至全程硝化,但也会影响缺氧环境的形成,不利于反硝化的进行。

b. 碳氮比。在适当的碳氮比范围内,TN 去除率随着 C/N 的增加而提高,由硝化作用生成的 $NO_2^- - N$ 和 $NO_3^- - N$ 均能够完全被还原为 N_2。当 C/N 大于一定值后,随着 C/N 的增大总氮去除率增加得很少。这可能是反应器运行在过高碳氮比环境下导致了异养细菌在反应器内占据优势地位,从而抑制了自养硝化细菌的活性,使硝化效率降低。

c. 有机负荷(F/M)。当溶解氧浓度低而污泥负荷相对高时,微生物生存的环境中缺氧微环境占较大的比例,硝化反应受到抑制;随着有机负荷的降低,微生物生存的环境中缺氧和好氧达到平衡,同时硝化反硝化也取得良好的效果。当污泥负荷进一步降低时,微生物生存的微环境中好氧环境占优势,反硝化反应受到抑制,总氮的去除率下降。

d. pH。pH 是影响同步硝化反硝化的又一个重要因素,主要表现在以下两方面:一方面是硝化菌和反硝化菌生长各需要合适的 pH 环境;另一方面是溶液中游离氨浓度会受到 pH 的影响。

e. 污泥龄。由于污泥龄的增长,活性污泥在系统内的平均停留时间增加,污泥积累而浓度增大。随着泥龄的增加,$NH_4^+ - N$ 的硝化效率也有非常显著的增长,因为泥龄太短,系统内大部分硝化菌都被淘洗出去,$NH_4^+ - N$ 氧化效率也变差。

(3) 厌氧氨氧化工艺。

① 基本概况。厌氧氨氧化(anaerobic ammonium oxidation,anammox)是指在厌氧或缺氧条件下,厌氧氨氧化菌(AnAOB)以 NH_4^+ 为电子受体,以 NO_2^- 为电子受体,在不需要其他电子供体的情况下产生 N_2 的生物氧化过程。厌氧氨氧化是一个全新的生物反应,与硝化作用相比,它以 NO_2^- 取代氧,改变了末端电子受体,与反硝化作用相比,它以氨取代有机物,改变了电子供体。厌氧氨氧化反应可以表示为

$$NH_4^+ + 1.32NO_2^- + 0.066HCO_3^- + 0.13H^+ \longrightarrow$$
$$1.02N_2 + 0.26NO_3^- + 0.066CH_2O_{0.5}N_{0.15} + 2.03H_2O$$

相较于传统硝化 - 反硝化或者同步硝化反硝化等脱氮工艺,厌氧氨氧化不需要额外投加有机物做电子供体,既节省费用,又防止二次污染;可使曝气能耗大为降低;传统的硝化反应氧化 1 mol NH_4^+ 可产生 2 mol H^+,反硝化还原 1 mol NO_3^- 或将产生 1 mol OH^-,而厌氧氨氧化的生物产酸量大为下降,产碱量降至为零,可以节省中和试剂,并且该反应产生的剩余污泥量同样大为降低。

② 厌氧氨氧化菌。厌氧氨氧化菌因含有丰富的细胞色素 c,其富集培养物呈标志性的红棕色。细胞形态多样,呈不规则球形、卵形等,直径为 $(0.7 \sim 1.1)\mu m \times (1.1 \sim 1.3)\mu m$。细胞外含有丰富的胞外多聚物且无荚膜,一般不含菌毛,细胞壁表面有特征性火山口状结构。

AnAOB 生长缓慢,在 $30 \sim 40℃$ 条件下,其倍增时间为 $10 \sim 14$ d,细胞产率为 0.11 g VSS/g NH_4^+,如果对培养条件进行优化,其倍增时间可缩短。AnAOB 为化能自养型细菌,能以 CO_2、HCO_3^- 为唯一碳源。随着对厌氧氨氧化(anammox)认识的逐渐深入,反应所需的电子受体也由单一的亚硝氮发展为硫酸盐、三价铁等氧化型物质,从而出现了硫酸盐型厌氧氨

氧化（sulfate-dependent anaerobic ammonia oxidation）和铁离子型厌氧氨氧化（ferric ammonium oxidation,feammox）。

以 16S rRNA 同源性为依据,将 AnAOB 归入浮霉菌纲（Planctomycetia）。以 16S rRNA 序列差异 15% 为标准, 将厌氧氨氧化菌目分为 6 个属, 即 *Anammoxoglobus*、*Anammoximicrobium*、*Brocadia*、*Jettenia*、*Kuenenia* 和 *Scalindua.* 最后以 16S rRNA 序列差异 3% 为标准,将已知 AnAOB 分为 21 种。见表 3.23

表 3.23　Bergey's Manual of Systematic Bacteriology **中收录的厌氧氨氧化菌**

属	种	发现时间	检索号
Brocadia	*B. anammoxidans*	1999	AF375994
	B. fulgida	2001	DQ459989
	B. brasiliensis	2011	GQ896513
	B. caroliniensis	2011	JF487828
	B. sinica	2010	AB565477
Anammoxoglobus	*A. propionicus*	2007	DQ317601
	A. sulfate	2008	—
Jettenia	*J. asiatica*	2008	DQ301513
	J. caeni	2012	AB057453
	J. moscovienalis	2015	KF720711
Kuenenia	*K. stuttgartiensis*	2000	AF375995
Scalindua	*S. brodiae*	2003	AY254883
	S. sorokinii	2003	AY257181
	S. wagneri	2003	AY254882
	S. sinooified	2010	HM208769
	S. marina	2011	EF602038
	S. arabica	2008	EU478624
	S. profunda	2008	2017108002
	S. zhenghei	2011	GQ331167
	S. richardsii	2012	DQ368233
Anammoximicrobium	*A. moscowii*	2013	KC467065

③ 厌氧氨氧化反应机理。Anammox 菌以羟胺（NH_2OH）为氧化剂,把铵（NH_4^+）氧化成联氨（N_2H_4）,N_2H_4 进一步氧化为 N_2（图 3.76）。NO_2^- 具有 3 种功能:作为 NH_2OH 的前体;作为电子受体,处置反应产生的电子;作为能源,在其氧化成硝酸盐（NO_3^-）的过程中产生 ATP 和 $NADPH_2$。

AnAOB 生长所需的能量来自 NH_4^+ 和 NO_2^- 的生物反应。在 AnAOB 基因组中,检出了编码电子传递链中氢醌、细胞色素 c、细胞色素 bc1 复合体的基因。据此推断,AAOB 的电子传递途径为:N_2H_4 氧化过程中失去的 4 个电子经过可溶性细胞色素 c、泛醌（辅酶 Q）、细胞色素 bc1 复合体（复合体 Ⅲ）、可溶性细胞色素 c,最终传递到亚硝酸盐还原酶（1 个电子）和联氨合成酶（3 个电子）。电子转移过程中所释放的能量可用于将质子（H^+）由核糖细胞质移位至厌氧氨氧化体,在厌氧氨氧化体膜两侧形成质子电化学梯度（electrochemicalproton

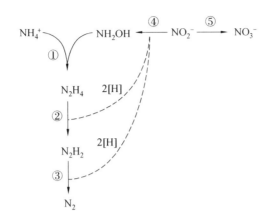

图 3.76　Anammox 的氮素转化模型

gradient）。电子转移所释放的大部分能量得以储存起来,然后膜内侧的质子通过 ATP 酶自发地回流至核糖细胞质侧,并在核糖细胞质侧驱动 ADP 与 Pi 合成 ATP。

④ 厌氧氨氧化工艺的影响因素。厌氧氨氧化菌为自养型微生物,倍增时间长,细胞产率低,对环境要求近乎苛刻,致使 Anammox 工艺启动缓慢、易于失稳、难以恢复。厌氧氨氧化工艺的关键是将足够的厌氧氨氧化菌有效地保留在反应器内,以达到设计的厌氧氨氧化效能。但是实际废水水质成分复杂,常含一些会对 AnAOB 有抑制作用的物质,另外如环境影响、底物影响和一些其他影响因素等都给 Anammox 工艺的工程应用带来了困难。厌氧氨氧化工艺的影响因素有以下几个方面。

a. 光和温度。AnAOB 为光敏性微生物,因而光照会导致其代谢活性受到抑制,使氮的去除率有所下降。通常 Anammox 反应器都会在遮光条件下运行,以避免处理性能有所影响。厌氧氨氧化的最适温度为 35 ℃ 左右。而当温度小于 15 ℃ 或大于 40 ℃ 时,其脱氮性能显著下降。

b. DO。溶解氧的存在会对厌氧氨氧化反应产生很大的负面影响。由于厌氧氨氧化菌是严格厌氧菌,较高浓度的氧气会对 Anammox 过程产生抑制作用,氧气浓度过高不利于厌氧氨氧化菌的存活和繁殖,但是这种抑制作用是可逆的。另外,在氧气存在时,更有利于亚硝化盐氧化菌的生存,它会与厌氧氨氧化菌竞争亚硝酸盐,进而削弱 Anammox 反应。

c. pH。在 Anammox 过程中, pH 的改变直接影响 AnAOB 细胞酶的反应活性从而影响菌体的生长和代谢;另外, 厌氧氨氧化反应的真正基质浓度是游离氨（FA）和游离亚硝酸（FNA）, 两者同时也是毒性物质。Anammox 最适宜的 pH 值范围为 7.5 ~ 8.0。

d. 有机物浓度。低浓度有机物存在时厌氧氨氧化菌和反硝化菌能共存并相互促进,但有机物浓度高时, 由于异养的反硝化菌活性提高成为系统中的优势菌, 从而在竞争共同的电子受体 —— 亚硝酸盐上处于有利地位,厌氧氨氧化菌因缺乏有效基质而活性大大降低。

3.5.4　稳定塘

1. 稳定塘概述
稳定塘是一种利用天然池塘或进行一定人工修整的池塘处理废水的构筑物。稳定塘对废水的净化过程和天然水体的自净过程相近。按塘内的微生物类型、供氧方式和功能可划分为以下几种类型。

（1）好氧塘。

好氧塘深度较浅,水深一般为 0.6 ~ 1.2 m。靠藻类放氧及大气复氧供氧,全部塘水都呈好氧,由好氧细菌起着净化有机物的作用,BOD 去除率高。

（2）兼性塘。

兼性塘水深为 1.2 ~ 2.0 m,塘内溶解氧可在某些天或某些季节缺乏,也可在塘的某些部位如塘的进水端或塘底部的污泥层缺乏。实际上大多数氧化塘严格讲都是兼性塘,兼性塘内同时进行着好氧反应和厌氧反应。

（3）厌氧塘。

厌氧塘水深 3 m 或 3 m 以上,塘水缺乏溶解氧,有机物被厌氧分解,它通常是置于好氧塘、兼性塘前,作为常规的预处理方法。

（4）曝气塘。

曝气塘水深一般为 3.0 ~ 4.5 m,最大特点是塘内安装机械或扩散充氧装置,使塘水保持好氧状态。

2. 稳定塘净化污水的原理

稳定塘是一个藻菌共生的净化系统,以功能较全的兼性塘为例,在塘内同时进行着有机物的好氧分解氧化、有机物的厌氧消化和光合生物的光合作用。前两个过程分别以好氧细菌和厌氧细菌为主进行,后者由藻类和水生植物进行。

水中的溶解性有机物为好氧细菌氧化分解,所需的氧除通过大气扩散进入水体或通过人工曝气（曝气塘）加以补充外,相当一部分由藻类和水生植物在光合作用中所释放。而藻类光合作用所需的 CO_2 则从细菌分解有机物的过程中产生。

废水中的可沉固体和塘中生物的尸体沉积于塘底,构成了污泥。它们在产酸细菌的作用下分解成低分子有机酸、醇、氨等,其中一部分进入上层好氧层被继续氧化分解,另一部分被污泥中的产甲烷细菌分解生成甲烷。

3. 稳定塘的优缺点

（1）稳定塘的优点。

①基建投资低。当有旧河道、沼泽地、谷地可利用作为稳定塘时,稳定塘系统的基建投资低。

②运行管理简单经济。稳定塘运行管理简单,动力消耗低,运行费用较低,为传统二级处理厂的 1/3 ~ 1/5。

③可进行综合利用。实现污水资源化,如将稳定塘出水用于农业灌溉,充分利用污水的水肥资源,养殖水生动物和植物,组成多级食物链的复合生态系统。

（2）稳定塘的缺点。

占地面积大,没有空闲余地时不宜采用;处理效果受气候影响,如季节、气温、光照和降雨等自然条件等;设计运行不当时,可能形成二次污染,如污染地下水,产生臭气和溢生蚊蝇等。

4. 稳定塘系统的工艺流程

稳定塘系统由预处理设施、稳定塘和后处理设施等三部分组成。

（1）稳定塘进水的预处理。

为防止稳定塘内污泥淤积,污水进入稳定塘前应先去除水中的悬浮物质。常用设备为格栅、普通沉砂池和沉淀池。若塘前有提升泵站,而泵站的格栅间隙小于 20 mm 时,塘前可不另设格栅。原污水中的悬浮固体质量浓度小于 100 mg/L 时,可只设沉砂池,以去除砂质颗粒。原污水中的悬浮固体质量浓度大于 100 mg/L 时,需考虑设置沉淀池。设计方法与传统污水二级处理方法相同。

（2）稳定塘的流程组合。

稳定塘的流程组合依当地条件和处理要求不同而异,图 3.77 为几种典型稳定塘的组合流程图。

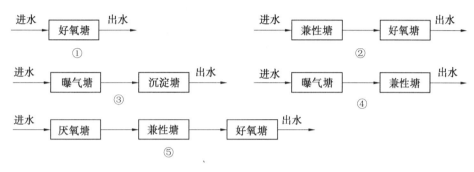

图 3.77　几种典型稳定塘的组合流程图

（3）稳定塘设计要点。

① 塘的位置。稳定塘应设在居民区下风向 200 m 以外,以防止稳定塘散发的臭气影响居民区。此外,塘不应设在距机场 2 km 以内的地方,以防止鸟类(如水鸥)到塘中觅食、聚集,对飞机航行构成危险。

② 防止塘体损害。为防止浪的冲刷,塘的衬砌应在设计水位上下各 0.5 m 以上。若需防止雨水冲刷时,塘的衬砌应做到提顶。衬砌方法有干砌块石、浆砌块石和混凝土板等。

③ 塘体防渗。稳定塘渗漏可能污染地下水源。若塘出水考虑再回用,则塘体渗漏会造成水资源损失,因此塘体防渗是十分重要的。

④ 塘的进出口。进出口的形式对稳定塘的处理效果有较大的影响,设计时应注意配水和集水均匀,避免短流、沟流及混合死区。主要措施为采用多点进水和出水。

3.5.5　人工湿地污水处理技术

人工湿地是由人工建造和监督控制的与沼泽地类似的湿性态系统。人工湿地通过模拟自然过程,利用土地的过滤、吸附,植物的吸收和微生物降解完成对水中污染物的去除。尽管人工湿地的发展历史比较短,但是使用湿地对污水进行净化的活动由来已久。人们将生产活动中产生的污水排入湿地中时,实际上就已经开始利用湿地的净化能力。人工湿地处理系统同时具有缓冲容量大、处理效果好、工艺简单、投资少和运行费用低等优点,非常适合中、小型村镇生活污水的集中处理。

1. 人工湿地污水处理基本原理

人工湿地污水处理机理在于利用湿地环境中的物理、化学和生物学的综合作用来净化水质,其中包括吸附、沉淀、过滤、溶解、气化、离子交换、络合反应和生物转化等过程。

人工湿地中植物根系密布,在植物根系和填料的表面形成大量的生物膜,生物膜上生长了多种微生物,当池中有污水流过时,水中悬浮物即被植物根系和填料阻拦截留,可溶性有机污染物则通过微生物的同化吸收和异化分解去除。湿地床中由于植物根系对氧的传递产生了好氧微环境,它与周围缺氧、厌氧微环境一起构成了湿地床内好氧厌氧交替出现的状态。氮、磷可以被植物及微生物的吸收从水体中脱除,也可以通过硝化细菌、反硝化细菌及聚磷菌的代谢去除。

(1) 人工湿地对悬浮物的沉降。

人工湿地中水流速度相对较慢,又具有比较大的接触表面,提高了湿地对悬浮物的吸附效果。人工湿地对悬浮物的吸附主要是通过填料的截留和填料表面大量的生物膜的吸附作用共同完成的。湿地系统基底的填料对悬浮物有良好的沉降性能,沉淀物中的有机物为湿地床内微生物提供了营养,所以湿地床不会产生悬浮物的大量积累,而且沉淀物在湿地底部形成的生物层又可以辅助水质的净化。植物系统对悬浮物的去除明显高于无植物系统,植物的根、茎、落叶等捕获着大量的悬浮物。

(2) 人工湿地对有机物的去除机理。

湿地系统中的不溶性有机物的去除机理与悬浮物去除原理相似,主要是通过沉淀、过滤作用被截留在湿地中。可溶性有机物的去除较为缓慢,而且在好氧、缺氧和厌氧区去除途径各不相同,主要通过植物根系的吸收以及根际周围和基质中微生物的分解代谢作用最终被降解为甲烷、二氧化碳和水得以去除。在好氧区域,有机物的去除主要是通过微生物的增殖及异化作用实现的,有机物最终被降解为 CO_2、H_2O 和 NH_3,在距离根区较远的缺氧区域,有机物被生物膜吸附,缺氧微生物通过新陈代谢作用将好氧条件下难以降解的有机物降解。在远离根系的厌氧区域,由于缺乏 DO,发生的是厌氧消化过程,通过厌氧菌的发酵作用降解有机物,有机物被分解为 CH_4、CO_2、H_2S 等。

(3) 人工湿地脱氮机理。

湿地系统中氮的循环是通过一系列复杂生物化学反应发生的,包括氮化物的直接转化及与其他矿物质的结合。硝化、反硝化作用是人工湿地除氮的一个重要途径,植物输送氧气到达根区,根区联合形成很多好氧微环境,氮在微生物的作用下进行硝化。

不同类型的人工湿地复氧能力有所差异,表面流湿地污水从床体表面流过,湿地表层水DO 含量较高,随水深的增加,湿地床底部难以避免地形成了厌氧区,这样的环境对于氮的去除非常有利,硝化细菌和反硝化细菌的活性各自得到了发挥。潜流湿地由于在地表以下进水,大气复氧能力较差,氨氮的硝化过程容易受到抑制,垂直流人工湿地则兼具以上两种湿地的特点。

(4) 人工湿地除磷机理。

湿地系统除磷主要是通过植物吸收、细菌作用、沉淀、床体填料吸附及和其他有机物质结合完成。湿地植物对磷的去除是一个水体中无机磷向有机磷的实现过程,磷元素作为植物生长所需的一部分,在植物的生长过程中,大量的磷被植物富集在体内,植物枯萎时可以通过将其收割从湿地中去除。除湿地植物外,磷还可以通过微生物的代谢活动从水环境中脱除,比如聚磷菌的代谢,大量的磷被微生物吸收,聚集在微生物细胞中的磷通过湿地填料的更换从系统中彻底去除。湿地脱磷的能力与湿地床所选填料密切相关,优良的填料可以通过吸附、离子交换、化学沉淀等将水体中的磷元素固定。填料自身性质的差异对磷去除效果的影响很大,例如当使用含钙量高的填料时,磷的去除主要是通过化学沉淀完成,且处理效率主要受填料内钙离子浓度的影响。

2. 人工湿地污水处理工艺分类

根据污水在人工湿地系统中流动的方式,人工湿地污水处理工艺一般可分为表面流人工湿地、垂直流人工湿地和水平潜流人工湿地。

(1) 表面流人工湿地。

表面流人工湿地为自由水面湿地。其构造如图 3.78 所示,废水在湿地中形成一层地表流,以较慢的流速水平流动,与自然湿地极为相似。污水直接暴露在大气中,易导致污水中的细菌等污染物散播到大气中而造成二次污染,同时负荷小,处理效果差,运行受气候影响较大,在寒冷地区污水易结冰而影响处理效果,故一般不采用。

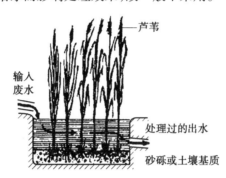

图 3.78　表面流人工湿地构造

(2) 垂直流人工湿地。

垂直流人工湿地构造如图 3.79 所示,污水从湿地表面纵向流向填料床底部,床体处于不饱和状态。O_2 可通过大气扩散和植物传输进入湿地系统。该系统处理有机物能力欠佳,控制复杂,建造要求高。

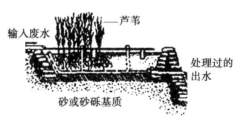

图 3.79　垂直流人工湿地构造

(3) 水平潜流人工湿地

水平潜流人工湿地构造如图 3.80 所示。废水通过布水管道以水平渗透或垂直渗透形式通过填料,在水床最低位运行,床体表面种植处理性能好、成活率高的水生植物(芦苇),净化后的水体经集水管道收集排放。床底铺上防渗膜,可防止污染地下水。BOD、COD 等有机物和重金属的去除率高,受气候影响小,夏季无臭味、无蚊虫滋生,在寒冷地区也可以正常运行。

图3.80 水平潜流人工湿地构造

3. 人工湿地污水处理系统工艺流程

按工程接纳的污水类型,人工湿地污水处理系统的基本工艺流程如下。

当工程接纳城镇生活污水及与生活污水性质相近的其他污水时,基本工艺流程图如图3.81所示。

图3.81 接纳城镇生活污水及与生活污水相近的其他污水时的工艺流程图

(2)当工程接纳城镇污水处理厂出水时,基本工艺流程图如图3.82所示。

图3.82 接纳城镇污水处理厂出水时工艺流程图

4. 人工湿地污水处理组合工艺

(1)水解酸化与人工湿地组合处理工艺。

适用于农村地区小规模生活污水的处理(较为适合南方地区,北方地区因天气原因可使用水平潜流人工湿地)。

①工艺流程。如图3.83所示,污水首先通过格栅,去除大颗粒物,然后进入水解酸化池(污水中污染物浓度低时采用水解酸化池,浓度高时采用曝气池),随后进入人工湿地,最后排放。

图3.83 水解酸化与人工湿地组合工艺流程图

②主要优缺点。水解酸化与人工湿地组合工艺的优点是:费用低、能耗小;稳定性强;系统运行管理方便。缺点是:占地面积大;受气候影响大。

(2)人工湿地与稳定塘组合处理工艺

废水通过格栅和沉淀池后减少污水中的悬浮物并缓解后续人工湿地的负荷,减少堵塞的风险。

①工艺流程。人工湿地与稳定塘组合工艺流程图如图3.84所示。

②主要优缺点。人工湿地与稳定塘组合处理工艺的优点是:抗冲击性能好,耐污能力

图 3.84　人工湿地与稳定塘组合工艺流程图

强;处理效果好、稳定,COD 去除率大于 80%;总氮去除率大于 85%;总磷去除率大于 85%;投资少、运行简单。缺点是:占地面积大;脱氮除磷效果不稳定。

3.6　膜生物反应器

3.6.1　膜生物反应器概述

膜生物反应器(membrane bioreactor,MBR)是将膜分离技术与生物处理工艺有机结合的污水处理工艺。以膜组件代替传统生物处理技术末端二沉池,起到分离活性污泥混合液中的固体微生物和大分子溶解性物质的作用,通过膜的分离过滤,得到系统处理出水。

我国对膜生物反应器污水处理工艺的研究起步较晚,但发展十分迅速,2002—2005 年国家科技部资助清华大学、浙江大学和天津大学等高校进行"膜 – 生物反应器的工程化与应用"和"膜材料和新型膜生物反应器的研制与应用"等"863"科技攻关项目研究。2010年,我国大型 MBR 的处理量已达到 100 万 m^3/d。截至 2018 年 5 月,我国大型 MBR 处理市政污水的总处理量已达到 1 000 万 m^3/d,占我国市政污水总量(1.78×10^8 m^3/d)的 5% 以上。目前采用 MBR 处理的废水包括生活污水、高浓度有机废水、食品废水、啤酒废水、印染废水、填埋场沥滤液等。膜生物反应器的优、缺点见表 3.24。

表 3.24　膜生物反应器的优、缺点

优点	缺点
实现了 HRT 和 SRT 的相互独立,剩余污泥产量少	膜污染问题较严重
容积负荷高,占地面积小	运行成本高
耐冲击负荷能力强	
对水中的污染物质的去除效率较高,出水水质优良	
设备化、自动化程度高,运行管理方便	

3.6.2　膜生物反应器的分类

根据膜组件的安装位置,MBR 分为外置式、浸没式 2 种,如图 3.85 所示。外置式 MBR 把膜组件和生物反应器分开设置,生物反应器的混合液经泵增压后进入膜组件,在压力驱动下混合液中的液体透过膜得到系统出水,活性污泥、大分子物质等则被膜截留,随浓缩液回流到生物反应器内。浸没式 MBR 是将膜组件置于生物反应器内部。原水进入反应器后,其中的大部分污染物被混合液中的活性污泥分解,再在抽吸泵作用下由膜过滤出水。根据反应器内是否需要供氧,MBR 分为好氧型和厌氧型。好氧 MBR 启动时间短,出水效果好,可达到回用水标准,但污泥产量高,能耗大。厌氧 MBR 能耗少,污泥产量低、产生沼气,但启动时间长,污染物的去除效果不如好氧 MBR。此外,根据膜孔径的大小,MBR 可分为微滤MBR 和超滤 MBR 等。

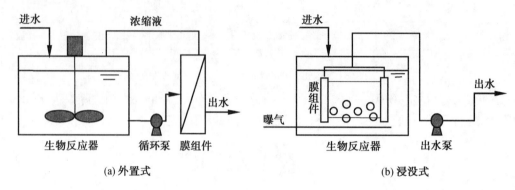

图 3.85 膜生物反应器分类

3.6.3 膜组件

目前 MBR 中常用膜组件有中空纤维式膜组件、平板式和管式膜组件,前两者是浸没式 MBR 应用最为广泛的组件形式,管式膜组件在外置式 MBR 中常用。MBR 中膜材料与组件应用情况见表 3.25 。

表 3.25 MBR 中膜材料与组件应用情况

组件	材料	孔径 /μm
中空纤维	聚偏氟乙烯(PVDF)	0.1
中空纤维	聚偏氟乙烯(PVDF)	0.1
中空纤维	聚氯乙烯 / 聚偏氟乙烯(PVC/PVDF)	0.01
中空纤维	聚乙烯 / 聚偏氟乙烯(PE/PVDF)	0.4
中空纤维	聚偏氟乙烯(PVDF)	0.04
中空纤维	聚醚砜(PES)	0.03
平板	聚偏氟乙烯(PVDF)	0.08
平板	氯化聚氯乙烯	0.2
平板	聚醚砜(PES)	0.038
管式(加压)	无机	0.2

1. 中空纤维式膜组件

中空纤维式膜组件由细小的膜管平行排列,并在端头用环氧树脂等材料封装而成,一般为外压式。中空纤维式膜组件的装填密度高,制造费用相对较低,耐压性好,不需支撑材料。但在实际应用中易发生杂质缠绕、污泥沉积等问题,对预处理要求高。中空纤维膜可应用于大型 MBR,而平板膜适合中小规模的 MBR。

2. 平板式膜组件

平板式又称板框式,是最早出现的一种膜组件形式,按膜、支撑板、膜的顺序重叠压紧组装在一起。其运行通量高,水力学条件易于控制,抗污染能力强,强度高,寿命长,对预处理要求简单。但装填密度较小,价格相对较贵。

3. 管式膜组件

管式膜组件由管式膜及其支撑体构成,有外压型和内压型两种运行方式,实际中多采用内压型,即从管内进水,透过液从管外流出。其主要优点是对料液的前处理要求相对较低,可通过控制料液的湍流程度防止污泥淤堵,易于清洗;缺点是成本较高,膜的比表面积较低,填充密度小。

3.6.4　膜生物反应器的基本参数与运行模式

1. 基本参数

MBR 的基本参数主要包括：膜通量、过滤阻力和跨膜压差等。膜通量（membrane flux）即物料（如水）在单位时间通过单位膜面积的量，通常用 J 表示，国际标准单位为 $m^3/(m^2 \cdot s)$，也称为渗透速率或过滤速率。膜通量由膜过程的跨膜压差和过滤总阻力决定。过滤时膜通量和跨膜压差之间的关系可以用 Darcy 定律表示。Darcy 定律的数学表达式如下：

$$J = \frac{\Delta p}{\mu R}$$

式中　　J——膜通量，$m^3/(m^2 \cdot s)$；

　　　　Δp——跨膜压差，即施加在膜两侧的过滤压差，可以通过安装在膜两侧的压力传感器进行测定，Pa；

　　　　μ——水的黏度，$Pa \cdot s$；

　　　　R——过滤阻力，m^{-1}。

过滤阻力 R 包括膜阻力 R_m、膜污染阻力 R_f、膜与溶液界面区域的阻力 R_{cp}。膜阻力 R_m 由膜材料本身决定，主要受膜孔径、膜表面孔隙率和膜厚度的影响。膜污染阻力 R_f 构成与膜污染机理相关，主要包括膜孔堵塞、膜表面凝胶层和泥饼层阻力。R_{cp} 与浓差极化相关。

2. 死端与错流过滤

MBR 所采用的膜为微滤或超滤膜，过滤模式主要有死端过滤和错流过滤两种。

原料液置于膜的上游，水分子和小于膜孔的溶质在压力的驱动下透过膜，大于膜孔的颗粒被膜截留，即为死端过滤。过滤压差可通过在原料侧加压或在透过膜侧抽真空产生。在这种过滤操作中，随着时间的延长，被截留的颗粒将在膜表面逐渐累积，形成污染层，使过滤阻力增加，在操作压力不变的情况下，膜通量将下降。因此，死端过滤必须周期性地停下来清洗膜表面的污染层或更换膜，是间歇式的，操作简便易行，适于实验室等小规模场合。

错流过滤是在泵的推动下料液平行于膜面流动。分置式 MBR 的污泥混合液在循环过程中会在膜表面形成错流，即产生水力剪切力；而一体式 MBR 运行时，通常会在膜组件下面进行粗曝气。两者都会把膜面上滞留的颗粒带走，从而使污染层保持在一个较薄的稳定水平。因此，一旦污染层达到稳定，膜通量将在较长一段时间内保持在相对较高的水平。

3. 恒通量与恒压力过滤

恒定膜通量（恒通量）是在改变操作压力下运行，恒定操作压力（恒压力）是在改变膜通量下运行。在恒通量操作模式下运行时，随着膜过滤的进行和膜污染的累积，膜过滤阻力增加，表现出操作压力的升高；在恒压力模式下运行时，随着膜过滤的进行和膜污染的累积，表现出膜通量的下降。

3.6.5　膜污染及控制

1. 膜污染的概念

MBR 的膜污染是指混合液中的污泥絮体、胶体粒子等污染物质与膜相互作用而引起的在膜孔内或膜面吸附、聚集、沉淀等，使水通过膜的阻力增加，过滤性下降，从而膜通量下降或跨膜压差升高的现象。膜污染可以导致频繁的膜清洗,缩短膜的使用寿命,增加 MBR 的运行维护费用。此外,MBR 实际工程应用中发现,活性污泥体系中存在着格栅未能有效拦截的一些漂浮物(头发、纤维、纸屑等) 也会导致 MBR 长期运行过程中形成严重污染问题。

膜污染主要包括:浓差极化、膜孔堵塞和表面沉积。

(1) 浓差极化。

浓差极化是指水分子不断透过膜而使靠近膜面的一层薄流体层内的溶质浓度或颗粒物浓度高于主体混合液的现象。过滤开始,浓差极化现象也就出现;过滤停止,浓差极化现象自然消除,因此,浓差极化现象是可逆的,可通过水力学条件优化进行控制。

(2) 膜孔堵塞。

膜孔堵塞是指在膜孔内部吸附或沉积溶解性物质或小颗粒物,造成膜孔不同程度的堵塞,通常比较难以去除,一般认为是不可逆的。

(3) 表面沉积。

表面沉积是指在膜表面沉积颗粒物、胶体物质和大分子有机物形成附着层。附着层包括三类:泥饼层(活性污泥絮体沉积和微生物附着于膜表面形成)、凝胶层(溶解性大分子有机物发生浓差极化,因吸附或过饱和而沉积在膜表面形成) 和无机污染层(溶解性无机物因过饱和沉积在膜表面形成)。疏松的泥饼层可以通过曝气等水力清洗去除,一般认为是可逆的;但如果膜污染发展到一定程度,泥饼层变得致密,使反应器本身的曝气作用无法对其进行去除时,则会发展成不可逆污染。凝胶层和无机污染层需要经过碱洗或酸洗等化学清洗才能去除,一般认为是不可逆的。

2. 膜污染的分类

按污染物的形态划分,膜污染分为膜孔堵塞、膜表面凝胶层、滤饼层以及漂浮物缠绕污染等。膜孔堵塞污染主要是由小分子有机物、无机物质吸附所引起的;膜表面凝胶层污染主要是由大分子有机物质吸附或截留沉积在膜表面所引起的;泥饼层污染主要由颗粒物质在凝胶层上的沉积所引起;漂浮物污染主要由污(废) 水中的纤维状物质,如头发、纸屑等被膜丝缠绕所造成。

按照污染物的理化性质划分,膜污染可以分为生物污染、有机污染和无机污染。生物污染主要由微生物沉积或滋生所造成。有机污染主要是蛋白质、多糖、腐殖酸等有机物所形成的污染,溶解性有机物(SMP) 和胞外聚合物(EPS) 被认为是有机污染的优势污染物。无机污染主要是指金属离子如 Ca^{2+}、Mg^{2+}、Fe^{2+}、Al^{3+} 及阴离子 CO_3^{2-}、SO_4^{2-}、PO_4^{3-} 和 OH^- 等引起无机结垢、无机颗粒物沉积或无机离子架桥络合作用形成复合污染。

按照污染物清洗去除的难易可以分为可逆污染(暂时污染)、不可逆污染(长期污染)、残余污染和不可恢复污染(永久污染)。可逆污染是指污染物松散附着于膜表面或膜孔,可以通过水力清洗的方法进行去除(如反冲洗、间歇过滤等)。不可逆污染是相对于可逆污染而言的,指物理清洗手段不能有效去除的、需要通过化学药剂清洗才能去除的污染,一般指膜面凝胶层和膜孔堵塞污染。残余污染是指用化学强化反冲洗或者维护性清洗手段不能去除的污染物所形成的污染,但可通过恢复性清洗进行去除。不可恢复污染是指采用任何清洗方法都不能去除的污染。

3. 膜污染的影响因素

影响 MBR 膜污染的因素有很多,总体上可分为三类:膜材料和膜组件特性、反应器运行操作条件及污泥混合液特性。

（1）膜材料和膜组件特性。

膜材料本身的特性如材质、孔径大小、表面电荷及粗糙度、亲疏水性等对膜污染有直接的影响，而膜组件的构型也是膜污染的重要影响因素。

与有机膜相比，陶瓷膜和金属膜具有更好的机械性能、耐高温和高通量，然而，这两种材料难以制造且价格昂贵。在相同的工作条件下，聚丙烯腈（PAN）膜的污染比聚醚砜（PES）膜慢，金属膜比有机膜更容易从污垢中恢复。

膜孔是污染物吸附和沉积的重要位置，小分子物质引起的膜孔堵塞不容忽视。当使用 MBR 处理含污废水时，选择具有适当孔径的膜对于工艺操作和膜污染控制很重要。在 MBR 工艺中，膜孔径一般为 $0.04 \sim 0.4 \ \mu m$。

膜表面电荷与污水中污染物的电荷相同时，可以增加膜通量，改善膜表面污染。一般来说，水溶液中的胶体颗粒带负电，因此，如果使用具有负电位的材料作为膜材料，则不易发生膜污染。粗糙的膜表面增大了膜的比表面积，从而增加了膜表面对污染物吸附的可能性，但也增加了膜表面附近的水流扰动程度，抑制污染物在膜表面的积累，粗糙度对膜污染的影响是这两方面综合作用的结果。

活性污泥是有机物质，亲水性膜不易与其中的蛋白质类污染物结合，从而减少了膜对于生物类污染物质的吸附，所以耐污染，而疏水性膜则易受到污染。对于疏水性膜可以通过人工改性，引进亲水基团（如磺酸基）和表面改性技术来增加透水性。对于没有进行改性的疏水性膜在使用前应进行亲水化处理。

膜组件的结构形式（如高径比、膜的装填密度等）会直接影响膜表面的料液流态，从而影响膜污染，因此设计结构合理的膜组件十分重要。膜组件的高径比主要影响沿膜丝长度方向的膜通量和压力分布的不均匀性。膜的装填密度主要影响单位容积膜组件的处理能力。装填密度低必然导致处理能力降低，但装填密度增加，膜污染趋势也随之增加。

（2）反应器运行操作条件。

影响膜污染的操作条件主要包括膜通量、跨膜压差（TMP）、曝气强度、错流速度（CFV）、污泥龄（SRT）以及水力停留时间（HRT）等。

在膜生物反应器系统进行水处理时，膜通量和跨膜压差相互影响，在只改变膜通量和跨膜压差的情况下，要使得膜通量更高，就必须提高跨膜压差。跨膜压差升高或降低，都会引起膜通量发生变化。MBR 在临界通量以下运行时，能有效避免过度污染。但是，在临界跨膜压差上运行 MBR 会使初始滤饼层变厚，致密的滤饼层出现，导致膜污染严重。降低初始跨膜压差可以减少膜污染并减慢膜通量下降的速度。

曝气对于 MBR 操作十分重要，它在为活性污泥代谢提供氧气的同时还能对膜表面沉积物进行清洗。一般来说，爆气强度越大，错流速度越大，越有利于污染控制。但是，对于一个特定构型的 MBR 反应器，曝气强度增大到一定值后，错流速度进入平台期，因此存在着一个曝气量的临界值，一般曝气量要小于此临界值。

水力停留时间和污泥龄可以影响污泥混合液特性，进而间接地影响膜污染，对于 MBR 系统而言，存在着适宜的水力停留时间和污泥龄，一般污泥龄采用 $15 \sim 60 \ d$，水力停留时间（具有脱氮除磷功能的 MBR）采用 $7 \sim 12 \ h$。

（3）污泥混合液特性。

活性污泥混合液是膜污染物质的来源,因此其性质直接决定膜污染的发展。混合液的性质包括污泥浓度、污泥粒径、混合液所含胶体及溶解性有机物(SMP)、胞外聚合物(EPS)浓度及其成分等。较高的污泥浓度是 MBR 的特点,其常见范围为 3 ~ 20 g/L。与中低浓度活性污泥相比,高浓度活性污泥中不仅絮体等大颗粒物质含量高,而且会产生更多的胞外多聚物,溶解性大分子物质及胶体等小颗粒物质的含量也会增大,同时黏度也会增加,这些都会加重膜污染。

4.膜污染控制

（1）膜材料改性。

膜材料表面改性可改变膜表面的亲疏水性,达到降低膜污染潜势的目的。表面改性的主要手段包括等离子体处理(空气、O_2、N_2 等)、表面涂层(表面活性剂吸附)、表面移植(如紫外光诱导移植技术) 等。

在膜材料中加入相应的亲水性聚合物后,可以弥补膜的性能缺陷,也可以让膜材料本身具有新的优良性能。除了亲水性聚合物共混对膜材料进行改性外,也可在 PVDF 中共混小分子无机粒子提高膜的亲水性。经过改性的膜组件结合了 PVDF 膜的性能和无机材料的耐热性、亲水性,形成了一种拥有良好性能的新型有机－无机复合膜。在化学共聚改性过程中,将改性单体与膜材料混合引发共聚反应制备聚合物膜可以提高有机聚合膜的亲水性。将 TiO_2 纳米颗粒加入以 PVDF 为基膜的膜表面,该膜对蛋白质有较好的抗污染性。

（2）膜组件优化。

膜组件优化时应考虑的因素是膜组件的形状、组件的放置、水力条件、中空纤维丝的直径和长度以及紧密度。新型螺旋膜组件在运行过程中有一定的旋转角度,因此膜会发生振动摇摆,增加了曝气时气泡与膜表面的撞击,减少了浓差极化影响,提高了膜分离效率和膜通量,使膜污染得到有效抑制,进一步降低能耗。

（3）膜污染清洗。

对膜组件进行清洗可以降低跨膜压差,恢复膜通量,延长膜寿命,降低运行成本。膜组件的清洗有物理清洗、化学清洗和电清洗。在实际操作过程中,单一的清洗方法很难达到最佳效果。一般来说,几种方法的组合将有效地控制膜污染。

物理清洗一般在不造成二次污染的情况下利用曝气、反洗、超声波清洗等物理手段对膜表面和膜孔中的可逆污染物进行清洗去除。好氧膜生物反应器通常采用曝气进行膜清洗,它利用上升气流引起的横流减少颗粒在膜表面的沉积,冲洗膜表面污染物,以达到去除膜污染的目的。间歇运行与曝气相结合,可以增强附着在膜表面的污染物的分散能力,有效地延缓膜污染。反冲洗能够清除很多可逆污染物,恢复膜通量。在应用膜生物反应器的实际工程中,通常采用曝气和反冲洗相结合的清洗方式,比单一的清洗方式效果更好。超声波在线清洗方法能有效控制膜污染。超声波能量作用在膜表面,能够有效剥离沉积在膜表面的污染物。

物理清洗方法无法有效清洗不可逆膜污染时,需要采用化学方法进行膜清洗。常用的化学清洗剂有酸洗剂、碱洗剂以及氧化清洗剂等。在清洗有机污染和生物污染时通常选择碱清洗剂;酸清洗剂可以有效地去除矿物质和无机污垢,盐酸和氢氧化钠结合使用可以高效地去除膜表面污染物,但对膜孔内污染物的去除效果较差。氧化清洗剂可以提高有机聚合物污染物的亲水性,降低膜孔内黏性。化学清洗系统在线和离线时都可以使用,可以大幅度提升膜通量,但会造成二次污染。

电清洗通过在膜上施加一定时间间隔的外加电场,使污染颗粒沿电场方向从膜表面移开,达到去除污染物的效果。然而,该方法要求薄膜具有导电功能,或者电极可以安装在薄膜表面,所以使用较少。

(4) 改善混合液特性。

在原始工艺中增加预处理环节,用来改善原水水质,通过预处理可以过滤除去胶体物质、固体类型悬浮物及铁锈等,以除去一些能与膜相互作用的溶质。另外,改善影响膜污染的污泥特性参数 MLSS 的可滤性和控制 MLSS 的浓度也能有效控制或减少膜污染的发生。改善 MLSS 的可滤性方式有多种选择,可以考虑在混合液中投加常规絮凝剂如聚合氯化铝,有助于污泥絮体基团之间复合聚集而形成体积更大、黏性更小、强度更高的污泥,而且通过混凝作用还可以降低混合液中的 COD,分担了膜对有机物的处理压力,同时污泥形成了较大的絮体,比表面积减小,EPS 含量降低,形成的絮体有较好的疏水性和透水性,有助于在膜表面形成容易脱落的泥饼层,并阻止细小的颗粒物堵塞膜孔。

3.7　好氧颗粒污泥

2005 年,世界水协会(IWA)第一届好氧颗粒污泥研讨会在德国慕尼黑工业大学召开,在此次会议上明确了好氧颗粒污泥的定义。

3.7.1　好氧颗粒污泥概述

污泥颗粒化(granulation)是指废水生物处理系统中的微生物在适当的环境条件下,相互聚集形成一种密度较大、体积较大、沉降性质较好的微生物聚集体。按照微生物代谢过程中电子受体的不同,颗粒污泥可分为好氧颗粒污泥和厌氧颗粒污泥两类。好氧颗粒污泥是一种特殊的生物膜结构,通过细胞间的自固定(self-immobilized)而逐渐颗粒化,形成球状或椭球状结构。

3.7.2　好氧颗粒污泥的性质

1. 好氧颗粒污泥的物理性质

(1) 湿密度和含水率。

好氧颗粒污泥通常是在较高的水剪切力和较长好氧饥饿时间下培养形成的,因此颗粒结构较为致密稳固。好氧颗粒污泥的湿密度通常为 $1.004 \sim 1.1$ g/L,远远高于传统絮状活性污泥($1.002 \sim 1.006$ g/L)。与厌氧颗粒污泥相似,好氧颗粒污泥的含水率为 94% ~ 97%,低于絮状污泥(> 99%)。

(2) 形态结构。

好氧颗粒污泥具有非常清晰、近乎圆形或椭圆形的外观形态。然而,由于研究中培养方式和各种影响条件的差异,颗粒形态又有所不同(图 3.86)。好氧颗粒污泥颜色受其菌群结构影响,通常呈现黄色、白色或者黑色等。好氧颗粒污泥的粒径一般在 $0.30 \sim 5.00$ mm 之间,其球形度(纵横比)一般大于 0.6。当好氧颗粒污泥较小时,其沉降性能、密度和强度都会随着粒径变大而增加;但当粒径大于4.0 mm时,粒径增加反而会导致其沉降性能变差,密度和强度也都会减小。

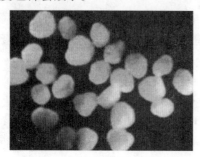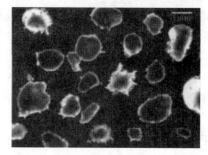

(a) 以乙酸盐为基质培养的好氧颗粒污泥　　　　(b) 以城市污水为基质培养的好氧颗粒污泥

图3.86　　利用不同基质培养的颗粒污泥

（3）孔隙度。

好氧颗粒污泥结构中存在很多的孔隙,以便为基质和氧气的传递提供必要的通道。因此,孔隙度的大小会直接影响颗粒内部的生物活性。传统絮状活性污泥的孔隙度大于0.95,而好氧颗粒污泥孔隙度一般为0.68 ~ 0.92之间,并且孔隙渗透程度会随着粒径增大而减小。当粒径在0.5 mm左右时,孔隙可深入颗粒表层0.15 mm区域,而当粒径大于1 mm时,其只能渗透到表层下0.2 mm的区域。

（4）物理强度。

物理强度是好氧颗粒污泥的一个重要性质,它可以反映在水力摩擦和颗粒碰撞时颗粒保持完整稳定的能力。通常颗粒的物理强度会受众多因素和运行条件影响。与细菌为主要菌群的颗粒污泥相比,丝状菌颗粒的结构较为松散,颗粒强度较弱。

2. 好氧颗粒污泥的化学性质

（1）表面疏水性。

根据热力学原理,细胞表面疏水性的增加会降低细胞的自由能,从而促进细胞之间相互聚集依附。因此,疏水性对好氧颗粒污泥形成和稳定具有重要的作用。好氧污泥颗粒化过程中,细胞表面疏水性会明显提高,稳态好氧颗粒污泥的表面疏水性为絮状污泥的2.5 ~ 3.5倍,并且水剪切力、选择压和污泥中蛋白含量与多糖含量比值的增加都可以提高细胞疏水性能,但改变基质浓度或负荷对其影响不大。

（2）胞外聚合物。

胞外聚合物(extracellular polymeric substances,EPS)是在一定条件下微生物(主要是细菌)为抵抗外界压力,分泌于细胞体外的一些高分子黏性聚合物,有利于细胞之间相互黏附、搭桥、聚集。EPS在好氧颗粒污泥中的含量明显高于絮状活性污泥和生物膜。

3.7.3　好氧颗粒污泥形成的影响因素

1. 沉降时间

沉降时间可在沉降速度较快的微生物和沉降速度较慢的絮状污泥间做出选择,从而筛选和富集培养颗粒污泥,最终实现好氧活性污泥颗粒化。因而沉降时间被认为是影响好氧颗粒污泥形成的主要因素。当沉降时间为15 min、10 min和5 min时都形成了好氧颗粒污泥,但是随着沉降时间的减少,好氧颗粒污泥的直径变大,细胞表面的疏水性和微生物活性增强,并且能促进细胞分泌更多 EPS。当沉淀时间为 20 min 时,反应器内不能形成好氧颗粒污泥。

2. 有机负荷

与厌氧颗粒污泥相比,好氧颗粒污泥对有机负荷的要求更低,它可在有机负荷为 1.5 ~ 15 kg COD/($m^3 \cdot d$) 较大范围内形成。并且,调控反应器的有机负荷可改善污泥的结构和沉降性能,并最终在反应器中成功实现污泥完全颗粒化。此外,不同有机负荷下形成的好氧颗粒污泥的形态结构、物化性质及微生物群落都具有明显的差异。在较高有机负荷下形成的颗粒污泥的粒径较大,但结构较为松散,微生物菌群多样性较低。而在较低有机负荷下的污泥颗粒化较慢、粒径较小,但形成的颗粒结构较为致密。

3. 剪切力

在 SBR 工艺中,好氧颗粒污泥受到的剪切力主要包括水流剪切力、气流剪切力及颗粒间的摩擦碰撞力。一般通过控制反应器中曝气量大小来改变剪切力的强弱,而剪切力大小通常以反应器的表观气速来表征。较高的剪切力作用有利于颗粒污泥的形成,并且是好氧颗粒污泥形成的关键条件。

4. 溶解氧

溶解氧直接影响着污水好氧生物处理系统的运行,同时也对好氧颗粒污泥的形成和稳定起到重要的作用。由于好氧颗粒污泥的结构特征,溶解氧在颗粒内部呈现明显的浓度梯度,氧气在颗粒内部传递阻力较大。在溶解氧较低的系统中,颗粒内部会出现厌氧区域,有助于丝状菌的过度生长,从而易导致结构较为松散及污泥膨胀。

5. 微生物饥饿期

一般好氧颗粒污泥都在 SBR 反应器中培养。在工艺运行过程中,曝气阶段作为主要的反应阶段,可分为基质降解期和好氧饥饿期,好氧颗粒污泥容易在具有较长好氧饥饿期的工艺中培养成功。

3.7.4 好氧颗粒污泥的优点

传统的活性污泥处理法在水处理过程中存在很多问题,例如容易产生大量的剩余污泥,对冲击负荷敏感和容积负荷较低等。而好氧颗粒污泥技术所具有的优势为解决这些问题提供了新的途径。好氧颗粒污泥的优点可体现在以下几方面。

1. 具有良好的沉降性能

好氧颗粒污泥的污泥体积指数一般低于 90 mL/g,而沉降速度通常可达 50 ~ 120 m/h,这可减小沉淀池体积或者额外的澄净装置,并且有效提高反应器的污泥浓度和水力负荷。

2. 具有较强的抗冲击负荷能力

由于好氧颗粒污泥的结构特点和丰富的微生物群落,其对污水的有机负荷和水力负荷都有良好的适应能力,不易发生污泥膨胀。

3. 吸附重金属和有毒物质

好氧颗粒污泥比表面积大,并且在颗粒表面有密度很大的孔隙,同时微生物还可分泌大量的胞外聚和物,这些因素都可以大大提高其吸附性能。

4. 具有同步硝化反硝化的能力

好氧颗粒污泥的空间结构使其同时存在好氧区和厌氧区,这使多种生物降解过程在同一系统内实现成为可能,从而大大提高反应器的脱氮除磷能力。

3.7.5 好氧颗粒污泥的应用

1. 处理城市污水

城市污水 COD 值较低,波动较大,且经常夹杂着其他物质,控制有机负荷是利用好氧颗粒污泥处理城市污水的关键。

2. 处理高浓度有机废水

好氧颗粒污泥可以有效提高反应器内的污泥浓度,增强反应器的处理能力,因此,该技术仅适用于处理高有机负荷废水,针对高浓度有机废水的处理,需要先将废水 COD 稀释到一定范围才适用。

3. 处理有毒有机污染物

好氧颗粒污泥具有致密的结构,对外部污染物具有较高的防扩散性,细胞整体对有毒物质具有很高的耐受能力,因此可以利用好氧颗粒污泥去除废水中的苯酚等有毒有害污染物。

3.8　几种典型废水处理工艺

3.8.1　北京纺织品公司印染废水治理技术

1. 工程背景

(1)生产情况及污水的产生。

该厂主要产品为袜子、内衣等棉织品,原料80% 为棉,20% 为尼龙。生产工艺包括煮炼、漂白、染色等(图3.87),所用染料主要为活性染料、中性染料和弱酸性染料等,用量每年约为24 t;漂白剂为双氧水,用量每年约为24 t,双氧水易分解,不会在水中残留;生产过程中加入各种助剂,主要包括烧碱、纯碱、醋酸、硫酸钙、去毛剂和柔软剂等,用量每年约为 162 t,盐用量每年为 360 t。

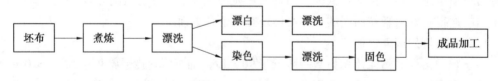

图 3.87　纺织品公司生产工艺流程图

从图3.87可以看出,污水主要来自煮炼、漂洗、染色和漂白车间,另外有时设备冲洗和地面冲刷也会排出部分废水。

(2)废水特征和水质水量。

该厂日均排放废水约250 t,主要来自煮炼、漂染车间,水中有机物含量较高且碱性较强,其中漂洗水水量最大,但污染负荷相对较小。煮炼、染色工序所排放污水是有机物的主要来源,其中残留的助剂是构成有机污染的主要成分,助剂多为直链有机物。由于产品以纯棉织物为主,纯棉织物使用的染料上染率较低,故废水中残留的染料较多,色度较深。染料一般为环状芳烃有机物,为难降解物质。另外,废水中还有少量悬浮物。

原水 COD 为 700 ~ 1 100 mg/L,BOD 为 150 ~ 250 mg/L,色度为 200 ~ 300 倍,pH 为 9 ~ 11。根据环保部门要求排放水水质标准:COD 为 100 mg/L,BOD 为 60 mg/L,色度为 80 倍,pH 为 6 ~ 9。

2. 工艺设计

(1) 工艺流程的确定。

该废水 COD 含量较高,但 BOD 含量较低,BOD_5/COD 约为 0.25,水的可生化性较差且碱性较强,据此特点设计了厌氧水解酸化、生物接触氧化、混凝沉淀的处理工艺。废水处理工艺流程图如图 3.88 所示。

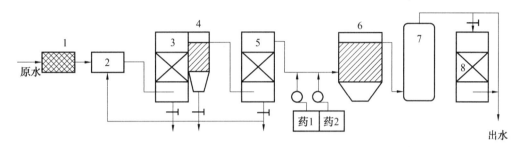

图 3.88　废水处理工艺流程图

1— 筛网;2— 地下酸化调节池;3— 接触氧化塔;4— 沉淀池;
5— 接触氧化塔;6— 沉淀池;7— 砂滤柱;8— 活性炭柱

(2) 工艺流程说明。

① 筛网。截留大的悬浮物,主要为生产过程中流失的小件棉制品,以免对泵造成损害。

② 厌氧水解酸化调节池。调节废水的水质水量,使之均一,更重要的作用是改善废水的可生物降解性,以利于后续的好氧生物处理。因此在厌氧菌的作用下,将染料的环状难降解大分子水解为可生物降解的小分子物质,并在产酸菌作用下转化为有机酸,使水的 pH 由 11 降至 9 左右,为生物接触氧化处理创造了必要条件。此阶段的停留时间约为 10 h。经过水解酸化处理,废水的可生化性提高到 35%,COD 去除率为 30%。为保持厌氧条件,池上有盖密封。

③ 两段生物接触氧化塔。两段生物接触氧化塔串联,采用聚氯乙烯软性填料,生物量大,生物膜与废水接触好。单塔停留时间为 3.5 h,经两段处理,COD 去除率约为 75%,色度降到 100 倍以下。

④ 中间沉淀池。与 1# 生物接触氧化塔合建,其作用是去除 1# 生物接触氧化塔脱落的生物膜,减轻 2# 生物接触氧化塔的处理负担。停留时间为 1.5 h。

⑤ 混凝沉淀池。经生物处理后,色度和 COD 都还未达到排放要求,混凝沉淀是进一步对水进行净化,以达标排放。采用专为此种废水研制的无机复合型絮凝剂,在 pH 调整为 8 ~ 9 时有非常好的脱色效果,絮体形成块、密实、沉降性好。药剂配制成溶液,用计量泵投加。由于生物接触氧化塔出水口与斜板沉淀池入水口有 4 m 的高度差,管中水流速度较快,利用此高度差(未设混合反应池)使絮凝剂和助凝剂与废水充分混合反应,效果良好。沉淀池停留时间为 45 min,COD 去除率为 45%,色度小于 80 倍。

⑥砂滤柱。截留沉淀池出水中悬浮的小絮体,以保证出水水质,承托层为粒径2 ~ 32 mm 的卵石,厚度为 500 mm,粒径为 0.5 ~ 1.2 mm,厚度为 1 000 mm。

⑦活性炭柱。备用,只在水质异常(COD > 1 100 mg/L)时启用。

3. 处理效果

上述处理流程运行稳定,处理后出水水质良好,达到相应标准。印染废水处理效果见表 3.26。

表3.26 印染废水处理效果

项目	原水	生物处理(厌氧和好氧)		混凝效果		总去除率/%
		处理后	去除率/%	处理后	去除率/%	
pH	11.0	8.0	—	6.6	—	—
COD/(mg·L^{-1})	825	150	82	86	43	90
BOD/(mg·L^{-1})	150	45	70	30	33	80
色度/倍	250	80	68	30	63	80

3.8.2 长沙酒厂生产废水治理技术

长沙酒厂地处长沙市观沙岭,工程建设总投资 1 900 万元,于 1992 年建设投产。工厂以高粱、小麦等原料生产白沙液系列白酒,生产中排放废水 720 m³/d,主要包括制曲废水、酿酒废水、罐装废水以及生活废水等其他废水,具体水质指标见表 3.27。生产废水经处理后要求达到《污水综合排放标准》(GB 8978—1996)新扩改一级标准,即 COD < 100 mg/L,BOD < 30 mg/L,SS < 70 mg/L,pH = 6 ~ 9。

表3.27 白酒废水水质指标   mg/L

项目	COD	BOD	SS
制曲废水	1 000 ~ 1 600	800 ~ 1 000	90 ~ 150
酿酒废水	800 ~ 900	480 ~ 600	50 ~ 90
罐装废水	100 ~ 120	300 ~ 350	100 ~ 140
生活废水等其他废水	1 000 ~ 1 500	800 ~ 900	90 ~ 120

1. 工程背景

该厂采用传统固体发酵工艺生产,混合废水中污染物质量浓度较高,有时 COD、BOD$_5$ 分别高达 2 000 mg/L、800 mg/L,排水量和废水水质变化较大,可用地面积小,地形复杂。工程位置处于该厂后部东北侧,紧邻场外排水沟,可用地面积仅有 800 m²,且其中外侧部分为坡地,约占用地面积的 40%。地面高程由 67.5 m 降至 62.5 m,坡度为 1∶1.26。该厂处于市内繁华地段,治理工程为限期项目,要求的工期紧、投资少。

白酒生产废水为可生化有机废水,常用生化法处理。本项目设计进出水 COD 分别为 1 200 mg/L 和 100 mg/L,去除率要求在 91.6% 以上。因此传统活性污泥法处理工业废水一般需设置调节池,外加二沉池,污泥回流设施,其用地面积和投资均比采用 SBR 法高很多。而厂区提供的用地不仅少,而且部分是坡地,若采用传统活性污泥法,需大面积改造坡地,工程投资高。SBR 工艺具有工艺简单、净化效果好、占地面积小和工程投资少等特点。白酒生产废水处理工艺流程图如图 3.89 所示。

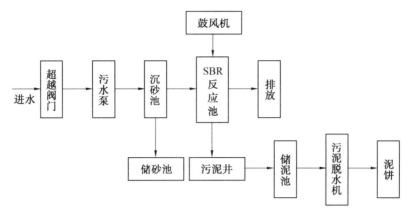

图 3.89　白酒生产废水处理工艺流程图

2. 工艺设计

工艺设计主要是 SBR 反应池的设计。因 SBR 反应池间歇运行,对水质水量变化具有调节适应能力,故不设调节池。为保护曝气装置,设沉砂及细格栅。4 个 SBR 池,一个周期为 8.0 h,进水 2.0 h,曝气 4.0 h(非限制性曝气),沉淀 0.5 h,排水及闲置 1.5 h。进水一半后开始曝气、进水结束,曝气开始、排水结束由池内水位控制,曝气结束、排水开始由时间控制。

SBR 反应池设计流量 Q 为 30 m³/d,污泥 BOD_5 负荷为 0.3 kg/(kg MLSS·d),设计污泥容积指数 SVI 值为 140 mL/g。每个反应池尺寸为 6.5 m × 6.0 m × 5.5 m,单池反应区容积为 190 m³,单池沉淀污泥体积约为 100 m³。平均流量时进水时间为 2.0 h,进水深度为 1.7 m。标准清水需氧量为 650 kg/d,最大供氧速率为 30 m³/min。设计 SBR 反应池剩余污泥干重为 50 kg/d,浓缩污泥含水率为 95%,每天约 11 m³。SBR 工艺构筑物和工艺设备见表 3.28。

表 3.28　SBR 工艺构筑物和工艺设备

名称	平面尺寸	数量	备注
超越闸门井	1	砖混	—
污水泵房	3.0 m × 3.0 m	1	砖混
沉砂池	3.3 m × 0.7 m	1	钢
SBR 反应池	6.5 m × 6.0 m	4	钢筋混凝土
污泥浓缩室	8.0 m × 2.0 m	4	钢筋混凝土
鼓风机房	6.6 m × 4.5 m	1	砖混
脱水机房	9.0 m × 6.6 m	1	砖混
储泥池	1.68 m × 3.48 m	1	砖混
污水提升泵	YW80 – 50 – 15	3	$N = 9$ kW
回转式格栅	1.5 × 0.6	1	—
电动蝶阀	DN200	8	—
滗水器	DN200	4	—
曝气头	金山 – Ⅰ 型	136	—
罗茨鼓风机	RD – 130	2	$N = 35$ kW
污泥提升泵	100HZ – G	1	$N = 3.7$ kW
带式压滤机	DY – 0.5	1	$N = 10.6$ kW

　　沉砂池为钢结构,安装在 SBR 顶部平台上,池宽为 0.7 m,池深为 1.4 m,池内安装回转式细格栅一台,栅条间距为 10 mm。SBR 反应池 4 个,每个池平面净尺寸为 6.0 m × 6.5 m,水深为 5.0 m,污水从 SBR 上配水渠经由 DN200 电动蝶阀控制逐次向各池配水。池内安装有滗水器、水位控制器、溢流管等。

　　滗水器出水头溢流负荷为 5.0 L/(s·m),每次排水时间估算为 28 min,实际运行排水时间为 22 min。排水时间阀门按程序自动打开,排水结束,电动阀门自动关闭。各 SBR 反应池设置池内污泥浓缩室,平面尺寸为 8 m × 2.0 m,深度为 5.5 m。进水及曝气时,一部分混合液进入浓缩室,由于不受曝气干扰,污泥将沉淀浓缩,当 SBR 反应池排水时,柜内上清水和池内清水一起排掉。

3. 处理效果

　　本工程设计进水、出水水质见表 3.29。

表 3.29　设计进水、出水水质

项目	进水	出水	去除率/%
COD/(mg·L^{-1})	1 200	100	91.7
BOD/(mg·L^{-1})	650	30	95.4
SS/(mg·L^{-1})	360	70	80.6

　　本工程于 1995 年 3 月竣工,4 月培养菌种,5 月正式运行到年底验收,净化效果较好。验收期间,进水 COD 为 1 120 ～ 2 244 mg/L,出水 COD 为 43.8 ～ 61.5 mg/L,去除率为 95.5% ～97.9%;进水 BOD$_5$ 为 514 ～ 880 mg/L,出水 BOD$_5$ 为 2.8 ～ 3.6 mg/L,去除率为 99.5% ～99.7%;进水 ρ(SS) 为 52.2 ～ 118 mg/L,出水 ρ(SS) 为 4.0 ～ 9.5 mg/L,去除率为 89.6% ～94.9%;进水 pH 为 3.8 ～ 5.0,出水 pH 为 6.4 ～ 7.1。

　　运行结果表明,SBR 法处理白酒生产废水具有较好的水质变化适应性和净化效果。

　　本项目试运行阶段,污泥质量浓度为 3.4 ～ 4.6 g/L。由于污染物浓度、污泥负荷均长期在一定范围内周期性变化,微生物被驯化出良好的适应性。

　　由于厂区无设置污泥消化设施的位置,处于市区繁华地段不允许湿污泥暂存再运出做农肥,且不能直接排外,而工程采用 SBR 法,剩余污泥排量少,污泥龄长,污泥稳定性好,故脱水性能较好。因此设计时直接利用带式脱水机脱水,使污泥处理系统占地面积大大减少。

　　本工程实际占地面积为 503 m^2,其中工艺构筑物占地面积为 295 m^2,处理 1 m^3 水占地面积为 0.7 m^2,比按传统活性污泥法的设计占地面积减少 0.3 ～ 0.5 m^2/m^3。

3.8.3　北京某污水处理厂治理技术

1. 工程概况

　　工程名称为北京某污水处理厂改扩建及再生水利用工程。北京某污水处理厂最早建于 1990 年,处理规模为 4 × 10^4 m^3/d,采用传统活性污泥法,并对污泥进行消化,工程占地面积为 6.07 hm^2(1 hm^2 = 0.01 km^2)。2006 年 7 月该污水处理厂改扩建及再生水利用工程开工建设,工程总规模为 10 × 10^4 m^3/d,总流域面积为 109.3 km^2。工程内容分为两部分:第一,

扩建 6×10^4 m³/d 污水处理设施采用 MBR 工艺,出水一次达到回用要求,其中 1×10^4 m³/d 的出水再经过反渗透深度处理成为高品质再生水,直接供给奥利匹克森林公园水体补水及场馆杂用;第二,现有 4×10^4 m³/d 污水处理设施改造,出水达标排放。扩建 6×10^4 m³/d 污水处理设施 2008 年 7 月建成投产,根据工期安排,4×10^4 m³/d 改造工作的土建部分目前没有实施。以下重点介绍扩建 6×10^4 m³/d 污水处理设施。

2. 设计要点

① 设计水量与进水水质。扩建规模为 6×10^4 m³/d 污水处理,设计进水水质见表 3.30。

表 3.30　设计进水水质　　　　　　　　　　　　　　mg/L

项目	BOD$_5$	COD$_{Cr}$	SS	NH$_3$ - N	TN	TP
设计进水标准	280	550	340	45	65	10

② 设计出水水质一次达到城市杂用水水质标准。5×10^4 m³/d 出水排入城市再生水管网,执行《城市污水再生利用城市杂用水水质》(GB/T 18920—2020)标准中车辆冲洗水质要求,见表 3.31,另外规模 1×10^4 m³/d 出水作为奥林匹克森林公园高品质用水,由于国家现在还没有相应的体育场馆再生水水质标准,高品质再生水水质暂参照《地表水环境质量标准》(GB/T 3838—2002)中 Ⅲ 类水体的主要标准(除 TN 外)。

表 3.31　设计出水水质

项目	BOD$_5$ /(mg·L^{-1})	浊度 /NTU	溶解性总固体 /(mg·L^{-1})	NH$_3$ - N /(mg·L^{-1})	总余氯 /(mg·L^{-1})
设计出水标准	≤ 10	≤ 5	≤ 1 000	≤ 10	管网末端不小于0.2

3. 工艺流程与说明

工艺流程图如图 3.90 所示,流域范围内污水首先进入污水处理厂提升泵房的集水池,经过间隙 8 mm 格栅后由提升泵提升至曝气沉砂池,然后分别进入 4×10^4 m³/d 的改造系统及 6×10^4 m³/d 的扩建系统。进入扩建系统的污水经孔径 1 mm 的细格栅后进入 MBR 池,经紫外线消毒后,其中 5×10^4 m³/d 进入清水池,臭氧脱色后通过配水泵房输送至厂外再生水利用管网向用户供水。另外,1×10^4 m³/d 出水进入反渗透设备处理,高品质再生水出水进入独立的清水池经水泵提升输送至奥林匹克森林公园。

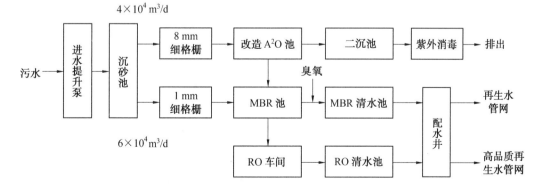

图 3.90　工艺流程图

4. 处理效果

本污水处理厂 $6 \times 10^4 \, \text{m}^3/\text{d}$ 扩建系统于 2008 年 4 月通水进行试运转阶段,同年 7 月开始正式运转。在调试阶段,根据《性能测试报告》,各种设备运转达到了技术指标要求,系统运行正常,出水水质稳定,基本没有出现任何故障,运行 7 个月后,出水水质良好,达到设计目标。

3.8.4 啤酒厂废水治理技术

1. 啤酒废水的来源、水质和水量

啤酒生产的主要工序是:浸麦 → 麦芽 → 糖化 → 发酵 → 滤酒 → 包装。浸麦有洗麦水、浸麦水;发芽有发芽降温喷雾水、麦糟水、洗涤水。各道工序都要排放废水,如麦芽车间排放的浸麦废水,糖化发酵车间排放的糖化发酵废水,包装车间排放的洗涤废水以及部分厂区的生活污水等。啤酒废水是指上述各类废水的混合废水,一般每生产 1 t 啤酒将产生 10 ~ 20 m^3 废水,随着工厂生产规模、生产工艺、管理水平及废水再利用情况的不同而有所波动。啤酒废水一般 COD 为 1 000 ~ 2 500 mg/L,BOD 为 600 ~ 1 600 mg/L,SS 为 200 ~ 1 500 mg/L,BOD/COD 为 0.5 ~ 0.7,属中浓度有机废水,可生化性良好,各主要生产工序的排水情况如下。

① 浸麦废水。水量较小,有机物浓度中等,颜色较深,容易腐败,含有多种糖类、果胶及蛋白化合物,水中悬浮固定含量较少且与麦粒的干净程度有关。

② 糖化发酵废水。水量较大,有机物含量很高,水中含有废酵母、蛋白凝固物、多种糖类、醇类、纤维素及废酒糟等悬浮固体,属高浓度有机废水。

③ 包装洗涤废水。水量大,有机物含量低,水中含有部分残留啤酒、洗涤剂及部分无机物。

④ 其他废水。如厂区生活污水等。

表 3.32 列出了两啤酒厂实测的各车间的排水情况。

表 3.32 啤酒厂各车间的排水情况

厂名	车间	BOD/(mg·L⁻¹)	COD/(mg·L⁻¹)	SS/(mg·L⁻¹)	流量/(m³·d⁻¹)
济南白马山啤酒厂	麦芽车间	839	1 407	211	—
	糖化发酵车间	1 950	4 221	799	—
	包装车间	633	1 033	200	—
	总排放口	1 350	1 783	549	3 500
某厂啤酒	麦芽车间	240 ~ 300	550 ~ 690	320 ~ 510	490
	糖化发酵车间	2 200 ~ 4 300	3 200 ~ 6 100 平均4 500	850 ~ 3 300	600
	包装车间	80 ~ 440	120 ~ 590	150 ~ 200	800
	其他		230 ~ 610 平均810 ~ 2 100	—	110
	总排放口	620 ~ 1 600	1 660	360 ~ 1 300	2 000

2. 啤酒废水处理工艺简介

啤酒废水可生化性很好,通常采用以生化法为主的处理工艺,一般可分为以下三类。

(1) 好氧生物处理。

根据微生物的生长状态,好氧处理可分为悬浮态 - 活性污泥法和附着态 - 生物膜法两类。采用活性污泥法的有广州啤酒厂等,而采用生物膜法的有杭州啤酒厂等。生物接触氧化法在啤酒废水处理中也被广泛应用,如杭州中策啤酒厂、平顶山啤酒厂等。在啤酒废水处理发展初期,多采用好氧生物处理,其处理效率高,但电耗高、运行成本大、剩余污泥量多、不能回收能源。如江苏某啤酒厂废水处理工程,设计能力为 1 800 m³/d,采用高浓度活性污泥法,进水 COD 平均为 2 000 mg/L,出水 COD 平均为 95 mg/L,废水处理费用为 1.68 元/m³,废水电耗为 1.93 kW·h/m³。

(2) 厌氧生物处理。

厌氧处理适于处理高浓度有机废水,具有容积负荷高、污泥量少、效果稳定、能耗低、可回收沼气等特点。清华大学研制的常温下厌氧反应器 UASB,截污量大,颗粒化程度高,耐冲击负荷强,运行稳定,在北京啤酒厂废水处理中(设计能力为 2 000 m³/d) 成功应用后,厌氧生物处理啤酒废水得到了广泛应用,其 COD 的去除率约为 75%。可见,单独用厌氧处理虽可以回收能源,但难以达到排放标准,仍需进行二级处理。

(3) 厌氧 - 好氧生物处理。

由于厌氧 - 好氧生物处理把单独好氧处理和单独厌氧处理有机地结合起来,具有两者的功能和优点,因此得到了广泛应用。以下重点介绍啤酒废水处理中常见的集中厌氧 - 好氧组合工艺及其主要设计参数。

① 产气工艺。该工艺的特点是完全厌氧并回收利用沼气,可采用 UASB 反应器或 IC 反应器等,好氧处理可采用氧化沟、接触氧化等工艺。

产气典型工艺流程图如图 3.91 所示。

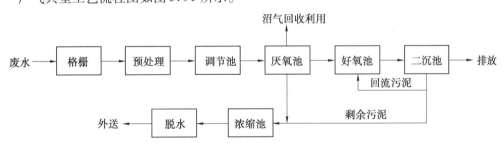

图 3.91 产气典型工艺流程图

② 水解酸化工艺。该工艺的特点是控制在厌氧过程的前段(水解酸化阶段),不产沼气。充分利用水解产酸菌时代周期短、可迅速降解有机物的特性,在水解酸化细菌作用下,将不溶性有机物水解为溶解性物质,在产酸菌协同作用下,将大分子物质、难以生物降解的物质转化为易于生物降解的小分子物质,提高了污水的可生化性,使污水在后续的好氧池中以较少的能耗和较短的停留时间得到处理,从而提高了污水的处理效率,并减少了污泥生成量。水解酸化典型工艺流程图如图 3.92 所示。

③ SBR 工艺。SBR 工艺通常由几个反应池组成,污水分批进入池中,经活性污泥净化后,上清液排出池外即完成一个运行周期。每个工作周期顺序完成进水、曝气、沉淀、排放 4

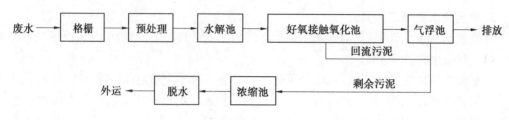

图 3.92 水解酸化典型工艺流程图

个工艺过程。SBR 工艺中反应池集生物降解与沉淀、污泥回流功能于一体,省去了沉淀池和污泥回流系统,具有工艺及构筑物简单、处理效率高、运行稳定、耐冲击负荷和避免污泥膨胀等特点,它可以在一个池内交替完成厌氧、缺氧和好氧工艺过程,是极具发展潜力的一种处理工艺,但也存在自动控制技术及连续在线分析仪表要求高,设计运行管理经验少,调试较麻烦,操作管理也较复杂等缺点。SBR 典型工艺流程图如图 3.93 所示。

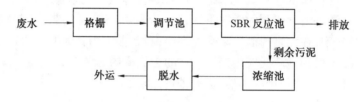

图 3.93 SBR 典型工艺流程图

3. 设计要点

(1) 重视预处理。

从上述各啤酒厂污水处理工程实践中可以看出,各啤酒厂对预处理都比较重视,除通常设置粗、细格栅外,还考虑了微滤机、旋转滤网、分离机和初沉池等设施,这无疑是很必要的。由于各厂生产和管理水平不同,啤酒废水的水质、水量波动很大,因此设计中除考虑足够的调节水量外,还必须充分重视预处理,尽量把悬浮固体有机物、废酒槽、麦皮等在预处理单元中去除,以减轻后续处理单元不必要的负荷,这一点在重庆第二啤酒厂废水处理工程中得到充分体现。该工程设计规模为 2 500 m^3/d,1991 年完成施工图设计,1994 年完成土建和设备安装工程。1995 年调试中发现:由于甲方提供的供水负荷与实际情况相差较大,加上对废水中悬浮物及有机物含量估计不足,设计中对预处理重视不够,大量固体有机物、麦皮、废酒槽等进入调节池并腐败分解,进入 UASB 单元的 COD 高达 3 000 mg/L,大大加重了UASB 及后续好氧池的负荷,出水达不到排放标准。1996 年经过对工程进行整改,增设了机械格栅、初沉池和污泥干化池,并对原调节池进行清理改造,8 月份施工完毕,投入试运行后,出水水质明显好转。经环保部门监测中心取样监测,出水指标平均值:COD 约为50.1 mg/L,BOD 约为 37.1 mg/L,SS 约为 54.1 mg/L,pH 为 8.1,色度为 22 倍,各项指标均达到排放标准,顺利通过工程验收。

(2) 采用厌氧 - 好氧组合工艺。

实践表明,啤酒废水采用厌氧 - 好氧组合工艺,具有单独好氧和单独厌氧处理两者的优点,处理效率高、基建费用省、占地面积小、运行费用低、污泥量少,因此应用也越来越广泛。上述的各类处理工艺,不过是各种厌氧处理单元(UASB、IC、水解池)和不同的好氧处理单元(氧化沟、接触氧化池)有机地组合或者在一个反应池内交替完成厌氧、缺氧、好氧工艺过程。

（3）高浓度废水单独处理。

把糖化发酵车间的高浓度废水单独用 UASB 反应器处理后再与其他低浓度废水混合后可以大幅度降低处理设施的建设费用和运行费用,具有明显的经济效益。实践表明,高浓度废水经 UASB 处理后,平均去除率:COD 为 78.74% (2 817 ~ 599 mg/L);BOD 为 61.49%(1 010 ~ 389 mg/L);SS 为 89.38% (3 334 ~ 354 mg/L),而且产沼气量大,便于集中使用。当然这并不意味着所有啤酒废水都要分质处理,在生产规模较大、高浓度废水较多且便于集中收集时,把高浓度废水单独处理后再与低浓度废水合并处理是有益且合理的选择。

（4）沉淀与气浮。

实践表明,啤酒废水处理中,沉淀与气浮都是广泛使用且行之有效的泥水分离处理单元。但相比之下,气浮池水力停留时间较短,为 0.5 ~ 0.7 h,占地面积小,悬浮物去除率较高,排泥含水率较低,因而有利于污泥浓缩和脱水;而沉淀池水力停留时间较长(1.5 ~ 2.5 h),占地面积稍大,悬浮物去除率较低和排泥含水率较高。但是气浮池需要空压机、压力溶气罐、回流泵等,一次性投资较多且运行管理也较复杂。因此在设计中可根据各工程的具体情况和条件,进行综合比较后再决定。

（5）积极谨慎地推广应用新技术和新工艺。

在废水处理设计中,对于行之有效的新技术、新工艺如 SBR 及工艺,应积极大胆地推广应用。但应用时要谨慎并掌握新技术、新工艺的原理及优缺点,注意其使用条件并在设计中留有一定的余地。

例如,IC – CIRCOX 工艺处理啤酒废水具有水力停留时间短、有机负荷高、占地面积小、污泥量少、处理效率高等特点,但存在设备很高且构造复杂、投资较高、自动化程度要求高和运行管理较麻烦等不足。

3.8.5　福建某生活垃圾焚烧厂渗滤液治理技术

1. 工程背景

城市生活垃焚渗滤液具有水质成分复杂、高浓度氨氮和有机物等特点,对环境污染严重。该厂垃圾渗滤液主要是装卸车冲刷水和垃圾仓垃圾渗滤液,水质检测指标:SS 为 3 713 mg/L;COD_{cr} 为 52 100 mg/L;BOD_5 为 26 500 mg/L;$NH_3 – N$ 为 1 356 mg/L。出水水质指标需符合《污水综合排放标准》(GB 8978—1996) 的一级标准。总处理量为 210 m^3/d,处理单元按 210 m^3/d 设计,RO 系统按照一期水量 135 m^3/d 设计。进、出水水质设计见表 3.33。

表 3.33　进、出水水质设计

项目	pH	COD_{cr} /(mg·L^{-1})	BOD_5 /(mg·L^{-1})	SS /(mg·L^{-1})	$NH_3 – N$ /(mg·L^{-1})
进水	6 ~ 9	58 000 ~ 59 000	29 000 ~ 30 000	4 200	1 600
出水	6 ~ 9	≤ 100	≤ 15	≤ 60	≤ 15

该工程处理工艺选用预处理 + UBF + MBR + RO 组合工艺,具体流程如图 3.94。

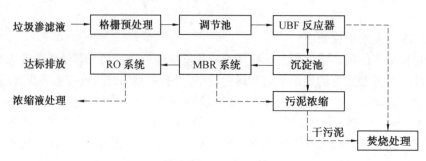

图 3.94　工艺流程图

2. 工艺设计

（1）预处理系统。

包含格栅预处理和调节池两部分,采用螺旋格栅机作为预处理装置,能够对固体颗粒物进行有效截留。栅径规格为 2 mm。调节池内设潜水搅拌器,材质为钢混结构;尺寸为 26.0 m×12.0 m×5.6 m;其有效容积为 1 560 m^3,水力停留时间(HRT) 为 7.8 d。

（2）复合式厌氧流化床反应器（UBF）。

两座并联设置,反应器内接种的活性污泥来自污水处理厂,其污泥含水率为 79%;每个池子规格为 8.7 m×8.7 m×12.0 m;填料高度为 3.5 m,填料为软性带状膜条材料。在复合式厌氧流化床反应器中处理垃圾渗滤液,反应温度保持为 35 ℃ 左右。水力停留时间为 8.0 d,沼气为 0.42 $m^3/kg(COD_{Cr})$ 的产率,反应器底部污泥质量浓度为 55 g/L,容积负荷为 7.96 $kg(COD_{Cr})/(m^3 \cdot d)$。

（3）沉淀池。

主要用于复合式厌氧流化床反应器出水的沉淀,沉淀池的规格为 4.0 m×2.8 m× 5.0 m,水力停留时间为 4.8 d。

（4）MBR 系统。

MBR 系统为超滤（MF）和生化处理于一体,生化部分包含反硝化、硝化池两部分。MBR 系统选择浸没式 MBR,置于硝化池中,相比传统的活性污泥法,浸没式 MBR 取代了传统二沉池,具有污泥负荷低、设备体积小等优点。MBR 膜选择国产膜。膜具体设计参数如下:膜材质为 PVDF;膜孔径为 0.01 μm;膜面积为 30 m^2/ 片;设计产水量为 15 L/($m^2 \cdot h$);最高进水压力为 0.08 MPa;最大跨膜压差为 0.08 MPa;pH 范围为 2 ~ 10;运行温度为 5 ~ 45 ℃;运行方式为错流式过滤,运行 8 min,停止 2 min;正常使用寿命为 3 ~ 5 年。选择接种的活性污泥来自当地污水处理厂,其 COD_{Cr} 为 950 mg/L,$NH_3 - N$ 浓度为 5 mg/L。反硝化池 1 座,底部设有水下搅拌器,规格为 8.5 m×3.3 m×9.0 m。硝化池 2 座,底部设有射流曝气器,每个池子的规格为 9.5 m×7.3 m×9.0 m。鼓风机 3 台(2 用 1 备),单台规格为 1 100 m^3/h。

（5）RO 系统。

一级 RO 采用卷式反渗透膜,膜选择进口膜,膜工作压力为 1.0 ~ 2.8 MPa,反渗透产水率为 83%。 设计进水流量为 6.55 m^3/h;膜通量为 18.2 L/($m^2 \cdot h$),膜总过滤面积为 329 m^2。处理后的浓缩液经处理后排回调节池,重新进行回流处置。

（6）污泥浓缩系统。

对处理过程产生的污泥进行浓缩处置,储池规格为 4.5 m×3.3 m×4.5 m,经浓缩脱水处理后,上清液进入脱水上清液池,规格为 4.5 m × 3.3 m × 4.5 m,然后回流进入 MBR。浓缩池产生的污泥含水率为 80%,污泥量为 8.58 t/d,然后对干污泥进行焚烧处置。

3. 处理效果

对垃圾渗滤液处理调试运行合格后,水质可达到排放标准,水质处理效果见表3.34。

表 3.34　水质处理效果

项目	pH	COD_{cr} /(mg·L^{-1})	BOD_5 /(mg·L^{-1})	SS /(mg·L^{-1})	NH_3-N /(mg·L^{-1})
调节池	6 ~ 9	52 100	26 500	3 713	1 359
UBR 出水	6 ~ 9	11 521	4 065	2 701	1 942
MBR 出水	6 ~ 9	472	25	21	12.9
RO 出水	6 ~ 9	70.8	17	5	8.3
排放标准	6 ~ 9	≤ 100	≤ 30	≤ 60	≤ 15

4. 投资及运行成本

工程总投资约为 960 万元,日常运行成本见表3.35。

表 3.35　运行成本分析

类别	金额/(元·m^{-3})
电费(0.65 元/(kW·h))	16.03
药剂费	1.64
人工薪酬	1.38
RO 膜更换费	5.29
设备折旧费(含维修费)	1.59
水处理费	0.07
总计(处理成本)	26.00

思　考　题

1. 水体污染的主要污染源和主要污染物有哪些?

2. 什么是"河流水体自净"? 河流水体自净一般包括哪几个过程?

3. 什么是"氧垂曲线"? 根据"氧垂曲线"可以说明什么问题?

4. 什么是"富营养化"? 评判湖泊、水库是否发生"富营养化"的标准是什么?

5. 对已经"富营养化"的湖泊、水库应采取哪些措施进行恢复?

6. 什么是"赤潮"? 分析发生"赤潮"的原因及防治"赤潮"发生的方法。

7. 简述城市污水处理级别有哪些? 并说明每一级别的用途和主要采用的技术。

8. 根据污水中悬浮颗粒物的性质和浓度,可以将沉淀分为哪几种类型? 各有何特点?

9. 试述气浮法处理废水的原理,并说明哪种性质的废水宜采用气浮法?

10. 简述凝聚、絮凝和混凝 3 个概念。

11. 试述双电层压缩机理、吸附电中和作用机理、吸附架桥作用机理和沉淀物网捕机理。

12. 影响混凝效果的主要因素有哪些?

13. 试述水处理中常用的消毒方法以及加氯消毒原理。

14. 试述活性污泥法的基本概念和基本流程。

15. 简述生物膜的净化机理和生物膜法中具有代表性的处理工艺。

16. 普通生物滤池、高负荷生物滤池和塔式生物滤池各有什么特点？适用于什么具体情况？

17. 简述稳定塘设计中应注意的几个问题。

18. 厌氧处理与好氧处理相比有哪些特点？

19. 污水中的氮在生物处理中是如何转化的？

20. 试阐述化学法及生物法除磷的原理，并对几种常用的除磷工艺进行比较。

第4章 固体废物的处理、处置及其利用

2019年,196个大、中城市一般工业固体废物产生量达13.8亿t,综合利用量为8.5亿t,处置量为3.1亿t,储存量为3.6亿t,倾倒丢弃量为4.2万t。一般工业固体废物综合利用量占利用处置及储存总量的55.9%,处置和储存分别占20.4%和23.6%,综合利用仍然是处理一般工业固体废物的主要途径,部分城市对历史堆存的一般工业固体废物进行了有效的利用和处置。

工业危险废物产生量达4 498.9万t,综合利用量为2 491.8万t,处置量为2 027.8万t,储存量为756.1万。工业危险废物综合利用量占利用处置及储存总量的47.2%,处置量、储存量分别占38.5%和14.3%。医疗废物产生量为84.3万t,产生的医疗废物都得到了及时妥善处置。

城市生活垃圾产生量为23 560.2万t,处理量为23 487.2万t,处理率达99.7%。城市生活垃圾产生量最大的是上海市,产生量为1 076.8万t,其次是北京、广州、重庆和深圳,产生量分别是1 011.2万t、808.8万t、738.1万t和712.4万t。

固体废物对环境的危害主要表现在:①污染土壤,废物堆置过程中的有害组分容易污染土壤,人与污染土壤直接或间接接触,将危害人体健康;②污染水体,垃圾缺少隔离,其产生的污水通过渗透作用污染周围地下水体,影响周围居民的饮用水安全;③污染大气,露天堆放的垃圾中细粒随风飞扬,加重了大气的尘污染,废物中的有害成分由于挥发及化学反应等产生有毒气体,污染环境。

因此,固体废物的处理和利用要对暂时不能利用的废弃物进行工程处理以达到不损害人类健康、不污染周围自然环境的目的,实现无害化、资源化和减量化处理。今后的发展趋势是从无害化走向资源化。资源化又以无害化为前提,无害化和减量化应以资源化为条件。

4.1　概　　述

4.1.1　固体废物的定义

城市垃圾、废纸、废塑料、废玻璃等是人们所共知的固体废物,人畜粪便、污泥等半固体物质以及废酸、废碱、废油、废有机溶剂等液态物质也被很多国家列入固体废物之列。因此,固体废物是指在生产生活和其他活动中产生的丧失原有利用价值或者未丧失利用价值但被抛弃或者放弃的固态、半固态和置于容器中的气态物品、物质以及法律、行政法规规定的纳入固体废物管理的物品、物质。

固体废物的产生是必然的。因为在具体的生产过程和生活环节,人们对自然资源和产品总是利用所需要的一部分或只利用一段时间,而剩下的无用或失效部分则被丢弃。所丢弃的这部分物质往往是多种多样的,含有大量的有用成分。从合理利用资源的角度考虑,对

固体废物进行利用也是必要的。

固体废物具有相对性,从一个生产环节看,它们是废物,而从另一个生产环节看它们往往又可以作为另外产品的原材料,是不废之物。所以固体废物又有"在错误时间放在错误地方的原料"之称。例如,高炉渣是高炉炼铁过程中产生的固体废物,它的主要成分是CaO、MgO、Al_2O_3、SiO_2等组成的硅酸盐和铝酸盐,这些成分恰恰是水泥的主要组成,因而高炉渣可以作为水泥原料加以利用。因此,对于水泥这一生产环节来讲,高炉渣就成为不废之物——原材料。

4.1.2 固体废物的特点

1. 成分的多样性和复杂性

固体废物成分复杂、种类繁多、大小各异,既有无机物又有有机物,既有非金属又有金属,既有有味的又有无味的,有人说:"垃圾为人类提供的信息几乎多于其他任何物质。"

2. 危害的潜在性、长期性和灾难性

固体废物对于环境的污染不同于废水、废气和噪声。它滞留时间长、扩散性小,对环境的影响主要是通过水、气和土壤进行的。从某种意义上讲,固体废物特别是有害废物对环境造成的危害可能比水、气造成的危害严重得多。

3. 污染"源头"和富集"终态"的双重性

废水和废气既是水体、大气和土壤环境的污染源,又是接受其所含污染物的环境。固体废物则不同,它们往往是许多污染成分的终极状态。例如,一些有害气体或飘尘,通过治理最终富集成废渣;一些有害物质和悬浮物,通过治理最终被分解成污泥或残渣;一些含重金属的可燃固体废物,通过焚烧处理,有害金属浓集于灰烬中。但是,这些"终态"物质中的有害成分,在长期的自然因素作用下,又会转入大气、水体和土壤,成为大气、水体和土壤环境污染的"源头"。

4.1.3 固体废物的来源

从原始人类活动开始,就有固体废物产生。当粪便堆积过多,造成生活环境和居住条件恶化时,人类就用迁徙的办法来更换生活住址。早在一千多年前,古希腊人就把生活垃圾倒入深坑填埋。随着人类社会的进步,生产逐渐发展,随之也产生了许许多多新的固体废物。

固体废物的来源大体可分为两类:一类是生产过程中产生的废物(不包括废气和废水),称为生产废物;另外一类是在产品进入市场后在流动过程中或使用消费后产生的固体废物,称为生活废物。工业发达国家城市垃圾产量以每年2%~4%的速度增长,其主要发生源是冶金、煤炭、火力发电三大部门,其次是化工、石油、原子能等工业部门。美国1970—1978年因经济萧条,生活垃圾增长不快,仅为2%,1978年后,随着经济复苏,增长率达4%以上,目前大于5%。欧洲经济共同体国家生活垃圾平均增长率为3%,德国为4%,瑞典为2%,从各国情况看,城市垃圾量的增长明显高于人口的增长速度,在国民经济复苏时期,垃圾量增长特别快。我国垃圾增长率每年约按9%以上的速度增加,国家城市垃圾年产量已达到1.42×10^8 t,我国垃圾组成的基本特点是经济价值较低,无机成分多于有机成分,不可燃成分高于可燃成分,热值低,成分复杂。因此,我国城市垃圾处理方法与国外垃圾处理方法不同,存在特殊性和更大的难度。

4.1.4　固体废物的分类

固体废物是一个极其复杂的非均质体系,为了便于管理和对不同废物实施相应的处理处置方法,需要对废物进行分类。由于固体废物的分散复杂性,从不同角度出发可进行不同的分类。如按其化学组成可分为有机废物和无机废物;按其危害性可分为一般性固体废物和危险性固体废物等。《中华人民共和国固体废物污染环境法》(2020 年修订版)按照其来源将固体废弃物分为城市固体废物、工业固体废物、危险废物、建筑垃圾和农业固体废物等。

1. 城市固体废物

城市固体废物又称城市生活垃圾,它是指在城市居民日常生活中或为城市日常生活提供服务的活动中产生的固体废物,主要来自城市居民家庭、城市商业、餐饮业等,根据城市生活垃圾产生方式和收集方法不同可分为食品垃圾、普通垃圾、庭院垃圾、清扫垃圾、商业垃圾、建筑垃圾、危险垃圾和其他垃圾。

2. 工业固体废物

工业固体废物是指工业生产活动中产生的固体废物。工业固体废物按行业可分为冶金工业固体废物、能源工业固体废物、石油化学工业固体废物、矿业固体废物、轻工业固体废物和其他工业固体废物。

3. 危险废物

危险废物是指列入国家危险废物名录或者根据国家规定的危险废物鉴别标准和鉴别方法认定的具有危险特性的废物。危险废物的特性通常包括急性毒性、易燃性、反应性、腐蚀性、浸出毒性和疾病传染性。

4. 建筑垃圾和农业固体废物

建筑垃圾指的是新建、扩建、改建和拆除各类建筑物、构筑物、管网以及居民装饰装修房屋过程中所产生的弃土、弃料以及其他废弃物。

农业固体废物是指蔬菜水果、作物秸秆、禽畜粪便等来源于农业生产、禽畜饲养以及农副产品加工过程的废物。农业固体废物具有年产量大,有机成分含量高的特点,它的主要成分是蛋白质、脂肪、木质素、纤维素等。传统处理利用通常是将其就近收集作为农家禽畜饲料、燃料、田间堆肥等。

4.2　固体废物处理、处置方法

4.2.1　固体废物处理方法

固体废物处理通常是指通过物理、化学、生物及生化方法把固体废物转变成适于运输、利用、储存或最终处置的过程。

固体废物处理方法主要有物理处理、化学处理、生物处理、热处理和固化处理等。

1. 固体废物的物理处理

物理处理是通过浓缩或相变化改变固体废物的结构使之成为便于运输、储存、利用或处置的形态,物理处理方法包括压实、破碎、分选、增稠和脱水等。物理处理也往往作为回收固体废物中有用物质的重要手段加以采用。

（1）固体废物的压实。

①压实的概述。固体废物的压实（compaction）也称压缩，是利用机械的方法增加固体废物的聚集程度，增大容积密度和减小体积，以便于装卸、运输、储存和填埋。

压实主要是用于处理压缩性能大而恢复性能小的固体废物，如生活垃圾、机械行业排出的金属丝、金属碎片、家用电器、小汽车及各类纸质品和纤维等。而对于某些较密实的固体，如木头、玻璃、金属、硬质塑料块等则不宜采用。对于有些弹性废物也不宜压实处理，因为它们在加压后，体积又会增大。

②压实的原理。大多数固体废物是由不同颗粒与颗粒间的孔隙组成的集合体，自然堆放的固体废物，其表现体积是废物颗粒体积和空隙体积之和。当对固体废物实施压实操作时，随着压力增大，孔隙率减小，表现为体积随之减小，而容积密度增大。容积密度就是固体废物的干密度，可用 ρ_d 表示，其公式为

$$\rho_d = m_s/V_m = (m_m - m_水)/V_m \tag{4.1}$$

式中　　ρ_d —— 容积密度；

　　　　m_s —— 固体废物颗粒质量；

　　　　m_m —— 固体废物总质量，包括水分质量；

　　　　$m_水$ —— 固体废物中水分质量；

　　　　V_m —— 固体废物的表观体积。

③压实流程。图 4.1 为城市垃圾压缩处理工艺流程图。垃圾先装入四周垫有铁丝网的容器中，然后送入压缩机压缩，压力为 160 ~ 200 kg/cm²（1 kg ≈ 9.8 N），压缩至原容积的 1/5。压块由向上运动的推动活塞推出压缩腔，送入 180 ~ 200 ℃ 沥青浸渍池 10 s 涂浸沥青防漏，冷却后经运输皮带装入汽车运往垃圾填埋场。压缩污水经油水分离器进入活性污泥处理系统，处理水灭菌后排放。

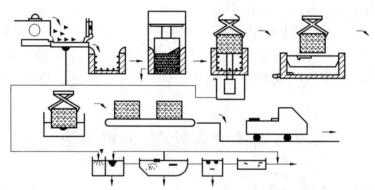

图 4.1　城市垃圾压缩处理工艺流程图

④压实设备。压实设备也称压实器，固体废物的压实设备有多种类型，以城市垃圾压实器为例，小型的家用压实器可安装在橱柜下面，大型的可以压缩整辆汽车，每日可压缩近千吨的垃圾。不论何种用途的压实器，其构造主要由容器单元和压实单元两部分组成。容器单元接受废物；压实单元有液压或气压操作之分，利用高压使废物致密化。压实器有固定和移动两种形式，这两类压实器的工作原理大体相同。移动式压实器一般安装在收集垃圾的

车上,接受废物后进行压缩,随后送往处理处置场地。固定式压实器一般设在废物转运站、高层住宅垃圾滑道底部以及需要压实废物的场合。

按结构分别介绍几种常用的压实器。

a. 水平式压实器。图 4.2 为水平式压实器示意图,废物依赖于水平往返运动的压头压入矩形或方形容器中,这种压实器常作为转运站固定废物压实操作使用。

b. 三向垂直式压实器。图 4.3 为三向垂直式压实器示意图。将金属等废物放置于容器单元内,而后依次启动压头,将装入料斗中的固体废物压实成块。

c. 回转式压实器。图 4.4 为回转式压实器示意图。该装置的压头铰链在容器的一端,

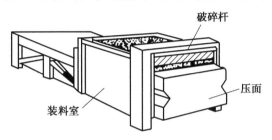

图 4.2 水平式压实器示意图

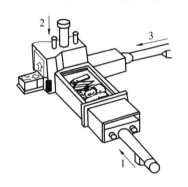

图 4.3 三向垂直式压实器示意图

1、2、3—压头

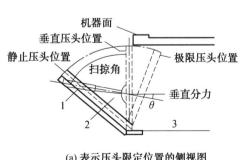

(a) 表示压头限定位置的侧视图

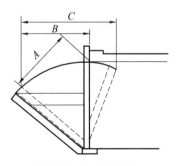

(b) 表示规定尺寸的侧视图

图 4.4 回转式压实器示意图

1—液压缸;2—装料室;3—容器部分;

A—有效顶部开口长度;B—装料室长度;C—压头行程

借助液压缸驱动。这种压实器适于压实体积小、自重较轻的固体废物。

d.袋式压实器。袋式压实器是将废物装入袋内,压实填满后立即移走,换上一个空袋。

f.高层住宅滑道下的压实器。如图4.5所示,其工作过程如下:(a)为开始压缩,此时从滑道中落下的垃圾进入料斗;(b)为压缩臂缩回,处于起始状态,垃圾充入压缩室内;(c)为压缩臂全部伸展,垃圾被压入容器中。如此反复,垃圾被不断充入,并在容器中压实。

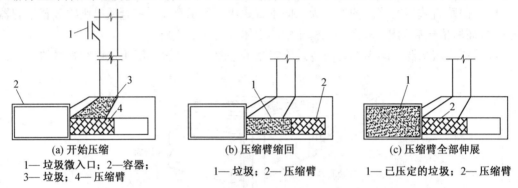

(a) 开始压缩
1— 垃圾微入口;2— 容器;
3— 垃圾;4— 压缩臂

(b) 压缩臂缩回
1— 垃圾;2— 压缩臂

(c) 压缩臂全部伸展
1— 已压定的垃圾;2— 压缩臂

图4.5 固定式高层住宅垃圾压实器工作过程

为了最大限度减容,获得较高的压缩比,应尽可能选择适合的压实器。影响压实器选择的因素有很多,除废物的性质外,主要应该从压实器性能参数进行考虑。压实器性能参数包括装载面、循环时间、压面压力、压面行程和体积排率等。

(2)固体废物的破碎。

①破碎的概述。固体废物的破碎是指利用外力克服固体废物质点间的内聚力而使大块固体废物分裂成小块的过程。

原来不均匀的固体废物经破碎或粉磨后容易均匀一致,可提高焚烧、热解、熔烧、压缩等作业的稳定性和处理效率。固体废物粉碎后容积减小,便于压缩、运输、储存和高密度填埋。固体废物粉碎后,原来联生在一起的矿物或联结在一起的异种材料等单体分离,便于从中分选、拣选回收有价物质和材料,为固体废物的下一步加工做准备。例如,煤矸石的制砖、制水泥等,都要求把煤矸石破碎到一定粒度以下,以便进一步加工制备砖和水泥。破碎还可以防止粗大、锋利的固体废物损坏分选、焚烧和热解等设备或炉膛。

总而言之,固体废物的破碎就是把废物转变成适合于进一步加工或能经济地再处理、处置的形态和大小。

②破碎比和破碎段。破碎比即原废物粒度与破碎产物粒度的比值。破碎比表示废物粒度在破碎过程中减少的倍数。破碎比的类型如下。

极限破碎比:

$$i = D_{max}/d_{max} \tag{4.2}$$

式中 D_{max} —— 固体废物破碎前的最大粒度;
d_{max} —— 固体废物破碎后的最大粒度。

真实破碎比:

$$i = D_{cp}/d_{cp} \tag{4.3}$$

式中 D_{cp} —— 固体废物破碎前的平均粒度;
d_{cp} —— 固体废物破碎后的平均粒度。

固体废物每经过一次破碎机或磨碎机称为一个破碎段。对于固体废物进行多次破碎，破碎比 i 为各段破碎比的乘积，即

$$i = i_1 \cdot i_2 \cdot i_3 \cdots i_n \tag{4.4}$$

破碎比对破碎要求程度、破碎机选择以及几种破碎机的组合都有参考价值，但是破碎段数越多，破碎流程就越复杂，工程投资相应增加，因此在可能的条件下，应尽量采用一段或两段破碎流程。

③ 破碎方法。根据固体废物破碎所用的外力，即消耗能量的形式可分为机械能破碎和非机械能破碎两种方法。机械能破碎是利用破碎工具（如破碎机的齿板、锤子）对固体废物施力使其破碎，如挤压破碎、剪切破碎等。其破碎工艺图如图 4.6 所示。非机械能破碎是利用电能、热能等对固体废物进行破碎的新方法，如低温破碎、热力破碎、减压破碎及超声波破碎等。

目前广泛采用的破碎方法有冲击破碎、剪切破碎、挤压破碎、摩擦破碎等，此外还有专用的低温破碎、湿式破碎。

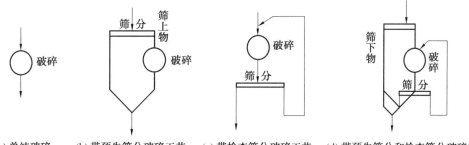

| (a) 单纯破碎 | (b) 带预先筛分破碎工艺 | (c) 带检查筛分破碎工艺 | (d) 带预先筛分和检查筛分破碎工艺 |

图 4.6　固体废物破碎工艺图

④ 破碎设备。

a. 颚式破碎机。颚式破碎机俗称老虎口，属于挤压型破碎机械。其按动颚摆动特性可分成三类：简单摆动型、复杂摆动型和综合摆动型。这类设备主要用于破碎强度及韧性高、腐蚀性强的固体废物。

b. 冲击式破碎机。包括反击式破碎机和锤式破碎机。

c. 辊式破碎机。辊式破碎机的基本原理是通过剪切和挤压的作用以达到破碎的目的。这类设备主要用于水泥、化工、电力、冶金、建材、耐火材料等工业部门破碎中等硬度的物料。

d. 剪切式破碎机。剪切式破碎机是固体废物处理破碎行业的通用设备，主要结构是由两条刀轴组成，由马达带动刀轴，通过刀具剪切、挤压、撕裂达到减小物料尺寸的目的。通过固定刃和可动刀刃之间的啮合作用，将固体废物剪切成段或块。常用的有往复剪切破碎机和旋转剪切破碎机。

e. 粉磨。粉磨在固体废物的处理与利用中占有重要地位，对于矿山废物和许多工业废物尤其重要。常用的粉磨机主要有球磨机和自磨机。

f. 特殊破碎设备。包括低温（冷冻）破碎机、湿式破碎机和半湿式选择性破碎机。

（3）固体废物的分选。

① 分选的概述。分选就是根据物质的粒度、密度、磁性、电性、光电性、摩擦性、弹性及表面润湿性等的差异，采用相应的手段将其分离的过程。

固体废物的分选是废物处理的一种方法，其目的是将有用的成分分选处理加以利用，将有害的成分分离出来，防止损坏处理、利用及处置设施或设备。

② 分选方法。根据不同的分离手段可将分选分为筛选、重力分选、磁力分选、电力分选和浮选等分选方法。

a. 筛选。筛选又称筛分，是利用筛子将松散的固体废物分成两种或多种粒度级别的分选方法。根据操作条件，筛分可分为干式筛分和湿式筛分；根据使用的目的，筛分又可分为准备筛分、预先筛分、检查筛分、最终筛分、脱水或脱泥筛分及选择筛分。

由于筛分过程较复杂，影响筛分质量的因素也多种多样，故通常用筛分效率来描述筛分过程的优劣。筛分效率是指实际得到的筛下产品质量与入筛废物中所含小于筛孔尺寸的细粒物料质量比。其计算方法为

$$E = \frac{Q_1}{Q \times \alpha} \times 100\% \tag{4.5}$$

式中　　E —— 筛分效率，%；

　　　　Q —— 入筛固体废物质量；

　　　　Q_1 —— 筛下产品质量；

　　　　α —— 入筛固体废物中小于筛孔的细粒含量，%

在固体废物处理中，最常用的筛选设备有固定筛、滚筒筛（转筒筛）、惯性振动筛及共振筛等。固定筛的筛面由许多平行排列的筛条组成，可以水平或倾斜安装。固定筛分为格筛（装在粗破之前）和棒条筛（粗破和中破之前）。滚筒筛的筛面为带孔的圆柱形筒体，其轴线倾斜3°～5°安装。惯性振动筛是由不平衡物体的旋转所产生的离心惯性力使筛箱产生振动的一种筛子。共振筛是利用弹簧的曲柄连杆机构驱动，使筛子在共振状态下进行筛分的一种筛子。

b. 重力分选。重力分选也称重选，是根据固体废物中不同物质的密度差异，在运动介质中所受重力、介质动力和机械力的作用，使颗粒群产生松散分层和迁移分离，从而得到不同密度的分选过程。根据分选介质和作用原理上的差异，重选可以分为重介质分选、跳汰分选、风力分选和摇床分选等。

重介质分选是指在重介质中使固体废物中的颗粒群按密度分开的方法。通常将密度大于水的介质称为重介质。重介质分选设备及流程图如图4.7所示。

c. 磁力分选。磁力分选简称磁选，是借助磁选设备产生的磁场使磁场物质组分分离的一种方法。磁选一般有两种类型：电（永）磁系磁力分选和磁流体分选。前者属常规方法，即通常所说的磁选，后者也称第二类磁选或特性磁选，是近来发展起来的一种新的分选方法。

不同磁性的组分通过磁场时，磁性较强的颗粒会被吸附到磁选设备上，而磁性弱和非磁性的颗粒会被输送到预定的区域内。其结构图如图4.8所示。

磁力分选常用设备有辊筒式磁选机、悬挂带式磁力分选机和CTN型永磁圆筒式磁选机等。

d. 电力分选。电力分选简称电选，是利用固体废物中各种组分在高压电场中电性的差

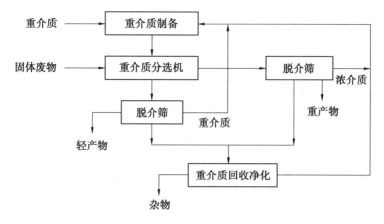

图 4.7　重介质分选设备及流程图

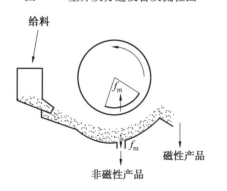

图 4.8　磁力分选结构图

异而实现分选的一种方法。电选分离过程是在电选设备中进行的,即废物颗粒在电晕-静电复合电场电选设备中的分离过程。

电力分选常用设备有静电分选技术和 YD-4 型高压电选机。

e. 浮选。浮选也称泡沫浮选,是依据各种物料的表面性质的差异,在浮选剂的作用下,借助于气泡的浮力,从物料悬浮液中分选物料的过程。浮选法的关键是使浮选的物料颗粒吸附于气泡上。一定浓度的料浆加入各种浮选药剂后,经充分搅拌和通入空气,在浮选机内产生大量的弥散气泡,使呈悬浮状态的颗粒与气泡碰撞,一部分可浮性好的颗粒附着在气泡上,上浮至液面;另一部分物料仍留在料浆内,把液面上泡沫刮出,形成泡沫产物,从而达到物料分离的目的。这种方法所分离的物质与其密度无关,主要取决于其表面的润湿性。固体废物中有些物质表面的疏水性较强,容易黏附在气泡上,而另一些物质表面亲水,不易黏附在气泡上。因此,浮选主要是利用欲选物质对气泡黏附的选择性。通常浮选工艺作业浮起的矿物是有用矿物,这种浮选过程称为正浮选,反之浮起的矿物为脉石,则称为反浮选(或称逆浮选)。

浮选的工艺流程为矿浆的调整与浮选药剂的加入,搅拌并造成大量气泡,气泡的矿化,矿化泡沫层的形成与刮出。

浮选作为一种最主要的矿物加工技术,应用范围广泛,然而对于一些难以处理的矿石,直接浮选往往效果不佳,为实现对目的矿物较好地回收,浮选之前通常需进行一定的预处理。浮选常应用于煤灰中提取炭,煤矸石中回提硫铁矿,焚烧灰渣中回收金属等。

2.固体废物的化学处理

化学处理是采用化学方法破坏固体废物中的有害成分从而达到无害化,或将其转变为适于进一步处理、处置的形态。由于化学反应条件复杂,影响因素较多,故化学处理方法通常只对所含成分单一或所含几种化学成分特性相似的废物进行处理。对于混合废物,化学处理可能达不到预期的目的。化学处理方法包括氧化、还原、中和、化学沉淀和化学溶出等。有些危险固体废物经过化学处理,还可能产生含有毒性成分的残渣,必须对残渣进行解毒处理或安全处置。

3.固体废物的生物处理

生物处理是利用微生物分解固体废物中可降解的有机物,而达到无害化或综合利用的目的,固体废物经过生物处理,在容积、形态和组成等方面均发生重大变化,因而便于运输、储存、利用和处置。生物处理方法包括好氧处理、厌氧处理和兼性厌氧处理。

4.固体废物的热处理

热处理是通过高温破坏和改变固体废物的组成和结构,同时达到减容、无害化或资源化的目的。热处理方法包括焚烧、热解、湿式氧化、焙烧及煅烧等。

5.固体废物的固化处理

(1)概述。

固化处理是通过固化基材将废物固定或包裹起来,以降低其对环境的危害,因而能较安全地运输和处置的一种处理过程。固化处理的对象主要是危险废物和放射性废物。根据固化基材及固化过程可将固化分为水泥固化、石灰固化、热塑性材料固化、有机聚合物固化、自胶结固化和玻璃固化等。

(2)固化处理的基本要求。

①有害废物经固化处理后所形成的固化体应具有良好的抗渗透性、抗浸出性、抗干湿性、抗冻融性及足够的机械强度等,最好能作为资源加以利用,如做建筑基础和路基材料等。

②固化过程中材料和能量消耗要低,增容比也要低。

③固化工艺过程简单、便于操作。

④固化剂来源丰富、价廉易得。

⑤处理费用低。

4.2.2　固体废物处置方法

固体废物处置是指最终处置或安全处置,是固体废物污染控制的末端环节,本质是解决固体废物的归宿问题。

固体废物经综合利用和处理后,还有部分残渣剩余,这些残渣是当前技术条件下无法继续利用的固体废物的终态,由于其自身降解能力很微弱,长期停留在环境中是危险性较大的潜在污染源,为了防止其对环境的影响,必须将它们放置在某些安全可靠的场所,最大限度地与生物圈隔离。最终处置的总目标是确保废物中的有毒有害物质,无论是现在还是将来都不至于对人类及生态环境造成不可接受的危害。处置的基本要求是废物的体积尽可能小,处置的场地适宜以及设施结构合理。

1.海洋处置

海洋处置是利用海洋巨大的环境容量和自净能力将固体废物消解在海洋中。而且,海洋远离人群,污染物的扩散不容易对人类造成危害。目前,对于海洋处置,国际上尚有很大争议,一种观点认为,海洋具有无限的容量,是处置多种固体废物的理想场所,处置场的海底越深,处置越有效;而另一种观点认为,这种状态持续下去会造成海洋污染,破坏海洋生态。我国政府对海洋处置基本上持否定态度,为了严格控制利用海洋处置废弃物,我国制定了一系列有关海洋倾倒的管理条例,对保护海洋环境起到了积极作用。

海洋处置的方法有两种:海洋倾倒和远洋焚烧。

(1)海洋倾倒。

海洋倾倒实际上是选择距离和深度适宜的处置场,将废物直接倒入海洋的一种处置方法。由于海洋是一个庞大的废物接收体,对污染物有极大的稀释能力,故对于容器盛装的有害废物,即使容器破坏,也会由于海洋的稀释和扩散作用使污染物浓度保持在容许水平之下。

海洋倾倒只限于那些经过天然的、物理的、化学的和生物的过程会很快降解的废物,并且海洋倾倒要求选择合适的深海海域,同时运输距离不是太远,又不会对人类及生态环境造成影响。

(2)远洋焚烧。

远洋焚烧是利用焚烧船在远海对固体废物进行焚烧的一种处置方式,比较适用于处置有机氯化物。焚烧后的氯化氢气体经过吸收可直接排放到大海。废渣也可直接排入大海,不会对海洋环境造成较大的危害。但远洋焚烧是否会对全球大气造成明显危害,是否会破坏生态平衡仍然是需要解决的问题,因此许多国家对远洋焚烧持谨慎态度。

与海洋倾倒相比,远洋焚烧能有效保护人类周围的大气环境,凡是不能在陆地上焚烧的固体废物,采用远洋焚烧是一个较好的办法。

2. 陆地处置

陆地处置从露天堆存开始已发展了多种处置方式,其中应用最为广泛的是土地填埋,适用于多种废物。其他处置方法还包括土地耕作处置、深井灌注等。

(1)土地填埋。

土地填埋是从传统的堆放和填地发展起来的一项最终处置技术,它是在陆地上选择合适的天然场所或人工改造的合适场所,把固体废物用土层覆盖起来的技术。土地填埋不是单纯地堆、填、埋,而是一种综合性土地处置技术,在操作上,它已从堆、填、埋向包容、屏障、隔离的工程储存方向发展。

土地填埋处置具有工艺简单、成本低廉和适于处置各种类型废物的优点,是目前最主要的处置方法。其填埋场种类按处置废物的类型可分为:一类一般工业废物填埋场、二类一般工业废物填埋场、生活垃圾填埋场及危险废物填埋场。一类一般工业废物填埋场适用于其浸出液中污染物浓度低于废水综合排放标准最高允许排放浓度,而且 pH 在 6 ~ 9 范围之内的工业固体废物;二类一般工业废物填埋场适用于其浸出液中污染物浓度高于废水综合排放标准最高允许排放浓度,而且 pH 在 6 ~ 9 范围之外的工业固体废物;生活垃圾填埋场适用于城市固体废物的填埋处置;危险废物填埋场适用于危险废物的填埋处置。

(2)土地耕作处置。

土地耕作处置是指利用现有的耕作土地,将固体废物分散在其中,在耕作过程中由生物降解、植物吸收及风化作用等使固体废物污染指数逐渐达到背景程度的方法。因为土壤中存在一系列的微生物种群,这些微生物能将土壤中的有机物和无机物分解为植物所需的形式,从而供给植物生长和土壤中某些较高等级生命物质所需,所以土壤系统实际上是一个永不停止的物质循环系统。土地耕作处置就是利用这个巨大的且污染指标较低的循环系统中的无数微生物的代谢作用来分散和降解固体废物并促进循环的进行。

土地耕作处置具有工艺简单、操作方便和投资少等特点。该法适合处置的固体废物主要有城市垃圾、农业固体废物、工业固体废物中的一些矿渣、冶炼渣、粉煤灰等,在处置这些固体废物的同时还能起到改善土壤结构和提高土壤肥力的作用。但对于含有重金属和不可降解的其他有害组分的固体废物,采用土地耕作处置必须十分谨慎。

(3)深井灌注。

深井灌注是将固体废物液体化,用强制性措施注入与饮用地下水层隔绝的可渗性岩层内。这种方法适用于各种相态的废物处置,但必须使废物液化,形成真溶液或乳浊液。深井灌注处置系统要求适宜的地层条件,并要求废物与建筑材料、岩层间的液体以及岩层本身具有相容性。一般废物和有害废物,都可采用深井灌注方法处置。深井灌注方法主要适用于处置那些实践证明难以破坏、转化,不能采用其他方法处理、处置,或者采用其他方法处理费用昂贵的废物。

深井灌注处置的关键是选择适于处置废物的地层。适于深井处置的地层应满足以下条件:①处置区必须位于地下饮用水源之下;②有不透水岩层将注入废物的地层隔开,使废物不致流到有用的地下水源和矿藏中去;③有足够的容量,面积较大,厚度适宜,空隙率高,饱和度适宜;④有足够的渗透性且压力低,能以理想的速度和压力接受废液;⑤地层结构及其原来含有的流体与注入的废物相容,或者花费少量的费用就可以把废物处理到相容的程度。

深井灌注的费用与生物处理的费用相近,对于某些工业固体废物来说,深井灌注可能是对环境影响最小的切实可行的方法。

4.3　污泥的处理

4.3.1　概述

1.污泥的定义及来源

污泥是污水处理过程中产生的副产物,是一种含有微生物的固液混合物,可以用泵输送,但它很难通过降解进行固液分离。在城市系统中,污泥主要来自城市污水处理厂、城市自来水厂、河湖疏浚和城市排水管道系统等。

2.污泥的种类

污泥的种类很多。根据来源分为生活污水污泥、工业废水污泥和给水污泥三类。

根据污泥从水中分离的过程可分为沉淀污泥(包括初沉污泥、混凝沉淀污泥和化学沉淀污泥等)和生物污泥(包括腐殖污泥、剩余活性污泥)。城市污水处理厂污泥主要是沉淀污泥和生物污泥的混合污泥。

根据污泥的成分和性质可分为有机污泥和无机污泥、亲水性污泥和疏水性污泥。

根据污泥在不同的处理阶段可分为生污泥、浓缩污泥、消化污泥(熟污泥)、脱水污泥、干化污泥、干燥污泥及污泥焚烧灰等。

3. 污泥产生量

"十二五"期间,随着社会经济和城市化的发展,我国城镇污水处理率不断升高,城镇污水处理厂污泥的产量也急剧增加。2015 年城镇污水处理厂的污泥产生量为 3 015.9 万 t,而 2020 年我国污泥产生量达到 3 698.4 万 t,预计到 2025 年将突破 5 000 万 t。这些数量巨大的污泥若得不到有效处理与处置,会经过多种途径使污染物再次进入水体,造成巨大的经济和环境代价。

4. 污泥中的水分及其分离方法

含有大量的水分是污泥的一个非常重要的物理特性,用污泥含水率表示。污泥含水率一般都很高,相对密度接近于 1,这决定了污泥具有很大的流动性。污泥含水率为污泥中所含水分的质量与污泥的质量之比,其公式为

$$P_{\mathrm{w}} = \frac{W}{W + S} \times 100\% \tag{4.6}$$

式中　P_{w}——污泥含水率,%;

　　　　W——污泥中水分质量,g;

　　　　S——污泥中总固体质量,g。

按水分在污泥中存在的形式可分为间隙水、毛细管结合水、表面吸附水和内部 4 种,如图 4.9 所示。

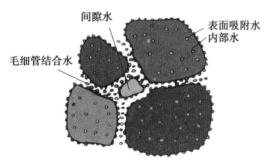

图 4.9　污泥中的水分

(1)间隙水。

存在于污泥颗粒间隙中的水称为间隙水,占污泥水分的 70% 左右,一般用浓缩法分离。

(2)毛细管结合水。

在污泥颗粒间存在一些小的毛细管,这种毛细管有裂纹形和楔形两种,其中充满水分,分别称为裂纹毛细管结合水和楔形毛细管结合水,占污泥水分的 20% 左右,可采用高速离心机脱水、负压或正压过滤机脱水。

(3)表面吸附水。

吸附在污泥颗粒表面的水称为表面吸附水,占污泥水分的 7% 左右,可用加热法脱除。

(4)内部水。

存在于污泥颗粒内部或微生物细胞内的水称为内部水,占污泥水分的 3% 左右,可采用生物法破坏细胞膜除去胞内水或采用高温加热法、冷冻法去除。

污泥中水分与污泥颗粒结合的强度由大到小的顺序大致为:内部水,表面吸附水,楔形毛细管结合水,裂纹毛细管结合水,间隙水。该顺序也是污泥脱水的难易顺序。

污泥脱水的难易除与水分在污泥中的存在形式有关外,还与污泥颗粒的大小和有机物的含量有关。污泥颗粒越细、有机物含量越高,其脱水的难度越大。为了改善这种污泥脱水性能,常采用污泥消化或化学调理等方法。生产实践表明,污泥脱水用单一方法很难奏效,必须采用几种方法配合使用才能收到良好的脱水效果。常用的脱水方法及效果见表4.1。

表4.1　常用的脱水方法及效果

脱水方法		含水率%	推动力	能耗/(kW·h·m^{-3})	脱水后的污泥状态
浓缩	重力浓缩		重力		
	气浮浓缩	95～97	浮力	0.001～0.01	近似糊状
	离心浓缩		离心力		
机械脱水	真空过滤	60～85	负压		泥饼
	压力过滤	55～70	压力		泥饼
	滚压过滤	78～86	压力	1～10	泥饼
	离心过滤	80～85	离心力		泥饼
	水中造粒	82～86	化学、机械		
干化	冷冻、湿式氧化、热处理	—	热能	1 000	—
		30～45			泥饼
	口戈干燥	10～40			颗粒
	焚烧	0～10			灰

5.污泥处理与处置技术

污泥处理与处置技术包括污泥处理技术和污泥处置技术。污泥处理技术是指污泥经过浓缩、调理、脱水、稳定、干化和焚烧过程后,达到"减量化、稳定化、无害化"的全过程;污泥处置技术则是指对处理后的污泥,或弃置于自然环境中(地面、地下、水中)或再利用,能够达到长期稳定并对生态环境无不良影响的最终消纳方式。

我国目前主要应用的污泥处理与处置技术有污泥填埋、污泥热干化、污泥焚烧、污泥堆肥、污泥电厂混烧、石灰干化等。

污泥填埋分为单独填埋和混合填埋。单独填埋是指污泥经过简单的灭菌处理,直接倾倒于低地或谷地后加以封固。而混合填埋则是指脱水污泥与城市垃圾混合在一起进行填埋的方式。

污泥热干化工艺分为自然干化和加热人工干化两种。自然干化主要利用太阳能来蒸发水分,因而具有投资低、成本低等优点,但占地面积大,容易滋生蚊蝇、散发臭气。加热人工干化,主要是采用热量对污泥进行干燥处理。

污泥焚烧法是一种高温热处理技术,即污泥在过量空气条件下于焚烧炉中进行氧化分解,污泥中的有毒有害物质在高温下被破坏的过程,可分为直接焚烧和混合焚烧两类。

污泥堆肥是一种受控制的生物降解和转化过程。

污泥电厂混烧是将脱水污泥或半干化后的污泥以较低比例掺混在电厂锅炉的燃煤中混烧。

污泥石灰干化是指在污泥中加入生石灰,使其与水结合生成氢氧化钙,使污泥 pH>12 并保持一段时间,杀灭病原体、降低恶臭和钝化重金属,并利用反应所放出的大量热能蒸发污泥水分,增加污泥含固率。

4.3.2　污泥浓缩

污泥浓缩的目的是去除污泥中的间隙水,缩小污泥的体积,为污泥的输送、消化、脱水、利用与处置创造条件。

污泥浓缩方法主要有重力浓缩法、气浮浓缩法和离心浓缩法 3 种。

1. 重力浓缩法

重力浓缩法是最常用的污泥浓缩法,在本质上是一种沉降分离工艺,属压缩沉淀。重力浓缩法的构筑物称为浓缩池。按其运行方式可分为间歇式浓缩池和连续式浓缩池两类。前者用于小型处理厂,后者用于大中型处理厂。

(1)间歇式浓缩池。

图 4.10 是国内一些工厂采用的间歇式浓缩池示意图。污泥间歇给入,在给入污泥前需先放空上清液。为此,在浓缩池的不同高度设有上清液排放管。

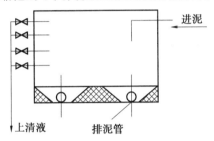

图 4.10　间歇式浓缩池示意图

(2)连续式浓缩池。

连续式浓缩池一般设有中心管,稀污泥浆从中心管给入池内,进行拥挤沉降与浓缩,澄清水由池表面周边溢流堰溢出,浓缩污泥从池底排出。当需要处理大量污泥时,可选用带刮泥机及搅动栅的连续式重力浓缩池,如图 4.11 所示。

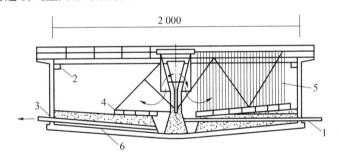

图 4.11　带刮泥机及搅动栅的连续式重力浓缩池

1—中心进泥管;2—上清液溢流堰;3—底流排除管;4—刮泥机;5—搅动栅;6—钢筋混凝土

2. 气浮浓缩法

气浮浓缩法是依靠大量微小气泡附着在污泥颗粒上,形成污泥颗粒-气泡结合体,进而产生浮力将污泥颗粒带到水表面达到浓缩目的的方法。其工艺流程图如图 4.12 所示。一般来说,固体与水的密度差越大,浓缩效果越好。

污泥气浮浓缩最常用的是部分澄清水加压溶气气浮法。

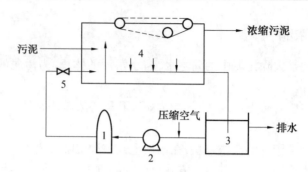

图 4.12 气浮浓缩工艺流程图

1—溶气罐；2—加压泵；3—处理后水池；4—刮泥机；5—减压阀

3. 离心浓缩法

离心浓缩法是利用污泥中固体颗粒和水的密度差异,在高速旋转的离心机中,固体颗粒和水分别受到大小不同的离心力而使其固液分离,达到污泥浓缩的目的。

目前用于污泥浓缩的离心分离设备主要有倒锥分离板型离心机和螺旋卸料离心机两种(图 4.13)。倒锥分离板型离心机由许多层分离板组成,污泥浆在分离板间进行离心分离,澄清液沿着中心轴向上流动,并从顶部排出。浓缩污泥集中于离心机转筒的底部边缘排放口排出。

螺旋卸料离心机由转筒和同心螺旋轴组成。污泥由中心管进入,经螺旋上喷口进入转筒,在离心力作用下进行固液分离,污泥甩向转筒内壁浓缩,借螺旋与转筒的相对运动,移向渐缩端进一步浓缩脱水从渐缩端排出,而离心澄清液从溢流口排出。

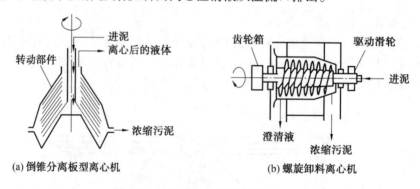

(a) 倒锥分离板型离心机　　　　　　(b) 螺旋卸料离心机

图 4.13 污泥离心浓缩机示意图

4.3.3 污泥调理

污泥调理是污泥浓缩或机械脱水前的预处理,其目的是改善污泥浓缩和脱水的性能,提高机械脱水设备的处理能力。

污泥调理方法主要有化学调理、生物调理、物理调理和联合调理,其中化学调理现阶段应用最广。

1. 化学调理

化学调理是在污泥中加入适量的混凝剂、助凝剂等化学药剂并适当地搅拌均匀,使污泥颗粒絮凝,改善污泥脱水性能。一般认为,化学絮凝剂起絮凝作用的主要机理有双电层作用、吸附架桥作用、吸附中和作用和沉淀物网捕机理。

常用的无机混凝剂有硫酸铝、聚合氯化铝等；有机高分子混凝剂是聚丙烯酰胺；助凝剂是石灰，用于调节污泥的 pH。

2. 生物调理

生物调理是指通过在污泥中投加具有在污泥调理中起架桥作用的微生物或微生物的代谢产物，使污泥细小颗粒聚集成絮凝体，从而更易脱水。

国内外生物调理主要在生物絮凝剂产生菌筛选与性能方面进行研究，与传统的絮凝剂相比，其具有无二次污染、安全无害等优点。

3. 物理调理

(1) 淘洗。

污泥淘洗是将污泥与 3~4 倍污泥量的水混合而进行沉降分离的一种方法。污泥的淘洗和浓缩既可分开进行，又可在同一池内进行。一般用废水处理后的出水来洗涤污泥。污泥淘洗的目的是降低污泥中的碱度和黏度，以节省混凝剂的用量，提高浓缩效果，缩短浓缩时间。

污泥淘洗仅适用于消化污泥。由于污泥在消化过程中产生大量的重碳酸盐，其碱度可达生污泥的 30 倍以上。若直接进行化学调理，将消耗大量的混凝剂。经过淘洗的污泥，其碱度可从 2 000~2 500 mg/L 降至 400~500 mg/L，节省 50%~80% 的混凝剂。

污泥淘洗的过程是泥水混合—淘洗—沉淀。三者可以分开进行，也可以在合建的同一池内进行。如果在池内辅以空气搅拌或机械搅拌，可以提高淘洗效果。

(2) 冷冻融化调理。

冷冻融化调理是将污泥交替进行冷冻与融化，通过改变污泥的物理结构，使污泥易于浓缩脱水。由于冷冻时的脱水作用以及形成冰冻结构时对污泥颗粒施加挤压力，调理后的污泥颗粒可凝结成相当大的凝聚物。

在冷冻过程中，污泥颗粒除受挤压力外，还有一部分污泥颗粒被封闭在冷冻层中间，污泥粒子的水分子由于毛细管作用被脱除。这样，污泥胶体粒子的结构就被破坏，脱水性能得到改善。污泥经冷冻、融化后，其沉淀性能与过滤速度比冷冻前可提高几倍到几十倍，而且不需用混凝剂。

采用缓慢冷冻时，可形成大的冰晶体，融化时水容易和固体分离；如果采用快速骤冷，则会成为小的冰晶体，融化时，水会重新被固体吸收进去。冷冻融化调理没有污泥中有机物重新溶解的问题，并且可以调理各种污泥。

(3) 加热加压调理。

对污泥进行加热加压调理可使部分有机物分解，亲水性有机胶体物质水解，颗粒结构改变，从而改善污泥的浓缩与脱水性能。

按加热温度不同，加热加压调理可分为高温加压调理和低温加压调理两种。

① 高温加压调理。高温加压调理是将污泥升温到 170~200 ℃，加压压力为 1.0~1.5 MPa，反应时间为 40~120 min。调理后的污泥再经浓缩，含水率可降至 80%~87%，此时的污泥与水易于沉淀分离。再经机械脱水后，滤饼的含水率可降至 40%~60%。污泥高温加压调理的典型流程图如图 4.14 所示。原污泥经磨细后由高压泵送入热交换器，温度升至 160 ℃，随后在高压反应釜内在 200 ℃条件下进行反应，使有机物分解，反应后，污泥经热

交换器与原污泥进行热交换。实践表明,反应温度在175 ℃以上时,设备容易结垢,从而降低热交换效率。而且,污泥经高温加压调理后,分离液中溶解性物质增多,致使分离液处理困难。

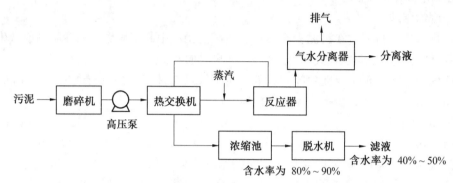

图4.14　污泥高温加压调理的典型流程图

②低温加压调理。低温加压调理的反应温度控制在150 ℃以下,使有机物的水解受到控制。与高温加压调理相比,分离液的 BOD_5 降低40% ~ 50%,因此,低温加压调理得到了发展。其工艺流程、设备与高温加压调理基本相同。

(4)超声波及微波调理。

①超声波调理。超声波是指频率在20 kHz ~ 10 MHz 范围内的声波。超声波调理的原理是超声波的空化效应,即存在于液体中的微小泡核在超声波的作用下,经历超声的稀疏相和压缩相,微小泡核的体积生长、收缩、再生长、再收缩,多次振荡,最终高速崩裂的动力学过程。超声波调理污泥主要有两方面作用:一是超声波能破坏菌胶团结构,使其中的水释放出来,调整污泥内部结构,改善污泥脱水性能;二是超声波能对污泥产生海绵效应,使水分更易从波面传播产生的通道通过。此外,超声波还会产生局部发热、界面破稳等作用,也有利于改善污泥的脱水性能。

②微波调理。微波是指频率为300 ~ 300 000 MHz(波长为1 mm ~ 1 m)的电磁波。微波调理不仅加热速度快、反应过程易于控制,而且还具有特殊的灭菌功能,因此被认为是很有发展前景的污泥调理技术。

4.联合调理

联合调理是指2种或2种以上调理技术联合处理污泥的方法。由于单独的化学或物理调理都存在一定的缺陷,近年来对于联合调理技术的研究也日益增多,相关研究表明,联合调理往往比单一的化学或物理调理能取得更好的效果。

4.3.4　污泥脱水

1.真空过滤脱水

目前普遍使用的真空过滤脱水设备是转鼓真空过滤机。该机由空心转筒、分配头、污泥槽、真空系统和压缩空气系统组成,如图4.15所示。

在空心转筒的表面覆盖过滤介质(滤布),并浸在污泥槽内,浸没深度一般为转筒直径的1/3。转筒用径向隔板分隔成许多扇形间格,每格有单独的连通管与分配头相接。分配头由两片紧靠在一起的转动部件和固定部件组成。固定部件有缝与真空管路相通。孔与压

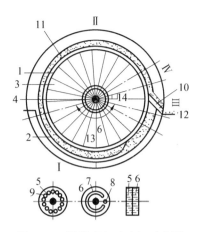

图 4.15　转鼓真空过滤机示意图

Ⅰ—滤饼形成区；Ⅱ—吸干区；Ⅲ—反吹区；Ⅳ—休止区

1—空心转筒；2—污泥槽；3—扇形格；4—分配头；5—转动部件；6—固定部件；7—与真空泵通的缝；
8—与空压机通的孔；9—与各扇形格相通的孔；10—刮刀；11—泥饼；
12—皮带输送器；13—真空管路；14—压缩空气管路

缩空气管路相通。转动部件有一系列小孔，每孔通过连通管与各扇形间格相连。转筒旋转时，由于真空作用，将污泥吸附在过滤介质上，液体通过过滤介质沿真空管路流到气水分离罐。吸附在转筒上的滤饼转出污泥槽的污泥面后，如果扇形间格的连通管在固定部件的缝范围内，则处于真空区Ⅰ（滤饼形成区），真空区Ⅱ（吸干区或称干化区）继续吸干水分。当管孔与固定部件的孔相通，便进入反吹区Ⅲ，与压缩空气管路相通，滤饼被反吹松动，并被刮刀剥落。剥落的滤饼用皮带输送器运走。

可见，转筒每旋转一周，依次经过滤饼形成区Ⅰ、吸干区Ⅱ、反吹区Ⅲ及反休止区Ⅳ（主要在正压与负压转换时起缓冲作用）。

转鼓真空过滤机的主要缺点是过滤介质紧包在转鼓上，清洗再生不充分，容易堵塞，影响过滤效率。为此，可用链带式转鼓真空过滤机，用辊轴把过滤介质转出，既便于卸料，又易于介质的清洗再生。过滤介质转出后，用 2～3 道喷射水冲洗装置，使介质充分清洗再生。这样，对黏度大污泥的过滤脱水更加有效。

2. 压滤脱水

常用的压滤脱水设备主要有自动板框压滤机、厢式全自动压滤机、带式压滤机、旋转压滤机和罐式压滤机等。这里主要介绍自动板框压滤机、厢式全自动压滤机和带式压滤机。

（1）自动板框压滤机。

自动板框压滤机示意图如图 4.16 所示，由主梁、滤布、固定压板、滤板、滤框、活动压板、压紧机构和洗刷槽等组成。两根主梁把固定压板与压紧机构连在一起构成机架。在固定压板和活动压板之间依次交替排列着滤板和滤框。全机共用一条涤纶 621 环形滤布绕夹在板与框之间。

压紧机构驱使活动板带动滤板和滤框在主梁上行走，用以压紧和拉开板框。在滤板和滤框四周均有耳孔，板框压紧后形成暗通道，分别为进泥口、高压水进口、滤液出口以及压干、正吹、反吹和压缩空气通道。滤布在驱动装置的驱动下行走，通过洗刷槽进行清洗，使滤布得以再生。

自动板框压滤机的工作过程如图 4.17 所示。滤布夹在滤框和滤板之间，绕行在上滚筒

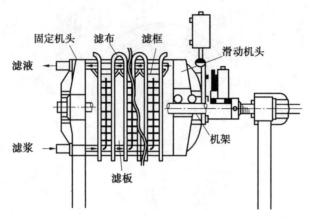

图 4.16　自动板框压滤机示意图

和下滚筒上。滤框内腔用隔板分成两室,滤框外面套一橡胶膜,滤框上方有进料口。滤板两侧镶装多孔网板,用以排泄滤液和支承压干滤饼。

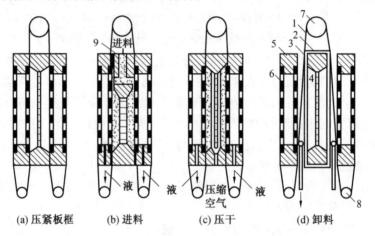

(a) 压紧板框　　(b) 进料　　(c) 压干　　(d) 卸料

图 4.17　自动板框压滤机的工作过程

1—滤布;2—滤框;3—橡胶膜;4—隔板;5—滤板;6—多孔网板;
7—上滚筒;8—下滚筒;9—进料口

压滤机工作时,先启动压紧机构,压紧板框(图 4.17(a)),污泥通过进料口均匀进入滤框两侧,形成两块滤饼(图 4.17(b));然后用 47.5 ~ 58.8 kPa 压力的压缩空气通过滤框内腔,吹鼓橡胶膜,挤出污泥水分,压干滤饼(图 4.17(c));压紧电动板反转,自动拉开板框,此时橡胶膜恢复原状,将滤饼弹出滤腔,滤饼自动卸料(图 4.17(d))。自动板框压滤机的优点是:结构较简单,操作容易;运行稳定故障少,保养方便,设备使用寿命长;过滤推动力大,所得滤饼含水率低;过滤面积选择范围灵活,且单位过滤面积占地较少;对物料的适应性强,适用于各种污泥,滤液中含固量少。其主要缺点是不能连续运行,处理量小,滤布消耗大。因此,它适合于中小型污泥脱水处理的场合。

(2)厢式全自动压滤机。

厢式全自动压滤机只有滤板,没有滤框。污泥由泵加压后从中心进泥管进入,通过两侧滤布的滤液从滤板的出液中排出。图 4.18 为 XAZ 型压滤机的工作状态。

（3）带式压滤机。

带式压滤机示意图如图 4.19 所示，由滤带、辊压筒、滤带张紧系统、滤带纠偏系统、滤带清洗系统和滤带传动系统构成。

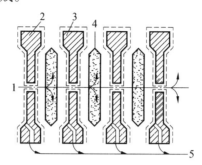

图 4.18　XAZ 型压滤机的工作状态

1—污泥；2—滤板；3—滤布；4—滤饼；5—滤液

滤板两面设有凸条和凹槽。凸条支承滤布，凹槽排出滤液。

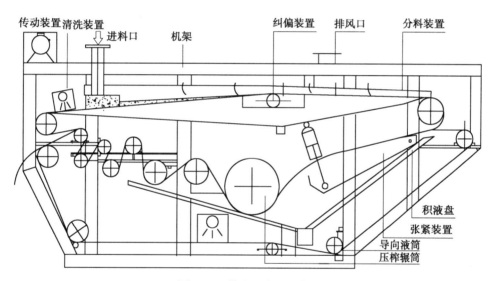

图 4.19　带式压滤机示意图

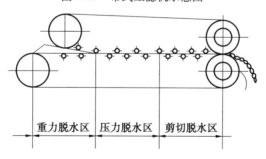

图 4.20　带式压滤机的脱水工作原理

带式压滤机的脱水工作原理如图 4.20 所示，污泥进入浓缩段时被均匀摊铺在滤带上，好似一层薄薄的泥层。通过上下 2 条张紧的滤带夹带着污泥层，从一连串有规律排列的辊压筒中呈 S 形经过，泥层中污泥的表面水大量分离并通过滤布空隙迅速排走。依靠滤带自身的张力形成对泥层的压榨和剪切力,还可把污泥层中的毛细水挤压出来,而污泥固体颗粒则被截留在滤布上。

带式压滤脱水机受污泥负荷波动的影响小,还具有出泥含水率较低且工作稳定能耗小、管理控制相对简单、对运转人员的素质要求不高的特点。目前,国内新建的污水处理厂大多采用带式压滤脱水机。

3. 离心脱水

在污泥离心脱水中,常用的离心脱水设备有以下几种类型:按分离因数(α)的大小可分为高速离心脱水机($\alpha > 3\ 000$),中速离心脱水机(α 为 $1\ 500 \sim 3\ 000$)和低速离心脱水机(α 为 $1\ 000 \sim 1\ 500$)3 种。按离心脱水原理可分为离心过滤机、离心沉降脱水机和沉降过滤式离心机 3 种,下面介绍前 2 种。

(1)离心过滤机。

离心过滤机有圆锥型(图 4.21(a))和圆筒型(图 4.21(b))两种。

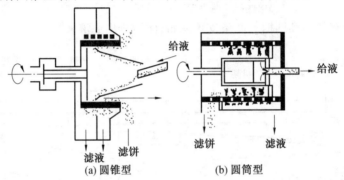

(a) 圆锥型　　　　　　(b) 圆筒型

图 4.21　离心过滤机示意图

离心过滤机主要用于粗粒沉渣的脱水,由于该设备存在过滤网堵塞和机械磨损的问题,因此在污泥脱水中应用尚不普遍。

(2)离心沉降脱水机。

离心沉降脱水机有圆筒型离心脱水机、圆锥型离心脱水机和沉降过滤式离心脱水机。

①圆筒型离心脱水机。圆筒型离心脱水机的构造如图 4.24 所示。它由螺旋输送器、转筒、空心轴、罩盖及驱动装置组成。螺旋输送器与转筒由驱动装置带动向同一个方向转动,但两者之间有一个小的速差,依靠这个速差的作用,螺旋输送器能够缓慢地输送浓缩的泥饼。

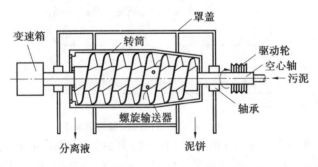

图 4.22　圆筒型离心脱水机的构造示意图

污泥由空心轴送入转筒后,在高速旋转产生的离心力作用下,密度大的固体颗粒浓集在转筒的内壁,密度较小的液体汇集在污泥的面层进行固液分离。分离液从转筒末端流出,浓集的污泥在螺旋输送器的缓慢推动下,被刮向锥体的末端排出,并在刮向排出口的过程中继续进行固液分离,最终压实成滤饼。

②圆锥型离心脱水机。圆锥型离心脱水机的转筒为圆锥形,如图4.23所示。外筒内有主螺旋输送器和中心输泥机。污泥由中心输泥机送入分离液室,然后被分离为澄清液和泥饼。在分离室内,液体越接近分离液出口,其离心力越大,浓缩污泥排出方向与分离液排出方向相同。因此它的离心力也逐渐变大,提高了固液分离效果。污泥浓缩后,被推送到设置外筒中的主螺旋输泥器上,并在被推到滤饼排出口过程中继续缓慢地脱水,最后从滤饼出口排出。

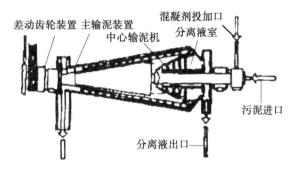

图4.23　圆锥形离心脱水机示意图

③沉降过滤式离心脱水机。沉降过滤式离心脱水机是沉降与过滤组合的一种新型脱水设备,因而它兼有两者的优点,其工作原理如图4.24所示。进入离心机的污泥,先经离心沉降段,使污泥颗粒沉降于转筒壁上,挤出其中大部分液体,随后螺旋将浓缩污泥推入离心过滤段进一步脱水后排出机体。

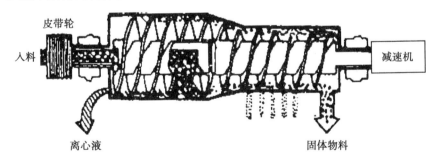

图4.24　沉降过滤式离心脱水机的工作原理

4.造粒脱水机

在使用高分子混凝剂进行泥渣脱水时,发现泥渣微粒可以直接形成含水率较低而致密的泥丸,在此基础上研制了造粒脱水机。

图4.25是造粒脱水机的构造示意图。它由圆筒和圆锥组成。水平放置分为三段:造粒段、脱水段和压密段。圆筒的转速很低,线速度一般为 $0.5 \sim 3$ m/min。

造粒段的圆筒内壁上设有螺旋输送器,经化学调理后的污泥首先进入造粒段。随着机体的缓慢旋转,滚动着使污泥向前推进。在重力及高分子混凝剂的作用下,逐渐絮凝,形成

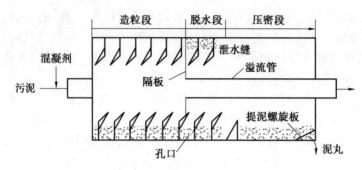

图 4.25　造粒脱水机的构造示意图

泥丸。

在污泥脱水段与造粒段之间有一个隔板,隔板的中心位置设有溢流管,造粒段形成的泥粒从孔口进入污泥脱水段脱水,水分从泄水缝泻出。泥丸在螺旋板提升作用下进入压密段压密脱水,形成粒大体重的泥丸,最后从筒体末端排出。溢流管在正常情况下不出水,只有超载时多余的水才由溢流管溢出。

在压密段中,泥丸失去浮力,在重力作用下进一步压密脱水,最后经提泥螺旋板由筒体末端送出筒外。

4.3.5　污泥消化

1. 污泥好氧消化

(1)CAD 工艺。

传统污泥好氧消化(CAD)工艺主要通过曝气使微生物在进入内源呼吸期后进行自身氧化,从而使污泥减量。CAD 工艺设计、运行简单,易于操作,基建费用低。传统好氧消化池的构造及设备与传统活性污泥法相似,但污泥停留时间很长,其常用的工艺流程主要有两种,如图 4.26 所示。

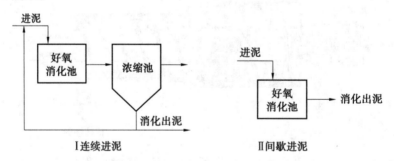

图 4.26　CAD 工艺流程图

一般大、中型污水处理厂的好氧消化池采用连续进泥的方式,其运行方式与活性污泥法的曝气池相似。消化池后设置了浓缩池,浓缩污泥一部分回流到消化池中,另一部分被排走(进行污泥处置),上清液被送回至污水处理厂首端与原污水一同处理。间歇进泥方式多被小型污水处理厂所采用,其在运行中需定期进泥和排泥(1 次/d)。

(2)A/AD 工艺。

A/AD(anoxic/aerobic digestion)工艺是在 CAD 工艺的前端加一段缺氧区,利用污泥在该段发生反硝化反应产生的碱度来补偿硝化反应中所消耗的碱度,所以不必另行投碱就可使 pH 保持在 7 左右。另外,在 A/AD 工艺中 $NO_3^- - N$ 替代 O_2 做最终电子受体,使得耗氧量比 CAD 工艺节省了 18% 。

A/AD 工艺的流程图如图 4.27 所示。工艺 Ⅰ 采用间歇进泥,通过间歇曝气产生好氧和缺氧期,并在缺氧期进行搅拌使污泥处于悬浮状态以促使污泥发生充分的反硝化。工艺 Ⅱ 、Ⅲ 为连续进泥且需要进行硝化液回流,工艺 Ⅲ 的污泥经浓缩后部分回流至好氧消化池。A/AD 消化池内的污泥浓度及污泥停留时间等与 CAD 工艺相似。

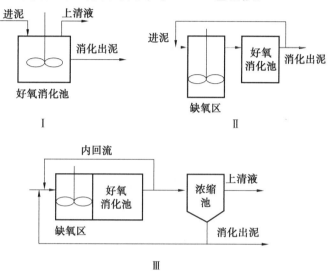

图 4.27　A/AD 工艺的流程图

CAD 和 A/AD 工艺的主要缺点是供氧的动力费用较高,污泥停留时间较长,对病原菌的去除率低。

(3)ATAD 工艺。

自动升温好氧消化或高温好氧消化(ATAD)工艺的研究最早可追溯到 20 世纪 60 年代的美国,其设计思想产生于堆肥工艺,所以又被称为液态堆肥。自从欧美各国对处理后污泥中病原菌的数量有了严格的法律规定后,ATAD 工艺因其较高的灭菌能力而受到重视。该工艺利用活性污泥微生物自身氧化分解释放出的热量来提高好氧消化反应器的温度。

ATAD 工艺的进泥首先要经过浓缩,这样才能产生足够的热量。同时,反应器要采用封闭式(加盖),其外壁需采取隔热措施以减少热损失。另外,还需采用高效氧转移设备以减少蒸发热损失,有时甚至采用纯氧曝气。通过采取上述措施可使反应器温度达到 45 ~ 65 ℃,甚至在冬季外界温度为 -10 ℃、进泥温度为 0 ℃ 的情况下不需要外加热源仍可使其保持高温。

ATAD 消化池一般由两个或多个反应器串联而成,如图 4.28 所示。反应器内加搅拌设备并设排气孔,其操作比较灵活,可根据进泥负荷采取序批式或半连续流的进泥方式,反应器内的 DO 质量浓度一般在 1.0 mg/L 左右。消化和升温主要发生在第一个反应器内(60%),其温度为 35 ~ 55 ℃,pH 为 7.2;第二个反应器温度为 50 ~ 65 ℃,pH 为 8.0。为保证灭菌效果应采用正确的进泥次序,即首先将第二个反应器内的泥排出,然后由第一个反应器向第二个反应器进泥,最后从浓缩池向第一个反应池进泥。

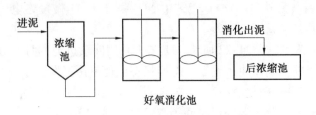

图4.28 ATAD 消化池示意图

ATAD 工艺启动非常快,不需要接种其他消化种泥即可启动,即使周围环境温度为−15 ℃也只需12 d就可使反应器内温度达到55 ℃。其运行稳定、易于管理、操作简单,消化出泥的脱水性能也较其他好氧消化工艺和厌氧消化工艺好。

(4)AerTAnM 工艺。

近几年,人们又提出了两段高温好氧/中温厌氧消化(AerTAnM)工艺,其以 ATAD 作为中温厌氧消化的预处理工艺,并结合了两种消化工艺的优点,在提高污泥消化能力及对病原菌去除能力的同时还可回收生物能。

预处理 ATAD 段的 SRT 一般为1 d(有时采用纯氧曝气),温度为55~65 ℃,DO 质量浓度维持在(1.0±0.2) mg/L。后续厌氧中温消化温度为(37±1) ℃。该工艺将快速产酸反应阶段和较慢的产甲烷反应阶段分离在两个不同反应器内进行,有效地提高了两段的反应速率。同时,可利用好氧高温消化产生的热来维持中温厌氧消化的温度,进一步减少了能源费用。目前,欧美等国已有许多污水处理厂采用 AerTAnM 工艺,几乎所有的运行经验及实验室研究都表明,该工艺可显著提高对病原菌的去除率(消化出泥达到美国 EPA 的 A 级要求)和后续中温厌氧消化运行的稳定性(低 VFA 浓度、高碱度)。

2. 污泥厌氧消化

污泥厌氧消化是指污泥在无氧条件下,由兼性菌和厌氧细菌将污泥中的可生物降解有机物分解成二氧化碳、甲烷和水等,使污泥得到稳定的过程,是污泥减量化、稳定化的常用手段之一。污泥厌氧消化具有减少污泥体积、稳定污泥性质、产生甲烷等优点。厌氧消化在实际工程中的应用主要包括污泥中温厌氧消化、高负荷消化和两级消化等,各种形式的污泥厌氧消化已在全国大型污水处理厂规模化应用。

污泥的厌氧消化可分为两个阶段。第一阶段:水解-酸化,污泥中的非水溶性高分子有机物,如碳水化合物、蛋白质、脂肪、纤维素等在微生物水解酶的作用下水解成溶解性的物质。水解后的物质在兼性菌和厌氧菌的作用下,转化成短链脂肪酸,如乙酸、丙酸、丁酸等,以及乙醇、二氧化碳。第二阶段:乙酸化,将第一步过程产生的有机酸、乙醇转变为乙酸,在这一过程中醋酸菌与甲烷菌是共生的。第三阶段:甲烷化,甲烷化阶段发生在污泥厌氧消化后期,在这一过程中,甲烷菌将乙酸(CH_3COOH)和 H_2、CO_2 分别转化为甲烷。在整个厌氧消化过程中,由乙酸产生的甲烷约占总量的2/3,由 CO_2 和 H_2 转化的甲烷约占总量的1/3。

4.3.6 污泥填埋

目前,国内污泥的主要解决出路是填埋到城市固体废弃物(MSW)填埋场中。由于污泥进入 MSW 填埋场的填埋技术缺乏相应的技术支撑和工程经验,人们盲目将污泥和 MSW 填埋体的高度越堆越高,坡度越填越陡,污泥被大肆倒入 MSW 填埋场的现象屡见不鲜,从而导致填埋场工程安全隐患丛生,工程事故频繁发生,不仅造成了惨重的人员伤亡和财产损失,也给当地带来了巨大的环境灾难。如在 2010 年 6 月 27 日,广州市西洲村大王岗垃圾填埋场由于污泥倾倒(接纳的印染污泥累计达 8 万 m³)引发填埋场崩塌,导致 7 200 m³ 的泥水混合物冲落山下,在新塘大道西洲路口及附近形成一段长约600 m、平均深度约30 cm 的泥水混合带,造成 50 多辆小车受浸,3 人受伤,被冲毁厂房后数百工人无家可归。

污泥填埋可分为单独填埋和与城市生活垃圾混合填埋。通过填充、推平、压实、覆盖、再压实和封场等工序,使污泥得到最终处置,渗滤液须收集并处理,以防止对周边环境产生危害。污泥与生活垃圾混合填埋时,含水率应低于60%;垃圾填埋场覆盖土时,污泥含水率应低于45%。近年来常出现防渗漏掩体不达标导致滤液渗漏污染地下水源的现象,因此,垃圾填埋场对污泥填埋要求越来越严格。

1. 单独填埋

污泥单独填埋的方式主要是沟填(将污泥挖沟填埋),要求填埋场地具有较厚的土层和较低的地下水位,以保证填埋开挖的深度,并同时保留足够大的缓冲区。在沟填操作中,土壤只是用于覆盖,而不是用作污泥膨松剂。污泥通常是从车辆中直接倾倒在沟中,现场的设备主要用于沟的挖掘和覆盖,一般不用于拖、堆、分层、护堤或其他与污泥接触的操作。在进行沟填操作时每天填入污泥后都要进行覆盖,以控制臭气,因此沟填比其他填埋方法更适于填埋一些不稳定的或稳定性较差的污泥。该种填埋方式对含水率无特别要求,挖掘出的土壤也足够用作填埋覆土,因此沟填基本不需要外运土壤。

2. 混合填埋

污水厂脱水污泥的含水率在80%左右,不能满足填埋作业的机械强度。为避免污泥的进入给填埋场的正常运行造成不良影响,消除安全隐患,必须采取必要的工程措施来降低污泥含水率。混合填埋的一种形式是通过在含水率为80%的污泥中添加不同的改性剂来提高机械强度,待混掺物达到相关规定标准后,再采用一定的施工方式进行填埋;另一种形式是通过一定的方式将含水率为80%的污泥脱水干化至填埋强度后与其他物质(一般是生活垃圾)按一定比例混合填埋。

4.3.7　污泥堆肥

污泥堆肥实质上是利用自然界广泛存在的细菌、放线菌、真菌等微生物,有控制地促进固体废物中可生物降解的有机物向稳定的类腐殖质生化转化的微生物学过程。在堆肥过程中,微生物分解有机质是一个放热过程,使得堆体温度升高,可以杀死污泥中大部分病原菌、寄生虫和杂草种子等。同时污泥含水率和挥发性成分减少,臭味降低,重金属有效态的含量也会降低,速效养分有所增加,污泥成为一种比较干净且性质稳定的物质。污泥堆肥是一种无害化、减容化和稳定化的综合处理技术。

污泥堆肥系统的分类方式很多,可大致分为三类:条垛系统、强制通风静态垛系统和反应器系统。

4.3.8　污泥的综合利用

污泥处理的投资和运行费用相当大,可占整个污水处理厂投资及运行费用的 50% 以上,因此,污泥资源化技术开发对社会经济发展具有重要的现实意义。污泥资源化是指通过一系列的物理、化学、生物工艺,将污泥中有价值的组分分离提取出来,根据不同使用场合,获得再利用价值,并不产生二次污染。

污泥可作为污水脱氮除磷的碳源,制生物碳土等,可以从污泥中提取蛋白质、聚羟基脂肪(PHA)、磷(P)、金属,也可以通过产甲烷、产氢、产热等方式回收能源。

4.4 城市生活垃圾的处理

4.4.1 概述

1. 城市生活垃圾的定义

城市生活垃圾是指在城市日常生活中或者为城市日常生活提供服务的活动中产生的固体废物以及法律、行政法规规定视为城市生活垃圾的固体废物。

2. 城市生活垃圾的种类

根据城市生活垃圾的不同来源,可将城市生活垃圾分为:食品垃圾、普通垃圾、建筑垃圾、清扫垃圾及危险垃圾等。其中,食品垃圾是指人们在买卖、储藏、加工、食用各种食品的过程中所产生的垃圾,这类垃圾腐蚀性强、分解速度快并会散发恶臭。普通垃圾主要包括纸制品、废塑料、破布及各种纺织品、废橡胶、破皮革制品、废木材及木制品、碎玻璃、废金属制品和尘土等。建筑垃圾主要包括泥土、石块、混凝土块、碎砖、废木材、废管道及电器废料等。清扫垃圾主要包括公共垃圾箱中的废弃物、公共场所的清扫物、路面损坏后的废物等。危险垃圾主要包括干电池、日光灯管、温度计等各种化学和生物危险品,易燃易爆物品以及含放射性物质的废物。

3. 城市生活垃圾收集和运输

在城市垃圾管理系统总费用(包括收集、转运与最终处理3个环节)中,收集过程的费用占60%~80%。因此,妥善规划垃圾收集系统对改进城市垃圾管理、降低收集费用是十分重要的。

从我国城市垃圾的收集情况看,城市垃圾的收集方式主要可分为:居民区生活垃圾收集和商业区与公共建筑垃圾收集。目前居民区生活垃圾的收集方式有3种:路边收集、小巷收集与院落收集。路边收集是在道路边设垃圾储存容器,收集车沿街收集装运。这种方式最为方便,费用也最低,是大多数国家采用的方式。小巷收集是由专职清洁人员将巷内装满垃圾的容器定期运至附近路边装车。院落收集适用于集居院落与住宅别墅,由清洁工人定期运送垃圾容器至路边装运。商业区与公共建筑垃圾可以采用路边或小巷收集方式,也可以采用大容积活动型或固定型容器,配制固定压实器。经济发达国家多采用后一种方式。

垃圾收集入垃圾车后,首先运输至中转站,经中转站处理后运去最终处置场,这是我国普遍采用的运输方式。目前,比较先进的运输垃圾的方法是管道输送。在瑞典、日本和美国,有的城市采用管道输送垃圾,并已取消了部分垃圾车,这是最有前途的垃圾输送方法。预计今后集中的垃圾气流管道输送系统将取代住宅楼的普通垃圾管道。利用气流系统,可将垃圾从多层住宅楼运出20 km之外。

在有些国家,垃圾收集和加工处理系统已经成为拥有现代化技术装备的重要工业部门。

美、英、法和瑞士等国进行了垃圾分类收集的尝试,由居民从垃圾中分出玻璃、黑色金属、织物、废纸、纸板等。不同成分的垃圾装入容器后,分别直接运往垃圾处理厂。

收集和输送垃圾的费用很大,发达国家目前已达到垃圾处理总费用的 80% 左右。运输费用与填埋、销毁或处理厂的距离成正比,由于处理场必须与居民区保持足够的距离,因此必然会增加运费。但应看到,今后若采取垃圾分选的方法,需焚烧或运往处理厂的垃圾数量必将大为减少,故运输费用会有降低的趋势。

4. 城市生活垃圾处理技术

纵观世界各国解决垃圾问题的办法,主要是填埋、焚烧、堆肥和热解。在这些方法中除热解外,填埋浪费了大量资源,焚烧和堆肥也只是取得了单一产物(热能和肥料),虽然有时也用手工捡出废纸,用磁力分离出黑色金属,但这些过程只不过是消除和毁销垃圾。热解虽能从中获得可燃气体等新产物,但仍摆脱不了销毁有用成分的弊端,不能实现物料的多次循环利用。因此,在现代科学技术高速发展的条件下,必须把垃圾看成第二"矿产",最大限度地从中回收有用成分,而仅销毁剩余的相对少量的垃圾(或转化成为新产物),才是城市生活垃圾处理的新思路。

基于目前垃圾处理的现状,以下将系统地介绍城市生活垃圾处理工程中填埋处理、堆肥处理和焚烧处理。

4.4.2　填埋处理

垃圾填埋是应用最早、最广泛的一项垃圾处理技术,这种处置方法是基于环境卫生的角度发展起来的,因而又称为"卫生填埋"。填埋是我国处理城市生活垃圾的主要方式,我国的垃圾填埋处理量大约占垃圾处理总量的 80%。

填埋处理具有技术比较成熟、操作管理简单、处理量大、投资和运行费用较低、适用于所有类型垃圾等优点,是当今世界上最主要的垃圾处理方式。但填埋处理也存在一些缺点:占用大量土地资源,以致新建填埋场选址困难;产生的垃圾渗滤液如未妥善处理,会对土壤及地下水等周边环境造成污染;填埋垃圾发酵产生的甲烷等气体,既是火灾及爆炸隐患,又加剧了温室效应。

1. 填埋场的选址条件

垃圾填埋场选址要考察以下几方面的因素。

(1)场地有效利用面积。

填埋场面积应满足 5 ~ 20 年使用期为最经济。除填埋完成后总有效覆盖面积之外,还应留有预处理、物料回收等辅助性场地。

(2)土壤与地形条件。

填埋场每日卸料完毕与最终封场时,均需用土壤覆盖,因此,选址的土壤条件也是重要因素之一,包括土壤的压实性、渗水性、可开采面积、深度、地下水位与开采量等。此类资料均需通过实际勘测获得。地形条件对填埋方式起决定性作用,且制约着采土方法。如选用坡度平缓的平原地为填埋场,土质优良者,宜采用开槽填埋,外槽挖掘的土方作为覆盖土。选不宜升槽的平原或峡谷以及天然坑塘或矿坑作为填埋场时,必须在场外采土。此外,地形条件对填埋场地表径流的排泄也有较大影响。

（3）地表与地质水文条件。

地表坡度、坡向与地表径流排泄能力是影响填埋场排水系统建设的要素，选址时应充分考虑地表径流特征与当地洪水泛滥情况。地质与水文是指土壤性质、地下水的深度与流向等，通常选址的地质应为透水性较小的憨土或岩层，地下水位越深，越有利于填埋场的利用。

（4）地区环境条件。

填埋场多远离居民区与工业区，若场址选在邻近人口集聚区，必须采取严格措施，限制噪声、气味、灰尘及飘飞物等对人口集聚区的影响。

（5）气象条件。

填埋场应选在居民区下风向，防止灰尘、气味等对居民区环境的影响。高寒地区，冬季土壤封冻会影响采土作业。地区的气候干湿条件、雨量、风力与风向等均属于填埋场选址的气象评价因素。

2. 填埋场的一般结构形式

干燥地区填埋的处理操作方式大体分为地面填埋、开槽填埋与天然洼地（谷地）填埋。无论采用何种方式，填埋场的结构形式基本一致，如图 4.29 所示。每日被填埋的废物逐层压实，每日操作终了时，垃圾表面覆盖 15 ~ 30 cm 土层，边坡为 2∶1 ~ 3∶1，使之形成规整的菱形"单元"。当填埋场全部填埋完毕，外表面用厚度为 0.5 ~ 0.7 m 的覆盖土封场，为最终场地开发利用创造良好的表面条件。结构单元层数视地形与封场后场地最终利用目的而定。

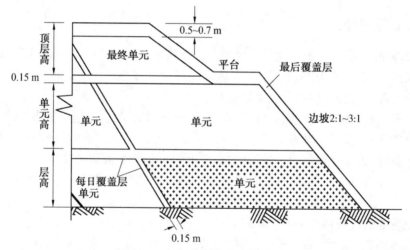

图 4.29　垃圾填埋场基本结构形式

3. 填埋场气体的产生迁移与控制

（1）填埋场中垃圾发酵分解与气体的产生。

城市垃圾一旦填埋入场后，其中可生物降解的有机组分即开始发酵分解。初始阶段，由于垃圾空隙中夹带大量空气，好氧微生物起主要降解作用。待内部空气耗尽后，将长时间处于厌氧生物反应环境中，可生物降解的有机物（包括纤维素、蛋白质、碳水化合物与脂肪类）经厌氧分解后，最终产物为较稳定的有机质、可挥发性有机酸以及由 CH_4、CO_2、CO、NH_3、H_2S 和 N_2 所组成的气体。上述分解反应的速率取决于有机物的性质与含水率，通常以气体产率为指标的反应速率在封场后两年内达到峰值。之后逐渐减缓，可持续 25 年之久。表 4.2 列出了填埋场产气中 N_2、CO_2 与 CH_4 3 种气体随时间延续的变化状况。表中数据表明，由开始阶段的好氧条件向厌氧发展的过程中，3 种气体占总产气量的 90% 以上，其中 CO_2 与 CH_4 又占绝对优势。

表 4.2　典型卫生填埋场单元封闭后 48 个月内产气成分变化

封闭后月份	气体成分体积分数/%		
	N_2	CO_2	CH_4
0～3	5.2	88	5
3～6	3.8	76	21
6～12	0.4	65	29
12～18	1.1	52	40
18～24	0.4	53	47
24～30	0.2	52	48
30～36	1.3	46	51
36～42	0.9	50	47
42～48	0.4	51	48

(2)填埋场中气体的迁移与控制。

填埋场产生的气体随时间的延续不断增加,并沿土壤向各方向扩散。据美国对典型填埋场的测定结果,距离边沿 120 m 的侧向土壤中,CO_2 与 CH_4 占孔隙气体体积分数的 40%。由于 CH_4 密度小于空气,易向大气逸散。而 CO_2 密度大于空气,易向下部土壤扩散,直达地下水位,并溶于地下水,导致 pH 下降,硬度与矿化度升高。对于气体的迁移,CH_4 易于控制,而 CO_2 较为困难,目前控制填埋场气体迁移扩散的方法有透气通道控制法和密封法。

4. 填埋场中渗滤液的产生迁移与控制

(1)渗滤液的产生与性质。

填埋场渗滤液来源于被填垃圾自身生物降解的产物,以及外部地面径流水和地下水通过垃圾层时携带其中可溶性与悬浮性污染物而下渗的液体。

渗滤液的性质十分复杂,且浓度很高。如不加以控制,势必严重污染地下水。城市垃圾填埋场渗滤液典型成分见表 4.3。

表 4.3　城市垃圾填埋场渗滤液典型成分

成分	范围	经验值
BOD_5/(mg·L^{-1})	2 000～30 000	10 000
TOC/(mg·L^{-1})	1 500～20 000	6 000
COD/(mg·L^{-1})	3 000～45 000	1 800
总悬浮固体/(mg·L^{-1})	200～1 000	500
有机氮/(mg·L^{-1})	10～600	200
NH_3-N/(mg·L^{-1})	10～800	200
NO_3^--N/(mg·L^{-1})	5～40	25
总磷/(mg·L^{-1})	1～70	30
有机磷/(mg·L^{-1})	1～50	20
碱度(以 $CaCO_3$ 计)/(mmol·L^{-1})	1 000～10 000	3 500

续表4.3

成分	范围	经验值
pH	3.5 ~ 8.5	6
总碱度(以 $CaCO_3$ 计)/($mmol \cdot L^{-1}$)	300 ~ 10 000	3 500
Ca^{2+}/($mg \cdot L^{-1}$)	200 ~ 3 000	1 000
Mg^{2+}/($mg \cdot L^{-1}$)	50 ~ 1 500	250
K^{+}/($mg \cdot L^{-1}$)	200 ~ 2 000	300
Na^{+}/($mg \cdot L^{-1}$)	200 ~ 2 000	500
Cl^{-}/($mg \cdot L^{-1}$)	100 ~ 3 000	500
SO_4^{2-}/($mg \cdot L^{-1}$)	100 ~ 1 500	300
总铁/($mg \cdot L^{-1}$)	50 ~ 600	60
总铬/($mg \cdot L^{-1}$)	0.05 ~ 1.0	—
Ni^{2+}/($mg \cdot L^{-1}$)	0.05 ~ 1.7	—
Zn^{2+}/($mg \cdot L^{-1}$)	0.05 ~ 130	—
Co^{2+}/($mg \cdot L^{-1}$)	0.01 ~ 1.15	—
Cd^{2+}/($mg \cdot L^{-1}$)	0.005 ~ 0.01	—
总铅/($mg \cdot L^{-1}$)	0.05 ~ 0.06	—

(2)渗滤液向地下水的迁移。

渗滤液在填埋场底部聚集,并透过底部向下部土壤纵向迁移,侧向扩散也有可能发生,纵向迁移是渗滤液污染地下水的主要途径。

(3)垃圾填埋场渗滤液的控制措施。

垃圾填埋场渗滤液是高污染废液,必须严格控制使其无法向地下水迁移,因此预设防渗层是十分必要的。防渗层的结构和材料与密封法气体迁移控制防渗层一致。为能将聚集于防渗层上部的渗滤液及时抽走,须在防渗层上部设置收集管道系统,与抽提泵站相连,连续地将渗滤液输送到处理系统中。封场后的顶部覆土应由中心向四周坡降,场外地面沟通排水系统,以便疏导地表径流水。

4.4.3　堆肥处理

堆肥是城市生活垃圾处理的技术之一。城市生活垃圾进行堆肥处理,将其中的有机可腐物转化为土壤可接受且迫切需要的有机营养土或腐殖质。这种腐殖质与黏土结合就形成了稳定的黏土腐殖质复合体,不仅能有效地解决城市生活垃圾的出路,解决环境污染和垃圾无害化问题,而且为农业生产提供了使用的腐殖土,从而维持了自然界的良性物质循环。因此,利用堆肥技术处理城市生活垃圾受到了世界各国的重视。

堆肥处理法是一种古老而又现代的有机固体废物生物处理技术。早在一千年前,中国和印度等东方国家的农民已经用这种方法来处理秸秆作物和人畜粪便,其产品称为农家肥。从20世纪中期以来,人们发现它的作用原理也适用于城市垃圾的无害化处理。因而科技工作者们在做了大量应用研究和过程开发工作后,用现代工业技术使之机械化和自动化,达到了现代工业标准,把堆肥处理工艺推向了现代化。然而从20世纪90年代至今,国内新近上马的多数堆肥化处理场普遍缺乏对堆肥产品的市场潜力进行认真、科学的分析。由于垃圾堆肥的成本过高,产品销路不好,大部分垃圾堆肥场处于停运状态。这种状态的产生主要不是堆肥技术的因素,而是其他多方面因素造成的。这些因素包括我国城市生活垃圾未实行分类收集,垃圾堆肥过程中会产生污染问题以及垃圾堆肥产品销路不畅等。

目前,堆肥处理的主要对象是城市生活垃圾、污水厂污泥、人畜粪便、农业废弃物和食品加工业废弃物等。

关于堆肥的定义曾有多种理解。严格来说,堆肥过程的实质是生物化学过程。因此,堆肥化(composting)是在控制条件下,使来源于生物的有机废物发生生物稳定作用(biostablizution)的过程。这一定义强调,堆肥原料是来自生物界,堆肥过程需在人工控制下进行,不同于填埋处理、废物的自然腐化与腐烂。

废物经过堆肥化处理,制得的成品称为堆肥。它是一类腐殖质含量很高的疏松物质,故也称为"腐殖土"。废物经过堆制,体积一般只有原体积的50% ~ 70%。

堆肥化系统分类方法有多种:按堆制方式可分为间歇堆积法和连续堆积法;按原料发酵所处状态可分为静态发酵法和动态发酵法;按堆制过程的需氧程度可分为好氧法和厌氧法。

现代化堆肥工艺特别是城市垃圾堆肥工艺,大都是好氧堆肥。好氧堆肥系统温度一般为50 ~ 60 ℃,最高可达80 ~ 90 ℃。但堆制周期短,故也称为高温快速堆肥。

在厌氧法堆肥系统中,空气与发酵原料隔绝,堆制温度低,工艺比较简单,成品堆肥中氮素保留比较多。但堆制周期过长,需3 ~ 12个月,异味浓烈,分解不够充分。

1. 好氧堆肥技术

(1)好氧堆肥原理。

好氧堆肥是在有氧的条件下,借好氧微生物(主要是好氧细菌)的作用来进行的。在堆肥过程中,有机废物中的可溶性有机物质透过微生物的细胞壁和细胞膜被微生物吸收。固体的和胶体的有机物先附着在微生物体外,由生物所分泌的胞外酶分解为可溶性物质再渗入细胞。微生物通过自身的生命活动氧化还原和生物合成过程,把一部分被吸收的有机物氧化成简单的无机物,并释放出微生物生长、活动所需要的能量,把另一部分有机物转化合成新的细胞物质,使微生物生长繁殖,产生更多的生物体。有机物的好氧堆肥分解如图4.30所示。

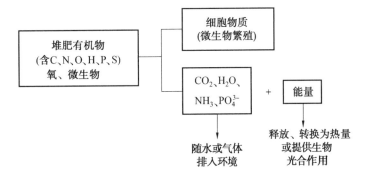

图4.30　有机物的好氧堆肥分解

下列方程式反映了堆肥中有机物的氧化和合成。

对于不含氮的有机物（$C_xH_yO_z$）

$$C_xH_yO_z + (x + 0.5y - 0.5z)O_2 \longrightarrow xCO_2 + 0.5yH_2O + 能量 \tag{4.7}$$

对于含氮的有机物 $C_sH_tN_uO_v \cdot aH_2O$：

①细胞质的合成（包括有机物的氧化，并以 NH_3 作为氮源）：

$$(C_sH_tN_uO_v \cdot aH_2O) + bO_2 \longrightarrow C_wH_xN_yO_z(堆肥) +$$
$$dH_2O(气) + eH_2O(水) + fCO_2 + gNH_3 + 能量 \tag{4.8}$$

②细胞质的氧化：

$$n(C_xH_yO_z) + NH_3 + (nx + \frac{ny}{4} - \frac{nz}{4} - 5xO_2) \longrightarrow$$

$$C_5H_7NO_2(细胞质) + (nx - 5)CO_2 + 0.5(ny - 4)H_2 + 能量 \tag{4.9}$$

在堆肥过程中，有机质生化降解会产生热量，如果这部分热量大于堆肥向环境的散热，堆肥物料的温度则会上升。此时，热敏感的微生物会死亡，耐高温的细菌快速地生长，大量地繁殖。根据堆肥的升温过程，可将其分为 3 个阶段，即起始阶段、高温阶段和熟化阶段。

在第一阶段，嗜温细菌、放线菌、酵母菌和真菌分解有机物中易降解的葡萄糖、脂肪和碳水化合物，分解所产生的热量又促使堆肥物料温度继续上升。当温度升高到 40～50 ℃ 时，则进入堆肥过程的第二阶段——高温阶段。此时，堆肥起始阶段的微生物就会死亡，取而代之的一系列嗜热菌生长所产生的热量又进一步使堆肥温度上升到 70 ℃。在温度为 60～70 ℃ 的堆肥过程中，除一些孢子外，所有的病原微生物都会在几小时内死亡。当有机物基本降解完时，嗜热菌就会由于缺乏适当的养料而停止生长，产热也随之停止，堆肥温度就会由于散热而逐渐下降。此时，堆肥过程就进入第三阶段——熟化阶段。在冷却后的堆肥中，一系列新的微生物（主要是真菌和放线菌），将借助于残余有机物（包括死亡的细菌残体）而生长，最终完成堆肥过程。因此，可以认为堆肥过程就是细菌生长、死亡的过程，也是堆肥物料温度上升和下降的动态过程。

（2）堆肥过程参数。

堆肥过程是堆肥物料在通风条件下，微生物对物料中有机质进行生物降解的过程。因此，堆肥过程的关键就是如何更好地满足微生物生长和繁殖所必需的参数，其主要过程参数可归纳如下。

①供氧量。从降解反应式可知，氧气是降解过程中好氧微生物生长所必需的物质。对于堆肥过程所需的氧气量，国内外有许多研究人员做过测试工作。舒尔茨的研究结论是：在 30 ℃ 时，需氧量为 1 mg/g 挥发性物质；在 63 ℃ 时，则为 5 mg/g 挥发性物质。瑞根和查里斯报道的数据是：在 30 ℃ 时，需氧量为 1 mg/g 挥发性物质；在 45 ℃ 时，则为 13.5 mg/g 挥发性物质。

在实际堆肥过程中，由于氧气供应是通过堆肥物料之间的缝隙渗入来实现的，因此供氧的好坏取决于物料之间的空隙率，即取决于物料的尺寸、结构强度以及含水量。其中，物料尺寸和结构强度对空隙率的影响是相互矛盾的。尺寸越小，物料之间的缝隙越多，但物料的结构强度也会减小，在受压下，物料易发生倾塌或压缩，从而导致实际缝隙的减小。因此，为保证充分供氧，就必须选择合适的物料尺寸。按实际经验，推荐的物料尺寸为：如果堆肥物料中纸张、纸板含量较大，则推荐的物料尺寸为 3.8～5.0 cm；如堆肥物料中大部分为结构强度好的物料，则推荐的尺寸为 0.5～1.0 cm。当处理含有大量蔬菜的原生垃圾时，需特别予以注意,如果此时的物料尺寸太小,就会产生一些难于处理的浆状物质,物料中的水分不仅会占据供氧通道,而且会降低物料的结构强度,导致物料倾塌,这些都会影响对堆肥的供氧。

②含水量。在堆肥过程中,含水量上限值取决于物料的空隙容积。据研究,对于含纸量高的城市垃圾堆肥,允许其含水量上限值为 55% ~ 60%;若城市垃圾中木屑、谷壳、稻草、干叶等比例高,则其堆肥时含水量可达 85%。堆肥过程中,物料含水量的最低值取决于微生物活性,如果物料中含水量太低,堆肥中微生物的活性就会受到抑制。含水量为 40% ~ 50% 时,生物活性就开始下降,堆肥温度也随之下降,温度的下降又导致生物活性加速下降。根据国外研究结果,在进行有机物与污泥混合堆肥时仍能保证堆肥过程顺利进行的最低含水量为 40%。因此,堆肥正常进行的堆肥含水量为 40% ~ 50%。当含水量降到 20% 以下时,生物活性就基本停止。

当原生垃圾含水量不能保证堆肥过程顺利进行时,就应采取相应的水分调整和补救措施。水分含量较低时,补救较易,主要是添加污水、污泥、人畜尿和粪等。如果生活垃圾中水分过高,可采取的补救措施为:如场地和时间允许,可将物料摊开进行搅拌以促进水分蒸发,即翻堆;在物料中添加松散吸水物,以吸收水分,增加空隙容积,常用的松散物有稻草、谷壳、干叶、木屑和堆肥产品等。

③碳氮比(C/N)。微生物的生长速度与堆肥物料的 C/N 有关。微生物自身的 C/N 为 4 ~ 30。因此做营养基的有机物的 C/N 也最好处于该范围内。C/N 为 10 ~ 25 时,有机物的降解速度最大。据加利福尼亚大学研究报道,当原料中 C/N 为 20、30 ~ 50、78 时,其相应的堆肥时间为 9 ~ 12 d、10 ~ 19 d 和 21 d。

如果垃圾中 C/N 偏离正常范围,可通过添加含氮高或含碳高的物料来加以调整。各种物料的 C/N 见表 4.4。

表 4.4　各种物料的 C/N

名称	C/N	名称	C/N
锯末屑	300 ~ 1 000	猪粪	7 ~ 15
秸秆	70 ~ 100	鸡粪	5 ~ 10
垃圾	50 ~ 80	活性污泥	5 ~ 8
人粪	6 ~ 10	下水道生污泥	5 ~ 15
牛粪	8 ~ 26		

在堆肥过程中,微生物以碳做能源,并构成细胞膜,随后以 CO 形式释放出来,氮则用于合成细胞原生质。因此发酵后物料的 C/N 将会减少,一般为 6% ~ 14%,最高则可达 27% 以上。在成品堆肥施用时,如果 C/N 过高,易引起土地氮饥饿,因此要求成品堆肥 C/N 为 10 ~ 20。据此可推算出,城市垃圾堆肥的最佳 C/N 应为 20 ~ 35。

④碳磷比(C/P)。除碳和氮外,磷对微生物的生长也有很大影响。有时,在垃圾中添加污泥进行混合堆肥,就是利用污泥中丰富的磷来调整堆肥原料的 C/P。堆肥原料适宜的 C/P 为 75 ~ 150。

⑤pH。理论上,pH 对城市垃圾堆肥过程没有影响,而且 pH 随堆肥过程波动本身就是物料降解的结果。在堆肥初期,由于酸性细菌的作用,pH 降到 5.5 ~ 6.0,使堆肥物料呈酸性;随后,以酸性物质为养料的细菌的生长和繁殖,导致 pH 上升,堆肥过程结束后,物料的

pH 上升到 8.5 ~ 9.0。

⑥腐熟度。腐熟度的基本含义是通过微生物作用,使堆肥产物达到稳定化、无害化,而且堆肥产品的使用不影响作物的生长和土壤耕作能力的程度。

堆肥腐熟的大致标准是不再进行激烈的分解,成品温度低,呈茶褐色或黑色,不产生恶臭。但堆肥产品的性能和堆肥质量的评价,尚需要更科学的定量判定标准。腐熟度的评定方法如下。

一是直观经验法。成品堆肥显棕色或暗灰色,具有霉臭的土壤气味,无明显的纤堆。采用此法评定堆肥质量比较简便,但过于"粗糙",且因人的感觉而异,缺乏统一标准。

二是淀粉测试法。淀粉测试法的理论依据是在正常的发酵过程中,堆肥的淀粉量随时间增加而减少,一般当发酵到达第 4 ~ 5 周时,淀粉绝大部分分解,在最终成品堆肥中,淀粉应全部消失。测定方法是将堆肥样品加入高氯酸溶液,搅拌、过滤,用碘液检验滤液,如果变黄,略有沉淀物,表明堆肥已经稳定,如果呈现蓝色,表明堆肥未腐熟。此法简便,适于现场检测用。但由于堆肥原料中淀粉含量一般不多,生活垃圾中为 2% ~ 6%,被检定的也仅是物料可腐蚀部分中的一部分,不足以充分反映堆肥的腐熟程度。

三是耗氧速率法。测定方法:将堆肥层中的气体抽吸到 O_2/CO_2 测定仪,通过仪器自动显示堆层 O_2 或 CO_2 浓度在单位时间内的变化值,以评定堆肥发酵程度和腐熟情况。用耗氧速率作为堆肥腐熟程度的评定依据,符合卫生学原理,具有良好的稳定性、专一性和可靠性,不受原料组分的影响,易于在工程上应用。

此外,还应考虑堆肥原料中有机物的含量。堆肥物料适宜的有机物质量分数为20% ~ 80%,有机物质量分数过低,不能提供足够的热能,影响嗜热菌增殖,难以维持高温发酵过程。有机物质量分数大于 80% 时,堆制过程要求大量供氧,实践中常因供氧不足而产生部分厌氧过程。一般来说,堆肥原料中有机物的质量分数越高,堆肥质量越好。因此,当堆肥原料中有机物含量过低时,需进行调整。办法之一是发酵前在堆肥原料中掺入一定比例的稀粪、城市污水污泥、牲畜粪等;二是用振动筛先筛出一部分炉灰渣,从而改变其中的有机物含量。

(3)堆肥方法。

堆肥技术发展至今,已形成了很多工艺类型,因此方法分类多种多样。例如,按堆肥微生物对氧的要求,可分为好氧堆肥与厌氧堆肥;按堆肥物料运动形式可分为静态堆肥和动态堆肥;按堆肥堆制方式可分为间歇堆积法(野积式堆肥)和连续堆肥法(装置式堆肥)。

①间歇堆积法。间歇堆积法又称露天堆积法,这是我国长期以来沿用的一种方法。间歇堆积法是把新收集的垃圾、粪便、污泥等废物混合后分批堆积。有的城市用单一的垃圾为原料经过堆积生产垃圾肥,一批废物堆积之后不再添加新料,让其中的微生物参与生物化学反应,使废物转变成腐殖土样的产物,然后外运。前期一次发酵大约需要 5 周,每周需要翻动 1 ~ 2 次,然后再经过 6 ~ 10 周熟化稳定二次发酵。全部过程需要 30 ~ 90 d,这种方法要求有坚实、不渗水的场地,其面积需能满足处理所在城市废物排放量的需要。图 4.31 是国内处理生活垃圾 100 t/d 的试验厂工艺流程图。该工艺采用二次发酵方式。第一次发酵采用机械强制通风,发酵期为 10 d,60 ℃高温保持 5 d 以上,堆料达到无害化。然后将第一次发酵堆肥通过机械分选,去除非堆腐物,送去二次发酵仓,进行第二次发酵,一般 10 d 左右即达到腐熟。

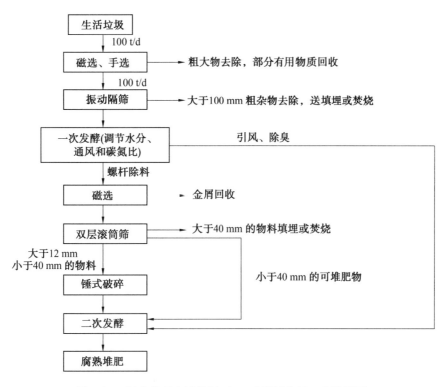

图 4.31　国内处理生活垃圾 100 t/d 的试验厂工艺流程图

　　间歇堆积法首先要求对堆肥原料进行前处理,然后根据其含水率和 C/N 确定原料配比。国外利用城市固体废物生产堆肥的配料方法有 3 种,即纯垃圾堆肥、垃圾-粪便混合(7∶3)堆肥、垃圾-污泥混合(7∶3)堆肥。我国间歇堆积法一般采用质量分数为 70% ~ 80% 的垃圾与质量分数为 20% ~30% 的粪便混合的配比。

　　②连续堆肥法。连续堆肥法采取连续进料和连续出料方式发酵,原料在一个专设的发酵装置内完成中温和高温发酵过程。这种系统除具有发酵时间短、能杀灭病原微生物外,还能防止异味,成品质量比较高,已在美国、日本、欧洲广为采用。

　　连续发酵装置类型有多种,主要类型有立式堆肥发酵塔、卧式堆肥发酵滚筒、筒仓式堆肥发酵仓等。

　　a. 立式堆肥发酵塔。立式堆肥发酵塔通常由 5 ~8 层组成。堆肥物料由塔顶进入塔内,在塔内堆肥物通过不同形式的机械运动,由塔顶一层层地向塔底移动。一般经过 5 ~8 d 的好氧发酵,堆肥物即由塔顶移动至塔底完成一次发酵。立式堆肥发酵塔通常为密闭结构,塔内温度分布为从上层至下层逐渐升高,即最下层温度最高。

　　立式堆肥发酵法的种类通常包括立式多层圆筒式、立式多层板闭合门式、立式多层桨叶刮板式和立式多层移动床式等。

　　b. 卧式堆肥发酵滚筒。卧式堆肥发酵滚筒又称丹诺(Dano)式。在该发酵装置中废物靠与筒体表面的摩擦沿旋转方向提升,同时借助自重落下。通过如此反复升落,废物被均匀地翻倒而与供入的空气接触,并借微生物作用进行发酵。此外,由于筒体斜置,当沿旋转方向提升的废物靠自重下落时,会逐渐向筒体出口一端移动,这样回转窑可自动稳定地供应、传送和排出堆肥物。

　　c.筒仓式堆肥发酵仓。筒仓式堆肥发酵仓为单层圆筒状(或矩形),发酵仓深度一般为4~5 m,大多采用钢筋混凝土筑成。发酵仓内供氧均采用高压离心风机强制供气,以维持仓内堆肥的好氧发酵。空气一般由仓底进入发酵仓,堆肥原料由仓顶进入。经过6~12 d的好氧发酵,得到初步腐熟的堆肥由仓底通过出料机出料。

　　根据堆肥在发酵仓内的运动形式,筒仓式发酵仓可分为静态和动态两种。筒仓式静态发酵仓中堆肥物由仓顶经布料机进入仓内,经过10~12 d的好氧发酵后,由仓底的螺杆出料机进行出料。由于静态发酵仓结构简单,在我国得到了广泛应用。

　　筒仓式动态发酵仓在运行时经预处理工序分选破碎的废物被输料机传送至池顶中部,然后由布料机均匀地向池内加料,位于旋转层的螺旋钻以公转和自转来搅拌池内废物,这样操作的目的是防止形成沟槽,并且螺旋钻的形状和排列能经常保持空气的均匀分布。废物在池内依靠重力从上部向下部跌落。既公转又自转的旋转切割螺杆装置安装在池底,无论上部的旋转层是否旋转,产品均可从池底排出。好氧发酵所需的空气从池底的布气板强制通入。

　　(4)对堆肥化生产的建议。

　　目前堆肥处理厂的堆肥化产品存在两个主要问题:一是产品粗糙,堆肥中常夹杂螺壳、玻璃、瓦砾、铁屑等碎块,影响农田应用;二是其中N、P、K等营养元素低,在单独堆肥的情况下其增产效益无法与其他肥料相比,缺乏竞争能力。这是大多数垃圾堆肥厂产品销路不畅和所有堆肥厂亏损的关键所在,因而一些堆肥厂面临倒闭的严峻局面。为扭转这一严重局面,利用现有堆肥厂的设备进行技术改造,对堆肥产品进行深加工,把堆肥粗品变为垃圾有机复混肥可能是目前解决堆肥厂产品弊端的理想之路。

　　2. 厌氧发酵技术

　　厌氧发酵是废物在厌氧的条件下通过微生物的代谢活动而被稳定化,同时伴有甲烷(CH_4)和二氧化碳(CO_2)产生的过程。

　　(1)厌氧发酵原理。

　　有机物厌氧发酵依次分为液化、产酸、产甲烷3个阶段(图4.32),每一阶段各有其独特的微生物类群起作用。液化阶段起作用的细菌称为发酵细菌,包括纤维素分解菌、蛋白质水解菌。产酸阶段起作用的细菌是醋酸分解菌。液化和产酸阶段起作用的细菌统称为不产甲烷菌。产甲烷阶段起作用的细菌是产甲烷菌。

　　在液化阶段,发酵细菌对有机物进行体外酶解,使固体物质变成可溶于水的物质,然后细菌再吸收可溶于水的物质,并将其酵解成不同产物。

　　在产酸阶段,产氢、产醋酸细菌把前一阶段产生的一些中间产物丙酸、丁酸、乳酸、长链脂肪酸、醇类等进一步分解成醋酸和氢。

　　在产甲烷阶段,甲烷菌以H_2、CO_2、醋酸以及甲醇、甲酸、甲胺等C_1类化合物为基质,将其转化成甲烷。其中,H_2、CO_2和醋酸是主要基质。一般认为,甲烷的形成主要来自H_2还原CO_2和醋酸的分解。根据对主要中间产物转化成甲烷的过程所做的研究,以COD计约有72%的甲烷来自醋酸盐,13%的甲烷由丙酸盐生成,还有15%的甲烷来自其他中间产物。因此,醋酸是厌氧发酵中最重要的中间产物。

　　也有人将厌氧发酵过程分为两个阶段,图4.33简单了说明有机物的厌氧分解过程。从图中可以看出,当有机物进行厌氧分解时,主要经历了两个阶段,即酸性发酵阶段和碱性发

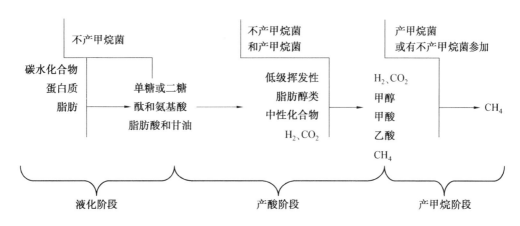

图 4.32　有机物的沼气发酵过程

酵阶段。分解初期,微生物活动中的分解产物是有机酸、醇、二氧化碳、氨、硫化氢等。在这一阶段中,有机酸大量积累,pH 随之下降,所以称为酸性发酵阶段,参与的细菌统称为产酸细菌。在分解后期,由于所产生的氨的中和作用,pH 逐渐上升,同时另一群称为甲烷细菌的微生物开始分解有机酸和醇,产物主要是甲烷和二氧化碳。随着甲烷细菌的繁殖,有机酸迅速分解,pH 迅速上升,这一阶段的分解称为碱性发酵阶段。

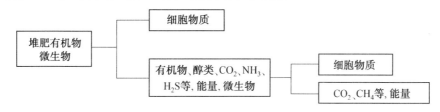

图 4.33　有机物的厌氧分解过程

(2)影响厌氧发酵的因素。

①原料配比。配料时,应该控制适宜的碳氮比。各种有机物中碳素和氮素的含量差异很大。碳氮比值大的有机物称为贫氮有机物,如农作物的秸秆等;碳氮比值小的有机物,称为富氮有机物,如人类尿液等。为了满足厌氧发酵时微生物对碳素和氮素的营养要求,需将贫氮有机物和富氮有机物进行合理配比,才能获得较高的产气量。

大量的报道和试验表明,厌氧发酵的碳氮比以(20～30)∶1 为宜,C/N 为 35∶1 时产气量明显下降。

②温度。温度是影响产气量的关键因素。在一定温度范围内,温度越高,产气量越高,因为温度高时原料中的细菌活跃,分解速度快,产气量增加。

③pH 和酸碱度。对于甲烷细菌来说,维持弱碱性环境是绝对必要的,它的最佳 pH 范围是 6.8～7.5。pH 低,将使二氧化碳增加,产生大量水溶性有机酸和硫化氢,硫化物含量增加,因而抑制甲烷菌生长。

为使发酵池内的 pH 保持在最佳范围,可以加石灰调节。但是经验证明,单纯加石灰的方法并不好。调整 pH 的最佳方法是调整原料的碳氮比。

④搅拌。搅拌的目的是使池内各处温度均匀,进入的原料与池内熟料完全混合,底质与微生物密切接触,防止底部物料出现酸积累,并且使反应产物(H_2S、NH_3、CH_4 等)迅速排出。

（3）厌氧发酵工艺。

厌氧发酵工艺类型较多，按发酵温度、发酵方式、发酵级差的不同划分成几种类型，使用较多的是按发酵温度的分类方式。

①高温厌氧发酵工艺。高温厌氧发酵工艺的最佳温度范围是 47～55 ℃，此时有机物分解旺盛，发酵快，物料在厌氧池内停留时间短，非常适于城市垃圾、粪便和有机污泥的处理。其程序如下：

a. 高温发酵菌的培养。高温发酵菌种的来源一般是将采集到的污水池或下水道有气泡产生的中性偏碱的污泥加科培养基，进行逐级扩大培养，直到发酵稳定后即可作为接种用的菌种。

b. 高温的维持。高温发酵所需温度的维持，通常是在发酵池内布设盘管，通入蒸汽加热料浆。我国有的城市利用余热和废热作为高温发酵的热源，是一种十分经济的办法。

c. 原料投入与排出。在高温发酵过程中，原料的消化速度快，因而要求连续投入新料与排出发酵液。其操作有两种方法：一种是用机械加料机出料，另一种是采用自流进料和出料。

d. 发酵物料的搅拌。高温厌氧发酵过程要求对物料进行搅拌，以迅速消除邻近蒸汽管道区域的高温状态和保持全池温度的均一。

搅拌的方式有3种：①机械搅拌，即采用一定的机械装置，如提升式、叶浆式等搅拌机械进行搅拌；②充气搅拌，即将厌氧池内的沼气抽出，然后再从池底压入，产生较强的气体回流，达到搅拌的目的；③充液搅拌，即从厌氧池的出料间将发酵液抽出，然后从加料管加入厌氧池内，产生较强的液体回流，达到搅拌的目的。

②自然温度厌氧发酵工艺。自然温度厌氧发酵是指在自然环境温度影响下发酵温度发生变化的厌氧发酵。目前我国农村都采用这种发酵类型，其工艺流程如图 4.34 所示。

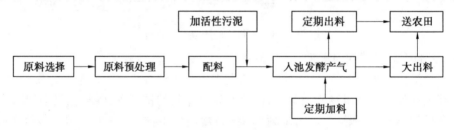

图 4.34　自然温度厌氧发酵工艺流程

这种工艺的发酵池结构简单、成本低廉、施工容易、便于推广。我国地域广大，采用自然温度发酵，其发酵周期需视季节和地区的不同加以控制。

（4）厌氧发酵装置的结构与工作原理。

厌氧发酵池又称厌氧消化器。厌氧发酵池种类很多，按发酵间的结构形式分为圆形池、长方形池；按储气方式分为气袋式、水压式和浮罩式。其中，水压式沼气池（图4.35）是在我国农村推广的主要类型，特别受发展中国家的欢迎，被誉为"中国式沼气池"。

水压式沼气池是一种埋设在地下的立式圆筒形发酵池，主要结构包括加料管、发酵间、出料管、水压间和导气管几个部分。

（5）城市粪便的厌氧发酵处理。

城镇粪便，根据人口聚居状况，可有两种厌氧发酵处理工艺，即化粪池处理和厌氧发酵池处理。

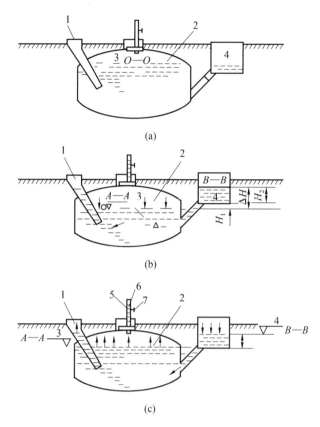

图 4.35 水压式沼气池工作原理图

1—加料管;2—发酵间(储气部分);3—池内液面;4—出料间液面;

5—导气管;6—沼气输气管;7—控制阀

①化粪池。化粪池也称腐化池,是 20 世纪末发展起来的粪便发酵处理系统。由于粪便发酵产生难闻臭气,故只在农村分散孤立的建筑中使用。但其管理方便,不需要消耗能源,因此近年来受到城镇的关注,用于处理粪便和污水。

a. 化粪池的工作原理。图 4.36 是化粪池的工作原理示意图,它兼有污水沉淀和污泥发酵的双重作用。粪水流入化粪池后,速度减慢。在一个标准化粪池中,粪水停留时间为 12 ~ 24 h,密度大的悬浮固体下沉到池底。化粪池可将 70% 的悬浮固体截留下来,被截留的悬浮固体受厌氧菌的分解作用,产生气体上浮,形成一层浮渣皮。浮渣中的气体逸散后,悬浮固体再次下沉成为污泥。如此反复分解、消化,浮渣和污泥逐渐液化,最终容积只有原悬浮固体的 1% 。

冲厕所水和生活污水经化粪池沉淀和厌氧分解,排出的污水中悬浮物一般可降到 $(1.40 ~ 1.50) \times 10^{-4}$ mg/L,细菌数约为 12 000 个/mL,BOD 可下降 60% 左右,有的可下降 80% ~ 90% ,污水偏碱性,可直接排入下水道。

b. 化粪池容积及其计算公式。化粪池容积按其应接纳的粪便污水量和污水在池内的停留时间计算确定。其容积 (V) 可根据下式求算:

$$V = E(Q \cdot T_q + S \cdot T_s \cdot C \cdot \frac{100\% - P_w}{100\% - P_w'})$$ (4.10)

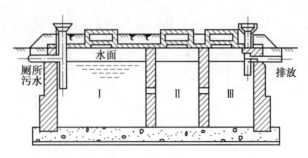

Ⅰ—一级厌氧池；Ⅱ—二级厌氧池；Ⅲ—澄清池

图 4.36　化粪池的工作原理示意图

式中　　E—— 服务人口，人；

　　　　Q—— 每人每天污水量，L；

　　　　T_q—— 污水在池内停留时间，一般取 0.5 ~ 1.0 d；

　　　　S—— 每人每天污泥量，一般按 0.8 ~ 1.0 L；

　　　　T_s—— 清泥周期，一般按 100 ~ 360 d；

　　　　C—— 污泥消化体积减小系数，一般为 0.7；

　　　　P_w—— 污泥含水率，一般为 95%；

　　　　P'_w—— 池内污泥含水率，平均取 95%。

　　c. 化粪池结构的改进。早期化粪池不分格，后来随容积增大产生了二格、三格化粪池，进出水用挡板阻隔。1966 年，美国在原三格化粪池的第二格安装搅拌器，第一格起分离沉淀、厌氧发酵作用，第二格采用充气搅拌发生好氧发酵，溢流液迅速液化和气化，进入第三格后再次沉淀，上清液排入下水道。这种好氧厌氧结合的结构处理效果更好。

　　②粪便厌氧发酵池。粪便厌氧发酵池的池型结构与容积计算与下水污泥厌氧发酵池相同，发酵工艺一般分为常温发酵、中温发酵和高温发酵。

　　a. 常温发酵。常温发酵在不加新料的情况下，需经 35 d 才能使大肠杆菌值降至卫生标准。

　　b. 中温发酵。中温发酵温度为 30 ~ 38 ℃，一般需要 8 ~ 23 d。若一次投料不再加新料，持续发酵 2 个月，可达到无害化卫生指标。若每次加新料，则达不到无害化卫生指标，排出料仍需进行无害化处理。但采用连续发酵工艺，可以回收沼气用于系统本身。

　　c. 高温发酵。高温发酵温度一般为 50 ~ 55 ℃，可以达到无害化卫生标准。青岛市 1979 年建成的发酵总容积为 4 040 m³ 的 3 处高温厌氧发酵池加入的粪便含水率为 93%，投配率为 7%，发酵温度为 (53±2) ℃，粪便产气量为 22.6 ~ 29.4 m³/m³。

4.4.4　焚烧处理

　　焚烧处理是一种将城市生活垃圾进行高温焚烧，减小垃圾容积，同时又能够有效消除垃圾中各种病菌的垃圾处理处置方法。垃圾焚烧处理已有 100 多年的历史，而现代化的焚烧处理的发展开始于 20 世纪 60 年代以后。焚烧处理可使垃圾减容 85% 以上，减重 75% 以上，突出了减量化、无害化特征，若配备热能回收装置，也可达到资源化。

　　众所周知，许多固体废物含有潜在的能量，可通过焚烧回收利用。固体废物经过焚烧，一般体积可减少 80% ~ 90%；而在一些新设计的焚烧装置中，焚烧后的废物体积可达到原体积的5%或更少。一些有害固体废物通过焚烧,可以破坏其组成结构或杀灭病原菌,达到解毒、除害的目的。所以,可燃固体废物的焚烧处理能同时实现减量化、无害化和资源化,是一条重要的处理处置途径。

垃圾焚烧也存在环境污染隐患,垃圾焚烧是二噁英的主要排放源之一,二噁英排放则是垃圾焚烧处理中最引人关注的问题。二噁英具有不可逆的"三致"毒性,对人体健康具有极大危害。实际上,随着焚烧处理技术的发展,二噁英的排放量已经得到显著控制,焚烧处理的安全性也越来越有保障。据不完全统计,我国目前向大气排放的二噁英类物质总量降低,生活垃圾焚烧年排放二噁英类量小于544 g毒性当量,其中向大气排放量小于68 g毒性当量,占总大气排放量小于1.4%。占总大气排放量小于1.4%。随着我国垃圾焚烧技术的发展和相关管理措施的完善,垃圾焚烧过程中产生的二噁英可以消除或者控制在足够低的安全水平之内。

1. 垃圾的发热量

单位质量的垃圾完全燃烧所放出的热量,称为垃圾的发热量或垃圾的热值。垃圾的发热量可以通过标准试验测定,即氧弹测热仪测量,或者通过元素组成做近似计算。最常用的方法是将混合垃圾按件分类,求出其组成物的百分比,然后测定组成物质单一质地的热值,最后采用比例求和的方法得到混合垃圾的热值。

各垃圾成分的发热量有高位发热量(组热值)Q_g^y 和低位发热量(净热值)Q_d^y 之分。高位发热量是物料完全燃烧产生的全部热量,即全部氧化释放出的化学能,它包括燃烧产生的全部水蒸气消耗的汽化热。而实际燃烧过程中,烟气中的水蒸气在炉子内,因温度普遍会高于100 ℃,不会出现凝结,因而这部分汽化潜热在实际过程中是不能加以利用的。高位发热量扣除烟气中水蒸气消耗的汽化热,就是低位发热量(或称净热值)。高、低位发热量之间的关系为

$$Q_d^y = Q_g^y - 25(9H^y + W^y) \quad (\text{kJ/kg}) \tag{4.11}$$

式中　　H^y —— 含氢量;

　　　　W^y —— 含水量。

从式(4.11)可看出,垃圾中的含水量越高,燃料的低位发热量 Q_d^y 越小。焚烧技术中的各种计算,都是采用的实际可利用的低位发热量 Q_d^y 值。

城市生活垃圾的热值范围变化很大,主要受垃圾中水分 W^y 变化的影响。如果垃圾构成不变,只是因天晴下雨使水分由 W_1^y 变成 W_2^y,其相应热值也由 $Q_{d_1}^y$ 变成 $Q_{d_2}^y$,即

$$Q_{d_2}^y = (Q_{d_1}^y + 25W_1^y) \cdot \frac{100 - W_2^y}{100 - W_1^y} - 25W_2^y (\text{kJ/kg}) \tag{4.12}$$

城市生活垃圾能否采用焚烧法处理的最基本条件之一,就是看它的发热量能否达到对其自身干燥并维持一定的焚烧温度所需的热量。国外一种简便的判断方法是用一种垃圾焚烧组分三元图(图4.37)来做定性的判别。图中斜线覆盖的部分为可燃区,边界上或边界外为不可燃区。从图中可以看出其可燃区的界限值:$W^y \leqslant 50\%$,$A^y \leqslant 60\%$(A^y 为灰分含量),$R^y \leqslant 25\%$(R^y 为可燃成分)。可燃区表明垃圾的自身热值可供焚烧过程所需的干燥热量,热解过程热量和焚烧产生的烟气有足够高的温度。不可燃区指焚烧垃圾时必须外加辅助燃料才能进行正常的焚毁。特别值得指出的是,实际工作中常常误将有机垃圾成分当成可燃成分 R^y,这是概念不清造成的。因为生活垃圾中的有机物还包含大量的水分。明确地讲,

可燃成分就是物料去水、除灰后的成分。

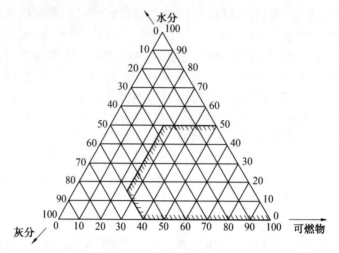

图 4.37　垃圾焚烧组分三元图

三元图只能是一个粗略的判断方法,对于焚烧工艺和焚烧炉的设计,必须做详细的物质平衡和热量平衡计算。

将粗热值转变成净热值也可以通过下式计算:

$$Q_d^y = Q_g^y - 2\,420w(H_2O) + 9w(H) - \frac{w(Cl)}{35.5} - \frac{w(F)}{19} \qquad (4.13)$$

式中　　Q_d^y——净热值,kJ/kg;

　　　　Q_g^y——粗热值,kJ/kg;

　　　　$w(H_2O)$——焚烧产物中水的质量分数,%;

　　　　$w(H)$、$w(Cl)$、$w(F)$——废物中氢、氯、氟的质量分数,%。

实际上,焚烧过程是在焚烧装置中进行的。由于空气的对流辐射、可燃部分的未完全燃烧、残渣中的显热以及烟气的显热等原因都会造成热能的损失,因此焚烧后可以利用的热值应从焚烧反应产生的总热量中减去各种热损失。

垃圾焚烧热的利用包括供热和发电。实践表明,由热能转变为机械功再转变为电能的过程,能量损失很大。因此,垃圾焚烧的热能往往用于热交换器及废热锅炉产生热水或蒸汽。

2. 固体废物的燃烧

(1) 焚烧产物。

可燃的固体废物基本是有机物,由大量的碳、氢、氧元素组成,有些还含有氯、硫、磷和卤素等元素。这些元素在焚烧过程中与空气中的氧起反应,生成各种氧化物或部分元素的氢化物。

① 有机碳的焚烧产物是二氧化碳气体。

② 有机物中氢的焚烧产物是水;若有氟或氧存在,也可能有它们的氢化物生成。

③ 固体废物中的有机硫和有机磷,在焚烧过程中生成二氧化硫或三氧化硫以及五氧化二磷。

④ 有机氮化物的焚烧产物主要是气态的氮,也有少量的氮氧化物生成。

⑤ 有机氟化物的焚烧产物是氟化氢。

⑥ 有机氯化物的焚烧产物是氯化氢。

⑦ 有机溴化物和碘化物焚烧后生成溴化氢及少量溴气以及元素碘。

⑧ 根据焚烧元素的种类和焚烧温度,金属在焚烧以后可生成卤化物、硫酸盐、磷酸盐、碳酸盐、氢氧化物和氧化物等。

有害有机废物经焚烧处理后,要求达到以下 3 个标准:

① 主要有害有机组成(principle organic hazardous constituent,POHC)的破坏去除率(destruction and removal efficiency,DRE)要达到99.99% 以上。DRE 定义为从废物中除去的 POHC 的质量分数,即

$$DRE(\%) = \frac{W_{POHC进} - W_{POHC出}}{W_{POHC进}} \times 100\% \qquad (4.14)$$

对每个指定的 POHC 都要求达到 99.99% 以上。

②HCl 排放量应符合从焚烧炉烟囱排出 HCl 量在进入洗涤设备之前小于 1.8 kg/h,若达不到这个要求,则经过洗涤设备除去 HCl 的最小洗涤率为99%。

③ 烟囱的排放颗粒物应控制在 183 mg/m³,空气过量率为 50%。

(2) 燃烧过程。

从工程技术的观点看,需焚烧的物料从送入焚烧炉起,到形成烟气和固态残液的整个过程,可总称为焚烧过程。该过程分 3 个阶段:第一阶段是物料的干燥加热阶段;第二阶段是焚烧过程的主阶段 —— 真正的燃烧过程;第三阶段是燃尽阶段,即生成固体残渣的阶段。三个阶段并非界限分明,尤其是对混合垃圾之类的焚烧过程更是如此。从炉内实际过程看,送入的垃圾有的物质还在预热干燥,而有的物质已开始燃烧,甚至已燃尽。对同一物料来讲,物料表面已进入燃烧阶段,而内部还在加热干燥。这就是说,上述 3 个阶段只不过是燃烧过程的必由之路,其焚烧过程的实际工况更为复杂。

① 干燥阶段。城市垃圾的含水率较高。我国城市垃圾中植物性物质较多,其含水率更高,一般含水率高于30%(指混合垃圾)。如果将大部分无机物除去,即筛分后的有机垃圾,其含水率还将上升。因此,焚烧时的预热干燥任务很重。对机械送料的运动式炉排炉,从物料送入焚烧炉起到物料开始析出挥发组分着火这一阶段,都认为是干燥阶段。从物料送入炉内开始,其温度逐步升高,表面水分开始逐步蒸发,当温度增高到 100 ℃ 左右,相当于达到一个大气压下水蒸气的饱和状态时,物料中水分开始大量蒸发,此时物料温度基本稳定。随着不断加热,物料中水分大量析出,物料不断干燥。当水分基本析出后,物料温度开始迅速上升,直到着火进入真正的燃烧阶段。在干燥阶段,物料的水分是以蒸汽形态析出的,因此需要吸收大量的热量 —— 水的气化热。

物料的含水率越大,干燥阶段也越长,从而使炉内温度降低。水分过高,炉温降低太大,着火燃烧困难,此时需投入辅助燃料燃烧,以提高炉温,改善干燥着火条件。有时也可采用干燥段与焚烧段分开的设计,一方面使干燥段产生的大量水蒸气不与燃烧的高温烟气混合,以维持燃烧段烟气和炉墙的高温水平,保证燃烧段有良好的燃烧条件;另一方面,干燥吸热是取自完全燃烧后产生的烟气,燃烧已经在高温下完成,再取其燃烧产物作为热源,不致影响燃烧段本身。

② 焚烧阶段。物料基本完成干燥过程后,如果炉内温度足够高且有足够的氧化剂,物料就会很顺利地进入真正的焚烧阶段。焚烧阶段包括 3 个同时发生的化学反应模式。

a. 强氧化反应。燃烧包括产热和发光两者的快速氧化过程。如果用空气做氧化剂,则

碳(C) 和甲烷(CH$_4$) 的燃烧反应为

$$C + (O_2 + 3.76N_2) = CO_2 + 3.76N_2 \tag{4.15}$$

$$CH_4 + 2(O_2 + 3.76N_2) = CO_2 + 2H_2O + 7.52N_2 \tag{4.16}$$

以上反应认为空气中的 N$_2$ 不参加反应而且干空气组成按容积比为

$$0.21O_2 + 0.79N_2 = 1 \text{ 空气} \tag{4.17}$$

焚烧一个典型废物 C$_x$H$_y$Cl$_z$,在理论完成燃烧状态下的反应式为

$$C_xH_yCl_z + [x + (y-z)/4](O_2 + 3.76N_2) =$$

$$xCO_2 + zHCl + (y-z)/2H_2O + 3.76[x + (y-z)]N_2 \tag{4.18}$$

式中,x,y,z 分别为 C、H、Cl 的原子数。

上面列出的几个典型氧化反应都是完全氧化反应的最终结果。其实,在这些反应中还有若干中间反应,即使是碳的反应也还会出现若干形式,如:

$$C+O_2 = CO_2$$

$$C+0.5O_2 = CO$$

$$CO+0.5O_2 = CO_2$$

$$C+CO_2 = 2CO$$

$$C+H_2O = CO+H_2$$

$$C+2H_2O = CO_2+2H_2$$

$$CO+H_2O = CO_2+H_2$$

b. 热解。热解是在无氧或近乎无氧条件下,利用热能破坏含碳高分子化合物元素间的化学键,使含碳化合物被破坏或者进行化学重组。

尽管焚烧要求确保有 50% ~ 150% 的过剩空气量,以提供足够的氧与炉中待焚烧的物料有效地接触,但仍有部分物料没有机会与氧接触。这部分物料在高温条件下就要进行热解。以常见的纤维素分子为例:

$$C_6H_{10}O_5 \xrightarrow{\triangle} 2CO+CH_4+3H_2O+3C \tag{4.20}$$

被热解后的组分常是简单的物质,如气态的 CO、H$_2$O、CH$_4$,而碳则以固态出现。

在焚烧阶段,对于大分子的含碳化合物(一般的有机固体废物)而言,其受热后,总是先进行热解,随即析出大量的气态可燃气体成分,如 CO、CH$_4$、H$_2$ 或者分子量较小的 C$_m$H$_n$ 等。这些小分子的气态可燃成分与氧接触进行均相燃烧就容易得多。热解过程还伴有挥发组分析出,挥发组分析出的温度区间在 200 ~ 800 ℃ 范围内。同一种物料在热解过程不同的温度区间下,析出的成分和数量均不相同。不同的物料,其析出量的最大值所处的温度区间也不相同。因此焚烧城市混合垃圾时,其炉温维持在多高是恰当的,应充分考虑待焚烧物料的组成情况,特别要注意热解过程会产生某些有害的成分,这些成分如果没有充分被氧化(燃烧掉),则必然成为不完全燃烧物。

c. 原子基团碰撞。焚烧过程出现的火焰,实质上是高温下富含原子基团的气流的电子能量跃迁以及分子的旋转和振动产生量子辐射产生的。火焰的性状取决于温度和气流组成。通常温度在 1 000 ℃ 左右就能形成火焰。气流包括原子态的 H、O、Cl 等元素,双原子的 CH、CN、OH、C$_2$ 等,以及 HCO、NH$_2$、CH$_3$ 等极其复杂的原子基团气流。在火焰中,最重要的连续光谱是由高温碳微粒发射的。废物组分上的原子基团碰撞,还易使废物分解。

③燃尽阶段。物料在主焚烧阶段进行的强烈的发热发光氧化反应之后,参与反应的物质浓度降低,而反应生成的惰性物质,气态的 CO_2、H_2O 和固态的灰渣增多。由于灰层的形成和惰性气体的比例增加,剩余的氧化剂要穿透灰层进入物料的深部与可燃成分反应也越困难。整个反应的减弱使物料周围的温度逐渐降低,反应处于不利状况。因此,要使物料中未燃的可燃成分反应燃尽,就必须保证足够的燃烧时间,从而使整个焚烧过程延长。该过程与焚烧炉的几何尺寸等因素直接相关。综上分析,可将燃尽阶段的特点归纳为一句话:可燃物浓度降低,惰性物增加,氧化剂量相对较大,反应区温度降低。要改善燃尽阶段的工况,一般常采用的措施如翻动、拨火等来有效地减少物料外表面的灰尘,控制稍多一点的过剩空气量,增加物料在炉内的停留时间等。

在整个焚烧过程中,燃烧结果至少有以下 3 种可能情况:

a. 废物的主要部分很可能在一级燃烧室就很容易被氧化或被全部破坏,或一部分废物在一级燃烧室被热解,而在第二燃烧室或后燃室达到完全焚毁。

b. 很少一部分废物由于某种原因,在焚烧过程中逃逸而未被销毁,或只有部分销毁。在此情况下,原有机有害成分(POHC)一般达不到销毁率要求。

c. 废物组分可能会产生一些中间产物,如某些不完全燃烧的排放物。这些中间产物可能比原废物更为有害。在此情况下,不完全燃烧产物(products of incomplete combustion,PIC)很可能超过法定标准。

固体废物焚烧过程示意图如图 4.38 所示。

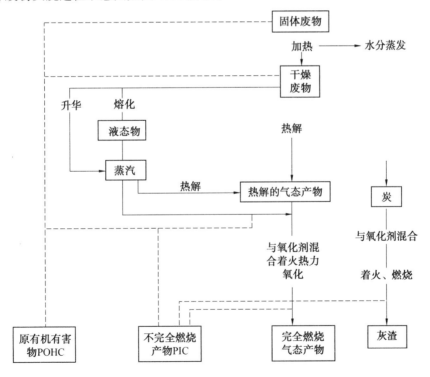

图 4.38 固体废物焚烧过程示意图

(3)影响燃烧过程的因素。

支配燃烧过程的主要因素有 3 个:①废物和空气的混合情况,即物料或介质的湍流;

②废物在焚烧炉内与空气保持接触的时间;③进行反应时的温度。

①废物和空气的混合情况。一般情况下,氧浓度高,燃烧速度快。为了使固体废物燃烧完全,必须向燃烧室鼓入过量的空气,但空气过剩量太多时,过剩的空气在燃烧室内吸收过多的热量会引起燃烧室温度的降低。理论和实践都说明,只有当燃烧室处于少量过剩空气条件下,燃烧效率最高。对具体的废物燃烧过程,需要根据物料的特性和设备的类型等因素确定过剩空气量。为了保证固体废物能燃烧完全,除了空气供应要充足外,还要注意空气在燃烧室内的分布。在氧化反应集中的燃烧区,应该多送入空气。

②废物在焚烧炉内与空气保持接触的时间。燃烧反应所需时间是指烧掉固体废物的时间。这就要求固体废物在燃烧层内有适当的停留时间。一般认为,燃烧时间与固体粒度的平方近似地成正比。固体粒度越细,与空气的接触面积越大,燃烧速度越快,固体在燃烧室停留时间也越短。

③进行反应时的温度。燃烧温度低会使废物燃烧不完全。燃烧室温度必须保持在燃料的起燃温度以上,温度越高,燃烧时间越短。燃烧温度取决于燃料特性,如燃料的起燃温度、含水量,炉子结构和燃烧空气量等。提高燃烧温度,废物燃烧所需时间通常可减少,但炉子的耐火材料及锅炉管道所发生的问题也会增加。因此,当燃烧室温度足够高时,要加强燃烧速度的控制,而物料燃烧时间不应作为重要因素。相反,当燃烧室温度比较低时,燃烧速度需要加强化学反应来提高,此时燃烧时间也就变得相当重要。由于空气流在燃烧室中可调节,因此控制空气流是控制有耐火材料的燃烧炉温度的基本手段。燃烧过程中采用预热空气的方法,可以提高燃烧温度。

3. 焚烧系统的组成

固体废物焚烧系统主要包括:废物储存及进料子系统、焚烧子系统、余热利用子系统、给水处理子系统、烟气处理子系统,灰渣收集与处理子系统、废水处理子系统和自动控制子系统。这些系统各自独立,又相互关联成为统一主体。储存在废物贮坑中的可燃固体废物由进料子系统进入焚烧系统后,在炉膛等焚烧子系统中进行蒸发、干燥、热分解和燃烧;在二燃室布置余热锅炉水管墙,与废物燃烧产生的高温烟气进行热交换,产生热水或蒸汽进行发电,这个过程为余热利用系统;给水处理子系统主要是利用活性炭吸附、离子交换及反渗透等处理方法给余热锅炉提供软化水,以维持余热利用系统的稳定、有效运行;废物燃烧产生的烟气排入烟气处理子系统进行脱硫、脱硝、除尘、除重金属和有机剧毒性污染物处理;灰渣收集与处理子系统通常通过适当的分选方法回收焚烧灰渣(包括炉渣和飞灰)的金属和玻璃等有用物质后,进行稳定化处置;锅炉废水、员工生活废水、实验室废水等的处理,一般由废水处理子系统经过物理-化学-生物处理达标后排放。焚烧系统中大多数子系统为自动控制,包括称重及车辆管制、吊车的自动运行、炉渣吊车、燃烧系统、焚烧炉的启动和停炉等。

4. 废物的焚烧设备

(1)流化床焚烧炉。

流化床焚烧炉示意图如图4.39所示。这是一个圆柱形容器,底部装有多孔板,板上放置载热体砂,作为焚烧炉的燃烧床。空气(或其他气体)由容器底部喷入,砂子被搅成流态物质。废物被喷入燃烧床内,由于燃烧床内迅速的热传递而立刻燃烧,烟道气燃烧热即被燃烧床吸收。燃烧时砂床和废物之间的热传递是一个连续过程,常用燃烧床的温度在760～890 ℃之间。固体废物在燃烧床中由向上流动的空气使其呈悬浮状态,直至烧尽,烧成的灰由烟道气带到炉顶排出炉外。在燃烧床中要保持一定的气流速度(一般为 1.5 ~ 2.5 m/s)。气流速度过高,会使过多的未燃烧废物被烟道气带走。

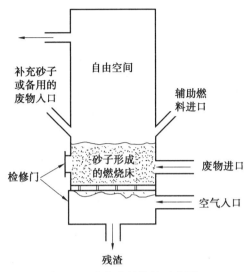

图 4.39　流化床焚烧炉示意图

　　流化床焚烧炉的优点是:焚烧时,固体颗粒激烈运动,颗粒和气体间的传热、传质速度快,因而处理能力大,炉子结构简单,适用于气态、液态、固体废物的焚烧。其缺点是:固体废物需破碎为一定粒度才能入炉。

　　(2)机械炉排炉焚烧。

　　机械炉排焚烧炉示意图如图 4.40 所示。其技术原理如下:垃圾通过进料斗进入倾斜向下的炉排,在以燃油为辅助燃料,在大量氧气助燃的条件下,通过炉排的机械运动促进垃圾的搅动和混合,实现垃圾的干燥、燃烧和燃尽。炉排可分为平推式、斜推式、逆推式和滚筒式,处理能力可高达1 200 t/(台·d),是目前处理能力最大的焚烧炉型。

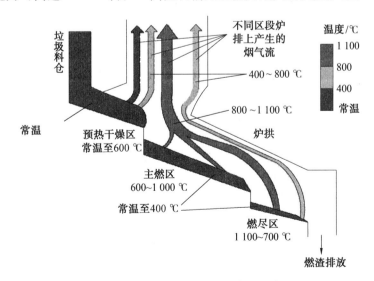

图 4.40　机械炉排焚烧炉示意图

机械炉排焚烧炉的主要优点是:容量大;燃烧可靠,易运行管理;余热利用高;技术较为成熟;设备年运行时间可达8 000 h以上,垃圾处理成本较低。缺点是:开炉和停炉时炉温经过二噁英产生的温度区间(360~820 ℃),在控制不完全的情况下易产生二噁英;燃烧效率相对流化床偏低;造价及维护费用较高;需连续运转。

(3)转窑式焚烧炉。

转窑式焚烧炉示意图如图4.41所示。窑身为可旋转的圆柱体,倾斜度小,转速低。废物由高端进入,沿炉体长度方向转动。燃烧温度在890~1 600 ℃范围内。转窑式焚烧炉是大型设备,占地面积大,运转费用高,在固体废物及污泥的焚烧上已得到广泛应用。

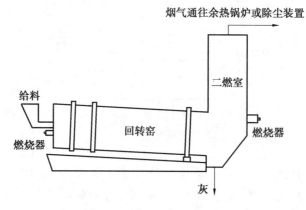

图4.41 转窑式焚烧炉示意图

(4)敞开式焚烧炉。

敞开式焚烧炉示意图如图4.42所示。这种炉利用敞开地坑作为燃烧室,利用多个喷嘴的歧管将空气喷入坑中,空气在坑中翻滚,使燃烧速度提高。鼓风机风量可调节,以形成合适的空气翻滚。喷嘴喷出的空气流在燃烧坑顶部,歧管以下形成一层火焰,火焰在坑中翻滚时部分废物和未燃烧气体又返回燃烧区燃烧,可消除大部分烟尘。

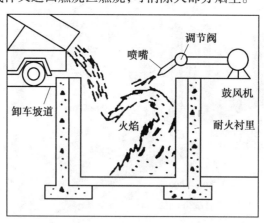

图4.42 敞开式焚烧炉示意图

敞开式焚烧炉投资少,操作简单,多用于建筑工地废物的焚烧,但其应用时存在潜在的空气污染问题。

(5)热解焚烧炉。

热解焚烧炉示意图如图 4.43 所示。它是一种在隔绝空气条件下,使垃圾中的有机质分解,热烟气采用 NaOH 碱液净化的技术。此方法炉型结构简单,设备投资比炉排焚烧炉低约50%,但热解焚烧炉设备处理能力较小(一般为 150 t/(台·d)以下),烧渣残碳量高,并不适合大城市大规模处理垃圾,所以应用较少。

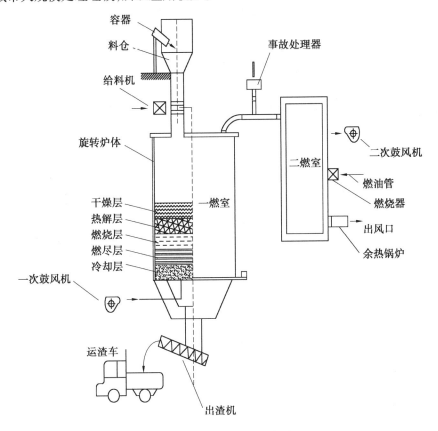

图 4.43　热解焚烧炉示意图

5. 焚烧能源的回收利用

由于廉价能源日益短缺,因此固体废物焚烧能源的回收利用受到重视。固体废物能量回收利用见表 4.5。

表 4.5　固体废物能量回收利用

能量回收方法	简述
在产生蒸汽的焚化炉中燃烧废物	焚烧产生的热量用于生产蒸汽,蒸汽用于采暖、制冷或驱动汽轮机发热
在现有的锅炉中燃烧废物	在现有的动力锅炉中用废物代替或部分代替矿物燃料
废物高温分解	高温分解可产生一种能运输的燃烧气体,也能用于生产蒸汽

续表4.5

能量回收方法	简述
加压氧化	废物在有一氧化碳和蒸汽存在的情况下,施以高压,转换成一种重油,变成易于运输的燃料
厌氧分解	在缺氧条件下进行有机物的分解,产生可燃气体如甲烷,可以作为天然气的代用品
将废物处理成燃料	有许多种可把废物处理成燃料的技术,处理过的废物可燃,较原来的废物便于储存和运输

（1）焚烧热回收利用。

利用固体废物焚烧热来生产蒸汽和发电,其方法如下:

①焚烧炉(衬以耐火材料的燃烧室)后面安装一个废热锅炉。

②建水墙式垃圾焚烧炉。

（2）将废物处理成燃料(废物燃料)。

废物燃料(RDF)可以作为主要燃料或辅助燃料与主燃料(如煤)一起进行燃烧。废物燃料是指经处理后成为富含有机物的物料,如固体废物经过破碎、缩减体积、分选等处理后可以成为具有相当发热值的物料(曾有人做过测试,平均含能量为 5 300～17 700 J/g)。影响废物燃料发热值的主要因素是废物含水量,当废物燃料燃烧时其中一部分能量用于蒸发水分,因此废物燃料的"可利用能"可定义为在干态情况下燃烧的总热量减去水分的蒸发潜热。

影响废物燃料"可利用能"的另一个重要因素是灰分含量。固体废物中的灰分可增加操作和投资费用,降低燃料的发热值。

现在许多事实已证明,废物燃料在各种燃烧装置中都可燃烧。

4.4.5　热解处理

固体废物中有机物可分为天然的和人工合成的两类。天然的有橡胶、木材、纸张、蛋白质、淀粉、纤维素、麦秆、皮油脂和污泥等;人工合成的有塑料、合成橡胶和合成纤维等。随着现代工业发展和人们生活水平的提高,固体废物中有机物质的组分不断增加,这些废物都具有可燃性,能通过焚烧和热解回收能量和能源。

热解又称干馏、热分解或炭化,是指有机物在隔氧条件下加热分解的过程。热解技术原广泛用于生产木炭、煤干馏、石油重整和炭黑制造等方面。在固体废物处理上,最早于1929年美国政府矿务局主持开展了一些典型固体废物的热解研究。从 20 世纪 60 年代开始,科学家开始进行以城市固体废物为原料的热解处理回收资源的研究。1967 年,Kaisen 和 Friedman 进行了均质有机废物的热解试验,随后进一步对非均质废物如城市固体废物进行了热解研究。图 4.44 为热解反应试验流程图,证明了此项过程产生的气体可以作为锅炉的原始燃料。

Hoffman 和 Fitz 在实验室中使用一种干馏系统来热解典型的城市固体废物,证明了热解产物有气体、焦木酸、焦油及各种形式的固体残渣(炭渣)。1973 年,Battelle Nonth−West 研

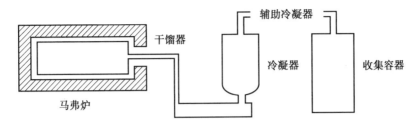

图 4.44　热解反应试验流程图

究固体废物热解时,在反应器中通入空气与蒸汽的混合物,也产生了一种可燃气体,此气体可用来燃烧生产蒸汽和发电。

由于热解法有利于资源的回收利用,因此对它的研究相应得到快速发展。废物料热分解制油以及城市固体废物热分解造气的研究广泛开展,不少热解厂也相继建立起来。1983年,德国在巴伐利亚州的受本霍森建设了第一座废轮胎、废塑料、废电缆的热解厂,年处理废物量为 600 ~ 800 t。而后,又在巴伐利亚州的昆斯堡建立了处理城市固体废物的废物热解工厂,年处理废物量为 3 500 t,成为联邦德国关于废物热解新工艺的试验工厂。美国纽约也建立了采用纯氧高温热解法处理废物量达 3 000 t/d 的最大热解工厂。

我国城市生活垃圾绝氧热解技术起步较晚,当前暂无长期稳定运行的商业项目。垃圾热解技术逐渐成为我国垃圾处理领域的热门研究内容。近年来我国各级别垃圾热解气化科技项目的立项与实施情况显示,垃圾热解气化项目急剧增长,这也表明垃圾热解技术正在从试验研究逐步走向产业化推广应用。坚持资源化优先,兼顾经济效益与环境效益,保障城镇生活垃圾的减量化、无害化、能源化处理。

1. 固体废物的热解原理

（1）概念。

热解原指有机物在严格绝氧条件下加热分解的过程。但实际科研生产时,在固体废物处理中,除间接加热隔氧热分解外,有时需在热解反应器中通入部分空气、氧或蒸汽等汽化剂,使固体废物部分燃烧以提供整个热解过程所需热量,同时改变产物比率,提高可燃气产率。这种方式与充分供氧、废物完全燃烧的焚烧过程是有本质区别的。燃烧是放热过程,而热解是吸热过程。

热解与焚烧除供氧条件不同外,其产品差异是显著的。焚烧的结果是产生大量的废气和部分废渣,除热利用外,无其他利用方式,且环保问题严重。而热解产生可燃气、油等,可用多种方式回收利用。其能源回收性好,环境污染小,这也是热解处理技术最优越、最有意义之处。城市固体废物、污泥、工业废物如塑料、树脂、橡胶以及农业废料、人畜粪便等各种固体废物都可以用热解方法从中回收燃料。

（2）热解反应过程。

固体废物热解是一个复杂、连续的化学反应过程,在反应中包含着复杂的有机物断键、异构化等化学反应。在热解过程中,其中间产物存在两种变化趋势,它们一方面由大分子变成小分子直至气体的裂解过程,而另一方面又由小分子聚成较大分子的聚合过程。

可以认为,分解是从脱水开始的:

其次是脱甲基：

温度再高时,前述生成的芳环化合物再进行裂解、脱氢、缩合、氢化等反应：

①
$$C_2H_6 \xrightarrow{\triangle} C_2H_4 + H_2$$
$$C_2H_4 \xrightarrow{\triangle} CH_4 + C$$

②

③

④

上述反应没有十分明显的阶段性,许多反应是交叉进行的。

（3）热解产物。

热解产物包括气、液、固三种形式,具体有以下成分：

①气态 $C_{1\sim5}$ 的烃类、氢和 CO。

②液态 C_{25} 的烃类、乙酸、丙酮、甲醇等。

③固态含纯碳和聚合高分子的含碳物。

不同的废物类型、不同的热解反应条件,热解产物都有差异。含塑料和橡胶成分比例大的废物其热解产物中含液态油较多,包括轻石脑油、焦油以及芳香烃油的混合物。

热解过程产生可燃气量大,特别是在温度较高的情况下,废物有机成分的 50% 以上都转化成气态产物。这些产品以 H_2、CO、CH_4、C_2H_6 为主,其热值高达 $6.37 \times 10^3 \sim 1.021 \times 10^4$ kJ/kg,除少部分供给热解过程所需的自持热量外,大部分气体成为有价值的可燃气产品。

固体废物热解后,减容量大,残余炭渣较少。这些炭渣化学性质稳定,含碳量高,有一定热值,一般可用作燃料添加剂或道路路基材料、混凝土骨料、制砖材料。纤维类废物（木屑、纸）热解后的渣,还可经简单活化制成中低级活化炭,用于污水处理等。

（4）热解过程控制。

热解过程的几个关键参数是温度、加热速率、保温时间,每个参数都直接影响产物的混合和产量。另外,废物的成分、反应器的类型及作为氧化剂的空气供氧程度等,都对热解反应过程产生影响。

　　温度是热解过程最重要的控制参数。温度变化对产品产量、成分比例有较大的影响。在较低温度下,有机废物大分子裂解成较多的中小分子,油类含量相对较多。随着温度升高,除大分子裂解外,许多中间产物也发生二次裂解,C_5以下分子及 H_2 成分增多,气体产量成正比例增长,而各种酸、焦油、炭渣含量相对减少。图 4.45 反映了固体废物的热分解产物比例与温度的关系。

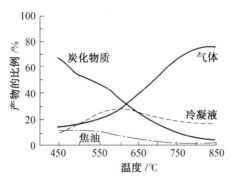

图 4.45　热分解产物比例与温度的关系

　　气体成分与温度有以下变化规律:随着温度升高,由于脱氢反应加剧,H_2 含量增加,C_2H_4、C_2H_6 含量减少。而 CO 和 CO_2 的变化规律则比较复杂,低温时,由于生成水和架桥部分的分解次甲基键反应的进行,CO_2、CH_4 等含量增加,CO 含量减少。但在高温阶段,由于大分子的断裂及水煤气还原反应的进行,CO 含量又逐渐增加。CH_4 含量的变化与 CO 正好相反,低温时含量较小,但随着脱氢和氢化反应的进行,CH_4 含量逐渐增加,高温时 CH_4 分解生成 H_2 和固形炭,因而含量下降,但下降较缓慢。

　　热解加热速率对生成产品成分比例影响较大。一般来说,在较低和较高的加热速率下热解产品气体含量高。而随着加热速率的增加,产品中水分及有机物液体的含量逐渐减少。

　　废料在反应器中的保温时间决定了物料的分解转化率。为了充分利用原料中的有机质,尽量脱出其中的挥发组分,应使废料在反应器中的保温时间延长。其中,涉及一个概念,即热解有机质总转化率,它是指挥发性产品与原料有机质的质量比例,表示有机质热解的转化程度。假定在热解过程中灰分的质量不发生变化,以灰分为示踪剂,可按下式计算有机质总转化率:

$$Y = 1 - \frac{A_{料}(100 - A_{渣})}{A_{渣}(100 - A_{料})} \tag{4.21}$$

式中　Y——有机质总转化率;

　　　$A_{料}$——废料中灰分干基百分比;

　　　$A_{渣}$——残渣中灰分干基百分比。

　　废料的保温时间与热解过程的处理量成反比关系。保温时间长,热解充分,但处理量少;保温时间短,则热解不完全,但可以有较高的处理量。

　　不同的废物原料其可热解性不一样。有机物成分比例大、热值高,则可热解性、可回收性好,残渣少。废物的含水率低,则干燥过程耗能少,将废物加热到工作温度所需时间短。废物颗粒尺寸较小将促进热量传递,保证热解过程的顺利进行。

　　反应器是热解反应进行的场所,是整个热解过程的中枢,不同的反应器有不同的燃烧床条件和物料流方式。一般来说,固定燃烧床处理量大,而流态燃烧床温度可控性好。气体与物料逆流行进方式使物料在反应器内滞留时间相对延长,从而有较高的有机物转化率,而气体与物料顺流行进方式可促进热传导,加快热解过程。

空气或氧可作为热解反应中的氧化剂,使废料发生部分燃烧,提供热能供热解反应的进行,但由于空气中含有较多的 N_2,产品气体的热值会降低。

2. 热解工艺分类与反应器

(1)热解工艺分类。

一个完整的热解工艺包括进料系统、反应器、回收净化系统、控制系统几个部分。其中,反应器部分是整个工艺的核心,热解过程就在反应器中发生。不同的反应器类型往往决定了整个热解反应的方式以及热解产物的成分。

热解工艺常按反应器的类型进行分类。不同的反应器有不同的燃烧床条件、物料流方向,故有流化态燃烧床反应器、反向物流可移动床反应器等。另外,热解过程控制因素可用于进行热解工艺分类,如按反应废物成分可分为城市固体废物热解、污泥热解;按加热方式可分为直接加热和间接加热;按生成产品可分为热解造气、热解造油等。

在实际生产中,有两种分类方法是最常用的:一是按照生产燃料的目的将热解工艺分为热解造气和热解造油;二是按热解过程控制条件将热解工艺分为高温分解和气化。

热解造气是将有机废物在较高温度下转变成气体燃料,通过对反应温度、加热时间及汽化剂的控制,产生大量的可燃气,这些气体经净化回收装置可加以利用或储存于罐内。

热解造油一般采用 500 ℃ 以下的温度,在隔氧条件下使有机物裂解,生成燃油。

高温分解是指固体有机废物在绝氧条件下加热分解的过程,是一种严格意义上的热解过程。

气化是指供给一定量空气、氧、水蒸气进入反应器,使有机废物部分燃烧,整个热解过程可以自动连续进行,而不需要外热供应。气化过程产物中气体成分比例大,但热值相对较低。

(2)反应器。

反应器有很多种,主要根据燃烧床条件及内部物流方向进行分类。燃烧床有固定床、流化床、旋转窑等;物料方向指反应器内物料与气体的流向,有同向流、逆向流、交叉流。下面介绍几种常见的反应器。

①固定燃烧床反应器(固定床反应器)。图 4.46 所示为典型的固定燃烧床反应器示意图。经选择和破碎的城市固体废物从反应器顶部加入,反应器中物料与气体界面温度为 93 ~ 315 ℃,物料通过燃烧床向下移动,燃烧床由炉算支持。在反应器的底部引入预热的空气或氧,温度通常控制在 980 ~ 1 650 ℃。这种反应器的产物包括从底部排出的熔渣(或灰渣)和从顶部排出的气体。排出的气体中含有一定的焦油、木醋等成分,经冷却洗涤后可作为燃气使用。

在固定燃烧床反应器中,维持反应进行的热量是由部分废物燃烧所提供的。由于采用逆流式物流方向,物料在反应器中滞留时间长,保证了废物最大限度地转换成燃料。同时,由于反应器中气体流速相应较低,在产生的气体中夹带的颗粒物质也比较少。固体物质损失少,加上高的燃料转换率,可将未气化的燃料损失减到最少,并且减少了对空气污染的潜在影响。

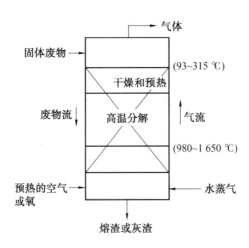

图 4.46　典型的固定燃烧床反应器示意图

固定床反应器也存在一些技术难题,例如有黏性的物料(污泥和湿的城市固体废物)需要进行预处理,才能直接加入反应器。这种情况一般包括将物料进行预烘干和进一步粉碎,从而保证不结成饼状。未粉碎的物料在反应器中也会使气流成为槽流,使气化效果变差,并使气体带走较大的固体物质。另外,由于反应器内气流为上行式,温度低,含焦油等成分多,易堵塞气化部分管道。

②流态化燃烧床反应器(流化床反应器)。在流化床中,气体与物料同流向接触,如图4.47 所示。由于反应器中气体流速高到可以使颗粒悬浮,固体废物颗粒不再像在固定床反应器中那样连续地靠在一起,反应性能更好,速度快。在流化床的工艺控制中,要求废物颗粒本身可燃性好,能够在未气化之前随气流逸出。另外,温度应控制在避免灰渣熔化的范围内,以防灰渣熔融结块。

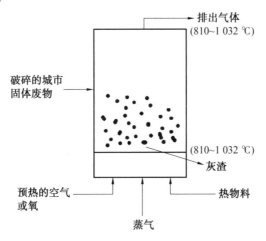

图 4.47　流化床反应器示意图

流化床适用于含水量高或含水量波动大的废物燃料,且设备尺寸比固定床小,但流化床反应器热损失大,气体中不仅带走大量的热量而且也带走较多的未反应的固体燃料粉末。所以在固体废物本身热值不高的情况下,尚需提供辅助燃料以保持设备正常运转。

③旋转窑。旋转窑是一种间接加热的高温分解反应器。图 4.48 所示为典型的间接加

热旋转窑反应器剖面图,主要设备为一个稍为倾斜的圆筒,它慢慢地旋转,使废料移动通过蒸馏容器到卸料口。蒸馏容器由金属制成,而燃烧室则由耐火材料砌成。分解反应所产生的气体一部分在蒸馏容器外壁与燃烧室内壁之间燃烧,这部分热量用于加热废料。因为在这类装置中热传导非常重要,所以分解反应要求废物必须破碎较细,尺寸一般小于 5 cm,以保证反应进行完全。此类反应器生产的可燃气热值较高、可燃性好。

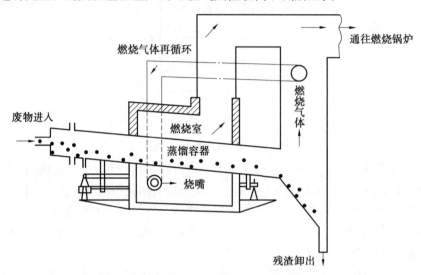

图 4.48　典型的间接加热旋转窑反应器剖面图

4.4.6　垃圾综合处理

垃圾综合处理系统包括前期处理系统和后期处理系统,既包括垃圾的破碎、分选等预处理系统,也包括堆肥、焚烧以及填埋等后期处理系统,然后将各个单元处理以更有效的方式组合起来,成为一个新系统。垃圾综合处理系统并不是各个分系统的简单相加,而是各个分系统与总系统的相互作用,以达到垃圾处理的更大资源化、减量化和无害化。垃圾综合处理工艺是对混装的垃圾进行机械和人工分选,如图 4.49 所示,根据生活垃圾的不同性质分别进行不同工艺的处理。

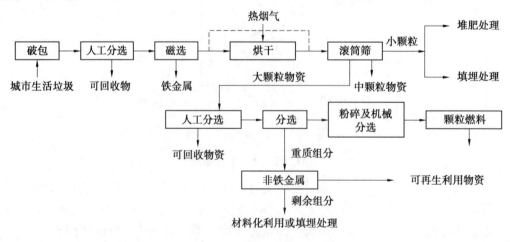

图 4.49　垃圾综合处理工艺

　　垃圾分选后,易腐物进行堆肥处理,因为其成分单一,容易堆腐,而且处理费用低,产品质量好;可燃物进行充分焚烧,焚烧物易燃,产生的烟气少,二次污染小。分选剩余的进行填埋,填埋物的量很少,只占总体积的 15% ~20%,填埋物主要为砖头、瓦砾等无机垃圾,不会带来严重的二次污染,节省了填埋空间。垃圾进行综合处理后,垃圾成分都得到充分利用,能充分体现垃圾处理的减量化、资源化和无害化的原则。但是,垃圾的综合处理在国外已发展多年,在我国规模较小,有很多部分都还停留在简单的构想阶段,缺乏较为系统化的深入研究。

4.5　危险废物的处理

4.5.1　概述

1. 危险废物的定义

　　危险废物是指列入国家危险废物名录或者根据国家规定的危险废物鉴别标准和鉴别方法认定的具有危险特性的固体废物。

2. 危险废物的危险特性

　　危险废物的危险特性是指对生态环境和人体健康具有有害影响的毒性(toxicity,T)、腐蚀性(corrosivity,C)、易燃性(ignitability,I)、反应性(reactivity,R)和感染性(infectivity,In)。

3. 危险废物的来源及分类

　　危险废物的最大来源是工业生产,2019 年,我国工业危险废物产生量达 4 498.9 万 t,有效地利用和处置是处理工业危险废物的主要途径。

　　经鉴别具有危险特性的危险废物,应当根据其主要有害成分和危险特性确定所属废物类别,并进行归类管理。2021 年国家危险废物名录规定的危险废物分为 50 大类。

4.5.2　危险废物的鉴别

　　为了开展危险废物的管理工作,许多国家都对危险废物进行归类管理。针对废物的危险程度,我国将具有危险特性的,或不排除具有危险特性,可能对生态环境或者人体健康造成有害影响,需要按照危险废物进行管理的固体废物列入名录。我国危险废物的鉴别主要按以下程序。

　　根据《固体废物污染环境防治法》以及《危险废物鉴别标准通则》(GB 5085.7—2019)等,经判断属于固体废物的,则首先依据《国家危险废物名录》鉴别。

1. 列入《国家危险废物名录》

　　列入《国家危险废物名录》的固体废物属于危险废物,不需要进行危险特性鉴别。

2. 未列入《国家危险废物名录》

　　①不排除具有腐蚀性、毒性、易燃性、反应性的固体废物,依据《危险废物鉴别标准 腐蚀性鉴别》(GB 5085.1—2007)、危险废物鉴别标准 急性毒性初筛》(GB 5085.2—2007)、《危险废物鉴别标准 浸出毒性鉴别》(GB 5085.3—2007)、《危险废物鉴别标准 易燃性鉴别》(GB 5085.4—2007)、《危险废物鉴别标准 反应性鉴别》(GB 5085.5—2007)、《危险废物鉴

别标准 毒性物质含量鉴别》(GB 5085.6—2007)以及《危险废物鉴别技术规范》(HJ 298—2019)进行鉴别。凡具有腐蚀性、毒性、易燃性、反应性中一种或一种以上危险特性的固体废物,属于危险废物。

②根据危险废物鉴别标准无法鉴别,但可能对人体健康或生态环境造成有害影响的固体废物,由国务院生态环境主管部门组织专家认定。

3. 危险废物混合后判定规则

(1)具有毒性、感染性中一种或两种危险特性的危险废物与其他物质混合,导致危险特性扩散到其他物质中,混合后的固体废物属于危险废物。

(2)仅具有腐蚀性、易燃性、反应性中一种或一种以上危险特性的危险废物与其他物质混合,混合后的固体废物经鉴别不再具有危险特性的,不属于危险废物。

(3)危险废物与放射性废物混合,混合后的废物应按照放射性废物管理。

4.5.3　危险废物的处理技术

危险废物最终处置技术主要有安全填埋、安全焚烧、水泥窑协同处置技术 3 类。我国当前危废处置主要以综合利用、填埋和焚烧为主。根据 2022 年《中国生态环境统计年报》显示,在《排放源统计调查制度》确定的统计调查范围内,全国工业危险废物产生量为 9 514.8 万 t,利用处置量为 9 443.9 万 t。初步核算,2023 年,全国约有 7.7 万家单位危险废物年产生量在 10 t 及以上,申报产生约 1.1 亿 t 危险废物。截至 2023 年底,全国约有 3 600 家危险废物集中利用处置单位,集中利用处置能力约 2.1 亿 t/a。

1. 安全填埋技术

安全填埋是将危险废物平铺后进行掩埋并在上面覆盖土壤。危险废物进行填埋前必须根据不同废物的化学、物理及生物性质进行稳定及固化处理,尽量减少有害废物的浸出。危险废物安全填埋技术具有适用面广、成本较低、处置固体废物量大、操作管理较简单、技术成熟等优点,是国内外广泛应用的一种技术。填埋方法所引起的环境问题,包括被填埋废物产生的渗滤液若不能得到收集和处理,将对地下水、土壤造成严重污染。另外,填埋法还占用大量土地、新建填埋场选址困难等缺点。

2. 安全焚烧技术

安全焚烧是一种实现危险废物无害化、减量化最快捷有效的技术,是指可燃性废弃物在有氧的高温炉中充分氧化分解的处理方法。采用焚烧技术可有效地分解有毒物质的化学结构,减少或消除废物中的有毒有害物质,使废物的体积减少 80% ~95%,因此在实现废物的减量化和无害化的同时可回收利用其热能。可以焚烧处置的废物主要包括:具有生物危害性的废物,难以生物降解且在环境中持久性强的废物,熔点低于 40 ℃的废物,不可安全填埋的废物,含有卤素、重金属、氮、磷或硫的有机废物。

焚烧技术主要用于处置废油类、溶剂、橡胶、皮革、塑料、制药废物、医院废物、含酚有机物等毒性较大及热值较高的危险废物,易爆废物则不宜进行焚烧处置。

3. 水泥窑协同处置技术

利用水泥窑协同处置废弃物是近年来水泥行业提出的一条新的废弃物处理方法,是水泥工业绿色升级的重要方向。该技术是指将满足入窑要求的危险废物投入水泥窑,在进行水泥熟料生产的同时实现对危险废物的无害化处置。欧美各国、日本等已经有近 50 年利用水泥窑协同处置危险废物的经验。2013 年我国颁布了《水泥窑协同处置固体废物污染控制标准》(GB 30485—2013)。

4.6　固体废物资源化与综合利用

4.6.1　概述

1.固体废物资源化

(1)概念。

固体废物资源化是指对固体废物进行综合利用,使之成为可利用的二次资源。基本任务是采取工艺措施从固体废物中回收有用的物质和能源。在当前资源形势严峻的前提下,固体废物的资源化具有重大的意义。

(2)目的。

城市垃圾与各类工业固体废物中均含有各种不同的有用物质,甚至本身就是某些行业生产中可以直接利用的原料,经过适当的技术处理,可以回收多种有用资源。因此,实施固体废物资源化,不仅具有环境意义,而且对社会经济的发展也具有十分重要的意义。我国实施的"经济可持续发展战略"和建设"资源节约型与环境友好型社会",其主要目的就是要求在发展经济过程中,最大限度地减少资源与能源的消耗,使资源得到充分、有效的利用;最大限度地减少废物的排放量,使废物中有用资源能得到最大限度的回收与综合利用,从而取得最大的经济效益。因此,实施固体废物资源化,在经济可持续发展战略中具有十分重要的意义。

(3)原则。

资源化应遵循如下原则:进行资源化的技术是可行的,经济效益好,有较强的生命力,废物尽可能在排放源就近利用,以节省废物在存放、运输等过程的投资,资源化的产品应当符合国家相应的新产品质量标准,使其具有市场竞争力。

2.固体废物综合利用途径

与利用自然资源进行生产相比,固体废物综合利用有许多优点:第一,环境效益高,固体废物综合利用可以从环境中除去某些潜在的危险废物,减少废物堆置场地和废物堆存量。例如,用六价铬渣代替铬铁生产啤酒瓶,可以永久性地消除六价铬对环境的危害。第二,生产成本低,如用废铝炼铝,其生产成本仅为用铝土炼铝的4%。第三,生产效率高,例如用铁矿石炼 1 t 钢需要 8 h,而用废钢炼钢只需 2~3 h。第四,能耗低,例如用废钢炼钢比铁矿石炼钢可节约能耗 74%,前者能耗为后者的 1/4。因此,各国都积极开展固体废物的综合利用。

固体废物综合利用的途径很多,主要有以下 5 个方面:生产建筑材料;提取有用金属和制备化学品;代替某些工业原料;制备农用肥料;利用固体废物作为能源。

对固体废物进行综合利用,无论选择哪一条途径都要遵循下述几条原则:综合利用的技术可行,综合利用的经济效益较大,尽可能在固体废物的产生地或就近进行利用,综合利用的产品应有较强的竞争能力。

4.6.2 固体废物在建材方面的应用

随着我国经济和社会的不断发展,基础设施建设和居民住宅建设迅速发展,对建筑材料数量的需求越来越大。利用工业固体废物生产建筑材料是解决建材资源短缺的一条有效途径,对保护环境和加速经济建设具有十分重要的意义。利用工业固体废物生产建材的优点很多:一是节省原材料,生产效率高。例如,利用高炉渣和钢渣生产水泥可节约 1/3 的石灰石和 1/2 的燃料,生产效率提高一倍。二是耗能低,例如用矿渣代替水泥熟料生产水泥,每吨原料的燃料消耗可减少 80%。三是综合利用产品的品种多,可满足多方面的需要。例如,用固体废物可生产水泥、骨料、砖、玻璃和陶瓷等多种建筑材料。四是综合利用的产品数量大,可满足市场的部分需要。例如,假如我国每年利用 4 000 万 t 工业固体废物生产水泥或做混凝土掺合料,则可弥补目前一年 800 万 t 的水泥缺口。五是环境效益高,可最大限度地减少需处置的固体废物数量,在生产过程中一般不产生二次污染。例如,生产 1 亿块砖可消耗掉 10 万 ~ 20 万 t 的粉煤灰。

1. 煤矸石在建筑材料方面的应用

煤矸石是采煤和洗煤过程中排放的固体废物,是一种在成煤过程中与煤层伴生的含碳量较低、比煤坚硬的黑灰色岩石。由多种矿岩组成,以 Si、Al 为主要元素。长期大量堆放会对矿区造成危害。

煤矸石在建筑材料中的应用可根据用途分为在墙体材料中的应用、在水泥基建材料中的应用、在筑路材料和填充材料中的应用等。

(1)在墙体材料中的应用。

利用未自燃的煤矸石与黏结料生产煤矸石砖是煤矸石在墙体材料中的主要应用方式,这种砖可以大量利用煤矸石代替传统的黏土砖,减少土地的浪费。近几年,煤矸石多孔(空心)砖发展迅速,作为一种新型绿色墙材,煤矸石多孔砖不仅可以代替传统的黏土砖,还可以起到很好的保温节能作用。

(2)在水泥基建材中的应用。

由于煤矸石是与煤层伴生的岩石,不同程度地含有碳,而碳对水泥的强度、需水量、耐久性等都有影响,因此,对于未自燃的煤矸石必须经过自燃或煅烧除去碳后才可用于水泥混合材料中。煤矸石用于水泥基建材中,可代替黏土配料烧制普通硅酸盐水泥、快硬硅酸盐水泥、煤矸石炉渣水泥及无(少)熟料水泥等。

(3)在筑路材料和填充材料中的应用。

用煤矸石作为筑路材料具有很好的抗风雨侵蚀性能,并且耗渣量大,不需要进行特殊的处理,国外已广泛利用自燃煤矸石作为筑路材料。但是,由于煤矸石的性质不同,对路基的影响效果也有所差别。煤矸石也可用作塌陷区的充填材料,采用煤矸石做充填材料最重要的是良好的级配。

2. 高炉渣在建筑材料方面的应用

高炉渣是冶炼生铁时从高炉中排出的一种废渣。在冶炼生铁时,加入高炉的原料,除了铁矿石和燃料外还有助燃剂。当炉内温度达到 1 300 ~ 1 500 ℃ 时,炉料变成液相,在液相中浮在铁水上面的熔渣称为高炉渣,其主要成分是由 CaO、MgO、Al_2O_3、SiO_2 等组成的硅酸盐和铝酸盐。

高炉渣的综合利用与高炉渣的处理加工工艺有关。高炉渣的处理加工方法一般分为急冷处理(水淬或风淬)、慢冷处理(空气中自然冷却)和半急冷处理(加入少量水并在机械设备作用下冷却)等3种。

高炉渣在建筑材料方面的应用可分为:水淬渣做建材、膨胀渣做轻骨料、重矿渣做骨料和道渣等。

(1)水淬渣做建材。

水淬渣是高炉渣在大量冷却水的作用下急冷形成的海绵状浮石类物质,在急冷过程中,熔渣的绝大部分化合物来不及形成稳定化合物,而以玻璃体状态将热能转化为化学能封存在其内,从而具有潜在的化学活性。这种潜在的化学活性在激发剂的作用下,与水化合可生成具有水硬性的胶凝材料,是生产水泥的优质原料,因而广泛地应用于生产水泥和混凝土。

(2)膨胀渣做轻骨料。

膨胀渣是在适量水冲击和成珠设备的配合作用下,被甩到空气中使水蒸发并在内部形成空间,再经空气冷却形成珠状矿渣(膨胀珠)。由于膨胀珠是半急冷作用形成的,珠内存有气体和化学能,其除了具有与水淬渣相同的化学活性外,还具有隔热、保温、质轻、吸水率低、抗压强度和弹性模量高等优点。因而是一种很好的建筑用轻骨料和生产水泥的原料,也可作为防火隔热材料使用。

(3)重矿渣做骨料和道渣。

重矿渣是高温熔渣在空气中自然冷却或淋少量水慢速冷却而形成的致密矿渣。重矿渣的物理性质与天然碎石相近,其抗压强度、稳定性、耐磨性、抗冻性、抗冲击力均符合工程要求,可代替碎石用于各种建筑工程。稳定性好的重矿渣经破碎、分级可代替碎石做骨料和道渣。

3. 钢渣在建筑材料方面的应用

钢渣是炼钢过程中产生的固体废物,在冶金工业渣中仅次于高炉渣。

迄今为止,人们已开发了多种有关钢渣综合利用的途径,在建筑材料方面主要有钢渣制水泥、钢渣做筑路与回填工程材料等。

(1)钢渣制水泥。

高碱度钢渣含有大量的 C_3S、C_2S 等活性物质,有很好的水硬性。将其与一定量的高炉水淬渣、石膏、水泥熟料及少量激发剂配合磨细,即可生产钢渣水泥。钢渣水泥具有水化热低、后期强度高、抗腐蚀、耐磨等特点,是理想的大坝水泥与道路水泥。

(2)钢渣做筑路与回填工程材料等。

钢渣具有容量大、强度高、表面粗糙、稳定性好、耐磨与持久性好、与沥青结合牢固的特点,因而广泛用于铁路、公路和工程回填。由于钢渣具有活性,能板结成大块,特别适于沼泽、海滩筑路造地。

4. 粉煤灰在建筑材料方面的应用

粉煤灰也称飞灰,是由热电站烟囱收集的灰尘,属于火山灰性质的混合材料,其自身具有微弱的胶凝值(或不具有胶凝值),具有潜在的化学活性。由于粉煤灰的活性很高,而且粉煤灰中含有大量的球形或微珠状的颗粒,适合填充于混凝土的空隙,在混凝土用水量不变的情况下,能大大提高混凝土的凝结性能。

粉煤灰在建筑材料方面的应用可分为:生产粉煤灰砖、生产粉煤灰水泥及生产粉煤灰混凝土等。

（1）生产粉煤灰砖。

粉煤灰砖主要有蒸压粉煤灰砖和烧结粉煤灰砖。蒸压粉煤灰砖是一种含有潜在活性的水硬性材料，其强度高、性能稳定和生产周期短，适宜于大批量生产，还能替代黏土实心砖建造6层以下民用建筑和厂房承重墙。烧结粉煤灰砖产品尺寸标准，棱角整齐，外观较美，而且耐久性好，其力学性能与普通黏土砖相当，保温隔热性能优于普通砖，表观密度比普通砖小。

（2）生产粉煤灰水泥。

粉煤灰水泥具有火山灰活性，能与碱性物质发生"凝硬反应"，生成水泥质水化胶凝物质。用作水泥或混凝土掺料时，减水效果显著，可有效改善混凝土和易性，增加抗压和抗弯强度，提高抗渗和抗蚀力，同时具有减少泌水和离析、降低透水和浸析、减少早期和后期干缩、降低水化热和干燥收缩率等功效。还可利用其残余碳，在煅烧水泥熟料时可节约燃料，降低水泥的生产能耗。

（3）生产粉煤灰混凝土。

粉煤灰混凝土泛指掺加粉煤灰的混凝土。粉煤灰在混凝土中主要有4个作用：①改善新拌混凝土和易性；②提高混凝土后期强度；③降低混凝土水化热；④抑制混凝土碱骨料反应。配制混凝土混合料时，掺入一定数量和质量的粉煤灰可达到改善混凝土性能、节约水泥、提高混凝土和工程质量，以达到降低成本和工程造价的目的。

4.6.3　固体废物提取有用金属和制备化工产品

从固体废物中提取有用金属和利用固体废物制备化工产品是固体废物资源化的重要途径。

1. 从硫铁矿烧渣中提取有用金属

硫铁矿烧渣是生产硫酸时焙烧硫铁矿产生的废渣，其组成主要是三氧化二铁和四氧化三铁，金属的硫酸盐、硅酸盐和氧化物，其成分随硫铁矿的组分和焙烧工艺而变，其中含有的有色金属有铜、铅、锌、金、银等。可以用氯化焙烧法回收有色金属，同时提高矿渣含铁品位，直接作为炼铁的原料。

2. 从含汞废物中提取汞

含汞废物来自不同的生产系统，例如，化工、石油、电子、电器仪表、计量仪器等许多行业都排放一定量的含汞废物。其产生量因行业及工艺而异，其中化学工业含汞废物的产生量最多，占50%以上。其含汞量也因行业及工艺而异，如水银法制碱排放的含汞盐泥中汞的质量浓度为300 mg/L；从电解槽扫除室定期打捞出的汞渣中汞的质量分数约为90%以上，合成氯乙烯工业定期更换下来的触媒含$HgCl_2$的质量分数为4%～5%。因此，妥善处理含汞废物并从中回收汞具有重要意义。目前国内外主要采用焙烧法回收汞。

3. 从煤矸石中提取化工产品

煤矸石中含有大量的硅、铝成分，除了可以用于生产建筑材料外，还可以利用煤矸石生产结晶氯化铝、聚合铝、铝铵矾、三氧化二铝等多种化工产品。

4.6.4　固体废物在农业上的应用

1. 固体废物制备堆肥

堆肥是指在一定控制条件下,通过生物化学作用使来源于生物的有机固体废物分解成比较稳定的腐殖质的过程。废物经过堆制体积一般只有原体积的 50% ~ 70%。堆肥化的产品称为堆肥。

堆肥可使用的原料一般有生活垃圾、有机污泥、人和禽畜粪便以及农林废物等,它们都含有堆肥微生物所需要的各种基质,如碳水化合物、脂类、蛋白质,因而是常用的堆肥原料。

2. 固体废物生产化肥

(1)利用粉煤灰生产化肥。

粉煤灰中含有 Ca、Mg、Si 等元素,可用它们制备化肥。目前主要有硅钾肥、硅钙钾肥、粉煤灰磁化肥等。

(2)利用铬渣生产钙、镁、磷肥。

用铬渣生产钙、镁、磷肥主要是用铬渣做熔剂。因为铬渣的主要成分中 CaO 的质量分数为 26% ~ 30%,MgO_2 的质量分数为 8% ~ 32%,Fe_2O_3 的质量分数为 36% ~ 11%,SiO_2 的质量分数为 5% ~ 11%,Al_2O_3 的质量分数为 5% ~ 9%,Cr_2O_3 的质量分数为 3% ~ 5%(其中 Cr^{6+} 的质量分数为 0.5% ~ 0.9%)。铬渣中的 CaO 和 MgO_2 含量较高,是较好的熔剂。此外,在高温熔融时,铬渣中的六价铬可被配入的焦炭还原成三价铬,因此既可以生产磷肥,又可以使铬渣达到解毒的目的。

用铬渣生产钙、镁、磷肥的主要方法是高炉法。高炉法是使用与蛇纹石主要成分相近的铬渣代替蛇纹石生产钙、镁、磷肥。首先将铬渣造球,无烟煤、磷矿、铬渣、硅石按质量比为 37.5∶50∶35∶15放入高炉中,于 600 ℃进行熔融反应,经水淬骤冷,沥水分离,干燥后球磨粉碎即得成品。

(3)利用钢渣生产化肥。

钢渣中含有五氧化二磷及其他能改良土壤性质的成分或对作物生长有利的微量元素,可作为制造肥料的原料。

由于钢渣中含有氧化钙,可用来改良酸性土壤。另外,还含有较多的五氧化二磷及一些微量元素(锌、锰、铁、铜等),对作物有利。后期自动粉化的钢渣粉施于水稻、棉花、小麦、油菜等作物中都有不同的肥效。

4.6.5　固体废物做能源

1. 固体废物焚烧释热的利用

(1)固体废物焚烧释热发电。

利用固体废物焚烧释热发电已有百年历史,第一个固体废物发电设备于 1895 年在德国汉堡建成。1905 年在纽约建成美国第一座利用焚烧城市垃圾生产电力的工厂。

利用固体废物焚烧释热发电的工艺流程与普通燃料发电的工艺大体相同,其主要设备为焚烧炉、空气冷凝器、透平发电机、热交换器、减压阀、泵等。

(2)固体废物的焚烧释热。

固体废物的焚烧释热在发电的同时,利用过剩蒸汽可进行供暖,也可以利用固体废物的焚烧释热单独供暖。利用固体废物焚烧释热的工艺流程比较简单,主要设备为焚烧炉、空气冷凝器、热交换器、泵等。

2.固体废物热解生产燃料

热解是把有机固体废物在无氧或缺氧条件下加热分解的过程。该过程是一个复杂的化学反应过程,包括大分子的键断裂、异构化和小分子的聚合反应,最后生成各种较小的分子的过程。

采用热解法生产气体燃料是使有机固体废物在 800~1 000 ℃的温度下分解,最终形成含 H_2、CH_4、CO 等的气体燃料。

3.固体废物生产沼气

沼气是有机物在厌氧条件下经过厌氧细菌的分解作用产生的以甲烷为主的可燃性气体。利用固体废物的厌氧发酵生产沼气的方法有两种:一种是有机固体废物的卫生填埋,自然发酵产生沼气。如城市垃圾的卫生填埋,其中有机物分解过程中产生的气体中甲烷的体积分数为 45%~60% 。另一种方法是农业废物沼气化。我国从 1958 年开始在农村生产和利用沼气。由于这种方法简便易行,便于推广,因此在我国发展较快。如广州市郊区鹤岗村发展猪舍与沼气相结合的低压沼气池,农民利用收集的城市厨房垃圾做饲料喂生猪,猪粪尿注入沼气池制取沼气,沼气用作燃料,滤液用来养鱼,沼气渣用作农田肥料,成为一个多功能典型生态农场。农业废物沼气化是处理垃圾、粪便、农业废物的有效途径。

4.6.6 城市垃圾中有用物质的回收及其资源化

1.废玻璃的回收与资源化技术

(1)自身的循环再利用。

自身的循环再利用主要集中在包装容器玻璃,如啤酒瓶和汽水瓶等。废玻璃经过分类和加工处理后,可作为玻璃生产的原料。

(2)应用于建筑材料中。

废玻璃在建筑材料中的应用主要有生产黏土砖、生产建筑饰面材料、生产保温隔热及隔音材料等。废玻璃在黏土砖生产中可替代部分黏土矿物,不仅提高了黏土砖的质量,而且节约了原材料,降低了生产成本。废玻璃生产的建筑饰面材料主要有微晶玻璃仿大理石板、建筑面砖、玻璃马赛克等。废玻璃生产的保温隔热、隔音材料有泡沫玻璃、玻璃棉等。

2.废金属的回收与资源化技术

(1)铝。

生活垃圾中的一些体积较大的废铝块,如易拉罐等可直接回收和再加工。用回收的废铝罐回炉后再生产出铝罐材所需的能源仅相当于用铝矾土生产铝罐材所需能源的 5%~10% 。显而易见,废铝回炉较冶炼铝可以节省大量的能源。除此之外,由于废铝能有效地得到回收循环利用,对环境保护也有不可忽视的社会效益。

(2)铜。

废铜料可分为两大类,即新废铜料和旧废铜料。

新废铜料是铜加工厂和铜材使用单位在生产中产生的边角废铜料,如废铜屑、废铜皮等。这类废铜料化学成分稳定,没有混进其他金属料和非金属料,可直接送回铜加工厂或金属回收厂进行重熔,浇铸为再生铜锭,也可在铜加工厂熔炼铜合金时作为电解铜原料的补充原料。新废铜料回收再生处理较为容易。

旧废铜料是指从社会回收的废铜料,成分比较复杂,多数在废料中混有其他金属料。在再生处理中要求综合处理,使废料中全部有价值组分都能得到合理利用。这类铜料中多以电线、电缆或电器部件的形式出现,它的外面常常包有橡胶、纸、棉织物等,另外还有电缆套用的铅、铝等。去除绝缘物是最复杂的工序,一般有机械法、热熔法、化学法、静电分选法和低温处理法等。

3. 废纸的回收与资源化技术

废纸的再生技术包括拆开废纸纤维的解离工序和除去废纸中油墨及其他异物的工序,具体可分为制浆、筛选、除渣、洗涤和浓缩、分散和揉搓、浮选、漂白、脱墨等。

4. 废电池的回收与资源化技术

废电池中含有大量的重金属、废碱、废酸等,为避免其对环境的污染和危害以及资源的浪费,首先应该考虑采取综合利用的方法回收有利用价值的元素,对不能利用的物质进行无害化处理,达到回收资源,保护环境的目的。

5. 废塑料的回收与资源化技术

废塑料可用化学再生利用技术进行回收利用。化学再生利用技术是通过水解或裂解反应使废塑料分解为初始单体或还原为类似石油的物质,再加以利用的技术。该技术不适合于聚氯乙烯等含氯塑料,因为它们在热分解过程中生成的 HCl 会腐蚀反应器,并阻碍分解反应的继续进行。化学再生的基本手段有油化还原法和解聚单体还原法。

6. 建筑垃圾的回收与资源化技术

建筑垃圾经过破碎、筛分、除铁、轻物质分离等工艺预处理后,可生产再生骨料、再生砂浆等非烧结建材产品,建筑垃圾中含有的黏土成分是生产烧结制品的优质原料。目前建筑垃圾资源化处置途径有:

①建筑物拆除产生的固体废弃物用于生产砌块、地面砖和混凝土骨料等。

②基础工程、地下工程产生的建筑废料用于生产新型墙体材料和地面材料。

③基坑开挖产生的工程渣土等固体废弃物可进行堆山造景、基坑回填、绿化种植、复耕还田和土壤(地)修复等。

7. 餐厨垃圾的回收与资源化技术

餐厨垃圾因其有机质含量高的特点,有焚烧技术、堆肥技术、厌氧消化技术三大主要资源化技术。餐厨垃圾焚烧技术产生的热能可用于发电、供暖,余下灰分经高温加辅料处理可生产水泥等建筑材料;堆肥技术包括好氧堆肥、蚯蚓堆肥可回收生物质能;厌氧消化技术可从餐厨垃圾中回收甲烷和氢气等能源物质。

4.7　几种典型固体废物处理工艺

4.7.1　长沙县城市生活垃圾卫生填埋场工程实例

1. 工程概况

长沙县固体废弃物处置场位于长沙县安沙镇汉山村唐家冲一带的山间谷地,紧临 107 国道,距离城区 32 km,交通便利,占地面积为 1.5×10^5 m²。场区所在地属中亚热带向北亚热带过渡的大陆性季风湿润气候。其位于构造侵蚀丘陵地貌之东西向沟谷中,北、西、南三向沟顶为地表分水岭。该工程地质条件类型为土体和岩体。

2. 工艺概述

垃圾填埋场设计采用改良型厌氧卫生填埋工艺,主要有拦污大坝工程、帷幕防渗灌浆工程、导渗排气工程、污水处理工程、截洪沟工程和封场工程等。

导渗排气工程是为了及时排出垃圾体内的渗滤液专门设置的盲沟和竖向石笼相结合的工程措施,以便有组织地排出垃圾填埋场内渗滤液。库区内由西向东设置一条纵向盲沟,盲沟宽度为2.50 m,深度为1.0 m,底部铺土工布,盲沟内填粒径为40～80 mm的鹅卵石,上面再铺土工布,并覆盖0.10 m厚粗沙。沟底坡度为4%,坡向渗滤液处理厂。

渗滤液处理工程主要是处理垃圾渗滤液。该污水处理工程采用吹脱—兼氧—厌氧—好氧—砂滤相结合工艺,工程设计处理能力为100 t/d。处理出水通过专用管道排入本地的北山河。其工艺流程图如图4.50所示。

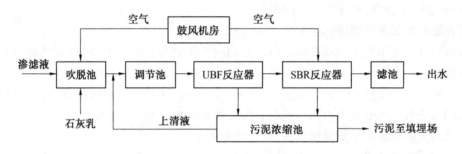

图4.50　长沙县城市生活垃圾卫生填埋场渗滤液处理工程工艺流程图

吹脱池的大小为8 m×3 m×4 m,设计水力停留时间为0.5 h,设自动加药机一套,通过加入氢氧化钙溶液调节渗滤液pH至8.0左右,向渗滤液中鼓风,使一部分氨氮挥发到大气中,从而减少生物处理过程中除氮的负荷。调节池设计大小为50 m×30 m×5 m,停留时间为60 d。UBF(UASB+AF)复合厌氧反应器设置2个,单池大小为Φ3.8 m×8 m,间歇进水,设计平均停留时间为43 h。SBR反应器由4个独立的钢筋混凝土池体构成,单池有效容积为6 m×5 m×3.5 m,采用微孔鼓风曝气,旋转式自动灌水器排水。设计12 h为一个周期,其中,进水3 h(进水时开启曝气),曝气反应7 h,沉淀1.5 h,滗水0.5 h。过滤池为10 m×3 m×3 m的钢筋混凝土池体,用炉渣作为过滤材料,过滤层高度为2 m。

截洪沟工程在库区修筑两道是为了减少填埋库区内大气降水渗入垃圾体内,其标高分别为96 m和125 m。截洪沟采用浆砌石块,水泥砂浆抹面,每隔20 m设伸缩缝一道,缝宽20 mm,沟底伸缩缝采用沥青麻丝填缝,沟壁伸缩缝采用木板沥青填缝。整沟有5%的跑水坡度,其中,北面截洪沟雨水排入填埋库区下的水塘,入塘前设置沉砂池。南向截洪沟排水至外排水系统,明沟与外排水检查井连接前设沉砂池,沉砂池与检查井用D600钢筋混凝土管连接。

封场工程是有效保护填埋工作环境,保障垃圾填埋后填埋场的安全腐熟的必然手段。填埋场最终覆盖系统的主要组成有植物层、保护层、排水层、防渗层、气体收集层、基础层等6层。采用的终场覆盖材料为压实勃土、土工膜、土工合成勃土层三种,这三种材料联合使用可达到最好的经济效益和环境效益。封场后还必须对其进行维护,包括场地维护和污染治理的继续运行和监测。

3. 处理效果

长沙县城市生活垃圾卫生填埋场的填埋量为 246 万 m^3，按 110 t/d 垃圾量的增长比例推算，可使用年限为 30～35 年。其渗滤液处理工程的处理出水要求达到《生活垃圾渗滤液排放限值》(GB 1689—1997)二级标准。

4.7.2 深圳市生活垃圾焚烧处理工程实例

1. 工程概况

深圳市生活垃圾焚烧飞灰处理处置示范工程的处理规模为 1.5 t/h，由深圳市利赛实业发展有限公司筹建，位于深圳市罗湖区下坪固体废弃物填埋场内，占地约 2 000 m^2，截至 2010 年，运行的最大处理规模为 36 t/d。

2. 工艺概述

焚烧飞灰螯合剂稳定化工艺流程图如图 4.51 所示。焚烧飞灰运输到达后可以直接通过粉粒物料运输车输送至临时储灰罐中。运行时，控制室中的智能给料机可自动根据设定的处理量，采用变频调速的方式控制定量螺旋给料机的飞灰供给量，按设定的输送量输送至混炼机进行处理。螯合剂经由管道与自来水通过混合器进行充分混合，再输送至混炼机中，飞灰、螯合剂、水在混炼机中进行高效混炼，再通过出口的成型模块挤压成型，形成均匀的料条，由皮带机输送至自卸卡车，再运输至下坪固体废弃物填埋场的飞灰指定填埋区域填埋处置。

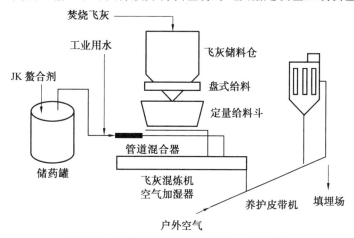

图 4.51 焚烧飞灰螯合剂稳定化工艺流程图

焚烧飞灰重金属稳定化采用清华大学开发的螯合剂稳定化工艺。

(1)飞灰料仓。

为保证工艺设施连续运行，飞灰储料仓应具备足够的缓冲能力，飞灰用粉体物料运输车运入厂区，车载气力输送装置直接将飞灰送入储仓。料仓设置了附属的布袋除尘装置，防止飞灰提升过程中产生扬尘。

(2)混炼机。

混炼机是飞灰药剂稳定化的专用设备，其作用是将飞灰药剂和水在最短时间内完全混合，充分实现固、液两相传质，完成药剂与飞灰的反应。

（3）盘式给料机和定量给料机。

进料系统由盘式定量给料机和定质量计量给料机组成。保证飞灰按工艺要求定量输送进入混炼机，同时采集进料量数据，以便协调控制加水量和加药量。

（4）养护皮带机。

养护皮带机具有输送和养护飞灰的双重作用，养护皮带机为密闭设计，通入热风实现快速养护。配备布袋除尘器处理尾气。

本项目是国内第一家采用螯合剂药剂稳定化的飞灰处理技术项目，也是第一个按《生活垃圾填埋场污染控制标准》（GB 16889—2024）建设的项目，项目的建成投产将为国内焚烧飞灰的安全处置开辟一条新的道路，对日后的飞灰处理处置起着示范性作用。本套系统在生产过程中采用自动化控制，现场各设备的运行数据，包括飞灰储料情况，飞灰、药剂和水的输送情况，各设备的运转频率及转速等均通过信号反馈至控制室的 PLC 系统，集成至触摸屏控制面板上，控制人员可以方便、全面地监测到系统的运行情况，并可以根据现实生产情况及时调整各参数，达到最佳化生产，本系统自动化程度较高。

3. 处理效果

焚烧飞灰经螯合剂药剂稳定化处理后达到了 GB 16889—2024 的进场控制标准，可以进入卫生填埋场进行最终处置。处理后焚烧飞灰经挤压成圆柱形，尺寸约为 $\Phi 20$ mm × 80 mm，含水率低于 20%，运输方便。

4.7.3 Bitterfeld-Wolfen 联合污水处理厂污泥处理工程实例

1. 工程概况

Bitterfeld-Wolfen 联合污水处理厂位于萨克森州的 Bitterfeld，该地区是德国重要的化工区，两德合并前污水处理水平落后，合并后该地区新建更多的化工企业，联邦政府也加大了环保投入，新建的 Bitterfeld-Wolfen 联合污水处理厂于 1997 年 12 月正常运行，其处理量为：市政污水 3 024 m^3/h，化工污水 1 765 m^3/h 以及部分污染的地下水。

2. 工艺概述

因为该污水厂为综合污水处理厂，化工污水占 37%，污泥中含有一定量的化学物质，污泥不易消化和做土壤改良剂，处理路线选择浓缩—脱水—干化—焚烧。

剩余活性污泥进入快速浓缩器中，经机械浓缩后，含固量达到 5% ~ 6%。曝气沉砂池的浮渣进入污泥处理的浓缩池，工业和染色污水预处理阶段的初沉池产生的污泥进入浓缩池浓缩，经重力浓缩后，含固量也达到 5% ~ 6%。之后这两部分含固率一致的污泥均匀混合并与污泥片式干燥器产生的剩余烟气混合加热至 50 ℃进入离心脱水机，达到 25% ~ 35% 的含固率，再与外来（其他周边小污水处理厂产生的同样含固率）的污泥均质进入泵再进入片式干燥器。借助间接热交换，在这里充分利用污泥焚烧炉的锅炉产生的蒸汽，将污泥干燥到 40% ~ 55%，然后通过混合螺旋泵（附加的煤、失效的吸附剂）再进入旋转流化式焚烧炉（炉温控制在 850 ℃）。

焚烧炉产生的烟气进入 3 个阶段的电子除尘过滤器，粉尘含量由 96 000 mg/m^3 下降到 30 mg/m^3，烟气再经酸洗、吸附、碱洗、监测后最终排入大气。

3. 处理效果

经过处理，污泥含固量达到 40% ~ 55%，经过煅烧成为粉尘，最终烟气中粉尘含量由 96 000 mg/m^3 下降到 30 mg/m^3。

4.7.4　辽西环保产业园危险废物焚烧系统

1. 工程概况

辽宁正渤辽西环保产业园开发有限公司引进上海环保集团危险废物回转窑焚烧工艺,结合公司自有技术,在葫芦岛市建设危险废物无害化焚烧系统,装置于 2010 年 11 月竣工投产,可实现焚烧处置混合污泥及铁泥 2.7 万 t/a。

2. 工艺概述

回转窑设计工作温度为 600~850 ℃,二燃室设计工作温度为 1 100~1 200 ℃,停留时间为 2 s 以上,有机物破坏率达到 99.99% 。本回转窑焚烧工艺系统包括:废物接收与储存系统、进料系统、点火系统、焚烧系统、尾气冷却/余热回收系统、烟气净化系统、灰渣处理系统、排烟系统及自动控制系统。烟气净化系统及灰渣处理系统解决了焚烧尾气及残渣的二次污染问题。回转窑工艺流程图如图 4.52 所示。

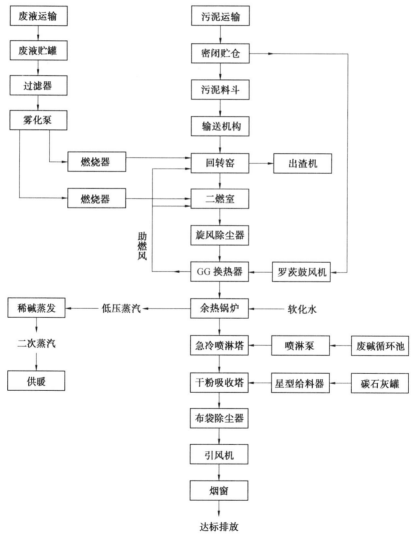

图 4.52　回转窑工艺流程图

污泥在密闭容器内由专用运输车辆送入危险废物库房,用铲车加到污泥料斗中,经螺旋输送机连续、定量地输送到回转窑中,在回转窑端部设有点火燃烧器。通过调解进入一燃室内的空气量和燃料量控制一燃室内温度,使之达到 600～850 ℃;通过调解窑的转速及给料量调整废料在窑内的停留时间,使之达到 1 h 左右。随着窑体的转动,废料翻动并不断向窑底部移动。在运动过程中经历了预热、蒸发、热解、气化和燃烧几个阶段。燃烧产生的灰渣(进料量的 5%～10%)随着窑体的转动,自动进入窑端部的灰渣出料机中,用做建材。

3. 处理结果

项目建成后,经过两个月的试运行,达到了设计处理能力,设备运行平稳可靠,余热利用效果良好。焚烧后剩余灰渣外观黄色、无味、砂粒状。经过葫芦岛市技术监督局的检测,灰渣中不含任何金属,无任何污染物,完全达标。排放的烟气满足《危险废物焚烧污染控制标准》(GB 18484—2020)中的有关规定。

4.7.5 餐厨垃圾处理技术典型实例

1. 工程概况

杭州天子岭厨余垃圾处理工程是我国第一个规模化厨余垃圾处理项目,位于杭州市天子岭静脉小镇内。该项目总占地面积为 5 710.5 m^2,建筑总面积为 4 656.3 m^2,2018 年度日均处理厨余垃圾 190.1 t。

2. 工艺概述

项目由前分选系统、干式厌氧产沼系统、沼气净化系统和沼渣脱水系统组成,并配备自动化控制系统、除臭系统等辅助设施,平均日产沼气量为 15 383 m^3,沼气脱硫净化后用于热电联产。

厨余垃圾收运车辆进入园区后,先计量称重并记录,然后进入卸料大厅将厨余垃圾卸入受料斗中进入前分选系统,分选出塑料、纺织品、玻璃及金属,经过分选处理后的物料泵入干式厌氧产沼系统,进行中温干式厌氧消化,所产沼气经脱硫净化后用于热电联产,电能并网,蒸汽回用至厌氧产沼系统,消化后的浆料经沼渣脱水系统固液分离后,沼液进入污水处理站,沼渣卫生填埋。图 4.53 为杭州市厨余垃圾处理项目工艺流程。

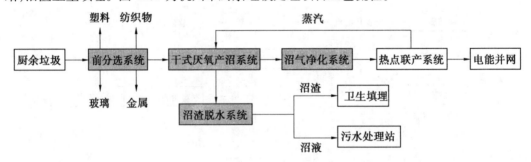

图 4.53 杭州市厨余垃圾处理项目工艺流程

3. 处理效果

杭州市厨余垃圾分选减量及生化利用工程的稳定运行符合杭州市的城市发展要求,减量化率大于 70%(除脱水产生污水外,全厂无二次污染物产生),塑料回收率稳定在 19.86% 左右,玻璃回收率稳定在 0.92% 左右,纺织品回收率稳定在 7.10% 左右,金属回收率稳定在 0.12% 左右,4 个系统运行稳定,符合杭州市环境卫生设施专项规划,恶臭污染物控制符合《恶臭污染物排放标准》(GB 14554—1993)新扩改建二级标准。

思　考　题

1. 什么是固体废物? 简述固体废物的相对性。

2. 简述固体废物的处理方法。

3. 分析几种压实机械的工作原理及应用范围。

4. 比较几种污泥浓缩方法的优缺点。

5. 为什么污泥机械脱水前要进行调理? 怎样调理?

6. 简述城市生活垃圾的主要处理方法。

7. 简述城市生活垃圾进行好氧堆肥的原理。

8. 城市生活垃圾焚烧处理工程中,影响燃烧过程的因素有哪些?

9. 比较热解法与焚烧法的区别。

10. 简述固体废物综合利用的途径。

11. 什么是危险废物? 简述危险废物的危险特性。

12. 简述危险废物的鉴别目的和鉴别程序。

第5章 物理性污染控制工程

5.1 概 述

5.1.1 物理性污染的概念、种类及特点

人类的生存环境包括物理环境、化学环境和生物环境。物理运动的强度超过人的耐受限度就会形成物理污染。物理性污染是指由物理因素引起的环境污染。物理性污染的种类分为噪声污染、振动污染、电磁辐射污染、放射性辐射污染、热污染、光污染等。物理性污染程度由声、光、热等在环境中的量决定的。

物理性污染不同于化学性和生物性污染,具有如下特点:

(1)物理性污染是能量污染,随着距离增加,污染衰减很快,不会迁移,其污染一般是局部性的,区域性和全球性污染较为少见。

(2)物理性污染在环境中不会有残余物质存在,一旦污染源消除之后,物理性污染也随即消失。

5.1.2 物理性污染的控制

物理性污染虽然能够利用技术手段进行控制,但是采取各种技术要涉及经济、管理和立法等问题,所以要对防治技术进行综合研究,获得最佳方案。为了有效地控制环境物理性污染,应当从行政立法手段上和技术手段上同时采取措施。

建立健全控制环境物理污染的法规与标准。在《中华人民共和国环境噪声污染防治法》修订案的基础之上,制定有关控制其他物理性污染的法规;《社会生活环境噪声排放标准》对于道路交通噪声、船舶噪声、飞机噪声等做出了规定,各地还应在此之上应因地制宜完善管理细则或地方性法令;《工业企业噪声卫生标准(试行)》应在试行的基础上尽快修订升格为正式标准;《工业企业噪声控制设计规范》是在设计阶段防止噪声污染的技术法规,应尽快审批颁布;《环境振动标准》和《工业企业设计振动控制标准》应迅速着手编制,各类产品的噪声与振动允许标准应加紧完善,并相应建立合格证与标牌制度;同时,制定噪声与振动控制设备(包括个人防护设备)的产品标准。所有这些,从行政立法手段上控制环境物理性污染,必将收到事半功倍的效果。在城市规划、功能区划、工业总图设计与建筑布局中注意控制环境物理性污染,按照高噪声区与低噪声区尽量分开,振动与电磁辐射污染源尽量远离居民区的原则规划布局,无须任何费用即可实现最有效的控制;开展环境物理质量预断评价技术与计算程序的研究,从而对区域规划和开发建设的环境影响做出科学的评价,重点进行低噪声产品的开发和从污染源处控制机械噪声与振动技术的研究,从而扭转先污染再治理的局面,大力开展控制环境物理性污染的新材料和复合构件的研究试制,材料的开发可

能带来控制技术的更新。其中,最大量的是吸声、隔振阻尼以及屏蔽材料的开发,继续发展系列化、元件化、标准化的隔声、消声、吸声与隔振设备;积极开展飞机、火车、道路车辆、船舶等移动声源对城市环境污染规律及其控制技术的研究;发展抑制城市电磁辐射污染的技术;继续深入研究环境物理性污染的危害,为设立安全而又经济的控制阈(限)值提供科学依据,大力进行普及宣传教育工作,使领导与群众都能了解环境物理性污染问题的严重性及控制途径。

5.2 噪声污染控制工程

5.2.1 噪声概述

1. 噪声

人们的生活离不开声音,各种声音在人们的生活和工作中起着非常重要的作用。声音是帮助人们沟通信息的重要媒介,是人们传情达意的重要手段。因为有了声音,人们才能用语言交流思想,进行工作,开展一切社会活动。但是,有些声音却影响人们的学习、工作、休息,甚至危及人们的健康。比如,震耳欲聋的大型鼓风机噪声、尖叫刺耳的电锯声以及高压排汽放空噪声等,使人心烦意乱并损害听力,能诱发多种疾病。尽管是悦耳动听的乐声,但对于要入睡的人们来说,可能也是一种干扰,是不需要的声音。判断一个声音是否属于噪声,主观上的因素往往起着决定性的作用,同一个人对同一种声音,在不同的时间、地点和条件下,往往会产生不同的主观判断。例如,在心情舒畅或休息时,人们喜欢收听音乐;而当心绪烦躁或集中精力思考问题时,往往会主动关闭各种音响设备。因此,从生理学的观点讲,凡是对人体有害的和人们不需要的声音统称为噪声。

从环境保护的角度来说,凡是影响人们正常学习、工作、生活和休息的或在某些场合不需要、不和谐的声音,都属于噪声。而从物理学的角度来说,噪声就是各种不同频率和强度的声音无规则的杂乱组合,它给人以烦躁的感觉,与乐音相比,它的波形曲线是无规则的。2019 年全国环保举报管理平台统计显示,噪声污染举报占环境要素举报的第二位,噪声污染对居民生活影响不可小觑。所以,降低噪声,防止噪声危害,成为环境保护中重要的任务之一。

2. 噪声的来源

噪声的种类很多,如火山爆发、地震、潮汐、降雨和刮风等自然现象所引起的地声、雷声、水声和风声等,都属于自然噪声,人为活动所产生的噪声主要包括工业噪声、交通噪声、建筑施工噪声和社会噪声等。

(1)工业噪声。

随着现代化工业的发展,工业噪声污染的范围越来越大,工业噪声控制也越来越受到人们的重视。工业噪声不仅直接危害工人健康,而且对附近居民也会造成很大影响。工业噪声主要包括空气动力噪声、机械噪声和电磁噪声 3 种。空气动力噪声是由气体振动产生的。如风机内叶片高速旋转或高速气流通过叶片,会使叶片两侧的空气发生压力突变,激发声波。空压机、发动机、燃气轮机和高炉排气等都可以产生空气动力噪声。风铲、大型鼓风机的噪声可达 130 dB(A)以上。机械噪声是由固体振动产生的。机械设备在运行过程中,其金属板、轴承、齿轮等通过撞击摩擦、交变机械应力等作用产生机械噪声,如磨机、织机、机床、机车等产生的噪声即属此类,其噪声一般在 80 ~ 120 dB(A)。电磁噪声是由电动机、发电机和变压器的交变磁场中交变力相互作用而产生的。

(2)交通噪声。

随着城市化和交通事业的发展,交通噪声在整个噪声污染中所占比例越来越大,如飞机、火车、汽车等交通工具作为活动污染源,不仅污染面广,而且噪声能高,尤其是航空噪声和汽车喇叭声。

(3)建筑施工噪声。

建筑施工噪声虽然是一种临时性的污染,但其声音强度很高,又属于露天作业,因此污染十分严重。有检测结果表明,建筑工地的打桩声能传到数千米以外。

(4)社会噪声。

社会噪声主要是指社会活动和家庭生活所引起的噪声,如电视声、录音机声、乐器的练习声、走步声、门窗关闭和撞击声等,这类噪声虽然声级不高,却往往给居民生活造成干扰。

3. 噪声的污染

噪声的污染已成为当代世界性的问题。由于人类文明以及与人类文明相协调的工业技术的发展,增加和增强了人类生存的自然界里的声音。在第二次世界大战以后,世界局势相对和缓,工农业生产和科学技术得到迅速发展,随之而来的噪声污染越来越严重。在此期间,我国国民经济增长了 20 倍,钢产量增加了 200 倍,人口也翻了一番。工业企业、交通运输、航空事业、城市建设等部门都取得了一定进展,这些部门大部分集中在城镇及其附近,其结果使人们的物质生活得到日新月异的改观,但同时也伴随着越来越严重的噪声污染。噪声对环境的污染与工业“三废”一样,是一种危害人类健康的公害。但是它与工业“三废”污染源相比有其特殊性。首先,噪声是一种物理性污染,一般情况下不致命,危害是慢性的和间接的,它直接作用于人的感官,但几乎没有后效,即噪声源发出噪声时,一定范围内的人们立即会感到噪声污染,而噪声源停止发声时噪声污染立即消失。正是由于噪声污染具有这种特殊性,它的危害性常常不为一般人所理解,因而也容易被忽视。人需要生活在适度的声环境中,不希望把客观环境中的声音完全消除掉,而空气污染和水污染则不然,例如对人体有害的物质,则是最好完全、彻底地清除掉。

4. 噪声的危害

(1)噪声干扰人们的正常生活。

噪声对人们正常生活的影响主要表现在:人们在工作和学习时,精力难以集中;使人的情绪焦躁不安,产生不愉快感;影响睡眠质量,妨碍正常语言交流。研究表明,在 A 声级 40 ~ 50 dB 的噪声刺激下,睡眠中的人脑电波会出现觉醒反应,即 A 声级 40 dB 的噪声就可以对正常人的睡眠产生影响,而且强度相同的噪声,性质不同,噪声影响的程度也不同。通常情况下,办公室、计算机房等场所噪声要求控制在 60 dB(A)以下,当噪声超过 60 dB(A)时,对人们工作效率就会产生明显影响。在人们休息的场所,噪声应低于 50 dB(A)。

(2)噪声可诱发疾病。

①噪声导致听力损伤。早在 19 世纪末,人们就发现持续的强烈噪声会使人耳聋。根据国际标准化组织的规定,暴露在强烈噪声环境下,对 500 Hz、1 000 Hz 和 2 000 Hz 3 个频率的平均听力损失超过 25 dB,称为噪声性耳聋。在这种情况下进行正常交谈时,句子的可懂

度下降 13% ,而句子加单音节词的混合可懂度降低 38% 。噪声引起的听力损伤,主要是内耳的接收器官受到损害而产生的。过量的噪声刺激可以造成感觉细胞和接收器官的整个破坏。靠近耳蜗顶端对应于低频感觉,该区域感觉细胞必须达到很大面积的损伤,才能反映出听阈的改变。耳蜗底部对应于高频感觉,而这一区域感觉细胞只要有很小面积的损伤,就会反映出听阈的改变。噪声性耳聋与噪声的强度、噪声的频率及接触的时间有关,噪声强度越大,接触时间越长,耳聋的发病率越高。研究和调查结果表明,在等效 A 声级为 80 dB 以下时,一般不会引起噪声性耳聋;85 dB 时,对于具有 10 年工龄的工人,危险率为 3% ,听力损失者为 6% ;而具有 15 年工龄的工人,危险率增加为 5% ,听力损失者为 10% 。通常认为,足以引起听力损失的噪声强度在 85 dB(A) 以上,所以目前国际上大多以 85 dB(A) 作为制定工业噪声标准的依据。噪声的频率越高,内耳听觉器官越容易发生病变。如低频噪声只有在 100 dB(A) 时才出现听力损伤,而中频噪声则在 80 ~ 96 dB(A) ,高频噪声在 75 dB(A) 的情况下即可产生听力损伤。

②噪声引起人体生理变化。大量研究、调查和统计结果表明,人体多种疾病的发展和恶化与噪声有着密切的关系。噪声会使大脑皮层的兴奋和抑制平衡失调,导致神经系统疾病,患者常出现头痛、耳鸣、多梦、失眠、心慌、记忆力衰退等症状。噪声还会导致交感神经紧张,代谢或微循环失调,引起心血管系统疾病,使人产生心跳加快、心律不齐、血管痉挛、血压变化等症状。不少人认为,生活中的噪声是造成心脏病的重要原因之一。噪声作用于人的中枢神经系统时,会影响人的消化系统,导致肠胃机能阻滞、消化液分泌异常、胃酸度降低、胃收缩减退,造成消化不良、食欲不振、胃功能紊乱等,从而使胃病及胃溃疡的发病率增高。最新的科学研究证实,噪声还会伤害人的眼睛。当噪声作用于人的听觉器官后,由于神经传入系统的相互作用,视觉器官的功能发生变化,引起视觉疲劳和视力减弱,如对蓝色和绿色光线视野增大,对金红色光线视野缩小。

(3)噪声损害设备和建筑物。

高强度和特高强度噪声能损害建筑物和发声体本身。航空噪声对建筑物的影响很大,如超音速低空飞行的军用飞机在掠过城市上空时,可导致民房玻璃破碎、烟囱倒塌等损害。美国统计了 3 000 件喷气飞机使建筑物受损的事件,其中抹灰开裂的占 43% ,窗损坏的占 32% ,墙开裂的占 15% ,瓦损坏的占 6% 。在特高强度的噪声(160 dB 以上)影响下,不仅建筑物受损,发声体本身也可能因声疲劳而损坏,并使一些自动控制和遥控仪表设备失效。

此外,由于噪声的掩蔽效应,往往使人不易察觉一些危险信号,从而容易造成工伤事故。在我国,几个大型钢铁企业都曾发生过高炉排气放空的强大噪声遮蔽了火车的鸣笛声,造成正在铁轨上工作的工人被火车轧死的惨重事件。

5. 噪声的评价量

噪声的评价量包括等响曲线、响度及响度级、斯蒂文斯响度、计权声级和计权网络、A 声级、等效连续 A 声级(L_{eq})、昼夜等效声级(L_{dn})、累计百分声级(L_n)、交通噪声指数(TNI)、噪声评价曲线(CRC)、噪声评价数(NR)、噪度(Na)、感觉噪声级(L_{pn})、噪声掩蔽、噪声冲击指数、语言清晰度指数(AI)和语言干扰级(SIL)等。本章主要介绍 A 声级、等效连续 A 声级(L_{eq})、昼夜等效声级(L_{dn})、计权声级、累积百分数声级(L_n)、交通噪声指数(TNI)、噪声掩蔽和语言清晰度指数(AI)。

（1）A 声级。

用 A 声级评价噪声是 1967 年开始逐渐发展起来的一种评价方法。多年来,经过大量的试验和测量,现在世界各国的声学界和医学界都公认,用 A 声级测量得到的结果与人耳对声音的响度感觉基本一致,用它来评价各类噪声的危害和干扰都得到了良好的结果。因此,A 声级已经成为一种国内外都适用的最主要的评价量。

（2）等效连续 A 声级（L_{eq}）。

A 声级能够较好地反映人耳对噪声的强度与频率的主观感觉,因此对一个连续的稳态噪声,它是一种较好的评价方法,但对于一个起伏的或不连续的噪声,A 声级就显得不合适了。因此,提出了一个用噪声能量按时间平均的方法来评价噪声对人影响的问题,即等效连续 A 声级,符号为 L_{eq} 或 $L_{Aeq,T}$。等效连续 A 声级反应在声级不稳定的情况下,人实际所接受的噪声能量的大小,它是一个用来表达随时间变化的噪声的等效量,其计算方法为

$$L_{eq} = 10\lg\left(\frac{1}{T}\int_0^T 10^{0.1L_A}dt\right) \tag{5.1}$$

式中　L_A——某时刻 t 的瞬时 A 声级,dB;

　　　　T——规定的测量时间,s。

如果数据符合正态分布,其累计分布在正态概率纸上为一直线,则可计算为

$$L_{eq} = L_{50} + d^2/60, \quad d = L_{10} - L_{90} \tag{5.2}$$

式中　L_{10}、L_{50}、L_{90}——累计百分声级,dB;

　　　　L_{10}——测量时间内,10% 的时间超过的 A 声级,相当于 A 声级的峰值;

　　　　L_{50}——测量时间内,50% 的时间超过的 A 声级,相当于 A 声级的平均值;

　　　　L_{90}——测量时间内,90% 的时间超过的 A 声级,相当于 A 声级的背景值。

将各网点每一次测量的 200 个数据从大到小排列,第 20 个数据为 L_{10},第 100 个数据为 L_{50},第 180 个数据为 L_{90},求出等效连续 A 声级 L_{eq},作为该网点的环境噪声评价。在监测日内每个网点测量 3 遍,将每个网格的中心点测得的 L_{eq} 分别做算术平均运算,所得到的平均值代表该测点的噪声值,全部测点 L_{eq} 的平均值则代表整个研究区域的噪声水平。

优点:既考虑噪声强度又考虑了噪声的作用时间;缺点:不能反映噪声的变动性。

（3）昼夜等效声级（L_{dn}）。

考虑到夜间噪声具有更大的烦扰程度,故提出一个新的评价指标——昼夜等效声级（也称日夜平均声级）,符号为 L_{dn}。它是表达社会噪声昼夜间的变化情况,表达式为

$$\left.\begin{array}{l} L_n = 10\lg\left(\dfrac{1}{8}\sum 10^{0.1L_{eqi}}\right) \\[2mm] L_d = 10\lg\left(\dfrac{1}{16}\sum 10^{0.1L_{eqi}}\right) \end{array}\right\} \tag{5.3}$$

$$L_{dn} = 10\lg\{[16\times10^{0.1L_d} + 8\times10^{0.1(L_n+10)}]/24\} \tag{5.4}$$

式中　L_d——昼间等效声级,时间是 06:00 ~ 22:00,共 16 h;

　　　　L_n——夜间等效声级,时间是 22:00 ~ 次日 06:00,共 8 h;

　　　　L_{eqi}——昼间第 i 小时的等效声级。

昼间和夜间的时间可依地区和季节不同而稍有变更。为了表明夜间噪声对人的烦扰更大,故计算夜间等效声级这一项时应加上 10 dB 的计权。

虽然噪声可以用一个值反映噪声污染情况,但由于 L_{dn} 是将昼间和夜间的噪声级加权在一起用一个值表示,因而掩盖了夜间的高噪声带来的影响,而且由于我国幅员辽阔,昼间和夜间时间的规定应由当地县级以上人民政府按当地习惯和季节变化划定,各地习惯差异较大。

(4)计权声级。

为了便于在表头上读出噪声评价的主观量,可使声学测量仪器将接收的声音按不同程度滤波。具体方法是:在声级计的放大线路中,插入 3 个计权网格,也就是通常提到的 A、B、C 计权。A 计权声级是模拟人耳对 55 dB 以下低强度噪声的频率特性;B 计权声级是模拟 55 ~ 85 dB 的中等强度噪声的频率特性;C 计权声级是模拟高强度噪声的频率特性;D 计权声级是对噪声参量的模拟,专用于飞机噪声的测量。实践证明,A 计权声级表征人耳主观听觉较好,故实际中较常采用 A 计权声级。优点:简便实用,能较好地反映人耳对噪声的强度与频率的主观感觉,因此对一个连续稳态噪声,它是一种较好的评价方法。缺点:无频率信息,不适用于起伏的或不连续的噪声。

(5)累积百分数声级 L_n。

L_n 表示测量时间的 $n\%$ 所超过的噪声级。评价交通噪声常用统计方法,以声级出现概率或累积概率来表示。最常用的是 L_{10}、L_{50}、L_{90},其含义如下。

L_{10}:在测量时间内的 10% 的时间 A 声级超过的值,相当于噪声的平均峰值;

L_{50}:在测量时间内的 50% 的时间 A 声级超过的值,相当于噪声的平均中值;

L_{90}:在测量时间内的 90% 的时间 A 声级超过的值,相当于噪声的平均本底值。

(6)交通噪声指数 TNI。

交通噪声指数是城市道路交通噪声评价的一个重要参量,其公式为

$$TNI = 4(L_{10} + L_{90}) + L_{90} - 30 \tag{5.5}$$

式中,第一项表示"噪声气候"的范围,说明噪声的起伏变化程度;第二项表示本底噪声状况;第三项是为获得比较习惯的数值而引入的调节量。

基本测量方法为:在 24 h 内进行大量的室外 A 计权声压级取样,取样时间不连续,将这些取样进行统计,求得统计声级 L_{10} 和 L_{90},然后计算 TNI 值。TNI 是根据交通噪声特性,经大量测量和调查而得出的,它只适用于机动车辆噪声对周围环境干扰的评价,而且只限于车辆比较多的地段和时间内。

(7)噪声掩蔽。

当某种噪声很响时,会影响和干扰人们对其他声音的清晰接收。这是由于噪声(掩蔽音)的存在降低了人耳对另外一种声音(被掩蔽音)听觉的灵敏度,从而清晰度听阈发生迁移,造成噪声掩盖或屏蔽了另外一种声音,这种现象称为噪声屏蔽。听阈提高的分贝数称为掩蔽值。噪声掩蔽的特点:通常,被掩蔽纯音的频率接近掩蔽音时,掩蔽值就大,即频率相近的纯音掩蔽效果显著。掩蔽音的声压级越高,掩蔽量越大,掩蔽的频率范围也越宽。掩蔽音对比其频率低的纯音掩蔽作用小,而对比其频率高的纯音掩蔽作用强。由于语言交谈的频率范围主要集中在 500 Hz、1 000 Hz、2 000 Hz 为中心频率的 3 个倍频程,因此频率在 200 Hz 以下、7 000 Hz 以上的噪声对语言交谈不会引起很大的干扰。

(8)语言清晰度指数(AI)。

语言清晰度指数是一个正常的语言信号(音节、单词和句子等)能被听者听懂的可能

性。经过试验测得听者对音节所做出的正确响应与发送的音节总数之比的百分数,称为音节清晰度(S);而清晰度百分率(SI)是指正确听清所讲单词的百分数。若为有意义的语言单位(句子),则称为语言可懂度,即语言清晰度指数。语言清晰度指数与声音的频率f有关,高频声比低频声的语言清晰度指数要高。语言清晰度指数与背景噪声以及对话音之间的距离有关。一般95%的清晰度对语言通话是允许的,这是因为有些听不惯的单字或音节可以从句子中推测出。在一对一的交谈中,距离通常为1.5 m。背景噪声的 A 计权声级在60 dB 以下即可保证正常的语言对话;若在公共会议室或室外庭院环境中,交谈者之间的距离一般是 3.8~9 m,背景噪声的 A 计权声级必须保持在 45~55 dB 以下,方可保证正常的语言对话。

5.2.2 噪声的控制

1.噪声控制的基本原理、基本措施和一般原则

(1)噪声控制的基本原理。

只有当噪声源、介质、接收者 3 个因素同时存在时,噪声才对听者形成干扰,因此控制噪声必须从这 3 个方面考虑,既要对其进行分别研究,又要将其作为一个系统综合考虑。控制噪声的原理就是在噪声到达耳膜之前,采用阻尼、隔声、吸声、个人防护和建筑布局等措施,尽量降低声源的振动,或者将传播中的声能吸收,或者设置障碍,使声音全部或部分反射回去。

(2)噪声控制的基本措施。

声学系统一般由声源、传播途径和接收者 3 个环节组成的。根据这 3 个环节,分别采取措施控制噪声。

①声源控制。根据形成噪声污染的因素可知,消除噪声污染首先应从机器设备本身考虑,这是最积极、最彻底的措施。通过研制和选用低噪声设备及改进工艺,提高设备的制造精度和安装技术,使发声体变为不发声体或将其改造成弱发声体,降低发生体的辐射功率等。这样使声源不存在或声功率大大降低,从而从根本上消除或降低噪声污染。如通过合理设计,调整风机的叶片树就能降低噪声。

②传播途径控制。这是噪声控制中的普遍技术,从传播途径上控制噪声主要有两方面:一是阻断或屏蔽声波的传播;二是声波的能量随距离而衰减。常见的方法包括隔声、吸声、消声、隔振和阻抗失配等措施。

③接收者的防护措施。在声源和声源传播途径上无法采取各种有效措施,或采取措施后仍达不到预期效果,或者工作过程中不可避免地有噪声时,就需要对接收者采取个人防护措施,如戴防声耳塞、耳罩、头盔等,使人耳接收到的噪声减少到允许水平。对精密仪器设备,可将其安置在隔声间内或隔振台上。

上述关于噪声控制的基本途径,可单独使用也可联合使用,均应根据具体情况综合考虑,声源可以单个作用,也可以多个同时作用;传播途径也通常不止一条,且非固定不变;接收者可能是人,也可能是若干灵敏设备,对噪声的反应也各不相同。所以,在考虑噪声问题时,既要注意这种统一性,又要考虑个体特性。噪声控制应从声源特性调查入手,通过传播途径分析和降噪量确定等一系列步骤选定最佳方案,最后对噪声控制工程进行评价,采取相应措施。对于声源产生的噪声,则必须设法抑制其产生、传播和对听者的干扰,最后达到降

低噪声的强度和控制噪声的目的。

(3)噪声控制的一般原则。

噪声控制设计一般应坚持科学性、先进性和经济性的原则。

科学性,应正确分析发生机理和声源特征,然后确定针对性的相应措施。噪声控制技术的先进性是设计追求的重要目标。噪声污染是声能污染,为达到噪声排放标准必须考虑当时在经济上的承受能力。

2. 噪声控制技术的工作程序

(1)调查噪声源、分析噪声污染情况。

在制订噪声控制方案之前,应到噪声污染的现场,调查主要噪声源及产生噪声的原因,了解噪声源传播途径,进行现场实际噪声测量,将测量的结果绘制成噪声的分布图,并在该地区的地图上用不同的等声级曲线表示。

(2)确定减噪量。

根据实际现场测定的数据和国家有关法律、法规及地方和企业标准进行比较,确定总的降噪量,即各声源、传播途径减噪量的数值。

(3)选定噪声控制措施。

在确定噪声控制方案时,首先要防止所确定的噪声控制措施妨碍甚至破坏正常的生产程序。确定方案时要因地制宜,既经济又合理,技术上也切实可行。控制措施可以是综合噪声控制技术,也可以是单项噪声控制技术。要抓住主要噪声源,否则很难取得良好的噪声控制效果。

(4)降噪效果评价。

工程施工完成后,要对所采取的措施效果进行测试,看是否达到降噪要求,如未达到预期效果,应及时查找原因,根据实际情况重新设计或改进,直至达到预期效果。

3. 环境噪声控制方案

(1)从噪声来源、噪声传播途径和建筑防护、接收者等方面采取措施。

①公路交通噪声的优化主要从交通管制、道路路况、车流量、运行车辆的类型及车况、车辆运行速度和车辆鸣笛、道路两侧绿化形态、声屏障设置等方面进行优化。②铁路交通噪声应减少鸣笛或火车进入城市区域以内限制汽笛的使用,也可以应用声屏障和种植绿化带来减少铁路交通噪声对小区居民的影响。③建筑防护方面,铁路沿线小区居民住户可采用安装真空玻璃隔声通风窗的方式防治铁路噪声对其的影响。

(2)加强社区管理。

针对环境噪声治理,应加强社区管理,按照新公共管理理论的要求,缩小政府管制的范围,并逐渐使用各种非政府组织、社区组织和公民支持参与到环境保护工作中来。①居住区噪声环境问题由社区居委会进行统一协调,可以在社区或居民区选举产生业主委员会监督和由业主共同聘用物业公司进行居住区声环境的管理。物业公司制定小区声环境章程,管理小区声环境。②物业公司在居民集中生活区的出入口设置小区管理门卫和监控设施,对进入小区车辆实行管理,限制外来车辆和出租车进入小区,控制小区内的车辆的流量,以降低小区内因车辆通行而产生的噪声。

(3)居住区内部噪声环境优化。

①小区内部规划。a. 尽量将服务行业、商店、公共场所等对噪声相对不敏感的建筑设置

在公路两侧,对建筑可以起到声屏障的作用,能有效降低城市道路交通噪声对其他建筑物的影响。b. 可将存放小区居民机动车辆的停车场设置在小区的出入口处,方便业主存取车辆,同时可避免车辆穿行小区,减少对小区产生的噪声污染。c. 在小区内部应该合理规划、设计、安装一些必要的车辆减速带,以便限制车流量和车速,可以降低小区内部交通噪声的影响。d. 居民小区沿公路交通一侧设置声屏障和种植树木,在铁路交通一侧设置声屏障,合理搭配树种结构和种植密度,用以提高小区声环境质量。

②住宅建筑设计。a. 在建筑布局上,采取"周边式"布置,起到声屏障的作用,不宜采用"行列式",可以避免交通噪声穿透整个区域。b. 建筑防护方面,沿公路交通道路的居住区居民可以安装双层或多层玻璃的隔声窗和隔声门,在建筑物外墙安装吸声或隔声材料来减少交通噪声对居民生活的影响。铁路沿线小区居民住户可采用安装真空玻璃隔声通风窗的方式防治铁路噪声对其的影响。通常上,隔音窗的隔音量在 25~35 dB(A),安装隔音窗是临街住宅降低室内噪声的有效措施。为了有效降低住宅外环境噪声的干扰,还应充分利用阳台的防噪功能,主要是将阳台封闭起来,所用到的阳台栏板可以直接阻挡来自住宅外部的噪声,起到声屏障的作用。c. 在沿公路交通道路布局的建筑楼房应该增厚其墙体并在建筑物外墙安装吸声或隔声材料,密封阳台,设置安装隔声通风窗进行防噪,还要注意建筑物室内房间功能的布局,要注意将卧室、书房等需要安静的房间布置在远离公路交通一侧,可以把建筑居民楼内厕所、厨房等布局在沿街一侧。

4. 噪声的控制技术

(1)吸声降噪。

在降噪措施中,吸声是一种有效的方法,因而在工程中被广泛应用。人们在室内所接收到的噪声包括由声源直接传来的直达声和室内各壁面反射回来的混响声,吸声材料主要用于降低由反射产生的混响声。许多工程实践证明,吸声材料使用得当可以降低混响声级5~10 dB(A),甚至更大些。

①材料的声学分类和吸声结构。在噪声控制工程中,常用吸声材料和吸声结构来降低室内噪声,尤其是在空间较大,混响时间较长的室内,应用相当普遍。按吸声机理的差异,吸声体可以分为多孔吸声材料和吸声结构两大类。

a. 多孔吸声材料。多孔吸声材料的内部有许多微小细孔直通材料表面,或其内部有许多相互连通的气泡,具有一定的通气性能。凡在结构上具有以上特征的材料都可以作为吸声材料。吸声材料的种类很多,在工程中应用最为广泛,目前国内生产的这类材料大体可分为四类。无机纤维材料:无机纤维材料主要有玻璃丝、玻璃棉、岩棉和矿渣棉及其制品。玻璃棉分短棉[直径为 $(10~13)\times10^{-12}$ m]、超细棉[直径为 $(0.1~4)\times10^{-18}$ m]以及中级纤维棉[直径为 $(15~25)\times10^{-12}$ m]3 种。其中,超细棉是最常用的吸声材料,它具有不燃、密度小、防蛀、耐蚀、耐热、抗冻、隔热等优点。经过硅油处理的超细棉,还具有防火、防水和防潮的特点。矿渣棉具有导热系数小、防火、耐蚀、价廉等特点,岩棉能隔热,耐高温(700 ℃)且易于成型。有机纤维材料:有机纤维材料是使用棉、麻等植物纤维及木质纤维制品来吸声的,如软质纤维板、木丝板、纺织厂的飞花及棉麻下脚料、棉絮、稻草等制品。其特点是成本低、防火、防蛀和防潮性能差。泡沫材料:泡沫材料主要有泡沫塑料和泡沫玻璃,用作吸声材料的泡沫塑料有米波罗、氨基甲酸酯泡沫塑料等。这类材料的特点是密度小、导热系数小、材质柔软等,其缺点是易老化、耐火性差。吸声建筑材料:吸声建筑材料为各种具有微孔的泡沫吸声砖、膨胀珍珠岩、泡沫混凝土等材料,它们具有保温、防潮、耐蚀、耐冻、耐高温等优点。

　　b. 吸声结构。建筑材料按一定的声学要求进行设计安装,使其具有良好的吸声性能的建筑构件称为吸声结构,常见的有穿孔板吸声结构、微穿孔板吸声结构、薄板和薄膜吸声结构等。

　　②吸声设计。吸声设计是噪声控制设计中的一个重要方面。对于混响严重而使噪声超标或者受工艺流程及操作条件的限制,不宜采用其他措施的厂房车间,采用吸声减噪技术是较为现实有效的方法。另外,隔声和消声器技术也都离不开吸声设计。

　　设计原则:吸声处理只能降低从噪声源发出的通过处理表面一次以上而到达接收点的反射声,而对于从声源发出的经过最短距离到达接收点的直达声则没有任何作用。吸声减噪的效果一般为 A 声级 3~6 dB,较好的为 7~10 dB,一般不会超过 15 dB,而且也不随吸声处理的面积成正比增加。在室内分布着许多噪声源的情况下,无论哪一处直达声的影响都很大,这种情况下不适宜做吸声处理。吸声处理的主要适用范围如下:室内表面多为坚硬的反射面,室内原有的吸声较小,混响声占主导的场合;操作者距声源有一定距离,室内混响较大的场合;要求减噪点虽然距声源较近,但可用隔声屏隔离直达声的场合。

　　(2)隔声技术。

　　隔声是噪声控制技术中最常用的技术之一。为了减弱或消除噪声源对周围环境的干扰,常采用屏障物将噪声源与周围环境隔绝开,或把需要安静的场所封闭在一个小的空间内。声波在介质中传播时,通过屏障物使部分声能被反射而不能完全通过的措施称为隔声。空气声在传播途中遇到隔声构件时的能量分布如图 5.1 所示。

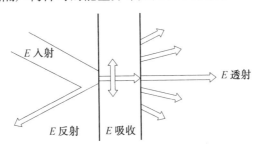

图 5.1　空气声在传播途中遇到隔声构件时的能量分布

　　在实际生活中,噪声的传播途径非常复杂。噪声从声源所在房间传播到邻近房间的途径主要有以下几种:a. 噪声源通过隔墙的孔、洞以直达声、室内反射声和衍射声的形式,借助弹性媒质空气传播(空气声)至邻近房间;b. 机器机座振动借助弹性媒质地板、墙体等固体结构传播(形成圆体声)至邻近房间墙体,墙体振动再次激发邻近空气振动产生空气声;c. 声源噪声通过弹性媒质空气以空气声形式传播至声源所在房间墙体,激发墙体振动并通过墙体结构传至邻近房间墙体(为固体声),墙体振动再次激发邻近空气振动产生空气声。这些噪声最终都在邻近房间内以空气声形式被受声者所接收。

　　因此,根据切断声传播途径的差异,隔声问题分为两类:一类是空气声的隔绝,另一类是固体声的隔绝。例如,对上述传播途径 a 可采用空气声隔绝技术,使用密实、沉重的材料制成构件阻断或将噪声封闭在一个空间,常采取隔声间、隔声罩、隔声屏等形式;对传播途径 b、c 主要采用固体声隔绝技术,可使用橡胶、地毯、泡沫、塑料等材料及隔振器来隔绝。

影响隔声结构隔声性能的因素主要包括 3 个方面:一是隔声材料的品种、密度、弹性和阻尼等因素。一般来讲,材料的面密度越大,隔声量就越大,另外增加材料的阻尼可以有效地抑制结构共振和吻合效应引起的隔声量的降低;二是构件的几何尺寸以及安装条件(包括密封状况);三是噪声源的频率特性,包括声场的分布及声波的入射角度。对于给定的隔声构件来讲,隔声量与声波频率密切相关,一般来讲,低频时隔声性能较差,高频时隔声性能较好。隔声降噪的目的是要根据噪声源的频谱特性,设计适合于降低该噪声源的隔声结构。

①隔声间。由不同隔声构件组成的具有良好隔声性能的房间称为隔声间。在高噪声环境下,隔声间既可作为车间的操作控制室,又可作为监察室或工人休息室。在耳科临床诊断中的听力测试和研究,需要一个相当安静即本底噪声很低的环境,必须用特殊的隔声构件建造一个测听室,以防止外界噪声的传入。当声源较多,采取单一噪声控制措施不易奏效,或者采用多种措施治理成本较高时,常采用隔声间。隔声间一般采用封闭式的,它除需要有足够隔声量的墙体外,还需要设置具有一定隔声性能的门、窗等。隔声间通常是一种包括隔声、吸声、消声器、阻尼和减振等几种噪声处理措施的综合治理装置,是多声学构件的组合。对于隔声要求比较高的房间,必须重视门窗的隔声设计。门窗的隔声能力与组合墙的隔声能力关系很大,对隔声性能要求很高的组合墙,同时也必须要求门和窗具有很好的隔声性能,用单层门窗是难以解决的,对此可采用特殊的隔声门窗。如果门和窗的隔声量还不能达到标准,就需要考虑门和窗的缝隙。

a.隔声门。为了保证门有足够的隔声量,通常将隔声门制成双层结构,并在两层间添加吸声材料,即采用多层复合结构。为了防止缝隙传声,与墙连接的边架应严加密闭,缝隙用柔软的嵌条压紧。当采用双层或多层玻璃时,层间框架四周应做吸声处理。为了减少共振和吻合效应的影响,各层玻璃宜采用不同厚度并做不平行放置。对特殊要求的,可采用双扇轻质门,在两层门之间留出一定距离,在过渡区的壁面上需衬贴吸声材料,形成"声闸"。在保证隔声量的前提下,隔声门应尽可能做得轻便,开启机构灵活。常见隔声门的隔声量见表5.1。

表5.1 常见隔声门的隔声量 dB

隔声门的构造	倍频程中心频率/Hz						
	125	250	500	1 000	2 000	4 000	平均
三合板门,扇厚45 mm	13.4	15.0	15.2	19.7	20.6	24.5	16.8
三合板门,扇厚45 mm,上开一个小观察孔,玻璃厚3 mm	13.6	17.0	17.7	21.7	22.2	27.7	18.8
重塑木门,四周用橡皮和毛毡密封	30.0	30.0	29.0	25.0	26.0	—	27.0
分层木门,密封	20.0	28.7	32.7	35.0	32.8	31.0	31.0
分层木门,不密封	25.0	25.0	29.0	29.5	27.0	26.5	27.0
双层木板实拼门,板厚共100 mm	15.4	20.8	27.1	29.4	28.9	—	29.0
钢板门,厚6 mm	25.1	26.7	31.1	36.4	31.5	—	35.0

b.隔声窗。隔声窗一般采用双层和多层玻璃做成,其隔声量主要取决于玻璃的厚度(或单位面积玻璃的质量),其次是窗的结构,窗与窗框之间、窗框与墙之间的密封程度。根据实际测量,3 mm 厚的玻璃的隔声量为 27 dB;6 mm 厚的玻璃的隔声量为 30 dB,因此,采用两层以上的玻璃、中间夹空气层的结构,隔声效果非常好。几种常见隔声窗的结构示意图

如图 5.2 所示。

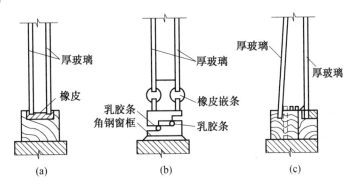

图 5.2　几种常见隔声窗的结构示意图

隔声窗的设计应注意以下几个方面：ⅰ. 多层窗应选用厚度不同的玻璃以消除吻合效应，例如 3 mm 厚的玻璃的吻合谷出现在 4 000 Hz，而 6 mm 厚的玻璃的吻合谷出现在 2 000 Hz，两种玻璃组成的双层窗，吻合谷相互抵消；ⅱ. 多层窗的玻璃之间要有较大的空气层，实践证明，空气层厚 5 cm 时效果不大，一般取 7 ~ 15 cm，并应在窗框周边内表面做吸声处理；ⅲ. 玻璃窗要严格密封，在边缘用橡胶条或毛毡条压紧，这样处理不仅可以起到密封作用，还能起到有效的阻尼作用，以减少玻璃板受声波激发引起振动、透声；ⅳ. 两层玻璃间不能有刚性连接，以防止"声桥"，例如将真空玻璃直接用作隔声窗，隔声效果非常好；ⅴ. 多层窗玻璃之间要有一定的倾斜度，朝声源一侧的玻璃应做成倾斜，以消除驻波。常见隔声窗的隔声量见表 5.2。

表 5.2　常见隔声窗的隔声量　　　　　　　　　　　　dB

隔声窗的结构	倍频程中心频率/Hz						
	125	250	500	1 000	2 000	4 000	平均
单层 3 ~ 6 mm 厚玻璃固定窗	21	20	24	26	23		22±2
单层 6.5 mm 厚玻璃固定窗,橡皮条缝边	17	27	30	34	38	32	29.7
单层 15 mm 厚玻璃固定窗,腻子缝边	25	28	32	37	40	50	35.5
双层 3 mm 厚玻璃固定窗,17mm 厚空腔							
①无封边	21	26	28	30	28	27	
②橡皮条缝边	33	33	36	38	28	38	
双层 4 mm 厚玻璃窗							
①空腔 12 mm	20	17	22	35	41	38	
②空腔 16 mm	15	26	37	41	41		
③空腔 100 mm	21	33	39	47	50	51	28.8
④空腔 200 mm	28	36	41	48	54	53	
⑤空腔 400 mm	34	40	44	50	52	54	
双层 7mm 厚玻璃窗							
①空腔 10 mm	28	37	41	50	45	54	42.7
②空腔 20 mm	32	39	43	48	46	50	
③空腔 40 mm	38	42	46	51	48	58	
有一层倾斜玻璃双层窗	28	31	29	41	47	40	35.5
三层固定窗	37	45	42	43	47	56	45.0

②隔声罩。隔声罩是噪声控制设计中常用的设备。当噪声源体积小,形状比较规则或者虽然体积较大,但空间及工作条件允许,例如空压机、水泵、鼓风机等高噪声源,可以用隔声罩将声源封闭在罩内,以减少噪声向周围的辐射。隔声罩的技术措施简单,降噪效果好,在噪声控制工程中广为应用,在设计和选用隔声罩时应注意以下几点:a. 为保证隔声罩的隔声性能,宜采用质轻、隔声性能良好,且应在结构上便于制造、安装、维修。一般分为全封闭、局部封闭和消声箱式隔声罩。通常采用 0.5~2 mm 厚的钢板或铝板等轻薄密实的材料制作。b. 用钢或铝板等轻薄型材料做罩壁时,须在壁面上加筋,涂贴阻尼层,以抑制或减弱共振和吻合效应的影响。c. 罩体与声源设备及其机座之间不能有刚性接触,以免形成"声桥",导致隔声量降低。同时,隔声罩与地面之间应进行隔振,以降低固体声。d. 设有隔声门窗、通风与电缆等管线时,缝隙处必须密封,并且管线周围应有减振、密封措施。e. 罩内要加吸声处理,使用多孔松散材料时,应有较牢固的护面层。f. 罩壳形状恰当,尽量少用方形平行罩壁,以防止罩内空气声的驻波效应,同时罩内壁与设备之间应留有较大的空间,一般为设备所占空间的 3 倍以上,各内壁面与设备的空间距离不得小于 10 cm,以免耦合共振,使隔声量减小。g. 有些机器必须考虑通风散热,罩壳不能全封闭。对于进气和出气应尽可能小,或者使气流通过一狭长吸声通道,以保证其降噪量不低于隔声罩的插入损失。h. 当被罩的机器设备有温升需要采取通风冷却措施时,应增设消声器等措施,其消声量要与隔声罩的插入损失相匹配。

③声屏障。在声源与接收点之间设置不透声的屏障,阻断声波的直接传播,使声波在传播的过程中有一个显著的衰减,以减弱接收者所在的一定区域内的噪声影响,具有隔声和吸声双重性,这样的屏障称为声屏障或隔声屏,它是控制交通噪声污染的一种重要措施,一些发达国家从 20 世纪 60 年代末就开始了声屏障的研究和应用。近年来,我国一些城市和高速公路、铁路也相继建造了声屏障,而且发展速度很快。噪声在传播途径中遇到障碍物时,声波就会发生反射、透射和衍射现象,于是在障碍物背后一定距离内形成声影区,声影区的大小与声音的频率有关,频率越高,声影区的范围越大。声屏障将声源和保护目标隔开,尽量使保护目标落在屏障的声影区内。在室内(相当于半混响声场),屏障的减噪量与声源的性质以及室内的房间常数等因素有关。对于混响声场接收点在声源的远场范围内的情况,声屏障没有减噪效果。因此,如果在室内设置声屏障,应要求室内具有较高的声吸收,减小室内混响,从而使声屏障获得较好的减噪效果。室外的声屏障一般采用砖或混凝土结构,室内的声屏障可用钢板、木板、塑料板或石膏板等材料。板式声屏障可由 0.5~1.0 mm 厚的钢板附加阻尼层和吸声层构成;帘幕式隔声屏障可用人造革护面中间附加柔软纤维材料构成。图 5.3 为声屏障的几种布置形式示意图。

声屏障的设计应注意以下几点:a. 声屏障本身必须有足够的隔声量。声屏障对声波有 3 种物理效应:隔声(透射)、反射和衍射效应,因此声屏障的隔声量应比插入损失大。b. 使用声屏障时,一般应配合吸声处理,尤其是在混响声明显的场合,其结构示意图如图 5.4 所示。c. 声屏障主要用于阻断直达声,为了有效地防止噪声的发散,其形式有 r 形、u 形、Y 形等,其中 Y 形(带遮檐)的效果尤为明显。d. 在声屏障上开设观察窗时,应注意窗与屏体之间的密封。e. 作为交通道路的声屏障,应注意外观的视觉效果,一般可选用透明的 r 形板材。f. 为了便于人和设备的通行,在隔声要求不太高的车间内,可用人造革等密实的软材料护面,中间填充孔吸声材料制成隔声门帘悬挂起来。

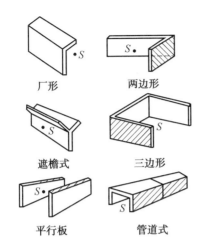

图 5.3　声屏障的几种布置形式示意图
S—包括罩壳内地面在内的总内表面积

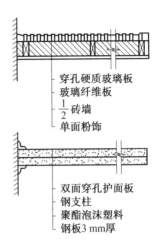

图 5.4　声屏障的结构示意图

④隔声设计。隔声是噪声控制的重要手段之一,它将噪声局限在部分空间范围内,从而提供了一个安静的环境。隔声设计若从声源处着手,可采用隔声罩的结构形式;若从接收者处着手,可采用隔声室的结构形式;若从噪声传播途径上着手,可采用声屏障或隔墙的形式。做隔声设计时,还应根据具体情况,同时考虑吸声、消声和隔振等配合措施,以消除其他传声途径,保证最佳的减噪效果。

隔声设计的原则一般应从声源处着手,在不影响操作、维修及通风散热的前提下,对于车间内独立的强噪声源,可采用固定密封式隔声罩、活动密封式隔声罩以及局部隔声罩等,以便用较少的材料将强噪声的影响限制在较小的范围内。一般来说,固定密封式隔声罩的减噪量(A 声级)约为 40 dB,活动密封式隔声罩的减噪量约为 30 dB,局部隔声罩的减噪量约为 20 dB。当不宜对噪声源做隔声处理,而又允许操作管理人员不经常停留在设备附近时,可以根据不同要求,设计便于控制、观察、休息使用的隔声室。隔声室的减噪量(A 声级)一般为 20 ~ 50 dB。在车间大、工人多、强噪声源比较分散,而且难以封闭的情况下,可以设置留有生产工艺开口的隔墙或声屏障。在做隔声设计时,必须对孔洞、缝隙的漏声给予特别注意。对于构件的拼装节点,电缆孔、管道的通过部位以及一切施工上特别容易忽略的隐蔽漏声通道,应做必要的声学设计和处理。

(3)消声器。

消声器是用于降低气流噪声的装置,它既能允许气流顺利通过,又能有效地阻止、减弱声能向外传播。例如,在输气管道中或在进气、排气口上安装合适的消声元件,就能降低进、排气口及输送管道中的噪声传输。一个合适的消声器,可以使气流噪声降低 20 ~ 40 dB,相应响度降低 75% ~ 93%,因此,其在噪声控制工程中得到了广泛的应用。值得指出的是,消声器只能用来降低空气动力性设备的气流噪声,而不能降低空气动力设备的机壳、管壁、电机等辐射的噪声。

消声器的种类很多,其结构形式各不同。根据消声器的消声原理和结构的差异,大致可将消声器分为阻性消声器、抗性消声器、阻抗复合式消声器、微穿孔板消声器、扩散式消声器和有源消声器;按所配用的设备来分,则有空压机消声器、内燃机消声器、凿岩机消声器、轴流风机消声器、罗茨风机消声器、空调新风机消声器和锅炉蒸汽放空消声器等。

5.3　振动污染控制工程

5.3.1　振动污染概述

1. 振动与振动污染

任何物理量,当其围绕一定的平衡值做周期性的变化时,都可称该物理量在振动。换言之,当一个物体处于周期性往复运动的状态,就可以说物体在振动。在工程技术领域中振动现象比比皆是。例如,桥梁和建筑物在阵风或地震激励下的振动、飞机和船舶在航行中的振动、机床和刀具在加工时的振动、各种动力机械的振动、控制系统中的自激振动等。

振动污染即振动超过一定的界限,从而对人体的健康和设施产生损害,对人的生活和工作环境形成干扰,或使机器、设备和仪表不能正常工作。人类生产活动产生的地基振动传递到建筑物,使人直接感受或通过门窗等发出的声响而间接感受到心理危害;振动也可直接对物体产生危害,过强的振动会使房屋、桥梁等建筑强度降低甚至损坏,使机器和交通工具等设备的部件损耗增大;振动本身可以形成噪声源,以噪声的形式影响和污染环境。与噪声污染一样,振动污染带有强烈的主观性,是一种危害人体健康的感觉公害,即振动本身不像大气污染物那样对人体有很大的影响;相反,适度的振动有时还会使身体感到舒适、安稳(例如,在行驶的车内打盹,婴儿在摇篮中安睡以及电动按摩器等)。振动污染的这一特征不仅使振动污染问题的解决复杂化,而且也有碍于防治政策的顺利实施。

振动污染和噪声污染一样是局部性的,即振动传递时,随距离衰减大,仅涉及振动源邻近的地区。振动污染也不像大气污染物那样随气象条件而改变,不污染场所,是一种瞬时性的能量污染。正如在地震时所见到的那样,振动只是简单通过在地基内的物理变化传递,随着距离衰减而逐渐消失,不引起环境的其他变化。

2. 振动污染的来源

振动污染主要来源于自然振动和人为振动。自然振动主要由地震、火山爆发等自然现象引起。自然振动带来的灾害难以避免,只能加强预报减少损失。人为振动污染源主要包括工厂振动源、工程振动源、道路交通振动源和低频空气振动源等。

3. 振动污染的影响

(1)振动对生理的影响。

振动的生理影响主要是损伤人的机体,引起循环系统、呼吸系统、消化系统、神经系统、代谢系统和感官的各种病症,损伤脑、肺、心、消化器官、肝、肾、脊髓和关节等。

(2)振动对心理的影响。

人们在感到振动时,心理上会产生不愉快、烦躁和不可忍受等各种反应。除振动感受器官感受到振动外,有时也会看到电灯摇动或水面晃动,听到门、窗发出的声响,从而判断房屋在振动。人对振动的感受很复杂,往往是包括若干其他感受在内的综合性感受。

（3）振动对工作效率的影响。

振动会引起人体的生理和心理变化，从而导致工作效率降低。振动可使视力减退，用眼工作时所花费的时间加长，还会使人反应滞后，妨碍肌肉运动，影响语言交谈，以及复杂工作的错误率上升等。

（4）振动对构筑物的影响。

从振源发出的振动可通过地基传递到房屋等构筑物，导致构筑物破坏，如构筑物基础和墙壁的龟裂、墙皮的剥落，地基变形、下沉，门窗翘曲变形等，严重者可使构筑物坍塌，影响程度取决于振动的频率和强度。由于共振的放大作用，其放大倍数可由数倍至数十倍，因此带来了更严重的振动破坏和危害。载重货车在路面行驶时，往往对道路两侧的居民建筑物产生共振影响，会发生地面的晃动和门窗的抖动。

（5）振动对机械设备的影响。

振动一方面会影响设备性能和设备的有效性，如部分精密仪器使用过程中出现振动，会影响设备的精确度与光洁度；另一方面，振动还会造成机械设备本身疲劳与磨损，大大降低相关机械设备的使用寿命，如飞机飞行中机翼的颤振、发动机的异常震动等都有可能造成机毁人亡。

5.3.2　振动污染的控制技术和方法

振动传播与声传播一样，由 3 个要素组成，即振动源、传递介质和接受者。环境中的振动源主要有工厂振源（往复旋转机械、传动轴、电磁振动等）、交通振源（汽车、机车、路轨、路面、飞机、气流等）、建筑工地（打桩、搅拌、风镐、压路机等）以及大地脉动及地震等。传递介质主要有地基地坪、建筑物、空气、水、道路、构件设备等。接受者除人群外，还包括建筑物及仪器设备等。因此振动污染控制的基本方法分为 3 个方面：振源控制、传递过程中的振动控制及对防振对象采取控制措施。

1. 振源控制

（1）采用振动小的加工工艺。

强力撞击在机械加工中经常见到，强力撞击会引起被加工零件、机械部件和基础振动。控制此类振动最有效的方法是改进加工工艺，即用不撞击方法代替撞击方法，如用焊接替代铆接、用压延替代冲压、用滚轧替代锤击等。

（2）减少振源的扰动。

①振动的主要来源是振动源本身的不平衡力引起的对设备的扰动，因此改进振动设备的设计和提高制造加工装配精度，使其振动最小，是最有效的控制方法。

②确保旋转机械动平衡。鼓风机、高压水泵、蒸汽轮机、燃气轮机等旋转机械，大多属高速旋转类，每分钟在千转以上，其微小的质量偏心或安装间隙的不均匀常带来严重的危害。为此，应尽可能调好其静、动平衡，提高其制造质量，严格控制安装间隙，以减少其离心偏心惯性力的产生。

③防止共振。振动机械激励力的振动频率，若与设备的固有频率一致，就会引起共振，使设备振动得更厉害，起到放大作用，其放大倍数可由几倍到几十倍。共振带来的破坏和危害是十分严重的。木工机械中的锯、刨加工，不仅有强烈的振动，而且常伴随壳体等共振，产生的抖动使人难以承受，操作者的手会感到麻木。高速行驶的载重卡车、铁路机车等，往往

使较近的居民楼房等产生共振,在某种频率下,会发生楼面晃动、玻璃窗强烈抖动等。

因此,防止和减少共振响应是振动控制的一个重要方面。控制共振的主要方法有:改变设施的结构和总体尺寸或采用局部加强法等,以改变机械结构的固有频率;改变机器的转速或改换机型等以改变振动源的扰动频率;将振动源安装在非刚性的基础上以降低共振响应;对于一些薄壳机体或仪器仪表柜等结构,用粘贴弹性高阻尼结构材料增加其阻尼,以增加能量逸散,降低其振幅。

④合理设计设备基础。采用大型基础来减弱振动是最常用、最原始的方法。根据工程振动学原则合理地设计机器的基础,可以减少基础(和机器)的振动和振动向周围的传递。

2. 振动传递过程中的控制

(1)加大振动源和受振对象之间的距离。

振动在介质中传播,由于能量的扩散和介质对振动能量的吸收,一般是随着距离的增加振动逐渐减弱,所以加大振源与受振对象之间的距离是控制振动的有效措施之一。

(2)隔振沟。

振动的影响,特别是对于环境来说,主要是通过振动传递来达到的,减少或隔离振动的传递,振动就得以控制。在振动机械基础的四周开有一定宽度和深度的沟槽——防振沟,其中填充松软物质(如木屑等)或不填,用来隔离振动的传递,这也是以往常采用的隔振措施之一。

(3)采用隔振器材。

在设备下安装隔振元件——隔振器,是目前工程上应用最为广泛的控制振动的有效措施。安装这种隔振元件后,能真正起到减少振动与冲击力的传递作用,只要隔振元件选用得当,隔振效果可在85%~90%以上。对一般中、小型设备,甚至可以不用地脚螺钉将隔振元件与地面固定,只要普通的地坪能承受设备的静负荷即可。

3. 对防振对象采取控制措施

对防振对象采取的措施主要是指对精密仪器、设备采取的措施,一般方法如下。

(1)采用黏弹性高阻尼材料。

对于一些具有薄壳机体的精密仪器,宜采用黏弹性高阻尼材料增加其阻尼,以增加能量耗散,降低其振幅。

(2)保证精密仪器、设备的工作台的刚度。

精密仪器、设备的工作台应采用钢筋混凝土制的水磨石工作台,以保证工作台本身具有足够的刚度和质量,不宜采用刚度小、易晃动的木质工作台。

5.4 电磁辐射污染控制工程

5.4.1 电磁辐射污染概述

电磁环境是指某个存在电磁辐射的空间范围。电磁辐射以电磁波的形式在空间环境中传播,不能静止地存在于空间某处。人类工作和生活的环境充满了电磁辐射。电磁辐射污染(pollution of electromagnatic radiation)是指人类使用产生电磁辐射的器具而泄漏的电磁能量流传播到室内外空间中,其量超出环境本底值,且性质、频率、强度和持续时间等综合影响引起周围受辐射影响人群的不适感,并使健康和生态环境受到损害。

1. 电磁污染源种类

电磁辐射污染源主要包括两大类,即天然电磁辐射污染源与人为电磁辐射污染源。

(1)天然电磁辐射污染源。

天然电磁辐射污染源来自于地球的热辐射、太阳热辐射、宇宙射线和雷电等,是由自然界某些自然现象所引起的(表 5.3)。在天然电磁辐射中,以雷电所产生的电磁辐射最为突出。由于自然界发生某些变化,常常在大气层中引起电荷的电离,发生电荷的蓄积,当达到一定程度后引起火花放电。火花放电频带极宽,可从几千 Hz 一直到几百 MHz。另外,如火山喷发、地震和太阳黑子活动都会产生电磁干扰,天然的电磁辐射对短波通信干扰特别严重,这也是电磁辐射污染源之一。

表 5.3　天然电磁辐射污染源分类

分类	来源
大气与空气污染源	自然界的火花放电、雷电、台风、高寒地区飘雪、火山喷发
太阳电磁场源	太阳黑子活动与黑体辐射
宇宙电磁场源	银河系恒星的爆发、宇宙间电子移动

(2)人为电磁辐射污染源。

人为电磁辐射污染源产生于人工制造的若干系统、电子设备与电气装置,主要来自广播、电视、雷达、通信基站及电磁能在工业、科学、医疗和生活中的应用设备。人为电磁场源按频率不同又可分为工频场源与射频场源。工频场源(数十至数百 Hz)中,以大功率输电线路所产生的电磁污染为主,同时也包括若干种放电型场源。射频场源(0.1 ~ 30 MHz)主要指由无线电设备或射频设备工作过程中所产生的电磁感应与电磁辐射。射频电磁辐射频率范围宽,影响区域大,对近场区的工作人员能产生危害,是目前电磁辐射污染环境的重要因素。人为电磁辐射的产生源种类、产生的时间和地区以及频率分布特性是多种多样的,若根据辐射源的规模大小对人为电磁辐射进行分类,可分为以下三类。

①城市杂波辐射。在没有特定的人为辐射源的地方,也有发生于远处多数辐射源合成的杂波。城市杂波与各辐射源电波波形和产生机构等方面的关系不大,但与城市规模和利用电气的文化活动、生产服务以及家用电器等因素有直接的关系并有正比关系。城市杂波没有特殊的极化面,大致可以看成为连续波。

②建筑物杂波。在变电站所、工厂企业和大型建筑物以及构筑物中多数辐射源会产生一种杂波,这种来自上述建筑物的杂波,称为建筑物杂波。建筑物杂波多从接收机之外的部分串入接收机之中,产生干扰。建筑物杂波一般呈冲击性与周期性波形,可以认为是冲击波。

③单一杂波辐射。它是特定的电气设备与电子装置工作时产生的杂波辐射,因设备与装置的不同而具有特殊的波形和强度。单一杂波辐射主要成分是工、科、医疗设备(ISM 设备)的电磁辐射,这类设备对信号的干扰程度与该设备的构造、功率、频率、发射天线形式、设备与接收机的距离以及周围的地形、地貌有密切关系。

2. 电磁污染的危害

早在 20 世纪 60 年代,联合国人类环境会议就将电磁辐射列入必须控制的造成公害的主要污染物之一,电气化时代推动了人类社会进步,人类在享受电气时代带来便利的同时,也对人体健康以及环境带来了负面影响,如今人类社会进入信息时代,这一负面影响同样也在加剧。

通过研究发现,电磁辐射危害一般是随着波长的缩短,对人体的影响越大,而微波的危害最大。电磁辐射对人体健康有热效应、非热效应和累积效应等危害。

在高频率的微波辐射作用下,人体会将一部分电磁能反射,而另外一部分被人体吸收。被吸收的微波辐射能量会造成人体组织内的分子与电解质偶极子的射频震动,媒介的摩擦产生热能,从而引起温度上升,这就是电磁辐射的热效应。当热量到达一定值时,会杀死生物细胞,影响生物体内酶的作用,最终导致机体受损。电磁辐射会增加癌的发生量,使人更容易患眼疾,对人的神经系统、内分泌系统、免疫系统、血液系统和生殖系统产生伤害,但是,微波对人体的热效应也可以对人产生积极作用,例如治疗癌症和微波理疗等。

非热效应是外部电磁辐射对人体内部地磁场的干扰,这些干扰不会引起体内温度的明显提升,但会引发血液、淋巴以及细胞发生变化。长期的微波照射会引起血液内的白细胞和红细胞数减少,导致血凝时间缩短,长时间的微波照射还可破坏脑细胞,使大脑皮质活动减弱,对条件反射造成抑制作用,表现为脱发、嗅觉迟钝、食欲不振、记忆力衰退等症状。

积累效应也是电磁辐射对人体产生危害作用的一种。一般来说,一次较低功率辐射之后机体受到的伤害,都可在一周左右的时间恢复,但在未恢复之前,机体再一次受到电磁辐射,伤害就会积累,进而造成机体更大的影响。电磁辐射慢性作用是逐渐的,过程中往往没有剧烈的特殊表现。国内有研究报道,人长期处在强磁场中会影响神经系统正常功能,导致夜晚噩梦,出现幻觉,甚至神经紊乱。

电磁辐射还会对环境造成较大的影响,会影响植被的生长。除了对环境和生物体的影响外,电磁辐射最大的影响是对电子设备的干扰、引燃和引爆等巨大潜在的危险。射频强辐射可以造成通信的中断或通信设备的永久性物理损坏;在辐射能作用下,火药、炸药和雷管等具有较低燃烧能点的危险品会发生爆炸。在信息时代下,移动通信的发展让人类面临的电磁辐射越来越多,公众对电磁辐射污染的关注也愈加重视。

5.4.2　电磁辐射污染的控制

1. 电磁辐射防护基本原则
制定电磁辐射防护技术措施的基本原则如下。

(1)主动防护与治理,即抑制电磁辐射源,包括所有电子设备以及电子系统。具体做法是:设备的合理设计;加强电磁兼容性设计的审查与管理;做好模拟预测和危害分析工作等。

(2)被动防护与治理,即从被辐射方着手进行防护。具体做法是:采用调频、编码等方法防治干扰;对特定区域和特定人群进行屏蔽保护。

根据上述电磁辐射防护技术原则,可将电磁辐射防护的形式分为两大类:

①在泄漏和辐射源层面采取防护措施。其特点是着眼于减少设备的电磁漏场和电磁漏能,使泄漏到空间的电磁场强度和功率密度降低到最低程度。

②在作业人员层面(包括其工作环境)所采取的防护措施。其特点是着眼于增加电磁波在介质中的传播衰减,使到达人体时的场强和能量水平降低到电磁波照射卫生标准以下。

2. 电磁辐射的主要防护措施

为了减小电子设备的电磁泄漏,必须从产品设计、屏蔽与吸收等角度入手,采取治本与治标相结合的方案,防止电磁辐射的污染与危害。

电磁辐射的主要防护措施如下。

(1)加强电磁兼容性设计审查与管理。

纵观国内外,无论是工厂企业的射频应用设备,还是广播、通信、气象、国防等领域内的射频发射装置,其电磁泄漏与辐射除技术上的原因外,主要问题就是设计与管理方面的责任。因此,加强电磁兼容性管理是极为重要的一环。

(2)认真做好模拟预测与危害分析。

无论是电子、电气设备,还是发射装置,在产品出厂前均应进行电磁辐射与泄漏状态的预测与分析,实施国家强制性产品认证制度。大、中型系统投入使用前,还应当对周围环境电磁场分布进行模拟预测,以便对污染危害进行分析。

(3)合理设计设备。

提高槽路的滤波度。滤波度不佳的设备,不仅会造成很强的谐波辐射,产生串频现象,影响设备的正常工作,而且会带来过大的能量损失。因此,在进行设备的槽路设计时,必须精确计算,采取妥善的技术措施,努力提高其滤波度,达到抑制谐波的目的。元件与布线要合理。元件与布线不合理,如高、低频布线混杂在一起,元件距离机壳过近等,均是造成电磁辐射与泄漏的原因之一。为此,在进行线路设计时,元件与布线必须合理。例如,元件与布线均应高、低频分开,条件允许时宜在高、低频中间实行屏蔽。目前,在布线上多采用垂直交叉布线或高、低频线路远距离布设并采用屏蔽等技术方案,效果良好。屏蔽体的结构设计要合理。一般要求设备的屏蔽壳设计要合理,如机壳的边框不能采用直角过渡,而应采用小圆弧过渡。各屏蔽部件之间尽量采用焊接,特殊情况下采用螺钉固定连接时,应当在两屏蔽材料之间垫入弹片后再拧紧,以保证它们之间的电气性能良好。

(4)实行屏蔽。

由于设备的屏蔽不够完善,例如以往的设备,有些屏蔽体不是良导体或者缺乏良好的电气接触;有些设备的结构不严密,缝隙过大;有些设备的面板为非屏蔽材料,因而造成漏场强度很大,有时出现局部发热或喷火现象。由于屏蔽体的结构设计不合理,部分设备主要辐射单元的屏蔽壳采用棱角突出的设计,容易引起尖端辐射,如某广播发射机面板处电磁场强度均为 30 V/m,而其机箱框边为直角,没有小圆弧过渡,结果场强高达 50 V/m。所以正确、合理地进行屏蔽是防止电子、电气设备的电磁辐射与泄漏,实现电磁兼容的基本手段与关键。

(5)射频接地。

射频接地情况的好坏,直接关系到防护效果的好坏。随着频率的升高,地线要求不太严格,微波频率甚至不需要接地。射频接地的作用原理,是将在屏蔽体(或屏蔽部件)内由感应生成的射频电流迅速导入大地,以便使屏蔽体(或屏蔽部件)本身不再成为射频的二次辐射源,从而保证屏蔽作用的高效率。必须强调的是,射频屏蔽要妥善进行接地,二者构成一个统一体。射频接地与普通的电气设备保护接地是极不相同的,二者不能互相替代。

(6)吸收防护。

吸收防护是将根据匹配原理与谐振原理制造的吸收材料置于电磁场之中,可以把吸收的波能转化为热能或其他能量,从而达到防护目的。采用吸收材料对高频段的电磁辐射,特别是微波辐射与泄漏抑制,效果良好。吸收材料多用于设备与系统的参数测试,防止设备通过缝隙、孔洞泄漏能量,也可用于个人防护。

(7)采用机械化与自动化作业,实行距离防护。

从理论上分析,感应电磁场与距离的平方成反比,辐射电磁场与距离成反比。因此可知,屏蔽间距越大,电磁场强度的衰减幅度越大。所以,加大作业距离可提高屏蔽效果。

(8)滤波。

即使系统已经有合适的设计和安排,并考虑了恰当的屏蔽和接地,但仍然有泄漏的能量进入系统,使其性能恶化或引起故障。滤波器可以限制外来电流数值或把电流封闭在很小的结构范围内,从而把不希望传导的能量降低到系统能圆满工作的水平。确定设备滤波要求(或对前面述及的屏蔽、接地要求)的原始依据,是设计人员所采用的正式或非正式的技术规范。关键设备引线上允许的干扰必须在设计初期加以规定,使电路设计人员知道分机所必须满足的条件。因此,应在功能试验阶段和其他阶段连续地确定它们是否能符合这些技术规范的要求。然而,当必须采用滤波器时,应该注意避免由各个设计组之间的不协调所引起的重复滤波。

(9)正确使用设备。

当设备投入使用前,必须结合工艺与加工负载,正确调整各项电气参数,最大限度地保证设备的输出匹配,使设备处于优良的工作条件下。同时,还要加强对设备的维护与保养。例如,10 kW 的高频设备,其阳极电流调整到 0.8～1.5 A 之间,栅极反馈电流调整到 150～300 mA 之间,属于正常范围。但在使用上,往往阳极电流大而栅极电流小,这表明振荡部分本身的耗散功率高,从而使加热效率变差。因此,为达到最佳的工作状态,即理想的匹配与耦合状态,要求调整阳极电流到谷点,栅极电流到峰点。但要注意工作频率不可过低或过高,若过高,则高频辐射所造成的散射功率过多;若过低,则涡流减小,加热效果差。

(10)加强个人防护。

增强自我保护意识,加强自我防护。减轻电磁波污染的危害,有许多易于操作的措施。总的原则有两个:其一,尽量增大人体与发射源的距离;其二,由于工作需要不能远离电磁波发射源的,必须采取屏蔽防护的办法。因为电磁波对人体的影响,与发射功率大小、发射源的距离紧密相关,它的危害程度与发射功率成正比,与距离的平方成反比。以移动电话为例,虽然其发射功率只有几瓦,但由于其发射天线距人的头部很近,其实际受到的辐射强度相当于距离几十米处的一座几百千瓦的广播电台发射天线所受到的辐射强度。但是,人们使用的时间很短,一时还不会表现出明显的危害症状,如果使用时间长,辐射引起的症状将会逐渐暴露。鉴于此,在平时工作和日常生活中,应自觉采取措施,减少电磁波的危害。如在机房等电磁场强度较大的场所工作的人员,应特别注意工作期间休息,可适当到远离电磁场的室外活动;家用电器不宜集中放置;观看电视的距离应保持在 2～5 m,并注意开窗通风;微波炉、电冰箱不宜靠近使用;青少年尽量少玩电子游戏机;电热毯预热后应切断电源;儿童与孕妇不要使用电热毯;平时应多吃新鲜蔬菜与水果,以增强肌体抵御电磁波污染的能力;积极采用个体防护装备。

(11)加强城市规划与管理,实行区域控制。

根据日本及其他国家的实践,应当强调工、科、医疗设备的布局合理,凡是射频设备集中使用的单位,应划定一个确定的范围,给出有效的保护半径,其他无关建筑与居民住宅应在此范围之外建造。大功率的发射设备则应当建在非居民区和居民活动场所之外的地点,实行区域控制及距离防护。全市应划分干净区、轻度污染区与严重污染区,确定重点,逐步加以改造与治理。进一步加强对无线电发射装置的管理,对电台、电视台、雷达站等的布局及新设台址的选择问题,必须严格执行我国制定的《关于划分大、中城市无线电收发信区域和选择电台场址暂行规定》。新建电台不宜建筑在高层建筑物的顶部。只有合理布局、妥善治理,加强城市规划与管理,努力实现电磁兼容,才是电磁污染防治的关键。

3. 电磁辐射控制技术

(1)高频设备的电磁辐射防护。

高频设备的电磁辐射防护的频率范围一般是指 0.1～300 MHz,其防护技术有电磁屏蔽、接地技术及滤波等几种。由于感应电流是和频率成正比,低频时感应电流很小,所产生的磁感线不足以抵消外来电磁场的磁感线,因此电磁屏蔽只适用于高频设备。

(2)广播、电视发射台的电磁辐射防护。

广播、电视发射台的电磁辐射防护首先应该在项目建设前,以《电磁辐射防护规定》(GB 8702—2014)为标准,进行电磁辐射环境影响评价,实行预防性卫生监督,提出包括防护带要求等预防性防护措施。如果已经建成的发射台对周围区域造成较强场强,一般可考虑以下防护措施:①降低辐射强度。在条件许可的情况下,采取措施,减少对人群密集居住方位的辐射,降低辐射强度,如改变发射天线的结构和方向角。②加强绿化。中波发射天线周围场强约为 15 V/m,短波场强为 6 V/m 的范围设置一片绿化带,有助于减轻电磁辐射的影响。③调整住房用途。将中波发射天线周围场强大约为 10 V/m,短波场源周围场强为 4 V/m 范围内的住房,改为非生活用房。④选用合适的建筑材料。利用建筑材料对电磁辐射的吸收或反射特性,在辐射频率较高的波段可使用不同的建筑材料,如钢筋混凝土甚至金属材料覆盖建筑物,以使室内场强衰减。

(3)微波设备的电磁辐射防护。

为了防止和避免微波辐射对环境的"污染"而造成公害,应采取相应的防护措施。微波辐射的安全防护原则为:减少辐射源的直接辐射或杜绝微波泄漏,屏蔽辐射源及其附近的工作地点,加大工作点与场源的距离,采用个人防护用品及其他有效安全措施等。

①减少辐射源的直接辐射或泄漏。根据微波传输原理,合理设计微波设备结构并采用适当的措施,完全可以将设备的泄漏水平控制在安全标准以下。在微波设备制成之后,应对泄漏进行必要的测定,达到安全标准的产品才能投放市场。通过严格维修制度和操作规程,合理使用微波设备以减少不必要的伤害。雷达等大功率发射设备调整和试验时,可利用等效天线或大功率吸收负载的方法将电磁能转化为热能散掉,从而减少微波天线的直接辐射。

②屏蔽辐射源。将微波辐射限定在一定的空间范围内,可采用反射型和吸收型两种屏蔽方法。对于反射微波辐射的屏蔽,使用板状、片状和网状金属组成的屏蔽壁来反射、散射微波,可较大幅度地衰减微波辐射。板、片状的屏蔽壁比网状的屏蔽壁效果好,也有人用涂银尼龙布来屏蔽,效果也不错。对于吸收微波辐射的屏蔽,微波辐射也常利用吸收材料进行微波吸收加以屏蔽。微波吸收材料是一种既可有效吸收微波频段电磁波又对微波段电磁波的反射、透射和散射都极小的电子材料。目前,电磁辐射吸收材料可分为谐振型和匹配型两类。谐振型吸收材料是利用某些材料的谐振特性制成的,其特点是材料厚度小,对较窄频率范围内的微波辐射有较好的吸收效果;匹配型吸收材料则是通过某些材料和自由空间的阻

抗匹配以吸收微波辐射能。

微波吸收的常见方式有两种：一是仅在罩体或障板其中之一上贴附吸收材料，将辐射电磁波能吸收；二是在屏蔽材料罩体和障板上都贴附吸收材料，以进一步削弱电磁波的透射。

③屏蔽辐射源附近的工作地点或加大工作点与场源的距离。微波辐射能量随距离加大而衰减，且波束方向狭窄，传播集中，遇到对场源无法进行屏蔽的情况时，要采取对工作点进行屏蔽。也可通过加大微波场源与工作人员或生活区的距离，达到保护人民群众身体健康的目的。

④微波作业人员的个体防护。对于必须进入微波辐射强度超过照射卫生标准的微波环境操作的人员，可采取下列防护措施：根据屏蔽和吸收原理设计而成的3层金属膜布防护服，其内层是牢固棉布层，可防止微波从衣缝中泄漏照射人体；中间为涂有金属的反射层，可反射从空间射来的微波能量；外层用介电绝缘材料制成，用以介电绝缘和防蚀，并采用电密性拉锁，袖口、领口和裤角口处使用松紧扣结构。也有用直径很细的钢丝、铝丝、柞蚕丝和棉线等混织金属丝布制作的防护服。现在出现了使用经化学处理的银粒，渗入化纤布或棉布的渗金属布防护服，使用方便，防护效果较好，其缺点在于银来源困难且价格昂贵。面部的防护可采用佩戴防护面具的方法。面具可做成封闭型（罩上整个头部）或半边型（只罩头部的后面和面部）。眼镜可用金属网或薄膜做成风镜式，较受欢迎的是金属膜防护镜。

⑤静电防治。频率为零时的电磁场即为静电场。静电场中没有辐射，然而高压静电放电也能引爆引燃易燃气体和易燃物品，对人体健康、电子仪器等产生重大危害。当静电积累到一定程度并引起放电，且能量超过物质的引燃点时，就会发生火灾。防止和消除静电危害，控制和减少静电灾害的发生主要从3个方面入手：第一是尽量减少静电的产生；第二是在静电产生不可避免的情况下，采取加速释放静电的措施，以减少静电的积累；第三是当静电的产生、积累都无法避免时，要积极采取防止放电着火的措施。要防止或减少静电的产生，选材时尽量考虑采用物性类同或导电性能相近的材料，采用导体材料，不用或少用高绝缘材料；改善装卸和运输方式，尽量减少摩擦和碰撞；防止和减少不同物质的混合和杂质的混入；控制速度（传动速度、流动速度、气体输送速度、排放速度等）；增大接触面的平滑度，减小摩擦力。

各种油料的防静电措施：液体易燃物质在流量大、流速高的情况下，可使油面静电电位很快上升，达到引燃点而引起着火，因此要控制输送流量、速度；采用合适的进油方式，尽量避免上部喷注，宜采用底部进油；防止混入其他油料、水以及杂质，确保油料清洁；油料搅拌时要均匀；改善过滤条件，过滤器材料的选用、孔径安装部位都要符合规定，控制流过过滤器的速度和压力；放料时避免泄喷，在需要放出油料时，开口部要大些，喷出压力应在 10 kg/cm^2 以下。严格执行清洗规程。

加速静电荷的释放，可采用良好的接地措施、改善材料的导电性等方法，如使用防静电添加剂，涂刷或者镀上防静电层，增加环境的相对湿度等。静电荷积累到一定程度后，可采用中和的办法消除静电。中和是指用极性相反的电荷去抵消积累的电荷，如采用不同极性的缓冲器。消除静电是用人为的方法产生相反极性的电荷来消除原来积累的电荷，可采用自感应式静电消除器、外加电源式静电消除器以及同位素静电消除器等。

为防止放电着火应安装放电器，在设备的合适位置上预先设置放电器，以便于释放积累的静电，如飞机的机翼后沿设有多组放电器，以避免过载放电着火。可采用隔离的办法来限制带电体对周围物体产生电气作用及放电现象。加强静电的测量和报警,安装静电的测量和报警系统,及早发现危险,及时采取有效措施,防止静电着火发生。防止或减少可燃性混合物的形成,控制可燃物的浓度,从而降低着火的概率。

5.5　放射性污染控制工程

5.5.1　放射性污染概述

1. 放射性污染的来源

环境中放射性污染的来源分天然辐射源和人工辐射源。天然辐射源主要来自宇宙辐射、地球和人体内的放射性物质,这种辐射通常称为天然本底辐射。在世界范围内,天然本底辐射每年对个人的平均辐射剂量当量约为 2.4 mSv(毫希),有些地区的天然本底辐射水平比平均值高得多。对公众造成自然条件下原本不存在的辐射的辐射源称为人工辐射源,主要有核试验造成的全球性放射性污染,核能生产、放射性同位素的生产和应用导致放射性物质以气态或液态的形式释放而直接进入环境,核材料储存、运输或放射性固体废物处理与处置和核设施退役等则可能造成放射性物质间接地进入环境。

2. 放射性污染的危害

在能源危机的大背景下,作为可能替代的能源之一,核工业的迅速发展也带来了放射性污染的环境问题。最典型的放射性污染是核泄漏事故所导致的污染,切尔诺贝利事件所造成的灾难至今还没有解除。放射性核素通过外照射与内照射两种途径危害人类机体与生态环境。外照射是指材料中。放射性元素直接照射人体后产生一种生物效应,会对人体造血器官、神经系统、消化系统等造成损伤。内照射是废物中含有辐射体为主的核素,通过各种途径进入人体,按不同性质分别聚集于不同的器官,产生破坏而致病,内照射因具有积累性而危害性更高。

3. 放射性废物的特性

(1)放射性废物中含有的放射性物质,采用常规物理、化学和生物的方法不能使其含量减少,只能通过自然衰变使其消失。因此,放射性三废的处理方法是稀释分散、减容储存和回收利用。

(2)放射性废物中的放射性物质不但会对人体产生内、外照射的危害,而且放射性的热效应会使废物温度升高,所以处理放射性废物必须采取复杂的屏蔽和封闭措施,并应采取远距离操作及通风冷却措施。

(3)某些放射性核素的毒性比非放射性核素大许多倍,因此放射性废物处理比非放射性废物处理要严格、困难得多。

(4)废物中放射性核素含量非常小,一般都处在高度稀释状态,因此要采取极其复杂的处理手段进行多次处理才能达到要求。

(5)放射性和非放射性有害废物同时兼容,所以在处理放射性废物的同时必须兼顾非放射性废物的处理。对于具体的放射性废物,则要涉及净化系数、减容比等指标。

3. 放射性废物的分类

根据我国《电离辐射防护与辐射源安全基本标准》(GB 18871—2002),把放射性核素含量超过国家规定限位的固体、液体和气体废弃物,统称为放射性废弃物。从处理和处置的角度,按比活度和半衰期将放射性废物分为高放长寿命、中放长寿命、低放长寿命、中放短寿命和低放短寿命五类。寿命长短的区分按半衰期 30 年为限。

5.5.2　放射性废物污染控制

1. 放射性废物污染的治理原则

目前主要依据废物的形态,即废水、废气、固体废物,分别进行放射性污染的治理。放射性废物处理系统全流程包括废物的收集、废液废气的净化浓集和固体废物的减容、储存、固化、包装及运输处置等。放射性废物的处置是废物处理的最后工序,所有的处理过程均应为废物的处置创造条件。高放废物在处置前要储存一段时间,以便废物产生的热量下降到易于控制的水平。高放废液的主要来源是乏燃料后处理过程中产生的酸性废液,含有半衰期长、毒性大的放射性核素,需经历很长时间才能衰变至无害水平,如锶 90、铯 137 需要几百年。要在如此长的时间内确保高放废液同生物圈隔绝是十分困难的。将高放废液储存在地下钢罐中只能作为暂时措施,必须将废液转化为固体后包装储存。例如,目前比较成熟的固化方法是将高放废液与化学添加物一起烧结成玻璃固化体,然后长期储存于合适的设施中。迄今考虑过的高放废物的处置方案有许多种:地质处置、太空处置、深海海床下的处置、岩熔处置(置于地下深孔利用废物自热使之与周围岩石熔化成一体)、核"焚烧"(置于反应堆中子流中使长寿命核素变成短寿命核素)等方式。

当今公认比较现实并正在一些发达国家中实施或准备实行的多为地质处置方案。将高放废物深藏在一个专门建造的,或由现成矿山改建的经过周密选址和水文地质调查的洞穴中或者一个由地表钻下去的深洞中,并建成一个处置库。矿山式库通常建在 300 ~ 1 500 m 深处,而深部钻孔原则上建在几千米深处。处置库的设施通常有地面封装和控制建筑物、地下运输竖井或隧道、通风道、地下储存室等。处置库的结构包括天然屏障和工程屏障,以防止或控制废物中的放射性核素泄漏并向生物圈迁移。低放废物是放射性废物中体积最大的一类,占总体积的 95%,其活度仅占总活度的 0.05%。适用于低放废物的处置方式有:浅地层处置、岩洞处置、深地层处置等。浅地层通常指地表面以下几十米处,我国规定为 50 m 以内的地层。浅地层可用在没有回取意图的情况下处置低、中水平的短寿命放射性废物,但其中长寿命核素的数量必须严格控制,使得经过一定时期(如几百年到一千年)之后,场地可以向公众开放。必须指出,对放射性污染不能仅依靠治理,更应强调减少放射性废物的产生量,尽可能地把废物消灭在生产工艺中。

2. 放射性废液的处理

放射性废液的处理非常重要。现在已经发展起来很多有效的废液处理技术,如化学处理、离子交换、吸附法、膜分离法、生物处理、蒸发浓缩等。根据放射性比活度的高低、废水量的大小和水质及不同的处置方式,可选择上述一种方法或几种方法联合使用,达到理想的处理效果。放射性废液处理应遵循以下原则:处理目标应技术可行,经济合理和法规许可,废液应在产生场地就地分类收集,处理方法应与处理方案相适应,尽可能实现闭路循环,尽量减少向环境排放放射性物质,在处理运行和设备维修期间应使工作人员受到的照射降低到"可合理达到的最低水平"。

3. 放射性废气的处理

放射性污染物在废气中存在的形态包括放射性气溶胶、放射性气体和放射性粉尘。

（1）放射性气溶胶的处理。

放射性气溶胶的处理是采用各种高效过滤器捕集气溶胶粒子。为了提高捕集效率，过滤器的填充材料多采用各种高效过滤材料，如玻璃纤维、石棉、聚氯乙烯纤维、陶瓷纤维和高效滤布等。

（2）放射性气体的处理。

由于放射性气体的来源和性质不同，处理方法也不同。常用的方法是吸附，即选用对某种放射性气体有吸附能力的材料做成吸附塔。经过吸附处理的气体再排入烟囱。吸附材料吸附饱和后须再生后才可继续用于放射性气体的处理。

4. 放射性固体废物的处理和处置

（1）核工业废渣。

核工业废渣一般指采矿过程的废石渣及铀铅处理工艺中的废渣。这种废渣的放射性活度很低而体积庞大，处理的方法是筑坝堆放，用土壤或岩石掩埋，种上植被加以覆盖，或者将它们回填到废弃的矿坑。

（2）放射性沾染的固体废物。

这类固体废物是指被放射性沾染而不能再使用的物品，例如工作服、手套、废纸、塑料和报废的设备、仪表、管道、过滤器等。对此应根据放射性活度，将高、中、低及废放射性固体废物分类存放，然后分别处理。对可燃性固体废物采用专用的焚烧炉焚烧减容，其灰烬残渣密封于专用容器，贴上放射性标准符号，并写上放射性含量、状态等。对不可燃的固体废物，经压缩减容后置于专用容器中。经过处理的固体放射性废物，应采用区域性的浅地层废物埋藏场进行处置。埋藏地点应选择在距水源和居民点较远的地方，且必须经过水文地质和地震因素等考察，按照规定建造。

（3）中低放射性废液固化块处置。

对中低放射性废液处理后的浓集及残渣，可以用水泥、沥青、玻璃、陶瓷及塑料固化方法使其变成固化块。将这些固化块以浅地层埋藏为主，作为半永久或永久性的储存。

（4）高放废物的核工业废渣最终处置。

高放固体废物主要指的是核电站的乏燃料、后处理厂的高放废液固化块等。这些固体废物的最终处置是将其完全与生物圈隔绝，避免其对人类和自然环境造成的危害。然而，它的最终处置是至今尚未解决的重大问题。世界各学术团体和不少学者经过多年研究提出过不少方案，例如深地层埋藏，投放到深海或在深海钻井的处置方案，投放到南极或格陵兰冰层以下，用火箭运送到宇宙空间等。但是每一种方案都有较大缺陷，或者成本太高，或者在未来可能造成新的污染。

5. 放射性表面污染的去除

放射性表面污染是造成内照射危害的途径之一。空气中放射性气溶胶沉降于物体表面造成表面污染。由于通风和人员走动，这些污染物可能重新悬浮于空气中，被吸入人体后形成内照射。必须对地面、墙壁、设备及服装表面的放射性污染加以控制。表面污染的去除一般采用酸碱溶解、络合、离子交换、氧化及吸收等方法。不同污染表面所用的去污剂及其使用方法不同。

6.放射性污染控制技术

随着社会的发展和人民生活水平的提高,辐射防护问题已经不仅仅局限于核工业、医疗卫生、核物理试验研究等领域,在农业、冶金、建材、建筑、地质勘探、环境保护等涉及民生的许多领域都引起了重视。因此,为了工作人员和广大居民的身体健康,必须掌握一定的辐射防护知识和技术。

(1)外照射防护。

外照射的防护方法主要包括时间防护、距离防护和屏蔽防护。时间防护是指通过缩短受照时间,以达到防护目的的方法。基于人体所受的辐射剂量与受照射的时间成正比,熟练掌握操作技能,缩短受照时间,是实现防护的有效办法。距离防护是指通过远离放射源,以达到防护目的的方法。点状放射源周围的辐射剂量与离源的距离平方成反比。因此,尽可能远离放射源是减少吸收剂量的有效方法。屏蔽防护是指在放射源和人体之间放置能够吸收或减弱射线强度的材料,以达到防护目的的方法。屏蔽材料的选择及厚度与射线的性质和强度有关。几种射线的屏蔽防护方法为:①α 射线的屏蔽。由于 α 粒子质量大,它的穿透能力弱,在空气中经过 $3 \sim 8$ cm 距离即可被吸收,几乎不用考虑对其进行外照射屏蔽,但在操作强度较大的 α 源时需要戴上封闭式手套。②β 射线的屏蔽。β 射线在物质中的穿透能力比 α 射线强,在空气中可穿过几米至十几米距离。一般采用低原子序数的材料如铝、塑料、有机玻璃等屏蔽 β 射线,外面再加高原子序数的材料如铁、铅等减弱和吸收韧致辐射。③X 射线和 γ 射线的屏蔽。X 射线和 γ 射线都有很强的穿透能力,屏蔽材料的密度越大,屏蔽效果越好。常用的屏蔽材料有水、水泥、铁、铅等。④n(中子)的屏蔽。n 的穿透力也很强,对于快中子,可用含氢多的水和石蜡做减速剂;对于热中子,常用镉、锂和硼做吸收剂。屏蔽层的厚度要随着中子通量和能量的增加而增加。

注意,上述屏蔽方法只是针对单一射线的防护。在放射源不止放出一种射线时必须综合考虑。但对于外照射,按 γ 和 n 设计的屏蔽层用于防护 α 和 β 射线已足够。而对于内照射防护,α 射线和 β 射线就成为主要防护对象。

(2)内照射防护。

工作场所或环境中的放射性物质一旦进入人体,就会长期沉积在某些组织或器官中,既难以探测或准确监测,又难以排出体外,从而造成终生伤害。因此,必须严格防止内照射的发生。防止内照射的方法:制定各种必要的规章制度;工作场所通风换气;在放射性工作场所严禁吸烟、吃东西和饮水;在操作放射性物质时要戴上个人防护用具;加强放射性物质的管理;严密监视放射性物质的污染情况,发现情况尽早采取去污措施,防止污染范围扩大;布局设计要合理,防止交叉污染等。

5.6 热污染控制工程

5.6.1 热污染概述

1.热环境

环境热学是环境物理学的一个分支,是研究热环境及其对人体的影响以及人类活动对热环境的影响的学科。热环境又称环境热特性,是指提供给人类生产、生活及生命活动的生存空间的温度环境,它主要是指自然环境、城市环境和建筑环境的热特性。太阳能量辐射创造了人类生存空间的大的热环境,而各种能源提供的能量则对人类生存的小的热环境做进一步的调整,使之更适宜于人类的生存。热环境除太阳辐射的直接影响外,还受许多因素如相对湿度和风速等的影响,是一个反映温度、湿度和风速等条件的综合性指标。

热环境可以分为自然环境和人工环境。地球是人类生产、生活和生命活动的主要空间,其热量来源主要有两大类:一类是天然热源即太阳,它以电磁波的方式不断向地球辐射能量。环境的热特性不仅与太阳辐射能量的多少有关,而且取决于环境中大气与地表的热交换状况。另一类是人为热源,即人类在生产、生活和生命过程中产生的热量。影响地球接受太阳辐射的因素主要有两方面:一是地壳以外的大气层;二是地表形态。太阳辐射中到达地表的主要是短波辐射,其中距地表 $20 \sim 50$ km 的臭氧层主要吸收对地球生命系统构成极大危害的紫外线,而较少量的长波辐射被大气下层中的水蒸气和二氧化碳所吸收。大气中的其他气体分子、尘埃和云,则对大气辐射起反射和散射作用,大的微粒主要起反射作用,小的微粒对短波辐射的散射作用较强。大气中主要物质吸收辐射能量的波长范围见表 5.4。地表的形态决定了吸收和反射太阳辐射能量之间的比例关系,不同的地表类型差异较大。地表在吸收部分太阳辐射的同时,又对太阳辐射起反射作用,且吸热后温度升高的地表也同样以长波的形式向外辐射能量。

表 5.4 大气中主要物质吸收辐射能量的波长范围

物质种类	吸收能量的波长范围/μm		
N_2、O_2、NO	<0.1	短波	距地 100 km,对紫外线完全吸收
O_2	<0.24	短波	距地 $50 \sim 100$ km,对紫外线部分吸收
O_3	$0.2 \sim 0.36$	短波	在平流层中吸收绝大部分的紫外线
	$0.4 \sim 0.85$	长波	
	$8.3 \sim 10.6$	长波	对来自地表辐射少量吸收
H_2O	$0.93 \sim 2.85$	长波	
	$4.5 \sim 80$	长波	$6 \sim 25$ km 附近,对来自地表辐射吸收能力较强
CO_2	$12.9 \sim 17.1$	长波	对来自地表的辐射完全吸收

热环境中的人为热量来源包括:各种大功率的电器机械装置在运转过程中,以副作用的形式向环境中释放的热能,如电动机、发电机和各种电器等;放热的物理、化学反应过程,如核反应堆和化石燃料燃烧;密集人群释放的辐射能量,一个成年人对外辐射的能量相当于一个 146 W 的发热器所散发的能量,例如在密闭潜水艇内,人体辐射和烹饪等所产生的能量积累可以使舱内温度达到 50 ℃。

2. 热污染、分类及成因

20 世纪 50 年代以来,随着社会生产力的发展,能源消耗迅速增加,在能源转化和消费过程中不仅产生直接危害人类的污染物,而且还产生了对人体无直接危害的 CO_2、水蒸气和热废水等。这些成分排入环境后引起环境增温效应,达到损害环境质量的程度,便成为热污染。根据污染对象的不同,可将热污染分为水体热污染和大气热污染。随着现代工业的迅速发展和人口的不断增长,环境热污染将日趋严重。目前热污染正逐渐引起人们的重视,但至今仍没有确定的指标用以衡量其污染程度,也没有关于热污染的控制标准。因此,热污染对生物的直接或潜在威胁及其长期效应,尚需进一步研究,并应加强对热污染的控制与防治。环境热污染主要是由人类活动造成的,人类活动对热环境的改变主要通过直接向环境释放热量、改变大气的组成、改变地表形态来实现。

5.6.2 温室效应的综合控制

温室效应是指地球大气层的一种物理特性,即大气层中的温室气体吸收红外线辐射的能量多过它释放到太空外的能量,使地球表面温度上升的现象。

温室有两个特点:温度较室外高;不散热。生活中可以见到玻璃育花房和蔬菜大棚就是典型的温室。使用玻璃或透明塑料薄膜来做温室,让太阳光能够直接照射进温室,加热室内空气,而玻璃或透明塑料薄膜又可以不让室内的热空气向外散发,使室内的温度保持高于外界的状态,以提供有利于植物快速生长的条件。地球的大气层和云层也有类似的保温功能,故俗称温室效应。由于 CO_2 这类气体的功用和温室玻璃有着异曲同工之妙,都是只允许太阳光进入,而阻止其反射,进而实现保温、升温作用,因此被称为温室气体。大气中的每种气体并不都能强烈吸收地面长波辐射,目前被确认为影响气候变化的温室气体,除了 CO_2 外,还包括甲烷(CH_4)、氧化亚氮(N_2O)、氟氯碳化物(CFCs,氟利昂是其中一种)、全氟化碳(PFCs)、六氟化硫(SF_6)等。种类不同,吸热能力也不同,每单位质量 CH_4 的吸热量是 CO_2 的 21 倍,而 N_2O 更高,是 CO_2 的 290 倍。某些人造的温室气体吸热能力更高,如全氟化碳(PFCs)等的吸热能力是 CO_2 的千倍以上。温室气体在大气层中不足 1%,其总浓度会受到人类活动的直接影响。大气层中主要的温室气体有二氧化碳(CO_2)、甲烷(CH_4)、一氧化二氮(N_2O)、氯氟碳化物(CFCs)及臭氧(O_3)等。

从温室效应的成因不难看出,其防治应主要从三方面入手:一是控制温室气体的排放,二是增加温室气体的吸收;三是适应气候变化。

1. 控制温室气体排放

众所周知,要减少温室气体的排放必须控制矿物燃料的使用量,为此必须调整能源结构,增加核能、太阳能、生物能和地热能等可再生能源的使用比例。此外,还需要提高能源利用率,特别是发电和其他能源转换的效率以及各工业生产部门和交通运输部门的能源使用效率。目前矿物燃料仍然是最主要的能量来源,因此有效控制 CO_2 的排放量需要世界各国协调保护与发展的关系,主动承担其责任,并互相合作、联合行动。自 20 世纪 80 年代末期以来,在联合国的组织下召开了多次国际会议,形成了两个最重要的决议《联合国气候变化框架公约》和《京都议定书》。其中,1997 年的《京都议定书》结合各国的经济、社会、环境和历史等具体情况,规定了发达国家"有差别的减排":欧盟成员国减排 8%、美国减排 7%、日本和加拿大减排 6%、冰岛减排 10%、俄罗斯和乌克兰"零"减排、澳大利亚增排 8%。为此,荷兰率先征收"碳素税",即按二氧化碳的排放量来征税,而日本也制定了类似的税收制度。2002 年,欧盟地区六种温室气体排放总量均比 2001 年减少了 0.5% 以上,这主要归功于更先进的垃圾处理方式和以天然气代替煤来发电,从而减少了甲烷和二氧化碳的排放量。我国通过煤炭和能源工业改革,CO_2 排放量降低了 7.3%,CH_4 排放量减少了 2.2%。

2. 增加温室气体的吸收

保护森林资源,通过植树造林提高森林覆盖面积可以有效提高植物对 CO_2 的吸收量。

试验表明,每公顷森林每天可以吸收大约 1 t 的 CO_2,并释放出 0.73 t 的 O_2。这样地球上所有植物每年为人类处理的 CO_2 可达近千亿吨。此外,森林植被可以防风固沙、滞留空气中的粉尘,从而进一步抑制温室效应。每公顷森林每年可滞留粉尘 2.2 t,降低大气含尘量约 50%。加强二氧化碳固定技术的研究。CO_2 可与其他化学原料发生许多化学反应,可将其作为碳或碳氧资源加以利用,用于合成高分子材料。所合成的新型材料具有完全生物降解的特性,这样既可以减少大气中 CO_2 的含量,也可以减少环境污染特别是"白色污染"问题。

3. 适应气候变化

通过培育新的农林作物品种、调整农业生产结构、规划和防止海岸侵蚀的工程等来适应气候变化。此外,加强温室效应和全球变暖的机理及其对自然界和人类的影响研究,控制人口数量,加强环境保护的宣传教育等对温室效应的控制也具有重要意义。

5.6.3　城市热岛效应

1. 城市热岛效应概述

改革开放以来,我国城市数量从 1978 年的 193 个增加到 2020 年的 663 个,城镇化率达到 60% 左右,城市已经成为人们生产生活的主要组成部分。由于城市人口密集、工厂、车辆排热、居民生活用能放热、城市建筑群密集以及下垫面特性的综合影响等,同一时间城区气温高于周围郊区气温的现象,称为"热岛效应"。据气象观察资料表明,城市气候与郊区气候相比有"热岛""干岛""湿岛""雨岛"和"混浊岛"5 种岛效应,其中最为显著的是由城市建设而形成的热岛效应。城市热岛效应最早在 18 世纪初的伦敦发现。热岛效应研究至今,我国观测到的热岛效应最严重的城市是北京和上海。

城市热岛效应形成的原因,一是现代化城市进程中,人们越来越集中,产生的热能也越来越多;二是城市建筑密集度高,沥青和水泥路面比郊区的土壤、植被可吸收更多的热量,而放射率低,使得城市白天吸收储存的太阳能比郊区多,夜晚城市降温缓慢,比郊区气温高。城市温度的升高加剧了城市能源,增大其用水量,从而导致消耗更多的能源,造成更多的废热排放到环境中去,进一步加剧城市热岛效应,尤其在夏季,不仅增加能耗,还会降低工人的工作效率,且容易造成中暑甚至死亡;城市热岛效应可能引起暴雨、飓风、云雾等异常的天气现象。城市热岛效应不止是城市温度的影响,以市中心为热岛中心,在此会有强大的暖气流上升,而郊区外上空为相对较冷的空气下沉,这样便形成了城郊环流,空气中的各种污染物在这种局部地区的环流作用下,聚集在城市的上空,造成城市空气污染的加重,破坏人类的生存环境。

2. 城市热岛效应控制

热岛效应变得越来越明显,究其原因,主要有城市下垫面少、人工热源的不断增加、日益严重的城市大气污染以及高耸入云的建筑物造成近地表风速小且通风不良。在这其中人工构筑物的增加、自然下垫面的减少是加剧城市热岛效应的主要原因。因此为解决城市热岛效应的影响,就应该通过各种途径增加自然下垫面的比例,大力发展城市绿化。根据研究表明当绿化覆盖率大于 30% 时,热岛效应将得到明显的削弱;当绿化率大于 50% 时,绿地对热岛效应的削弱作用极其明显;规模大于 3 hm^2 且绿化率达到 60% 以上的集中绿地,城市温度基本与郊区温度相当,即消除了城市热岛效应。除了绿地能够有效缓解热岛效应之外,水面、风等也是缓解城市热岛效应的有效因素。在住房城乡建设部印发的《海绵城市建设技术指南》中"小雨不积水、大雨不内涝、水体不黑臭、热岛有缓解"的指导下,近年来新兴建设的海绵城市对于缓解热岛效应也起到了积极的作用。

5.6.4 水体热污染

1.水体热污染的概念及来源

当人类排向自然水域的温热水使所排放水域的温升超过一定限度时,就会破坏该水域的自然生态平衡,导致水质变化,威胁水生生物的生存,并进一步影响人类对该水域的正常利用,即水体热污染。

水体热污染主要来源于工业冷却水,以电力工业为主,其次是冶金、化工、石油、造纸和机械行业。这些行业排出的主要废水中均含有大量废热,排入地表面水体后,导致水温急剧升高,从而影响环境和生态平衡。通常核电站的热能利用率为31% ~ 33%,火力发电站的热能利用率为37% ~ 38%。火力发电站产生的废热有10% ~ 15%从烟囱排出,而核电站的废热则几乎全部从冷却水排出。所以在相同的发电能力下,核电站对水体产生的热污染问题比火力发电站更为明显。

2.水体热污染控制技术

(1)改进冷却方式,减少温排水。

产生温排水的企业,应根据自然条件,结合经济和可行性两方面的因素采取相应的防治措施。以对水体热污染最严重的发电行业为例,其产生的冷却水不具备一次性直排条件的,应采用冷却池或冷却塔,使水中废热逸散,并返回到冷凝系统中循环使用,以提高水的利用率。

(2)废热水的综合利用。

利用温热水进行水产品养殖,在国内外都取得了较好的试验成果。在温热排水没有放射性及化学污染的前提下,选择一些可适应温热水的生物品种,能够取得促进其产卵量增加、成活率提高、生长速率加快的良好效果。

农业是温热水有效利用的一个重要途径,在冬季用热水灌溉能促进种子发芽和生长,从而延长了适于作物种植的时间。在温带的暖房中用温热水浇灌还能培植一些热带或亚热带的植物。

利用温热排水作为区域性供暖,在瑞典、德国、芬兰、法国和美国都已取得成功。适量的温热水排入污水处理系统有利于提高活性污泥的活性,特别是在冬季,污水温度的升高对活性污泥中的硝化菌群的生长繁殖极为有利,可以整体提升污水处理效果。

(3)制定废热水的技术标准。

为了防止废热水的污染,尽可能利用废水中的余热,除了要大力发展废热水热能回收技术外,还要充分了解废水排放水域的水文、水质及水生生物的生态习性,以便在经济合理的前提下,制定废热水的排放标准。

5.6.5 大气热污染控制

1.大气热污染的定义及来源

能源以热的形式进入大气,并且能源消耗的过程中还会释放大量的副产物,如二氧化碳、水蒸气和颗粒物质等,这些物质会进一步促进大气的升温。当大气升温影响到人类的生存环境时,即为大气热污染。

大气热污染主要来源于城市大量燃料燃烧过程所产生的废热,以及高温产品、炉渣和化学反应产生的废热等。具体来说,可分为以下 3 个方面。

(1)工业企业生产。

工业企业生产是大气热污染的主要来源。各种锅炉、窑炉排放出的高温烟气,携带了大量的热量。火力发电厂、核电站和钢铁厂等的冷却系统,也向大气中释放了大量的热量。

(2)生活炉灶、采暖锅炉与空调废热。

在居住区内,随着人口的集中,大量的民用生活炉灶和采暖锅炉需要耗用大量的能源,这些能源所产生的热量,在消费之后又被排入大气环境中。据统计,我国北方城市采暖能耗可达总能耗的 1/5。近年来,空调热污染日益为人们所关注。由人工制冷机提供冷源的空调系统工作时,制冷机制冷工质在冷凝器中冷凝放出的热量,一般通过冷却塔(水冷式冷凝器)或直接经冷凝器(空冷式冷凝器)排向周围大气,若通风条件不好及建筑楼群较密,将造成空调房间以外一定环境温度升高,即空调系统对环境造成热污染。

(3)交通运输。

近几十年来,由于交通运输事业的发展,城市行驶的汽车日益增多,火车、轮船、飞机等客货运输频繁。这些交通工具通过燃烧油料以获取动力,做功之后的废能几乎全部排入大气。

2. 大气热污染控制技术

(1)植树造林。

森林是最高的植被。森林对温度、湿度、蒸发、蒸腾及雨量可起调节作用,从而调节温度。根据观察研究的结果说明,森林不能降低日平均温度,但能略微增加秋冬平均温度。森林能降低每日最高温度,而提高每日最低温度,在夏季较其他季节更为显著。森林可以显著影响湿度。林木的生命不能离开蒸腾,这是植物的生理原因。林内的相对湿度要比林外高,树木越高,树叶的蒸腾面积越大,其相对湿度也越高。森林可以影响地表蒸发量。降水到地面上,除去径流及深入土壤下层以外,有相当部分将被蒸发回到大气层。蒸发多少要由土壤的结构、气温与湿度的大小、风的速度决定。森林减低地表风速,提高相对湿度,林地的枯枝败叶能阻碍土壤水分蒸发,因此,光秃土地的水分蒸发是林地的 5 倍。森林可以调节雨量。在条件相同地区,森林地区要比无林地区降水量高 20% ~ 30%。森林地区比较多雾,树枝和树叶的点滴降水,每次为 1 ~ 2 mm,以一年来计算,水量也是可观的。

(2)提高燃料燃烧的完全性。

由于化石燃料是目前世界一次能源的主要部分,其开采、燃烧耗用等方面的数量都很大,从而对环境的影响也令人关注。化石燃料在利用过程中对热环境的影响,主要是燃烧时的高温热气和利用之后的余热所造成的污染。提高燃料燃烧的完全性,一方面通过提高使用效率,使更多的能量转变为产品;另一方面可以减少温室气体排放,缓解温室效应。

(3)发展清洁和可再生能源。

大力开发利用清洁和可再生能源,可以减少 CO_2 排放,降低温室效应。另外,一些清洁能源和可再生能源本来就广泛存在于生物圈内,如太阳能、风能、潮汐能等,即使不加以利用,最终也会在生物圈中转变为热量。通过科学技术使这些能源为人类做贡献,使用后的废能排入环境,并没有增加地球总的热量排放。同时,由于替代部分石化能源,相当于减少了额外的热量排放。

5.7 光污染控制工程

5.7.1 光污染概述

1. 光污染的概念和特点

光污染是现代社会中伴随着新技术的发展而出现的环境问题。当光辐射过量时,就会对人们的生活、工作环境以及人体健康产生不利影响,称为光污染。狭义的光污染指干扰光的有害影响。干扰光是指在逸散光中,光量和光方向使人的活动、生物等受到有害影响,即产生有害影响的逸散光。逸散光指从照明器具发出的,使本不应是照射目的的物体被照射到的光。广义光污染指由人工光源导致的违背人的生理与心理需求或有损于生理与心理健康的现象,包括眩目光污染、射线污染、光泛滥、视单调、视屏蔽、频闪等。广义光污染包括了狭义光污染的内容。光污染属于物理性污染,其特点是光污染是局部的,随距离的增加而迅速减弱;在光环境中不存在残余物,光源消失,污染即消失。

2. 光污染的来源

随着我国现代化城市建设的不断发展,特别是越来越多的城市大量兴起玻璃墙建筑和实施"灯亮工程""光彩工程",使城市的"光污染"问题日益突出。光污染主要来自两个方面:一是城市建筑物采用大面积镜面式铝合金装饰的外墙、玻璃幕墙所形成的光污染;二是城市夜景照明所形成的光污染,随着夜景照明的迅速发展,特别是大功率、高强度气体放电光源的广泛使用,使夜景照明亮度过高,严重影响人们的工作和休息,形成"人工白昼",使人们昼夜不分,打乱了正常的生物节律。此外,家庭装潢引起的室内光污染也开始引起人们的重视。

(1)玻璃幕墙形成的光污染。

由玻璃幕墙导致的光污染产生的特定条件是:①使用大面积高反射率镀膜玻璃。②在特定方向和特定时间下产生,即玻璃幕墙相对太阳照射的方向,或与人所成的特定角度。由于太阳对地球的相对位置总是在不断变化,因此,产生特定角度也是有特定时限的。③光污染的程度与玻璃幕墙的方向、位置及高度有密切关系。人的视角在 1.7 m 高左右与 150°夹角之内影响最大,光反射的强度与反射物到人眼的距离的平方成反比。所以,直射日光的反射光的产生方向取决于玻璃面对太阳的几何位置关系。

(2)夜景照明形成的光污染。

过高的亮度以及夜景照明过度使用所形成的光污染,主要包括大气光污染、侵扰光污染、眩光污染、颜色污染等,成为一种新的城市污染源。

地面发出的人工光在尘埃、空气或其他大气悬浮粒子的散射作用下,扩散入大气层中形成城市上空很亮的大气光污染。夜景照明中没投向投射对象的部分散逸光和建筑(或墙面)的反射光,透过门窗射向不该照亮的住宅、医院、旅馆等人们休息的场所,形成侵扰光污染。侵扰光污染直接影响人们的睡眠和健康。视野中的道路照明、广告照明、体育照明、标志照明等产生的直接眩光和雨后地面、玻璃墙面等光泽表面的反射炫光都会引起视觉的不适、疲劳及视觉障碍,严重时会损害视力甚至造成交通事故。视场中颜色的对比常常引起视觉的不适应,这种不适应将导致视觉对物体颜色的感觉出现差异或不敏感。夜景照明中的有色光易引起驾驶员对交通信号灯及衣着不鲜艳的行人失去正确的判断,从而造成交通事故。

（3）室内光污染。

室内光污染主要可概括为以下 3 种:①室内装修采用镜面、釉面墙砖、磨光大理石以及各种涂料等装饰反射光线,明晃白光,炫眼夺目。②室内灯光配置设计的不合理性,致使室内光线过亮或过暗。室内的一些常用光源其照明亮度和炫目效应各不相同,光源选择不合理会造成不同程度的眩光污染;另外,人眼感觉到的眩光与光源的位置有很大关系,室内光源布置不合理也会产生眩光污染。③夜间室外照明,特别是建筑物的泛光照明产生的干扰光,有的直射到人的眼睛造成眩光,有的通过窗户照射到室内,把房间照得很亮,影响人们的正常生活。

上述原因导致室内产生了不同程度的眩光,引起了严重的光污染,影响了人们的视觉环境,进而威胁到人类的健康生活和工作效率。

3. 光污染的分类

目前,国际上一般将光污染分成 3 类,即白光污染、人工白昼和彩光污染。

（1）白光污染。

阳光照射强烈时,城市建筑物的玻璃幕墙、釉面砖墙、磨光大理石和各种涂料等装饰反射光线,明晃白亮,炫眼夺目。长时间在白色光亮污染环境下工作和生活的人,视网膜和虹膜都会受到程度不同的损害,使人出现头晕心烦、失眠、食欲下降、情绪低落、身体乏力等类似神经衰弱的症状。

（2）人工白昼。

夜间,广告灯、霓虹灯闪烁夺目,强光束甚至直冲云霄,夜间照明过度,使得夜晚如同白天一样,即人工白昼,在这样的"不夜城"中,人们夜晚难以入睡,白天工作效率低下。人工白昼还会伤害鸟类和昆虫,强光可能破坏昆虫在夜间的正常繁殖过程。

（3）彩光污染。

娱乐场所安装的黑光灯、旋转灯、荧光灯以及闪烁的彩色光源构成了彩光污染。黑光灯所产生的紫外线强度大大高于太阳光中的紫外线,且对人体的有害影响持续时间长。彩光污染不仅有损于人的生理功能,还会影响心理健康。

5.7.2　光污染控制技术和措施

按照不同的波长,对光污染分别采用不同的防治技术。目前,国内外已有一些研究组织提出了光污染防治技术规定,如国际照明委员会 CIE 提出了《泛光照明指南》（CIE 94—1993）、《机动和人行交通道路照明》（CIE 115—2010）、《减少天空辉光指南》（CIE 126—1997）、《城区照明指南》（CIE 136—2000）、《限制室外照明装置干扰光影响指南》（CIE 150—2003）,英国照明工程师协会（ILE）提出了《限制干扰光指南》（GN 01—2005）,澳大利亚提出了《限制室外照明干扰光》（AS 4282—1997）,日本提出了《光污染指南》（2006 年 12 月修订版）、《区域环境照明规划手册》（2000 年 6 月）、《光污染防治方案指南》（2001 年 9 月）。我国也有一些与光污染防治相关的技术规定,如《城市夜景照明设计规范》（JGJ/T 163—2008）、《城市夜景照明技术规范》（DB 11/T 388.3—2008）第 3 部分"光污染限制"、

《室外光污染限值及检测方法》(DB 61/T 1033—2016)等。

光污染已经成为现代社会的公害之一,应该引起政府、专家及民众的高度重视,为了更好地控制和预防光污染,应该从光源入手,以预防和加强管理为主,以便实现城市环境质量改善的目的。为了避免光污染的产生,应采取以下措施。

(1)夜景照明光污染防治。

夜景照明主要指广场、机场、商业街和广告标志以及城市施政设施的景观照明。夜景照明的防治主要通过合理的设计照明手法,采用截光、遮光、增加遮光隔棚等措施以及应用绿色照明光源等措施来进行光污染的防治。另外,夜间灯光主要功能应是照明,其次是美化,照明光强不宜过高,以免干扰车辆和行人,并且夜晚的照明应根据需要设计,综合考虑节能、功用以及景观需求。

(2)交通照明光污染防治。

交通照明光污染包括道路照明光污染和汽车照明光污染。针对道路照明光污染要实行灵活限制开关制度,选择合适的灯具和布灯方式。而对于汽车照明光污染要规范车灯照明的使用,尽量减少光污染。

(3)工业照明光污染防治。

要加强施工现场管理,处理好各方面的矛盾,对有红外线和紫外线污染的场所应采取必要的安全防护措施,采用可移动的屏障将有害光源与非操作者分开,同时操作人员应佩戴护镜、防护面罩,防护服等以保护眼部和裸露的皮肤不受光辐射影响。

(4)建筑装饰光污染防治。

建筑装饰光污染主要来源于玻璃幕墙和建筑物的装修材料。玻璃幕墙反射引起的光污染,可以通过控制玻璃幕墙的安装地区,限制安装位置和安装面积加以防治,并且玻璃幕墙的颜色要尽量与周围环境相协调,坚决制止不合理的设计和施工,以减少其对城市环境的负面影响。另外,选择建筑物装饰材料时要服从环境保护的要求,尽量选择反射系数低的材料,而不要用玻璃、大理石、铝合金等反射系数高的材料。

(5)彩光污染防治。

彩光污染主要来源于商业街的夜间照明,因此夜间照明不能过多,且要关闭夜间广场和广告板等设备照明。如果对各娱乐场所实行申报登记制度和排污收费制度,将光污染列为收费项目,就有可能达到对彩光污染的有效控制。

(6)其他防治措施。

通过提高市民素质,加强城市绿化,尽量使用"生态颜色"以减少噪光这种都市新污染的危害,并且正确使用灯光,白天尽量利用自然光线。对室内灯光进行科学合理的布置,注意色彩协调,避免灯光直射人眼,避免眩光。大力提倡光谱成分均匀无明显色差的全色光,且光色温和贴近自然光,无频闪光的绿色照明,加强预防光污染的灯具和材料的研发工作。

思 考 题

1.噪声控制的基本原理、基本措施和一般原则是什么?

2.噪声控制技术的工作程序有哪些?

3.声屏障的设计应注意什么?

4. 影响隔声结构、隔声性能的因素有哪些?

5. 设计隔声屏障时应注意哪些问题?

6. 振动污染的控制技术和方法有哪些?

7. 电磁辐射污染控制的主要防护措施及控制技术有哪些?

8. 放射性污染控制必须掌握哪些辐射防护知识和技术?

9. 简述热污染的分类、成因及其控制技术。

10. 光污染控制技术有哪些?

参 考 文 献

[1] VIDYADHAR A, DANIEL M, BAIZHAN L, et al. E-waste in transition-from pollution to resource[M]. Rijeka: In Tech Publishing Group, 2016.

[2] GAO D W, PENG Y Z, WU W M. Kinetic model for biological nitrogen removal using shortcut nitrification-denitrification process in sequencing batch reactor[J]. Environmental science & technology, 2010, 44(13): 5015-5021.

[3] REN Z F, XIAO X, CHEN D Y, et al. Halogenated organic pollutants in particulate matters emitted during recycling of waste printed circuit boards in a typical e-waste workshop of Southern China[J]. Chemosphere, 2014, 94: 143-150.

[4] LI X, GAO D W, LIANG H, et al. Phosphorus removal characteristics of granular and flocculent sludge in SBR[J]. Applied microbiology and biotechnology, 2012, 94(1): 231-236.

[5] ØSTGAARD K, CHRISTENSSON M, LIE E, et al. Anoxic biological phosphorus removal in a full-scale UCT process[J]. Water research, 1997, 31(11): 2719-2726.

[6] NI B J, XIE W M, LIU S G, et al. Granulation of activated sludge in a pilot-scale sequencing batch reactor for the treatment of low-strength municipal wastewater[J]. Water research, 2009, 43(3): 751-761.

[7] TOH S, TAY J, MOY B, et al. Size-effect on the physical characteristics of the aerobic granule in a SBR[J]. Applied microbiology and biotechnology, 2003, 60(6): 687-695.

[8] XIAO F, YANG S F, LI X Y. Physical and hydrodynamic properties of aerobic granules produced in sequencing batch reactors[J]. Separation and purification technology, 2008, 63(3): 634-641.

[9] LI A J, YANG S F, LI X Y, et al. Microbial population dynamics during aerobic sludge granulation at different organic loading rates [J]. Water research, 2008, 42(13): 3552-3560.

[10] TAY J H, LIU Q S, LIU Y. The effects of shear force on the formation, structure and metabolism of aerobic granules[J]. Applied Microbiology and Biotechnology, 2001, 57(1-2): 227-233.

[11] GAO D W, LIU L, LIANG H, et al. Aerobic granular sludge: Characterization, mechanism of granulation and application to wastewater treatment [J]. Critical reviews in biotechnology, 2011, 31(2): 137-152.

[12] GAO D W, LIU L, LIANG H, et al. Comparison of four enhancement strategies for aerobic granulation in sequencing batch reactors[J]. Journal of hazardous materials, 2011, 186(1): 320-327.

［13］GAO D W, YUAN X J, LIANG H. Reactivation performance of aerobic granules under different storage strategies［J］. Water research, 2012, 46(10)：3315-3322.

［14］YUAN X J, GAO D W. Effect of dissolved oxygen on nitrogen removal and process control in aerobic granular sludge reactor［J］. Journal of hazardous materials, 2010, 178(1/2/3)：1041-1045.

［15］MARTINS A M P, HEIJNEN J J, VAN LOOSDRECHT M C M. Effect of dissolved oxygen concentration on sludge settleability［J］. Applied microbiology and biotechnology, 2003, 62 (5)：586-593.

［16］XIAO K, LIANG S, WANG X M, et al. Current state and challenges of full-scale membrane bioreactor applications：A critical review［J］. Bioresource technology, 2019, 271：473-481.

［17］CHEN C H, FU Y, GAO D W. Membrane biofouling process correlated to the microbial community succession in an A/O MBR［J］. Bioresource technology, 2015, 197：185-192.

［18］GAO D W, FU Y, REN N Q. Tracing biofouling to the structure of the microbial community and its metabolic products：A study of the three-stage MBR process［J］. Water research, 2013, 47(17)：6680-6690.

［19］LI Y, HU Q, CHEN C H, et al. Performance and microbial community structure in an integrated anaerobic fluidized-bed membrane bioreactor treating synthetic benzothiazole contaminated wastewater［J］. Bioresource technology, 2017, 236：1-10.

［20］LIU Y, TAY J H. State of the art of biogranulation technology for wastewater treatment［J］. Biotechnology advances, 2004, 22(7)：533-563.

［21］YOO H, AHN K H, LEE H J, et al. Nitrogen removal from synthetic wastewater by simultaneous nitrification and denitrification (SND) via nitrite in an intermittently-aerated reactor［J］. Water research, 1999, 33(1)：145-154.

［22］VAN BENTHUM W A J, DERISSEN B P, VAN LOOSDRECHT M C M, et al. Nitrogen removal using nitrifying biofilm growth and denitrifying suspended growth in a biofilm airlift suspension reactor coupled with a chemostat［J］. Water research, 1998, 32(7)：2009-2018.

［23］HELLINGA C, SCHELLEN A A J C, MULDER J W, et al. The Sharon process：An innovative method for nitrogen removal from ammonium-rich waste water［J］. Water science and technology, 1998, 37(9)：135-142.

［24］GARRIDO J M, MORENO J, MÉNDEZ-PAMPN R, et al. Nitrous oxide production under toxic conditions in a denitrifying anoxic filter［J］. Water research, 1998, 32(8)：2550-2552.

［25］KRIEG N R, STALEY J T, BROWN D R, et al. Bergey's manual of systematic bacteriology ［M］. New York：Springer, 2010.

［26］STROUS M, PELLETIER E, MANGENOT S, et al. Deciphering the evolution and metabolism of an anammox bacterium from a community genome［J］. Nature, 2006, 440：790-794.

[27] YU Y C, GAO D W, TAO Y. Anammox start-up in sequencing batch biofilm reactors using different inoculating sludge[J]. Applied microbiology and biotechnology, 2013, 97(13): 6057-6064.

[28] WANG X L, GAO D W. In-situ restoration of one-stage partial nitritation-anammox process deteriorated by nitrate build-up via elevated substrate levels[J]. Scientific reports, 2016, 6: 37500.

[29] WANG X L, YAN Y G, GAO D W. The threshold of influent ammonium concentration for nitrate over-accumulation in a one-stage deammonification system with granular sludge without aeration[J]. Science of the total environment, 2018, 634: 843-852.

[30] QI J Y, LI X D, ZENG K M, et al. Progress in research of anaerobic ammonium oxidation reactors[J]. Chinese journal of applied & environmental biology, 2007, 13(5): 748-752.

[31] STROUS M, HEIJNEN J J, KUENEN J G, et al. The sequencing batch reactor as a powerful tool for the study of slowly growing anaerobic ammonium-oxidizing microorganisms [J]. Applied microbiology and biotechnology, 1998, 50(5): 589-596.

[32] GAO D W, TAO Y. Versatility and application of anaerobic ammonium-oxidizing bacteria [J]. Applied microbiology and biotechnology, 2011, 91(4): 887-894.

[33] TAO Y, GAO D W, WANG H Y, et al. Ecological characteristics of seeding sludge triggering a prompt start-up of anammox [J]. Bioresource technology, 2013, 133: 475-481.

[34] KIM D H, KIM S H, SHIN H S. Hydrogen fermentation of food waste without inoculum addition[J]. Enzyme and microbial technology, 2009, 45(3): 181-187.

[35] 卢健聪, 高大文, 孙学影. 基于能源回收的城市污水厌氧氨氧化生物脱氮新工艺[J]. 环境科学, 2013, 34(4): 1435-1441.

[36] 郑安桥. 危险废弃物焚烧处置预处理及烟气净化工艺设计[J]. 环境工程, 2010, 28(5): 58-62.

[37] 安晓霞, 金文涛. 杭州天子岭厨余垃圾处理工程实例分析[J]. 绿色科技, 2019(8): 125-128.

[38] 高大文, 梁红. 环境工程学[M]. 哈尔滨: 哈尔滨工业大学出版社, 2017.

[39] 王晓昌, 张承中. 环境工程学[M]. 北京: 高等教育出版社, 2011.

[40] 单耀晓. 城市生态环境风险防控[M]. 上海: 同济大学出版社, 2018.

[41] 郝吉明, 马广大, 王书肖. 大气污染控制工程[M]. 3 版. 北京: 高等教育出版社, 2010.

[42] 黄霞, 文湘华. 水处理膜生物反应器原理与应用[M]. 北京: 科学出版社, 2012.

[43] 郑祥, 魏源送, 王志伟, 等. 中国水处理行业可持续发展战略研究报告(膜工业卷)[M]. 北京: 中国人民大学出版社, 2015.

[44] 王志伟, 吴志超. 膜生物反应器污水处理理论与应用[M]. 北京: 科学出版社, 2018.

[45] 郑兴灿, 李亚新. 污水除磷脱氮技术[M]. 北京: 中国建筑工业出版社, 1998.

[46] 李连山, 杨建设. 环境物理性污染控制工程[M]. 武汉: 华中科技大学出版社, 2009.

[47] 郑平, 徐向阳, 胡宝兰. 新型生物脱氮理论与技术[M]. 北京: 科学出版社, 2004.

[48]任连海. 环境物理性污染控制工程[M]. 北京：化学工业出版社，2008.

[49]刘琳. 好氧颗粒污泥的培养及稳定运行研究[D]. 哈尔滨：东北林业大学，2010.

[50]李玥. 厌氧颗粒污泥膜生物反应器处理含苯并噻唑模拟废水研究[D]. 哈尔滨：哈尔滨工业大学，2018.

[51]商照荣，张丽娟. 关于编制"十四五"噪声污染防治规划的建议[N]. 中国环境报，2020-11-05(003).

[52]冯强，易境，刘书敏，等. 城市黑臭水体污染现状、治理技术与对策[J]. 环境工程，2020，38(8)：82-88.

[53]王艳伟，李书鹏，康绍果，等. 中国工业污染场地修复发展状况分析[J]. 环境工程，2017，35(10)：175-178.

[54]高大文，刘琳. 不同饥饿时间下稳态好氧颗粒污泥系统的特性和动力学分析[J]. 中国科学(化学)，2011，41(1)：97-104.

[55]王建龙，张子健，吴伟伟. 好氧颗粒污泥的研究进展[J]. 环境科学学报，2009，29(3)：449-473.

[56]史晓慧，刘芳，刘虹，等. 进料负荷调控培养好氧颗粒污泥的试验研究[J]. 环境科学，2007，28(5)：1026-1032.

[57]彭永臻，吴蕾，马勇，等. 好氧颗粒污泥的形成机制、特性及应用研究进展[J]. 环境科学，2010，31(2)：273-281.

[58]高大文，李幸，李强，等. 两段 SBR 双污泥系统的短程硝化/反硝化除磷研究[J]. 中国给水排水，2009，25(17)：31-34.

[59]李幸，高大文，刘琳. 镁离子浓度对 SBR 生物除磷系统的影响[J]. 环境科学，2011，32(7)：2036-2040.

[60]穆思图，樊慧菊，韩秉均，等. 中空纤维膜的膜污染过程及数学模型研究进展[J]. 膜科学与技术，2018，38(1)：114-121.

[61]魏源送，王健行，岳增刚，等. 纳滤膜技术在废水深度处理中的膜污染及控制研究进展[J]. 环境科学学报，2017，37(1)：1-10.

[62]工志盈，刘超翔，彭党聪，等. 高氨浓度下生物流化床内亚硝化过程的选择特性研究[J]. 西安建筑科技大学学报，2000，32(1)：1-3.

[63]潘桂珉，陈风岗，金承基，等. 煤气废水亚硝化型硝化研究[J]. 水处理技术，1994，20(4)：230-235.

[64]高景峰，彭永臻，王淑莹，等. 以 DO、ORP、pH 控制 SBR 法的脱氮过程[J]. 中国给水排水，2001，17(4)：6-11.

[65]高大文，彭永臻，郑庆柱，等. SBR 法短程硝化反硝化生物脱氮工艺的过程控制[J]. 中国给水排水，2002，18(11)：13-18.

[66]杨麒，李小明，曾光明，等. 同步硝化反硝化机理的研究进展[J]. 微生物学通报，2003，30(4)：88-91.

[67]王亚宜，黎力，马骁，等. 厌氧氨氧化菌的生物特性及 CANON 厌氧氨氧化工艺[J]. 环境科学学报，2014，34(6)：1362-1374.

[68]郑平，张蕾. 厌氧氨氧化菌的特性与分类[J]. 浙江大学学报(农业与生命科学版)，

2009,35(5):473-481.

[69]高大文,侯国凤,陶彧,等. 厌氧氨氧化菌代谢有机物研究[J]. 哈尔滨工业大学学报,2012,44(2):89-93.